현대**과학**의 풍경

1

Making Modern Science : A Historical Survey
by Peter J. Bowler and Iwan R. Morus

현대**과학**의 풍경

: '과학혁명'에서 '인간과학의 출현'까지 과학발달의 역사적 사건들 :

피터 보울러 · 이완 리스 모러스 지음
김봉국 · 홍성욱 책임번역

궁리 KungRee

서문

대학 초년생들을 대상으로 과학사 개론 강의가 새로 편성되면서 우리는 적절한 교과서를 찾기 위해 노력했다. 그러나 이내 쓸 만한 교재가 없음을 알게 되었고, 그러한 개설서가 집필되기를 간절히 원하는 강사가 우리뿐일 리 없을 거라는 생각을 하게 되었다. 적절한 교과서가 없다는 것은 일반 독자들이 믿고 접할 만한 이 분야의 입문서가 없다는 뜻이기도 했다. 이 책은 이러한 틈을 채우기 위해 집필되었다. 우리는 다른 강사들에게 유용할 뿐 아니라, 과학자를 포함한 일반 독자들도 흥미를 갖고 읽을 만한 개설서를 마련하는 데 이상적인 상황에 있다고 생각한다. 우리 두 사람은 모두 경험 있는 역사학자이고 각자의 관심 분야가 상호 보완적이어서, 물리과학 · 생명과학 · 지구과학의 개론을 제공할 수 있다. 또한 우리는 경험 있는 교사이자 작가이다. 교육현장에서 우리는 이 책의 각 장(章) 초고를 2년 동안 학생들에게 돌려 읽힘으로써 경험적인 테스트를 거칠 수 있었다. 그들이 보충해준 피드백을 통해 우리는 대학 초년생들과 (바라건대) 일반 독자들이 우리가 쓴 글을 잘 이해할 수 있음을 확신하게 되었다.

교재를 찾는 과정에서 시작되긴 했지만, 우리는 이 책이 관습적인 교과서나 그러한 교과서가 수반하는 교습기법과 똑같은 길을 가지 않도록 주의를 기울였다. 왜냐하면, 우리는 이 책이 학생뿐 아니라 일반 독자들에게도 흥미롭게 읽히길 원하기 때문이다. 학생들의 관심과 일반 독자들의 관심은 크게 다를 수 있다. 아래에서 설명하겠지만, 과학의 역사를 가르치는 강사들은 대부분 이 책 전체를 사용하기보다 가르치는 방식에 따라 관련된 몇몇 장을 선택하여 읽을 것이다. 즉 학생들이 책을 반드시 연속적으로 읽지는 않을 것이므로, 각 장들은 그 자체로도 어느 정도는 완결성이 있어야 한다. 연대기적 서술을 원하는 일반 독자들은 책의 이러한 구조에 조금 당황할지 모른다. 그렇지만 동시에 어떤 독자들은 책을 처음부터 끝까지 연이어 읽기보다는, 자신의 관심 분야에서 시작하여 전체를 훑어볼 수 있는 이런 구조를 선호하기도 할 것이다. 이야기가 일관성 있게 전개되기를 원하는 이들은, 과학의 역사는 복잡하고 종종 논쟁이 되는 분야이기 때문에 그 전체를 바르게 평가하려는 입문서는 반드시 넓은 범위의 논제와 주제를 모두 다루어야 한다는 사실을 기억해야 한다.

교과서로 사용될 개설서를 집필하려는 이들이 가장 많이 직면하게 되는 문제는, 강사 개개인의 관심과 강의를 듣는 학생들의 배경(과학도이거나 혹은 과학에 문외한이거나)에 따라 과학사를 가르치는 데 사용할 수 있는 접근방식들이 매우 다양하다는 사실이다. 우리는 강의에서 두 가지 전략을 채택했는데, 이는 우리가 쓴 책에 반영되어 있다. 그중 하나는 과학사의 특정한 역사적 사건 진행에 초점을 맞춘 것이고, 다른 하나는 다양한 과학과 역사적 시대를 포괄하는 특정한 주제를 논의하는 것이었다. 우리는 이 책의 장들을 이 두 가지 형식으로 기술함으로써 다양한 교육전략을 채택한 강사들이 유용하게 쓸 수 있는 교재를 만들어냈다고 생각한다. 물론 코페르니쿠스 혁명부터 현재까지 이르는 근현대과학 발전의 모든 영역을 망라한 교재는 기대하기 힘들다. 그러나 우리는 우리가 선택하여 모은 논제들이 많은 수의 교사나 일반 독자 모두에게 흥미롭기를 바란다. 이 책은 이전 세대의 과학사학자들이 표준적으로 논의해온 몇몇 주제들은 물론, 새로운 동향과 관심을 반영한 주제들까지 포함하고 있다.

이 책은 두 부분으로 나뉘는데, 하나는 역사적 사건들을 담고 있고(1권), 다른 하나는 특정한 주제들을 담고 있다(2권). 수업의 내용이 1권과 2권의 부분 부분과 모두 관련되어 있다고 해도, 전후 참조가 제공되기 때문에(예를 들어 "8장 유전학 참조" 등) 학생들은 명확한 독서자료를 안내받을 수 있다. 즉, 1권의 몇몇 장은 과학과 종교의 상호 작용에 관련된 논점을 제기할 텐데, 이때 각 장의 적절한 지점에서 학생들은 이어서 읽기에 적합한 2권의 주제 장을 안내받게 된다. 주제별로 강의하기를 선호하는 강사들에게는 2권의 주제 장들이 기초적인 독서자료가 될 것이고, 이용된 사례들에 대한 정보를 더 얻으려는 학생들은 여기서도 전후 참조를 참고하여 1권의 적절한 에피소드로 확장해 나갈 수 있을 것이다. 전후 참조는 또한 일반 독자들이 과학사의 포괄적인 개관을 위해 내용을 서로 맞추어보는 데도 도움을 줄 것이다. 각 장에는 그 주제를 한층 깊이 알기 원하는 이들이 더 전문적인 독서를 할 수 있도록 주요 참고문헌 목록을 담았다.

차례

1권 | '과학혁명'에서 '인간과학의 출현'까지 과학발달의 역사적 사건들

2권 | '대중과학'에서 '과학과 젠더'까지 과학사의 다양한 주제들

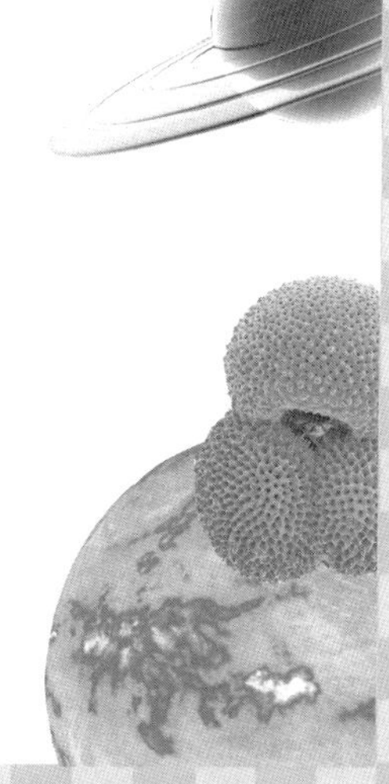

1 Making Modern Science

서론

: 과학, 사회, 그리고 역사

주변의 누구에겐가 과학의 역사에 대해 읽고 있다고 말해보라. 아마도 상대는 "그게 뭔데?" 하고 다시 물을 것이다. 이는 우리가 본능적으로 과학을 과거가 아닌 현재 사회와 연결하기 때문에 나오는 반응이다. 그렇지만 잠깐만 생각해보아도 과학의 '역사'라는 이 역설을 해소할 수 있는데, 다른 모든 인간의 활동처럼 과학도 시간의 흐름이라는 역사 속에서 이뤄지며, 대부분의 사람들은 우리의 현대적 사유방식을 형성해온 핵심적인 발견들과 연결되어 있는 몇몇 '위대한 인물'들을 기억해낼 수 있기 때문이다. 과학자들 스스로도 유사한 방식으로 과거를 생각한다. 비록 자신의 분야에서 중요한 발견을 이룬 인물들이 그 위대한 인물들보다는 낯설지 몰라도 말이다. 과학자들에게 있어, 세계에 대한 지식이 진보한 순서는 무지와 미신의 영역을 몰아내온 진보적인 투쟁의 연속이라는 현대과학의 이미지와 상통한다. 그렇지만 대중들에게 친숙한 몇몇 위대한 인물들은, 과학의 진보가 사실을 수집하는 평탄한 과정만은 아니었음을 일깨워준다. 많은 사람들이 지구가 태양 주위를 돈다는 것을 가르친 죄로 종교재판을 받았던 갈릴레오의 이야기를 알고 있다. 또 다윈의 진화론이 야기한 논쟁은 오늘날까지도 여전히 활발하다. 우리의 삶에서 과학이 차지하는 비중이 점증함에 따라 논쟁이 일어날 가능성 역시 더욱 커져서, 지금은 인간의 생물학적이고 심리학적인 특성이나 심지어 지구 전체의 생명권에 간섭하는 우리의 능력까지 논란에 처할 정도가 되었다. 이러한 과학 분야의 역사가 논쟁적이지 않았다면 그것이야말로 이상한 일일 것이다.

과학자들은 몇몇 위대한 발견들로 인해 사람들이 종교적 · 도덕적 · 철학적 가치들을 다시 생각하게 됐다는 사실에 비교적 만족한다. 과학 교과서들은 이 위대한 발견들이야말로 자연세계에 대한 인간의 지식이 확장되어 쌓이는 과정이라고 말하곤 한다. 새로운 지식이 기존의 믿음에 도전할 경우, 사람들은 그 새로운 지식에 맞춰 살아나가는 법을 배워야만 한다. 확실히 과학사는 과학이 세상에 미친 영향을 탐구함으로써 일부 독자층을 만족시킨다. 그러나 과학사는 또한 과학자들이 과거에 대해서 말하는 전통적인 이야기를 평가하려고 하며, 몇몇 과학자들은 그 결과를 못마땅해 한다. 흔히 회자되는 통설들은 대부분 지나치게 도식화되어 있다. 그 이야기들은 새로운 혁신을 둘러싼 복잡한 논쟁의 과정을 '깔끔하게 정돈한' 신화라 할 수 있다(Waller, 2002). 이러한 신화는 새로운 이론을 발견하거나 주창한 영웅과, 기존의 믿음 때문에 객관성을 무시한 채로 무조건 반대만 일삼는 악당들이라는 두 가지 이미지를 극명하게 대비시킨다. 역사학자들은 위대한 발견의 이야기를 '휘그주의 역사(Whig history)'로 보기도 한다. 이 용어는 영국의 역사를 자신들의 정치적 가치의 필연적인 승리로 묘사했던 휘그당파(자유당파)의 역사학자들에게서 차용한 것으로, 요즘에는, 과거를 현재에 이르는 일련의 디딤돌로 묘사하고 현재가 과거에 비해 우월하다고 가정하는 역사를 통칭한다. 과학 교과서의 도입부에 등장하는 과거에 대한 통설들은 분명 일종의 휘그주의 역사이다. 역사학자들은 이러한 이야기들이 인위적으로 구성된 성격을 지닌다는 것을 폭로하는 데 큰 기쁨을 느끼며, 몇몇 과학자들은 그 결과에 대해 불만을 느끼는 것이다.

그러나 원칙적으로 과학자들은 그들의 생각을 면밀히 검토할 필요가 있다. 이는 그 검토에 사용된 증거가 실험실의 테스트가 아니라 고서적과 논문에 근거를 두었더라도 마찬가지다. 그 결과가 과학의 작동방식을 좀더 복잡하고 현실적으로 보여준다면, 현대의 과학 연구에 종사하는 사람들은 과거의 발전을 지금과 같은 방식으로 묘사하는 것도 가치 있는 일임을 인정해야 할 것이다. 이럴 경우 과학자들은 종이에서 오려낸 듯한 전형적인 인물들 대신에 결점도 숨김 없이 드러낸 진짜 영웅을 얻게 될 것이다.

누군가 현재나 과거의 논쟁을 상세히 연구한 결과, 사람들이 통상 세상에 대한 지식을 증진시켜 준다고 믿어온 과학의 실제 과정을 문제 삼게 된다면 과학자들로서는 이를 반가워할 까닭이 없을 것이다. 최근의 '과학전쟁(science wars)'은, 사회학적 비판자들에 의해서 과학의 객관성 자체가 도전받았을 때 과학자들이 얼마나 예민하게 반응하는가를 잘 보여주었는데, 이 사건으로 인해 논쟁의 쟁점이 과학적 사실과 주관적 가치의 갈등을 넘어서고 있음이 드러났다. 과학이 초래한 결과를 좋아하지 않는 사람들은 잠재적으로 위험한 기술이 만들어지는 과정을 단순히 사실적 지식을 얻어내는 과정으로만 보아서는 안 된다고 주장하는 경향이 있다. 과학사는 과학전쟁에 말려들어갈 수밖에 없었는데, 그 이유는 과학을 공격한 사람들이 사용한 무기의 일부가 과학이 역사적으로 논쟁을 야기했던 핵심 영역을 재평가하는 와중에 도출됐기 때문이다. 비판자들은 과학 '지식'의 토대 자체가 가치로 오염되어 있다고 주장한다. 과학은, 이미 색이 입혀진 안경을 통해서 세계를 바라보는 하나의 세계관을 구성하며, 그러므로 예컨대 우리에게 제공된 지식이 그 지식을 후원하는 군산복합체(군부와 방위산업체의 복합체—옮긴이)의 가치 체계를 강화하는 것은 어쩌면 당연한 일인지도 모른다. 이러한 주장에 대해 과학자들은 분노를 감추지 못한다. 만약 과학이 다른 가치 체계보다 더 나을 것이 없는 또 하나의 가치 체계에 불과하다면 우리가 기술과 의학을 통해 세상을 조작하는 데 과학을 적용할 때 그것이 그렇게 잘 작동하는 이유는 무엇이란 말인가? 돈을 지불하는 사람들은 결과에 돈을 지불하는 것이지 꾸며낸 이야기에 돈을 지불하는 것이 아니지 않는가? 이러한 관점의 차이에는 진정한 긴장이 자리 잡고 있으며, 과학사는 과학이 실제로 작동하는 방식에 대한 중요한 정보 제공원으로서 이 논쟁에 말려들어가는 것이다.

근현대과학의 역사를 개관한 이 책을 들춰보면 논쟁의 여지가 없는 위대한 발견의 목록을 기대한 사람들은 아마 놀라게 될 것이다. 실제로 여기서 논의하는 주제와 테마는 모두 심각한 논쟁의 대상이 되었던 것들이다. 이러한 논쟁은 근현대과학 전체나 특정 이론과 그 응용에 대한 역사학자의 다양한 입장에서 도출된 상이한 관점에 의해서 종종 더 강화된다. 북아일랜드에서 교육에 종사하는 우리는(이 책의 저자 중 한명인 피터 보울러는 북아일랜드의 벨페스트에 있는 퀸스 대학의 교수이다—옮긴이) 역사라는 분야가 서로 경쟁하는 관점을 가진 사람들이 자신들의 신념을 정당화하기 위해 다투는 전쟁터가 될 수 있다는 것을 이미 여러 번 경험했다. 아일랜드의 역사는 민족주의자의 관점에서 접근하는가 혹은 합방주의자의 관점에서 접근하는가에 따라 전혀 다른 두 가지 관점에서 씌어질 수 있다. 올리버 크롬웰은 아일랜드에서 영국의 문명을 안전하게 지킨 영웅인가? 아니면 드로이다에서 양민을 학살한 악당인가? 이는 어떤 관점에서 보느냐에 따라 달라진다. 양쪽 모두 과거에 대한 신화를 만들어왔으며, 또 양쪽 모두 역사학자가 확고한 증거를 들이대며 그들의 신화를 들춰본다면 분명 당황할 수 밖에 없을 것이다. 과학사는 확실히 과학을 인간의 육체에서 분리된 진리 추구활동으로 묘사하는 사람들에 의해 만들어진 여러 신화에 도전한다. 하지만 그렇다고 과학사가 과학을 하나의 가치 체계에 불과한 것으로 보는 사람들의 주장을 지지한다고 생각할 필요도 없다. 아마도 중도적 입장이 가능할 것인데, 그것은 과학이 인간의 다른 어떤 활동보다 더 명확한 업적을 냈다는 것은 인정하지만, 그러면서도 과학을 인간의 활동으로 보는 것이다. 어떤 의미에서 비판자들은, 우리가 사는 세상을 바꿀 정도로 과학이 잘 작동한다는 바로 그 사실 때문에 과학이 위험하다고 경고한다.

우리는 여러분이 이 책으로부터 역사를 이름과 연도 이상의 것으로 보는 자세를 체득하게 되기를 바란다. 역사는 사람들이 논쟁의 대상으로 삼는 그 무엇이다. 그리고 이렇게 논쟁이 벌어지는 이유는 사람들이 역사의 증거를 다른 방식으로 해석할 수 있으며, 자신이 지지하는 해석에 애정을 가지고 있기 때문이다. 여러분은 역사학자가 신화를 비판하기 위해서 증거를 어떻게 사용하는지를 보게 될 것인데, 이 과정에서 역사학자가(이 책의 저자인 우리를 포함해서) 대안으로 제공하는 이야기들을 신중하고 비판적으로 평가해야만 한다. 어려운 일이겠지만, 이러한 작업을 통해 여러분은 중요한 이슈들을 대면하게 될 것이다. 그리고 이는 이름과 연도를 외우는 일보다 훨씬 더 흥미로울 것이다.

이하 서론에서는 과학사가 어떻게 지금의 전문적 학문 분야가 되었는가를 간략하게 조망하는 것을 시작으로, 위에서 제시한 갈등의 골격에 살을 입히려 한다. 이는 이 책의 참고문헌에서 제시하는, 각 분야의 고전으로 아직도 사용되고 있는 오래된 책의 상당수가 과학사라는 학문 분야가 지금과는 상당히 다른 방식으로 작동하던 시절에 씌어졌기 때문에 중요하다. 그리고 우리는 위에서 언급한 논쟁들을 야기한 좀더 사회학적인 기법을 포함해서 역사에 대한 현대적인 접근방법을 형성한 과학사의 최근 성과를 개괄할 것이다. 과학사의 역사를 아는 것은 이 책에서 논의되는 주제가 왜 종종 논쟁을 일으키는가를 이해하는 데 도움을 줄 것이다.

과학사의 기원

근대적 전통의 과학사에 비견될 분야가 처음 시작된 것은 18세기였다. 이 시기는 급진적인 사상가들이 인간 이성의 힘이 오래된 미신을 타파하고 사회의 더 나은 기초를 제공한다고 주창한 계몽의 시대였다. 대다수의 계몽사상가들은 교회를 봉건시대부터 이어져온 오랜 사회적 위계의 작인(作因)으로 간주하면서 교회에 대해 적대적인 태도를 취했다. 중세는 교회가 승인한 전통적인 세계관이 지배하던 정체된 시기로 여겨졌다. 급진적 사상가들은 전(前) 세기에 등장한 새로운 과학을 합리적 사고가 최초로 개화한 것이라고 보았으며, 갈릴레오와 뉴턴을 비롯해서 새로운 세계관에 기여한 사람들을 그 영웅으로 환호하며 받아들였다. 갈릴레오가 코페르니쿠스의 천문학을 주창하다가 교회와 갈등을 빚었다는 사실은 교회에 대한 그들의 의심을 부추겼다. 같은 맥락에서 그들은 뉴턴이 마술과 연금술에 손을 댄 바 있음을 암시하는 증거를 모두 감추려 했다. 계몽사조 주역들의 이러한 관점은, 17세기의 과학혁명이 서양 사상의 진보에서 전환점이 되었다는 믿음과 함께 근대 우주론과 물리 과학의 초석을 놓았던 영웅들의 판테온을 우리들에게 유산으로 남겨주었다.

1837년에 영국의 과학자이자 철학자인 윌리엄 휴얼은 방대한 저서 『귀납과학의 역사(History of the Inductive Sciences)』를 출간했다. '과학자(scientist)' 라는 용어를 만들기도 한 휴얼은 계몽사조의 프로그램을 조금 변형한 특정한 의제를 가지고 있었다. 그는 과학이 진보적 힘이라는 데에는 확실히 동의했지만, 독일 철학자 임마누엘 칸트의 영향을 받아 과학이 세상에 관한 이해를 구축하는 방식에 대해 새로운 비전을 가지고 있었다. 칸트와 휴얼에게 지식이란 그저 자연의 관찰에서 수동적으로 파생된 것이 아니라, 우리가 세상을 기술하는 데 사용하는 이론을 통해 인간 정신이 부과한 것이었다. 과학적인 접근법의 토대는 관찰과 실험을 통해 새로운 가설을 엄격하게 검증하는 데 있었다. 휴얼은 이후 『귀납과학의 철학(Philosophy of the Inductive Sciences)』도 출간했는데, 이 책에서 그는 과학사를 과학적 방법론에 대한 자신의 비전이 실제로 어떻게 적용되는가를 예시하는 수단으로 사용했다. 이러한 측면에서 그는 현대적 의미의 과학사라는 학문 분야가 탄생하는 데 주요한 추진력을 부여했다고 할 수 있다.

휴얼은 과학자가 신의 개입결과로 설명될 수밖에 없는 현상을 발견할 가능성을 옹호했다는 점에서 계몽사상가들보다 보수적이었다. 그는 나중에 다윈의 『종의 기원(Origin of Species)』을 케임브리지 대학의 트리니티 칼리지 도서관에 보관하는 것을 허락하지 않았는데, 그 이유는 『종의 기원』이 신의 기적을 자연적인 진화로 대체했다고 보았던 데 있었다. 그렇지만 휴얼 이후 새로운 세대의 급진적 사상가들에게 다윈주의는 과학이 갈릴레오에 의해 시작된 캠페인을 갱신하면서 고대의 미신에 대한 공격을 계속하고 있음을 확증해주었다. 과학사의 새로운 세대가 과학과 종교의 전쟁, 과학이 승리할 수밖에 없는 전쟁의 불가피성을 강조하면서 부상했다. 1875년에 출판된 드레이퍼의 『과학과 종교의 갈등의 역사(History of the Conflict between Science and Religion)』는 이와 같은 계몽사조 프로그램의 부활에 선구적인 역할을 담당한 저작이었다. 비록 이후의 역사가들에 의해 비판을 받기는 했지만, 갈등이라는 메타포는 이후 과학과 종교의 관계에 대한 대중적 논의를 계속 지배했다.

휴얼처럼 과학과 종교가 조화롭게 공존할 수 있다는 희망을 유지했던 사람들은 계몽사조의 유물론적인 프로그램이 분명 과학을 위협한다고 보았다. 그것은 과학자들로 하여금 자연의 법칙으로 무엇이든 설명할 수 있다는 오만한 주장을 선호하게 함으로써 자신들의 객관성을 포기하도록 부추겼다. 화이트헤드의 『과학과 근대사회(Science and the Modern World, 1926)』는 과학자 사회가 이러한 유물론적인 프로그램을 배척하고 자연이 신성한 목적을 증명할 것이라는 가정하에 탐구활동을 하던 이전의 비전으로 되돌아갈 것을 종용한 책이었다. 이와 같은 과학사의 모델에 따르면 갈릴레오의 재판과 같은 일화들은 탈선에 불과했으며, 과학혁명은 자연을 합리적이고 선한 창조주의 수작업으로 볼 수 있다는 희망을 토대로 하고 있었다. 화이트헤드와 동시대의 몇몇 사람들은 신이 진화를 통해 자신의 목적을 펼쳐 보인다고 여겼다. 과학에 대한, 그리고 과학의 역사에 대한, 이러한 두 가지 관점 사이의 논쟁은 지금도 계속되고 있다.

합리주의자들의 프로그램은 20세기 초 버널과 같은 마르크스주의자들의 작업에서 변형되어 나타났다. 유명한 결정학자였던 버널은 과학자 사회가 과학을 산업가들에게 팔아먹는 행위를 질타했다. 『과학의 사회적 기능(Social Function of Science, 1939)』에서 그는 과학이 모든 사람의 복리를 위해 다시 사용될 수 있도록 해야 한다고 외쳤다. 그가 쓴 『역사 속의 과학(Science in History, 1954)』은 계몽사조 프로그램과 마찬가지로 과학을 공익을 위한 잠재적인 힘으로 묘사하면서, 그런 잠재력이 군산복합체에 흡수됨으로써 왜곡되었음을 설명하려 했다. 그렇지만 마르크스주의자들은 한 가지 중요한 점에서 과학의 발전이 인간 합리성의 진보를 나타낸다는 가정에 이의를 제기했다. 그들이 보기에, 과학은 이해관계에 얽매이지 않은 지식 추구의 결과라기보다는 자연에 대한 기술적 통제를 추구하는 활동의 부산물로 등장했으며, 따라서 과학이 축적한 정보는 과학자가 활동하는 사회의 이해관계를 반영하는 것이었다. 마르크스주의자들의 목표는 순수하게 객관적인 과학을 창조하는 데 있었던 것이 아니라, 과학이 자본가들만이 아닌 모든 사람에게 이익을 줄 수 있도록 사회를 재구성하는 데 있었다. 그들은 화이트헤드가 제창한 프로그램을, 과학이 자본주의의 부상에 개입했다는 증거를 은폐하려는 연막으로 보았다. 마찬가지로, 많은 지성사가들은 소련의 역사학자 보리스 게센의 「뉴턴 『프린키피아』의 사회적 · 경제적 근원(The Social and Economic Roots of Newton's 'Principia', 1931)」과 같은 연구에서 비치는 마르크스주의적인 주장을 과학에 대한 명예훼손이라고 비난하면서 격하게 대응했다. 제2차 세계대전이 발발하면서 과학의 역사를 보는 두 관점은 더욱 대립했는데, 각각의 관점은 모두 과학사를 당시 나치 독일이 보여준 위험과 연관 지어 파악했다. 당시 서구세계가 겪은 참상 속에서 필연적인 진보의 관념이 사라지자 계몽사조의 낙관적 관점도 종말을 고했다. 이제 과학은 유물론을 거부하고 종교와의 관계를 새롭게 하거나, 그렇지 않으면 자본주의를 거부하고 공공의 이익을 위해서 싸워야 했다.

과학사가 전문 학문 분야로 인식되기 시작한 것은 바로 이 시기였다. 이전에도 이런 노력이 없지는 않았지만 그리 성공적이지는 못했다. 벨기에 출신의 학자인 조지 사튼은 1912년에 학술지 《아이시스(Isis : 이는 지금도 미국과학사학회의 공식학술지다)》를 창간했지만, 미국으로 건너오면서 하버드 대학을 설득해 과학사학과를 만드는 데는 성공하지 못했다. 최초의 과학사학과들은 제2차 세계대전 이후에 번성하기 시작했는데, 이는 과학의 기술적 영향력이 너무나 막강해져서 과학이 사회 속에서 지배적인 역할을 하게 된 과정을 이해하기 위해서는 그 역사를 광범위하게 분석할 필요가 있다는 관심을 반영한 것이다. 그렇지만 소련과 냉전이 시작된 뒤에는 버널 식의 마르크스주의적 관점이 주변으로 밀려났다. 과학과 기술의 연결고리가 명확함에도 불구하고 사회적 · 경제적 힘의 부산물이라는 과학의 이미지는 더 이상 받아들여지지 않았던 것이다. 결국 역사가들은 과학이 서구 문화의 중요한 지적 힘의 표상으로서 이론적 수준에서 자연에 대한 더 나은 이해를 제공해왔다는 관념으로 되돌아가게 되었다. 이는 서구 사회가 과학을 산업에 종속시키는 방식이 아니라 과학의 독자성과 혁신을 통해서 진보의 길을 닦아왔음을 강조하는 관점이었다. 새로운 지식의 실용적 응용은 지식의 부산물이 되었으며, 결과적으로 마르크스주의자들은 본말을 뒤집어 이해한 셈이 되었다. 순수과학의 발전은 지성사나 관념사의 기법에 의해서 연구되는 서구 문화의 일부가 되었고, 과학의 응용은 이러한 순수과학의 발전과 분리해서 독립적으로 연구되었다. 중요한 것은 개념적 수준에서 이루어지는 이론적 혁신과, 증거에 입각해서 이러한 이론이 검증되는 과정이었다.

과학사를 서술하는 지성사적인 접근방식은, 과학적 방법의 부상과 근대적 세계관 형성의 주요 단계들이 인간의 진보에 지대하게 공헌했다고 간주한 점에서 계몽사조의 프로그램을 따르고 있었다. 그러므로 17세기 과학혁명기와 이와 연관된 천문학과 물리학의 발전에 많은 관심이 집중되었다. 이후의 단계들도 과학 사상의 진보를 드러내는 주요 계보를 정의하는 데 사용되고 강조되었다. 다윈주의의 도래는 중요한 진전으로 간주되었으며, 지질학처럼 그와 관련된 과학의 발전들은 그것이 자연적인 변화과정에 관한 탐구를 촉진했는가, 그렇지 않았는가에 따라 좋은 것 혹은 나쁜 것으로 규정되었다. 그런 점에서 과학사 분야는 일정 정도 과학자들이 선호한 휘그주의 방법론을 지속하고 확장했는데, 과학사에서 진보는 근대적 세계관의 주요 구성요소들로 인식될 것들을 향해 나아가는 단계들로 정의되었기 때문이다. 그렇지만 새로운 역사 서술방법론은 과학자들이 철학적이고 종교적인 관심에 깊게 침윤되어 있었으며 이러한 더 넓은 문제들에 대한 그들의 관점이 종종 이론을 변화시켰다는 사실을 기꺼이 수용했다는 점에서 휘그주의를 넘어섰다. 이 분야에서 가장 주도적인 영향력을 행사한 학자는 프랑스와 미국에서 활동한 러시아 이민자 알렉상드르 코아레였다. 그는 과학 고전의 원문을 세밀히 분석하여 과학의 종교적이고 철학적인 차원을 드러내려 하였다. 코아레(1978)는, 갈릴레오가 현상의 세계 이면에 수학적 구조를 갖춘 근본적 실재가 감춰져 있다고 설파한 고대 그리스의 철학자 플라톤의 영향을 깊게 받았다고 주장했다. 종교적이고 철학적인 문제에 깊게 몰두했던 뉴턴 역시 예전의 계몽사상가들이 영웅시한 뉴턴에 비해 훨씬 더 복잡한 인물임이 드러났다(Koyré, 1965).

과학과 관련이 없다고 여겨진 요소는 오로지 사회적이고 경제적인 영향뿐이었다. 다윈의 자연선택이론이 자본주의 체제의 경쟁적인 가치를 반영했다는 마르크스의 제안은 논의의 대상이 되지 않았으며, 과학과 기술 · 산업의 결합도 마찬가지였다. 과학이 종교적이거나 정치적인 토론에 영향을 줌으로써, 혹은 기술과 의학에 응용될 수 있는 실질적인 정보를 제공함으로써 사회에 중요한 영향을 미친다는 것을 의심한 사람은 없었지만, 이러한 실질적인 응용은 항상 과학이 완성된 이후에야 이루어지는 것으로 인식되었다. 실질적 응용은 과학 연구가 실제 이루어지는 과정에는 아무런 영향을 미치지 못한다는 것이었다. 과학이론의 발전에 개입하는 지적인 요소들을 연구하는 '내적 과학사(internal history of science)'와 과학적 발견의 더 큰 함의를 찾는 '외적 과학사(external history of science)' 사이에는 명백한 구별이 있는 것으로 간주되었다. 전후 세대의 역사학자들은 내적 과학사를 더 선호했는데, 그들은 과학사가 사상사 속에 굳건하게 자리잡기를 바랐으며, 과학의 외적 응용은 기술사나 의학사와 같은 독립된 분야의 몫으로 남겨두었다. 이 세대가 낳은 업적 중 눈에 띄는 것은 찰스 길리스피의 『객관성의 칼날(Edge of Objectivity, 1960)』이며, 가장 길이 보존될 유산은 『과학전기사전(Dictionary of Scientific Biography)』이다(Gillispe, 1970~80).

이론의 발전에 초점을 맞추었기 때문에, 과학사에 대한 이런 내적 접근 방식은 휴얼이 스케치했던 프로그램을 부활시켰다. 역사가 과학적 방법의 참된 적용을 예시하는 사례들의 원천으로 사용된 것이다. 과학사와 과학적 방법의 분석은 병행하는 것으로 간주되었으며, 이때 여러 대학에서 '과학사 및 과학철학 학과'가 설립되었다. 어떤 식이든 이 시기는 과학철학 연구가 매우 활발히 이루어진 시기였다. 당시에 '사실 수집으로서의 과학'이라는 오래된 관념이 '가설연역적 방법'으로 대체되었는데, 이런 방법에서는 과학자가 가설을 제안하고, 검증 가능한 결과를 유도한 뒤에 그 가설을 거부할지를 판단하는 실험적 검증을 수행하는 것이 핵심이었다(Hempel, 1966). 카를 포퍼의 『과학적 발견의 논리(Logic of Scientific Discovery, 1959)』는 과학자가 가설을 검증하고 필요하다면 이를 기꺼이 기각한다는 점을 더 깊게 탐구했다. 포퍼는 우선 신학이나 철학 같은 인간의 다른 지적 활동과 과학을 구별하는 구획(demarcation)의 경계를 확립할 필요가 있다고 보았다. 여기서 과학을 규정하는 특성은 과학적 가설이란 항상 실험적 검증과 잠재적인 논박을 최대화하는 방식으로 고안된다는 과학의 '반증 가능성'으로 정의되었다. 포퍼에 의하면, 종교인, 철학자, 사회 분석가들은 자신들의 명제를 모호하게 만들어 절대로 논박 불가능하면서도 모든 것을 설명하게 함으로써 반증 가능성의 조건을 회피하고 있다. 반면, 과학의 이론은 엄밀한 검증을 모두 통과한 것이며, 따라서 과학은 세상에 대한 유일무이한 형태의 지식을 제공한다.

그렇지만 과학자의 입장에서 볼 때, 가설연역적 방법은 불편한 결과를 낳는다. 포퍼가 강조했듯이, 수많은 검증을 통과했어도 바로 다음 검증이 그 가설을 논박할 가능성은 여전히 존재하므로 어떠한 가설도 결코 진리로 입증될 수 없기 때문이다. 과학의 역사에는 한동안 성공을 거둔 것처럼 보였던 이론이 몇십 년 혹은 몇 세기가 지나서야 틀린 것으로 판명된 사례가 많다. 예컨대, 아인슈타인이 뉴턴 물리학의 개념적 토대를 전복한 것을 생각해보라. 이는 우리의 이론들도 언젠가는 논박의 대상이 될 수 있음을 의미한다. 지금의 이론도 지금 이 순간에만 잠정적으로 가장 훌륭한 지침으로 받아들여질 뿐이라는 것이다. 과학자들은 과학이 실제 세계에 대해 절대적으로 참된 지식을 제공한다는 주장을 포기하고 새로운 과학철학의 함의를 울며 겨자 먹기로 받아들였다. 이들이 이렇게 하기를 마다하지 않은 이유는 포퍼가 과학과 기타 지식을 구분하는 기준을 제시함으로써 과학의 객관성을 방어하는 대안적인 방법을 제공했기 때문이다. 과학은 그 약점을 가능한 한 가장 빠른 방법으로 드러내고 더 나은 것을 만들어간다는 점에서 객관적이라는 것이었다.

그렇지만 포퍼가 제시한 방법론의 핵심에는 과학사학자들이 본능적으로 의구심을 가졌던 다른 문제가 도사리고 있었다. 포퍼에게 있어서 훌륭한 과학자들은 당대의 가설을 적극적으로 논박하는 사람들이며, 가설은 그 약점을 가능한 빨리 드러내려는 희망 아래 검증된다. 그런데 훌륭한 과학에 대한 이러한 설명은 과거나 현재의 과학자들이 실제 보이는 행동과 잘 들어맞지 않는다는 문제를 안고 있다. 포퍼의 설명과 반대로, 과학자들은 성공적인 이론에 매우 집착한다. 특히 그들의 경력이 그 이론에 기반하고 있을 때에는 더욱 그러하다. 그들은 성공적인 이론이 대체되어야 한다는 제안에 대해, 비록 적대적이지는 않을지라도 상당히 불편하게 생각한다. 이 점이 바로 과학사와 과학철학이 나뉘기 시작한 기점이다. 대다수의 역사학자들은 그들이 과학자들의 실제 행동양식을 더 연구하면 할수록 그것이 철학자들이 만들어낸 과학적 방법론의 이상적인 모습과 잘 맞지 않는다고 생각했다. 과학철학은 과학자들의 실제 작업방식에서 점점 멀어져 과학의 당위에 대한 개념을 정교하게 만들어내는 관념적인 학문이 되어갔다. 그 즈음 과학사를 새로운 방향으로 이끌 수 있는 도전, 즉 과학자 사회가 실제로 작동하는 양식을 연구하는 사회학적인 모델을 만들려는 시도가 나타나기 시작했다.

과학과 사회

상당한 논쟁을 불러일으키고 그 이후 고전의 반열에 오른 토머스 쿤의 『과학혁명의 구조(The Structure of Scientific Revolutions, 1962)』가 도전의 주인공이었다. 쿤은 이론의 교체가 정통 과학철학이나 포퍼의 과학철학이 함축하는 것보다 훨씬 더 복잡한 사건임을 주장했다(쿤이 불러일으킨 논쟁에 대해서는 Lakatos and Musgrave, 1970 참조). 과학의 역사를 볼 때 성공적인 이론들은 한 분야의 과학 활동을 위한 '패러다임'으로 정립된다는 것이 그의 주장이었다. 그 이론들은 문제 해결에 적합한 기법뿐만 아니라 연구가치가 있는 문제까지도 규정해준다. '안전한' 영역에서 작업함으로써 반증의 확률을 최소화하기 때문에 상황은 이론에 우호적일 수밖에 없다. 지배적인 패러다임의 영향하에서 이루어지는 과학을, 쿤은 '정상과학'이라고 부른다. 그것은 근본을 탐구하기보다는 사소한 세부사항을 채우는 일에 더 몰두하는 연구다. 과학 교육은 학생들이 패러다임을 비판 없이 받아들이도록 하는 일종의 세뇌작용과 비슷하다. 변칙(예상치 않은 결과를 내는 실험이나 관찰결과들)이 나타날 때에도 과학자 사회는 패러다임을 옹호하는 태도를 보이는데, 특히 나이 든 과학자들은 패러다임이 잘못되었다는 사실을 받아들이지 않고, 그것이 여전히 매끄럽게 작동하는 것처럼 계속 행동한다. 일련의 변칙이 참을 수 없는 정도가 되면 '위기상황'이 도래할 것이며, 이때에야 비로소 더 젊고 급진적인 과학자들이 새로운 이론을 추구할 것이다. 이렇게 미해결된 문제들을 잘 다루는 새로운 이론이 발견되면 그것은 곧 새로운 패러다임으로 정립되고, 이후 모험이 결여된 또 다른 정상과학의 시기가 뒤따르게 된다.

쿤의 접근방식은 각각의 패러다임이 양립할 수 없는 새로운 개념적 틀을 표상한다고 강조한다. 그렇지만 쿤은 과학을 사회적 활동으로도 다루었다. 교육을 통해 패러다임에 길들여진 과학자들은 현상(現狀)에 이의를 제기할 능력을 상실한다. 이러한 해석이 옳다면, 과학을 결코 객관적이라고 말할 수만은 없다. 오히려 과학자들은 책에 나온 요령을 사용해서 수많은 과학자들의 경력의 근거가 되었던 이론을 지지하고자 할 것이다. 객관성은 혁명의 시기에 복원되는 듯하다가, 곧 사라진다. 비록 새로운 패러다임이 과거의 패러다임이 포함하지 못한 사실을 다룸으로써 우리의 지식 영역을 확장하는 듯 보이지만, 쿤은 과거의 패러다임에서 성공적으로 수행된 연구가 새로운 패러다임에서는 포기되었던 경우도 있었다는 사실에 주목했다. 과학자들이 쿤의 분석에 불만을 느낀 것은 당연하다. 반면 역사학자들은 비록 쿤이 제안한 혁명의 모델에는 비판적이었지만, 그의 접근방법이 과학이 실제 세계에서 어떻게 작동하는가를 더 현실적으로 보여주고 있다고 생각했다.

과학사회학자인 머튼과 그의 제자들도 과학을 가능하게 하는 사회적 조건에 눈을 돌린 바 있다. 머튼은 과학지식이 과학의 방법론을 적용한 직접적인 결과라고 상정했지만, 과학자 사회가 번성하고 과학적 방법이 적절하게 적용되기 위해서는 특정한 사회적 조건, 즉 '규범'이 정착될 필요가 있다고 주장했다(Merton, 1973). 머튼은 다음과 같은 네 가지 규범을 밝혀냈다. 보편주의(universalism)는 과학적 주장이 그것을 만드는 과학자 개인과 무관하게 공평하게 평가되어야 한다는 것이고, 집합주의(communism)

는 과학지식이 과학자 개개인이 아니라 과학자 공동체에 귀속된다는 것이며, 무사무욕(disinterestedness)은 과학자들이 자신들의 일에 대해 감정적이거나 다른 형태의 애착심을 길러서는 안 된다는 것이다. 마지막 규범인 조직화된 회의주의(organized scepticism)는 과학자들이 그들의 주장을 체계적으로 엄밀하게 검증해야 한다는 것이다. 머튼의 규범은 과학이 융성할 수 있는 사회적인 환경을 정의할 뿐만 아니라, 과학을 다른 종류의 활동과 구별하는 방안을 마련하기 위해 고안되었다. 쿤과 달리 머튼은, 규범이 작동하는 한 사회적인 환경이 과학지식에 영향을 미칠 수 없다고 믿었다. 그는 과학이 이데올로기적인 요소에 의해 오염되는 것은 나치 독일처럼 규범이 작동하지 않는 사회에서나 가능한 일이라고 보았다.

이후의 작업은 쿤의 성과에 명시적 혹은 암시적으로 담겨 있는 통찰력을 확장한 것이었는데, 가끔 이런 확장은 정작 쿤 본인의 뜻과는 다른 방향으로 나아가기도 했다. 비록 포스트모더니즘 운동의 주요 원천은 프랑스 철학자 미셸 푸코와 자크 데리다이지만, 요즘 몇몇 사람들은 쿤의 책이 포스트모더니즘이라 불리는 분석양식에 선구적인 기여를 했다고 보기도 한다. 포스트모던 학계에 속한 몇몇 사람들은 과학을 지식의 원천으로 인정하지 않는데, 그 이유는 과학적 저술들도 우리의 사고와 행동을 통제하고자 경쟁하는 수많은 텍스트 중 하나라고 보기 때문이다. 이들에게 과학의 성공은, 그 명제의 진리값에 근거한 것이 아니라 그것을 옹호하는 사람들이 자신들의 텍스트 해석과 '독해'를 다른 사람에게 강요하는 권력에 근거한 것이다. 푸코의 사상사 모델에서 볼 때, 연속적인 패러다임이 서로 객관적으로 비교할 수 없는 다른 분석 패턴을 나타낸다는 쿤의 주장은 참으로 옳은 것이었다. 그것은 심리학에서 말하는 게슈탈트 전환(gestalt switch)과 같은 것으로, 어떤 관점에서는 분명한 것이 다른 관점에서는 이해될 수 없는 상황이다. 따라서 과학을 사실적 지식의 축적이라고 보는 모든 관념은 무용지물이 되었으며, 이러한 상황은 지식에 대한 포스트모던 상대주의적 관점을 추종하는 '학술적 좌파'를 과학자들의 지위에 대한 심각한 위협으로 간주한 과학자들을 분노케 했다(Gross · Levitt, 1994; Brown, 2001). 그 결과 '과학전쟁'으로 알려진 논쟁이 촉발되었는데, 여기서 과학자들은 어떤 지식도 절대적일 수 없다고 주장한 사회학자들에 맞서서, 자신들은 세상에 대한 사실적 지식을 제공하는 전문가라고 변호했다. 사실 역사학자들 중에 포스트모던주의자들이 주장하듯이 과학이 물질세계와 연관을 맺지 않은 채 자유롭게 떠다니는 텍스트라고까지 생각하는 사람은 거의 없다. 그렇지만 쿤과 푸코의 아이디어는 우리가 과거의 문헌을 훨씬 더 신중하게 받아들여야 한다는 것을 알려주었고, 과거의 텍스트를 현대적 관념으로 해석해서는 안 된다는 것을 깨우쳐주었으며, 우리가 지금 당연하게 생각하는 것이 이전 세대의 과학자들에게는 말 그대로 상상도 못할 것이었을 수도 있다는 점을 일깨워주었다.

학술적 좌파에 대한 항의는 과학사에 영향을 미친 또 다른 주요한 발전에 대해서도 이루어졌는데, 그것은 과학자 사회가 기능하는 방식에 대해 사람들이 크게 관심을 갖게 된 것이었다. 쿤은, 유명한 과학자가 그의 학생이나 동료들이 새로운 가설에 대응하는 태도를 결정하는 과정에서 큰 영향력을 행사한다는 사실에 주목했다. 가장 독창적인 사람만이 완전히 새로운 접근방법을 제안함으로써 거리낌 없이 '말썽을 일으킬 수' 있었는데, 이러한 전략이 성공하는 경우는 다른 대부분의 사람들이 기존 패러다임에 문제가 있음을 마지못해 인정해줄 때뿐이었다. 이후 과학사학자들과 과학사회학자들은 과학의 성공요건이 좋은 개념이나 이러한 개념을 뒷받침하는 좋은 증거만으로는 충분하지 않음을 이해하게 됐다. 성공적인 과학자들은 종종 일련의 경쟁적인 제안을 물리치고 동료들이 자신들의 새로운 관념을 진지하게 받아들이도록 설득해야 했다. 성공한 사람이 항상 가장 좋은 증거를 가졌다면야 더할 나위 없이 좋은 일이지만, 사태가 그렇게 분명한 경우는 거의 없다. 새로운 증거가 너무도 분명해서 처음부터 사람들이 이에 동의하는 경우는 흔치 않다. 성공과 실패는 괜찮은 연구비를 타거나, 새 직장을 만들거나, 중요한 학술지의 편집위원회에 끼는 것 같은 '과학 외적인' 요소에 의해서도 결정된다. 따라서 학회, 발표회, 학술지를 갖춘 현대적 형태의 과학자 사회의 출현은 우리가 지금 이해하는 과학의 탄생에 결정적인 요인이 된다. 그리고 과학의 '혁명'을 연구하는 것은 개념적 변화와 실행상의 혁신을 연구하는 것만큼이나, 과학자 사회에서 영향력을 행사해온 이들을 결정했던 정치적 전술 속에서 새로운 이론이 등장한 과정을 보이는 것 역시 포함한다(Golinski, 1998).

그렇지만 이러한 요소들에 대한 연구는 쿤이 제시한 모델을 훨씬 벗어난 것이 되었는데, 그 이유는 덩치가 커짐에 따라 과학자 사회가 훨씬 더 전문화되고 세분화되었기 때문이다. 이론은 많은 경우 아주 세밀하게 전문화된 과학자 사회 내에서만 영향력을 발휘했으며, 가장 혁신적인 연구를 내놓기 위해서는 무엇보다도 독립적인 연구 전통을 확립하는 '분파'를 결성할 필요가 있었다. 전문화와 분과의 세분화 과정은 과학의 진보에 필수적인 것이 되어서, 어떤 역사가들은 생물학의 진화론과 같이 포괄적인 이론적 전망에는 더 이상 관심을 두지 않을 정도가 되었다. 이론이 새로운 연구 전통을 확립하는 데 기여하지 않는 한, 그것은 최근의 새로운 역사 서술에서는 주변적인 것이 되었으며, 일부 역사학자들은 사회학적 접근법이 목욕물을 버리려다 아이까지 던져버린 것이 아닌가 우려하고 있다. 몇몇 경우에는 이론이 전문 분야 사이에 가교를 놓는 역할을 담당했다는 이유로 관심의 대상이 되기도 했다.

이러한 새로운 접근법은, 과학이라는 것이 개념적 혁신뿐만 아니라 새로운 기법까지 고안하는 실제적인 활동이라는 인식을 만들어냈다. 새로운 전문 분야가 형성되기 위해서는 새 이론뿐 아니라 중요한 결과를 얻어내기 위해 숙련된 조작을 필요로 하는 새로운 형태의 기구가 필요하다. 이제는 고전이 된 스티븐 섀핀과 사이먼 섀퍼의 저술(1985)은, 공기의 본질에 대한 17세기의 논쟁이 당시에 극소수밖에 존재하지 않았던 진공펌프를 누가 이용할 수 있었는가라는 문제와 함께, 이 원초적인 기계를 적절하게 작동시키는 숙련기술에 의해서 좌우되었음을 보여주었다. 그렇지만 과학을 이론만이 아닌 실행의 집합체로 보는 관점이 실험실의 기구만을 살펴보는 데에 머물지는 않는다. 자연사의 발전은 생물 종을 비교할 수 있게 해준 박물관의 설립을 통해 이루어졌다. 지질학자들은 지층의 지도를 그리고 그 연속적인 순서를 표현할 기법을 발전시켜야 했는데, 마틴 러드윅(1985)이 잘 보여주었듯이 전문가들은 어떤 기법을 사용해야 하는가를 놓고 격한 논쟁을 벌이기도 했다. 현대 유전학은 적절한 유기체, 특히 초파리인 드로소필라 멜라노개스터(*Drosophila melanogaster*)를 통제하는 법을 발견하고 익히는 가운데 발전했다. 과학자들의 연구 영역과 그것을 탐구하기 위한 기법의 선택이 종종 새로운 지식을 이용하려 했던 산업가들과의 관계에 의해서 좌우되었다는 증거가 점증하면서, 과학사를 내적 과학사와 외적 과학사로 나누는 기존의 구분법은 심각하게 위협받고 있다. 매우 영민한 이론가였던 윌리엄 톰슨 같은 19세기 물리학자들은 증기기관을 만드는 산업가나 전신선을 놓는 기업과 손발을 맞추어 일했으며, 이들의 연구는 당시 물리학자들이 실용적인 문제에 천착하고 있었음을 보여준다.

요즘 과학자들은 연구에 엄청난 규모의 재정적 지원이 필요하다는 현실을 당연하게 받아들이며, 실용적인 관심에 따라 연구주제를 선정하거나 연구의 우선순위를 결정하는 경우가 많다. 그렇지만 과학이 실용적인 관심에 의해서 추진된다고 말하는 것은 과학적 '지식'으로 제시된 것이 연구를 수행하는 사람의 이해관계를 반영할 수도 있다는 더 논쟁적인 주장으로 이어질 수 있다. 여기에서 우리는 과학이 어떻게 그것을 만드는 사람들의 이해관계와 가치를 표현하고 유지하는가를 살펴봄으로써, 과학이 다른 형태의 지식과 똑같이 분석되어야 한다고 주장하는 '지식사회학'의 영역으로 들어선다. 지식사회학에서는 과학적 이론의 '객관적 진리'가 이론의 기원이나 지지자들이 그 이론을 고수한 이유를 설명해주지 못한다고 간주한다. 이러한 시각과 위에서 언급한 포스트모던주의자들의 관점 사이에는 분명 유사한 면이 있다. 개개의 과학이론을 어떤 다른 기준으로 평가할 수 없는 개념적 체계로 취급해야 한다면, 진리에 더 가깝다고 주장할 수 있는 이론은 존재하지 않을 것이기 때문이다. 과학사회학의 흐름은 실재에 대한 대안적인 비전의 존재와 이를 주창하는 그룹의 이해관계를 결부시킨다. 이러한 사회학적인 관점을 최초로 주장한 사람들은 종종 에든버러 학파라고 불리는데, 그 이유는 이들 대부분이 에든버러 대학의 과학학 프로그램에서 강의를 했기 때문이다(Barnes · Shapin, 1979; Barnes · Bloor · Henry, 1996). 이들은 과학 또한 다른 모든 것들과 마찬가지로 사회적 활동이며 사회학적 방법론을 사용해서 분석해야 한다고 주장한다. 과학자들이 주장한 지식도 종교 사상가들이나 정치인들의 지식과 마찬가지로 취급되어야 한다. 종교나 정치사상 체계가 특정 사회 그룹(주로 지배자들)의 이해관계를 표현하듯이, 과학지식도 그것을 만든 사람들의 가치를 표현한다는 것이다. 여기서 과학이론은 사실의 집합이 아니라, 사실에 의해서 일정 정도 검증될 수 있는 세계에 대한 모델이다. 그렇지만 과학적 사실은 이론의 구조를 완벽하게 결정하지는 못하며, 그렇기 때문에 이론은 사회적 가치에 의해서 규정된 세계의 이미지에 의해서 형성되기도 한다. 섀핀과 섀퍼(1985)의 연구가 보여주듯이, 이러한 이해관계는 철학적이거나 정치적인 것일 수도 있고 경제적인 것일 수도 있으며, 혹은 전문가들 사이의 경쟁을 반영한 것일 수도 있다. 요는, 과학 연구에서 실제로 무슨 일이 진행되고 있는가를 이해하려면, 우리는 모든 것이 어떤 성공적인 모델에 의해서 정확하게 표현될 '실제 세계'의 구조에 의해 결정된다고 간단히 가정해서는 안 된다는 것이다.

에든버러 학파를 비판하는 학자들은 과학에 대한 이들의 이미지가 현실적이지 않다고 주장한다. 과학은 실제 세계에 대한 지식을 제공해야 하는데, 만약에 그렇지 않다면 기술을 통해 세계를 통제하는 데 과학이 아무런 도움도 주지 못할 것이기 때문이다. 사회적 가치만이 과학지식을 결정한다면, 과학자들은 어떤 이론이든 자유롭게 만들 수 있을 것이며 마치 그 이론이 잘 작동하는 것처럼 보이게 실험을 조작할 수도 있을 것이다. 또 그 이론은 동일한 사회적 가치를 공유한 사람 모두에게 무비판적으로 수용될 것이다. 반면에 다른 가치를 가진 사람들은 그 이론을 채택하지 않을 것이며, 따라서 과학자들은 어떤 이론이 가장 좋은지를 합의할 수도 없을 것이다. 그렇지만 과학자 사회에서 종종 합의가 일어난다는 것이 성공적인 과학이론의 기원이 사회적 요소에 의해서 형성되었을 가능성을 완전히 배제하지는 않는다(다윈의 자연선택이론이 이런 경우다). 사회학자들은, 자신들이 주장하는 바가 과학자들이 어떤 이론이든 마음대로 만들 수 있다는 뜻은 아니라고 대응한다. 반대로, 사회학자들은 과학자가 실험결과, 기구, 측정값을 사용해서 자신의 연구 프로그램의 우월성을 피력하는 방식에 특히 관심을 보인다(Collins, 1985; Latour, 1987). 그렇지만 사회학자들은 어떠한 상황에서도 연구를 추진하는 방향이 하나 이상 있으며, 잘 작동하는 모델을 만들 수 있는 방법도 한 가지 이상이 있음을 지적한다. 그리고 어떤 연구 영역이 선택되고 어떤 모델이 선택되는가는 특정 과학자 그룹의 이해관계에 의해 좌우된다고 말한다. 특정 모델을 지지하는 사람들은 자신의 모델이 결국 가장 훌륭한 해법을 제시한다는 것을 전체 과학자 사회를 대상으로 설득할 수도 있겠지만, 물리학조차 개념적인 혁명을 경험했다는 것은 성공적인 과학이론이 실제 세계에 대해 절대적 의미의 '참된' 표현을 제공해주는 것이 아님을 시사한다.

인간 본성을 연구하는 생물학처럼 복잡하고 가치 적재적인(value-laden) 분야에서는, 경쟁적인 모델들이 여럿 만들어질 수도 있다. 또 하나의 이론이 옳다는 것을 모든 사람에게 설득하기도 어렵다. 이는 여러 분야의 과학이 핵심적 문제에 대해서 타당한 이론을 제공할 수 있다고 주장하기 때문이다. 생물학자들은 당연히 생물학적인 요소들에 의해 인간 본성이 결정되는 모델을 선호하는데, 이는 이를 통해 그들의 전문성의 중요성을 주장할 수 있기 때문이다. 사회과학자들은 생물학을 배제하고, 마치 자신들이 유일한 전문가처럼 보이게 되기를 원한다. 더 심각하게는, 정치적 가치가 이론의 내용을 결정하기도 하는데, 대부분의 사람들은 자신의 가치에 부합하는 관념이 선하고 오염되지 않은 과학을 만들어낸다고 가정한다(『현대과학의 풍경2』 18장 "생물학과 이데올로기"를 참조). 정치적 보수주의자들은 특정한 종류의 인간 행동이나 인간 능력의 어떤 한계가 우리 생명체 내에 이미 각인되어 있다고 주장하는 경향이 있다. 그것들은 '자연적이며' 따라서 피할 수 없고, 우리가 이를 무시하면 위험에 빠지게 될 어떤 한계를 우리의 사회구조에 부과한다는 것이다. 자유주의자들은 조건을 개량함으로써 더 나은 사회를 만들 수 있다고 주장하기 위해서 우리 안에 각인된 생물학적 요소들의 역할을 부정하려는 경향이 있다.

양측은 모두 우세를 점하기 위해 소위 과학의 객관성을 이용한다. 즉, 상대방의 입장을 '나쁜' 과학, 혹은 왜곡된 과학으로 폄하한다. 좋은 사람은 항상 견실하고 객관적인 과학을 하지만, 악당은 자신들의 정치적 · 종교적 · 철학적 편향 때문에 길을 잃고 타락하게 된다는 것이다. 그렇지만 몇몇 논쟁이 해결의 실마리를 제시하지 못한다는 사실은 완벽한 객관성을 주장하는 양측의 주장 모두가 정당하지 않음을 시사한다. 그들이 내세우는 좋은 과학에 대한 기준은 모두 선입견에 의해서 결정된 것들이다. 과학사회학자들은 양측이 모두 옳지 않다고 말한다. 상대 측의 견해가 사소하거나 실제적 문제와 무관하다고 무시하는 극단적 입장으로 사람들을 몰아붙이는 것은 다름 아닌 그들의 정치적 입장이 다르기 때문이다. 각자의 입장이 뿌리 깊은 사회적 · 정치적 가치들을 반영하고 있기 때문에, 서로가 자신이 좋은 과학을 한다고 주장함에도 불구하고 논쟁에서 영원한 승자가 나오기는 힘든 것이다.

생물학의 몇몇 영역에서 격렬하게 벌어졌던, 그리고 지금도 벌어지고 있는 논쟁들은 우리가 과학의 객관성에 대한 사회학자들의 도전을 무시할 수 없음을 보여준다. 물리학자들은 그들의 지식이 실험에 의해서 쉽게 검증되기 때문에 그들의 지식이 더 '강고하다' 고 할지 모르지만, 사회학자는 '경성(hard)' 과학과 '연성(soft)' 과학을 구분하지 않는다. 그리고 역사는 확실히 물리학의 지식 추구가 과학자의 더 넓은 신념과 가치를 반영한 사례들을 제공한다. 그렇지만 우리는 결국 과학전쟁에서 한쪽을 편드는 방식으로 과학사를 제시하고 싶지는 않다. 과학사와 과학사회학은 과학이 거대 컴퓨터에 의해서도 잘 수행될 수 있는 자동화된 과정이 아니라 인간의 활동임을 증명하는 증거를 수없이 제공한다. 철학적 신념, 종교적 믿음, 정치적 가치, 전문직업적 이해관계는 모두 과학자들이 세계에 대한 그들의 모델을 만들고 이를 추진하는 것을 구체화하는 데 기여해왔다. 기껏해야 소수의 극단적인 포스트모던주의자들만이 과학은 단지 공상에 불과하다고 주장했다. 에든버러 학파와 같은 과학사회학자들과 이들의 통찰력을 채택한 과학사학자들은 연구 프로그램이 유지되기 위해서는 그것을 수행하는 사람들이 측정 가능한 결과를 내놓아야 함을 알고 있으며, 이 경우에 자연을 기술하고 통제하는 능력으로서의 '지식' 이 확장된다는 것도 알고 있다. 이러한 의미에서 과학전쟁에서 과학의 입장을 대변했던 몇몇 사람은 과녁을 잘못 조준했다. 이들은 실행으로서의 과학이 철학적 객관성의 기준을 만족시키는가 그러지 못하는가를 문제 삼았는데, 사실 이는 빗나간 비판이었다. 만약 과학자들이 과학은 잠정적으로 타당한 정보를 제공할 뿐이라는 포퍼의 경고를 받아들인다면, 그들은 사회학적 성향이 있는 역사학자들이 제공하는 과학에 대한 더 현실적인 모델 역시 받아들일 수 있어야 한다. 결국 과학자들도, 과학이 세계의 작동방식에 관해 훨씬 더 복잡한 지식을 제공한다는 것을 수용하면서도, 동시에 과학이 전적으로 공평하고 영원히 참인 모델을 제공한다고 간주하지는 않는 과학의 발전 모델로부터 얻을 것이 있다. 오늘날 대중들은 공중보건이나 환경 문제와 관련된 쟁점에 대해 어느 한편의 입장을 선택하지 않으면 안 되는 과학자들을 목격하곤 한다. 대중들은, 논쟁적인 문제에 대해서 완벽하게 정당한 두 개의 연구 프로젝트가 상반된 입장을 취하는 것이 얼마든지 가능할 정도로 과학의 연구가 복잡한 과정임을 이해할 필요가 있다. 새로운 연구가 복잡한 문제에 대해서 즉각적인 대답을 제공하지 못하는 이유를 이해할 수 있게 사람들을 이끌어주는 것은 과학의 충실성과 권위를 지키려는 이들에게 도움이 되지 해가 되지는 않을 것이다.

왜 근현대과학인가?

이 책은 근현대과학의 역사를 다루고 있으므로, 우리는 이제 왜 우리가 지난 수세기 동안의 발전에 초점을 맞추었는가를 설명하려 한다. 이전 세대의 학자들은 과학사에 대한 개관이, 16~17세기 과학혁명을 본격적으로 다루기 전에, 고대 그리스 자연철학에서 출발해서 이슬람의 중요한 업적을 인정한 뒤에 중세 서구의 학문의 부활을 취급해야 한다고 생각했다. 이 책이 과학혁명을 출발점으로 잡는다고 해서 이전의 발전이 중요하지 않다는 의미는 아니다. 근대과학의 토대에 대해 더 알고 싶은 사람은 데이비드 린드버그의 『서구 과학의 기원(The Beginnings of Western Science, 1992)』을 읽어보기 바란다. 특히 근대과학이 고대 그리스만이 아니라, 고대 자연철학을 육성하고 확장해서 이후 유럽에서 과학이 발전할 결정적 기초를 제공한 이슬람에도 빚지고 있음을 잊지 말아야 한다. 우리는 또 중국 문화가 화약이나 나침판을 포함한 매우 중요한 발명들을 일구어냈고, 서구에서 궁극적으로 부상했던 자연철학과는 매우 다른 자연철학을 발전시켰던 것을 알고 있다. 조지프 니덤의 『중국의 과학과 문명(Science and Civilization in China)』은 이와 같은 대안적 전통을 기린 기념비적 연구이다. 니덤은 또한 왜 중국이 이런 토대 위에 유럽에서 나타난 것과 맞먹는 과학의 혁명을 만들어내지 못했는가라는 까다로운 물음에도 답을 하려 시도했다(Needham, 1969).

다른 문화의 기여를 인정함으로써 우리는 우리의 출발점인 17세기 유럽의 과학혁명을 자연에 대한 새로운 접근법이 하늘에서 뚝 떨어져 유럽이 세계의 패권을 쥘 수 있도록 길을 열어준 유일무이한 진정한 혁명이었다고 단정하는 것을 피할 수 있다. 새로운 사회학적 접근이 낳은 한 가지 성과는 과학혁명에 대한 섀핀(1996)의 설명인데, 그는 근대과학이 인간 태도와 행위의 복합적 변화에 힘입어 등장했으며, 이러한 변화가 당시 사람들의 생활 · 신념의 모든 영역에 영향을 주었기 때문에 '혁명'이라 할 만한 것은 없었다고 공공연하게 선언했다. 그렇지만 결과적으로는 우리가 과학이라 부르는 새로운 종류의 활동이 부상했고, 새로운 방법, 이론, 조직, 그리고 실질적 응용의 폭발이 일어났다. 위에서 기술한 과학사의 최근 연구들은 대부분 근현대의 과학에 초점을 맞추었는데, 그 이유는 우리가 과학이라고 인정하는 활동이 부상한 것이 바로 지난 수세기 동안이었기 때문이다. 그리고 산업적이고 군사적인 관심에 의해 추진된 현대 '거대 과학'

의 시기로 넘어오면 사회학적 분석의 기회는 현저하게 커진다. 학술지 《아이시스》에서 매년 발행하는 『중요 참고문헌 목록(Critical Bibliography)』의 1975년 호와 최근호를 비교해보면 강조점이 변하고 있음을 쉽게 알 수 있다. 고대 과학, 이슬람 과학, 중세 과학에 대한 출판 문헌의 개수는 대략 비슷한(전체 비율을 보면 감소한) 수치로 남아 있으며, 17세기부터 19세기까지의 과학에 대한 문헌은 약간 증가했다. 그러나 20세기 과학에 대한 문헌은 급격하게 증가해서, 지금은 가장 많은 연구가 출판되고 있다. 그리고 20세기 과학의 상당한 부분은 미국의 과학에 초점을 맞추고 있는데, 이는 미국에서 20세기 과학의 대부분이, 그리고 과학의 역사에 대한 연구 대부분이 행해지고 있기 때문이다.

이러한 무게중심의 이동은 과학사를 점점 더 개념적 · 이론적 혁신의 관점보다는 연구 학파, 실질적인 개발, 그리고 점증하는 정부와 산업의 영향이라는 관점에서 살펴보려는 현대적 경향을 반영하고 있다. 과학적 방법론을 포함해서 과학적 개념의 역사에 초점을 맞추었을 때에는 그리스의 자연철학을 그 출발점으로 삼는 것이 당연해 보였다. 이럴 경우 과학혁명부터 시작하는 것은 토대가 없는 역사를 쓰는 것과 마찬가지였다. 그렇지만 근대적 과학자 사회가 어떻게 작동하는가의 관점에서 과학을 정의하면, 서로 다른 사회적 환경에서 얻어진 다양한 형태의 자연지식은 덜 근본적인 것으로 보인다(비록 서로 상이한 사회에서 과학이 기능하는 방식에 대한 연구가 비교의 목적을 위해서는 흥미로울지라도 말이다). 역사학자들은 과학자 사회, 학술지, 대학, 정부기관으로 이루어진 전문가 네트워크의 형성과, 과학자와 산업체, 정부, 그리고 대중 간의 상호 작용에 더 관심을 가지게 되었다. 이 모든 것들은 17세기부터 20세기에 이르는 시기에 자리잡은 제도와 연결망들이다. 또한 근현대 시기를 거치며 매 시기마다 더 많은 과학이 추가되는 형태로 과학의 실질적인 양 역시 엄청나게 증가했다(1975년에 새로웠던 과학이 지금은 역사가 되었다). 동시에 과학사도 과학학과 내에서 새로운 역할을 획득했으며, 여기서의 강조점은 현대사회의 딜레마를 직접적으로 낳은 발전에 대개 필수적으로 맞추어지고 있다.

이러한 강조점의 변화를 인식해서 우리는 17세기 이후의 과학에 초점을 맞추었고 이 시기에 해당하는 주제를 가능한 한 많이 포함하고자 했다. 1권에서는 과학혁명부터 시작해서 개별 과학의 주요 주제에 초점을 맞춤으로써 조금은 통상적인 방식으로 과학 자체의 발전을 다루었다. 여기서 우리는 새로운 연구방법에 의해 가능해진 재평가의 실례들을 활용하면서, 새로운 이론의 부상에 관한 전통적인 관심과 학문 분야나 연구 프로그램의 부상에 기초한 현대적 접근법을 혼합하려고 노력했다. 2권에서는 과학사를 통해 나타나는 단면들을 주제별로 제시했다. 이는 과학과 기술, 의학, 종교의 연관과 같은 전통적인 관심과 대중과학과 같은 새로운 연구 분야를 포함한다. 어디부터 시작하든 여러분들은 다른 장에 대한 언급(예를 들어, 『현대과학의 풍경2』 "18장 생물학과 이데올로기 참조"는 언급)을 통해 더 확장된 관점을 얻을 수 있을 것이다. 우리는 근현대과학사의 전체 상을 쉽게 얻을 수 있다고 감히 말하지는 않을 것이다. 그렇지만 우리는 그 과정에서 여러분이 과학에 대한 새로운 관심과, 그것이 우리의 삶에 주는 중요성에 대한 더 나은 이해를 얻기를 희망한다. **(홍성욱 옮김)**

2 Making Modern Science

과학혁명

17세기에 '과학혁명'은 실제로 있었는가? 전통적으로 역사학은 이 물음에 대해 그렇다고 목소리를 높여왔다. 이에 따르면 이 시기에 우주와 우주를 이해하는 데 사용된 방법을 바라보는 서구 문명의 관점에서 일어난 격동적인 변화는 그야말로 혁명이라 묘사할 만하다. 그뿐 아니라 이러한 변화가 우주와 그 안에서 인간의 위치에 대한 우리의 이해에 미친 영향은 거의 유일무이하다고 여겨질 만큼 강한 것이었다. 다시 말해 17세기에 일어난 일은 여느 과학혁명(scientific revolution)과는 다른, 단 하나의 특별한 과학혁명(the Scientific Revolution)이었다. 이런 관점에서 볼 때 과학혁명기에 일어난 일은 다름 아닌 근대과학의 탄생이었다. 결과적으로 이러한 역사관이 옳다면, 과학혁명과 연관된 니콜라우스 코페르니쿠스, 르네 데카르트, 갈릴레오 갈릴레이, 요하네스 케플러, 아이작 뉴턴과 같은 위대한 인물들은 진정으로 근대과학의 아버지라 불릴 만하다. 그들은 위대한 발견을 하고 새로운 이론을 공식화했을 뿐만 아니라, 우리 주변 세계에 관해 확실하고 신뢰할 만한 지식을 제공할 수 있는 새로운 방법론, 다시 말해 과학적 방법을 개척했다.

과학의 역사를 바라보는 이 같은 방식에는 나름의 역사가 있다. 16~17세기 과학혁명의 향방을 가른 철학적 논쟁과 발견에 참여한 수많은 주인공들은 분명 스스로를 혁명적인 지적 운동의 선구자라 여겼다. 영국의 궁정 철학자 프랜시스 베이컨은 고대 그리스 철학에 대해 회의적이었는데, 예컨대 그는 고대의 철학이 당대의 과학적 성취에 비하면 "진리 탐구에 완전히 반하는 지혜의 일종"이라고 평했다. 그 견해의 핵심은 실험하려는 의지와, 지식은 "고대의 어둠으로부터 나오는 것이 아니라 자연의 빛을 통해 추구해야 한다"는 인식이었다. 비슷한 논조로 계몽주의 작가 볼테르(Voltaire라는 필명이 더 널리 알려진 인물로 본명은 François-Marie Arouet—옮긴이)는 아리스토텔레스, 플라톤, 피타고라스를 내던져버리고, 베이컨, 로버트 보일, 아이작 뉴턴을 칭송했다. 19~20세기의 시점에서 돌이켜보면 17세기에 일어난 일은 적어도 중세의 오랜 침체 이후 인간 지성과 그 발전 가능성이 다시 꽃핀 사건이었다. 20세기 역사학자 알렉상드르 코아레는 근대과학의 창시자들이 "한 세계를 무너뜨리고 이를 다른 세계로 대체하는" 성취를 거두었다고 주장했다(Koyré, 1968). 그와 동시대를 살았던 허버트 버터필드는 고전이 된 『근대과학의 기원(The Origins of Modern Science)』에서 과학혁명은 "기독교의 등장 이후 가장 빛을 발한 사건이었으며, 그에 비하면 르네상스나 종교개혁은 일개 에피소드에 불과하다"고 단언했다(Butterfield, 1949).

최근 들어 역사학자들은 과학혁명과 특히 그것의 독보적 지위에 관해 상당히 수정된 평가를 내리고 있다(Shapin, 1996). 이렇게 된 데는 여러 가지 이유가 있다. 이제 역사학자들은 17세기 '과학'에 관해 이야기하는 것이 의미가 있다는 견해를 예전처럼 달갑게 받아들이지 않는다. 스스로를 과학지식인 혹은 자연철학자라고 칭했을 17세기 사람들이 실은 근대적 과학 개념에 부합하지 않을 수도 있는 온갖 종류의 활동에 종사했다는 사실이 밝혀졌기 때문이다. 또한 이제 중세의 지식 생산활동에 관해서도 더 많은 것이 알려졌고, 그 결과 많은 역사학자들이 중세와 후대의 관념 및 실행 사이에 존재하는 중요한 연속성을 논할 수 있게 되었다. 따라서 17세기에 일어난 일이 결국 과거와의 완전한 단절이었다는 주장이 설득력을 잃은 것이다. 일반적으로 대부분의 과학사학자들은 유일무이한 과학적 방법론이 있다는 견해를 갈수록 불편해한다. 하나의 과학적 방법(the scientific method)에 대한 신념이 없다면, 유일무이한 과학혁명(the Scientific Revolution)이 도대체 무엇인가는 더더욱 불명확할 수밖에 없다. 그렇지만 과학혁명이라는 개념을 견지해야 할 이유 한 가지는 여전히 타당하다. 좀 전에 살펴봤듯이 17세기의 많은 논객들은 분명 자신들이 혁명적 변화에 관여하고 있다고 믿었다. 만일 우리의 주제와 그들의 믿음을 진지하게 다루고자 한다면, 그들이 무엇을 하고 있었고 왜 그것을 그토록 중요하게 생각했는지를 주의 깊게 살펴보는 것은 분명 가치 있는 일이다.

이 장에서는 일단 과학혁명의 간략한 개요만을 서술할 것이다. 우선 천문학에서 일어난 엄청난 변화를 살펴보는 것으로 논의를 시작할 것이다. 전통적인 설명대로라면 적어도 이 시기의 천문학은 말 그대로 지구를 움직일 만한 변화를 겪었다. 과학혁명을 생각할 때 대부분의 사람들이 떠올리는 것처럼, 이는 지구 중심의 우주관이 태양 중심의 우주관으로 대체된 커다란 변화였으며, 이로써 우주의 중심이었던 지구의 지위가 태양 주위를 도는 일개 행성으로 밀려나게 되었다. 이어서 살펴볼 주제는 17세기의 많은 논객들이 당시 진척된 새로운 자연관의 핵심이라 여겼던 기계적 철학

(mechanical philosophy)이다. 새로운 관념들에 더하여 같은 시기에 출현한 새로운 지식 획득방법도 함께 살펴볼 것이다. 철학자들은 실험과 수학이 자연을 이해하는 데 사용될 수 있는 새로운 수단, 심지어 새로운 언어를 제공한다고 이야기했다. 마지막으로 많은 당대인들이 새로운 과학(New Science)을 혼자 힘으로 출현시킨 인물이라 상찬했던 그 유명한 아이작 뉴턴을 살펴보면서 이 장을 마무리할 것이다. 이러한 성취들을 살피다 보면, 이 장의 서두에서 던진 "과학혁명은 실제로 있었는가"라는 질문에 충분히 답할 수 있게 될 것이다.

천상의 재배치

주지하다시피 천문학은 확실히 과학혁명의 인기 주제 중 하나였다. 과학혁명이라는 거대한 지적 변화와 관련해 자연스레 머리에 떠오르는 인물들 중 상당수가 천문학 종사자들이다. 티코 브라헤, 코페르니쿠스, 갈릴레오, 케플러, 더 나아가 뉴턴이 그렇다. 하지만 엄밀히 말해 17세기 이전까지 천문학은 결코 자연철학의 일부가 아니었다. 천문학은 수학과 마찬가지로 사물의 부수적 성질과 겉모습만을 다루는 학문일 뿐, 사물의 진정한 원인을 다루는 일은 자연철학의 몫으로 여겨졌다. 여기에는 형식적 구분 이상의 의미가 있다. 예컨대 이에 따르면 대학 교과과정에서 천문학이 차지하는 위치는 자연철학과 달랐다. 또한 이는 수학자들과 마찬가지로 천문학 종사자들의 지적·사회적 지위가 자연철학 교수보다 낮았음을 의미한다. 후에 살펴보겠지만 바로 이런 이유 때문에 갈릴레오는 궁정 수학자보다는 궁정 철학자로서 자신을 고용해달라고 메디치 가(家)의 코시모 대공을 간곡히 설득하기도 했다. 천문학은 실재가 아닌 사물의 현상(現象)만을 다루어야 했으므로, 천문학자들은 결코 하늘의 실재를 표상하는 모델을 고안해서는 안 되는 상황이었다. 그들에게 주어진 과제는 천체의 겉보기 운동을 정확하게 묘사하고 예측하는 방법을 찾아내는 것이지, 실제적인 우주의 구조를 설명하는 방법을 발견하는 것은 아니었다. 실재를 설명하는 것은 자연철학자들에게 남겨진 과제였다.

대체로 16세기 자연철학자들은 아리스토텔레스의 우주관을 따르고 있었다. 이 모델에 따르면 지구는 우주의 한가운데 있으며, 달 · 태양 · 행성들은 여러 천구들의 표면에 달라붙은 채 지구 주위를 선회한다. 달의 천구는, 타락하고 변화하는 달 밑 세계와 그 위에 있는 영원하고 불변하는 천상을 가르는 경계이다. 이 시기 대부분의 천문학자들은 알렉산드리아의 천문학자 클라디우스 프톨레마이오스가 기원후 2세기경에 개발한 프톨레마이오스 우주 모델(그림 2.1)을 채용했다. 프톨레마이오스는 아리스토텔레스의 기본 모델을 완벽히 수정하여 천체의 겉보기 운동을 정확하게 기술하고 예측할 수 있도록 했다. 그는 주전원(epicycles: 행성이 지구 주위의 원궤도뿐만 아니라 천구 표면 고정점 주위의 원궤도상을 움직이도록 하는 기법)과 등각속도점(equants: 지구 주위를 회전하는 천체의 각속도가 궤도의 중심이 아니라 다른 특정한 점에 대해 일정하게 유지되도록 하는 기법)과 같은 혁신적 기법들을 도입했다(그림 2.2). 프톨레마이오스의 추종자들은 이와 같은 기법들을 이용해 천체의 운동을 정밀한 천문표로 작성할 수 있었다. 하지만 누구도 주전원과 등각속도점이 실재를 기술하는 것이라고는 생각하지 않았다. 그것은 "현상을 구제하기" 위해 사용되는 기하학적 기법 정도로만 여겨졌다. 아리스토텔레스주의 자연철학자들은 타락하지 않는 달 위 세계에서는 완벽한 원운동만이 가능하다고 주장했다(Kuhn, 1966; Lloyd, 1970; 1973).

1543년에 폴란드의 성직자 니콜라우스 코페르니쿠스가 『천구의 회전에

6 PRIMA PARS COSMOGRAPH.

Schema prædictæ diuisionis.

그림 2.1 페트루스 아피아누스의 『우주구조론(Cosmographia, 1539)』에 실려 있는 프톨레마이오스의 우주에 관한 도해. 우주의 중심에 지구가 있으며, 그 주위로 달, 태양, 그리고 다섯 개의 행성이 회전하고 있다. 항성 천구는 우주의 외곽 경계를 나타낸다.

관하여(De revolutionibus orbis coelestium)』를 출간했을 때, 코페르니쿠스의 동시대인들도 그 책의 내용을 통상 이와 같은 방식으로 이해했다. 사실 다른 방식의 독해는 다소 이상하게 받아들여졌을 것이다. 코페르니쿠스는 지구가 아니라 태양이 우주의 중심에 놓인다고 가정함으로써, 천체의 움직임을 더 정확하게 예측할 수 있으며, 프톨레마이오스의 모델 중 등각속도점과 같이 미적으로 의심스러운 몇 가지 측면들을 제거할 수 있다고 주장했다. 당시 많은 독자들은 이를 "현상을 구제하고" 좀더 정밀한 천문표

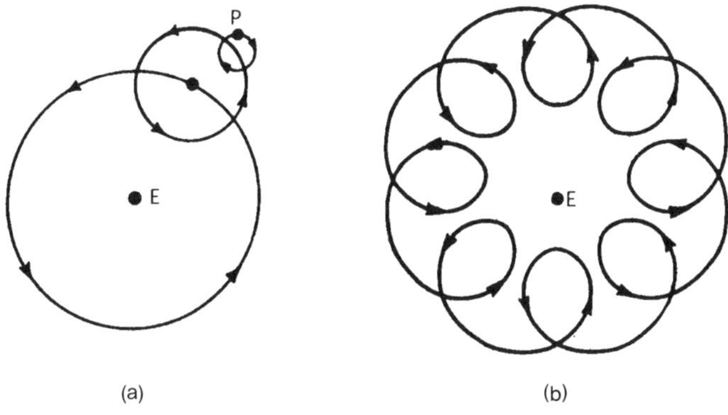

그림 2.2 프톨레마이오스가 행성의 움직임을 더 정확히 묘사하기 위해 사용했던 주전원과 같은 기하학적 작도법의 예. 이 경우 왼쪽과 같이 주전원을 배치하면 오른쪽과 같이 움직이게 된다. E는 지구, P는 행성을 나타냄

를 작성하기 위한 또 다른 독창적 시도쯤으로 여겼다. 그렇지만 『천구의 회전에 관하여』의 서문에는 더 놀라운 주장이 담겨 있었다. 즉, 그의 모델이 물리적 실재의 반영으로 취급되어야 한다는 제안이 담겨 있었던 것이다(그림 2.3). 코페르니쿠스는 통상 자연철학이 확고하게 차지해온 지적 영역에 대한 권리가 실은 천문학에 있다고 주장하는 듯했다. 만약 코페르니쿠스가 옳다면, 그의 책이 담은 의미는 진정으로 혁명적이었다. 코페르니쿠스의 책은 천문학자들이 지적 권위와 지위를 두고 자연철학자들과 경쟁할 수 있다고 말했을 뿐만 아니라, 지구와 인류가 결코 우주의 중심이 아니라고 제안했다. 그렇지만 그 효과는 책이 출간될 때 코페르니쿠스의 친구이자 루터파 신학자인 안드레아스 오시안더가 익명으로 덧붙인 소개글에 의해 다소 감소했다. 이 소개글에서 오시안더는 태양 중심 모델의 물리적 실재성은 결국 지적인 상상일 뿐이라고 주장했던 것이다. 이것이 코페르니쿠스의 관점이 아니라는 증거는 없으며 그가 책을 출판한 직후 죽었으

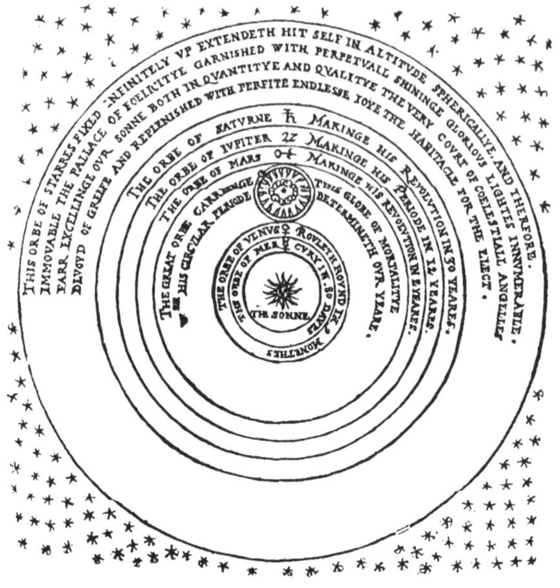

그림 2.3 토머스 디그스의 『항성천구의 완벽한 기술(A Perfit Description of the Coelestiall Orbes, 1576)』에 실려 있는 코페르니쿠스의 우주에 관한 도해. 태양이 우주의 중심에 있고, 그 주위로 지구와 다른 행성들이 회전하며, 달은 지구 주위를 회전한다. 우주가 여전히 항성 천구에 둘러싸여 있음을 주목하라.

므로 이를 확인할 방도 또한 없었다.

코페르니쿠스는 지구의 움직임을 함축하는 자신의 혁신적 발상을 널리 알리는 데 그다지 노력을 기울이지 않았다. 그렇지만 이탈리아의 천문학자, 수학자, 자연철학자이자 가장 유명한 코페르니쿠스의 추종자였던 갈릴레오 갈릴레이가 볼 때는 이를 세상에 알리는 것은 중요한 일이었다. 1609년 여름, 당시 파두아 대학의 일개 수학 교수였던 갈릴레오는 새로 개량한 자신의 망원경을 하늘로 돌리고 이를 이용해 많은 놀라운 발견과 주장을 제기했다. 갈릴레오는 다음 해 출판한 『별의 전령(Sidereus nuncius)』에서 망원경을 통해 진기한 것들을 관찰했다고 주장했다. 그는 전에 관측되거나 천문도에 수록된 적 없는 무수한 새로운 별들을 관찰했고, 완벽하게 깨끗하다고 알려진 달의 표면에서 불완전함을 보았다. 이중 가장 중요한 발견은 네 개의 새로운 행성이었는데, 갈릴레오는 이 별들이 다른 행성들처럼 지구 주위를 도는 것이 아니라 목성 주위를 선회한다고 주장했다. 갈릴레오는 새로운 행성에 '메디치의 별(Medicean Stars)'이라는 이름을 붙였고, 자신의 책을 메디치 가(家)의 토스카나 대공 코시모에게 헌정하여 결국은 코시모라는 유력한 거물의 후원을 얻는 데 성공했다(Biagioli, 1993). 이로 인해 갈릴레오의 지위는 급격히 상승했다. 그는 피사 대학의 철학 교수가 되었고 코시모의 궁정 철학자 겸 수학자로 임명되었다. 이는 천문학의 학문적 위상 변화를 의미하기도 했다. 실제로 갈릴레오는 새로 획득한 지위를 유지하기 위해 자신의 천문학적 발견에는 심오한 철학적 결론도 포함되어 있다고 주장해야만 했다.

1632년에 큰 논란을 일으킨 저서 『두 가지 주요한 우주 체계에 관한 대화(Dialogue Concerning the Two Chief World Systems, 이하 『대화』)』를 출판하기 전부터, 갈릴레오는 논쟁가로서 명성을 떨치고 있었다. 이는 그가 맡은 여러 업무의 일부이기도 했다. 그는 재기 넘치는 논변과 논쟁으로 피렌체 궁정 후원자들을 즐겁게 해주어야 했다. 하지만 『대화』에서 그는 한 걸음 더 나아갔다. 그는 망원경을 통한 발견과 그 밖의 논변들을 이용하여 코페르니쿠스 이론의 물리적 실재성을 넌지시 옹호했다. 그는 망원경을 통해 드러난 천상의 증거들이 코페르니쿠스의 이론과 잘 맞아떨어진다고 주장했고, 지구가 선회한다는 관념을 뒷받침하는 일련의 물리적 논변들을 만들어냈다. 그 결과는 갈릴레오에게 재앙을 가져왔다. 그는 로마교황청 종교재판소에 소환되어 코페르니쿠스주의에 대한 믿음을 철회할 것을 강요받은 후 유배되었으며 그의 책은 금서가 되었다. 이 문제에 관해 중요한 것은 갈릴레오와 교회 사이에서 벌어진 논쟁이 대체 무엇이었는지 명확히 하는 것이다(『현대과학의 풍경2』 15장 "과학과 종교" 참조). 그때까지 교회는 코페르니쿠스의 우주론이 가설적인 용어로 표현되거나 진실을 결정하는 성서의 궁극적 권위에 도전하지 않는 한, 코페르니쿠스적 착상에 대한 논의 자체를 금지하지는 않았다. 결국 갈릴레오의 죄는 그가 말한 내용보다는 말하는 방식에 있었다고 볼 수 있다. 갈릴레오는 아리스토텔레스 우주론의 타당성 못지않게 교회의 권위와 지적 중재자로서의 교회의 정당성에도 도전했던 것이다(Redondi, 1987).

갈릴레오의 삶은 16~17세기에 천문학 연구를 지속하는 데 후원이 점점 더 중요해졌다는 사실을 예시한다. 갈릴레오는 자신의 이름을 떨치기 위해 메디치 가(家) 코시모의 재정적·문화적 후원을 필요로 했다. 후원의 중요성은 덴마크 천문학자 티코 브라헤의 삶에서도 분명하게 드러난다. 귀족이었던 브라헤는 덴마크 궁정 유력자의 아들이었다. 남부럽지 않은 지위를 누린 그는 천문학 연구에 몰두할 수 있는 재정적 능력을 갖췄을 뿐만 아니라 덴마크 국왕의 전례 없는 후원까지 받았다. 그는 왕으로부터 섬 하나를 통째로 하사받아 그곳에 자신의 사설 천문대인 우라니보르그(Uraniborg: '하늘의 성'이라는 뜻—옮긴이)를 건설했다(그림 2.4). 하지만 그의 삶에도 어려움은 있었다. 통상 천문학은 귀족에게 어울리는 직업이 아니었다. 티코는 연구를 잠시 중단한 채 천문학을 향한 자신의 열정을 인정받기 위해 가족과 동료 귀족들을 설득하는 한편, 자신을 천문학 커뮤니티의 일원으로 진지하게 받아들여 달라고 천문학자들을 설득해야 했다. 그는 1572년에 하늘에 나타난, 오늘날 초신성이라 일컫는 새로운 별을 상세하게 관측함으로써 큰 명성을 얻었다. 특히 흥미로운 것은 이 관측을 통해 티코가 신성에서 항성시차(恒星視差, stellar parallax: 여기서 티코가 언급

그림 2.4 티코 브라헤의 『복원된 천문학을 위한 기구들(Astronomiae instauraiae mechanica, 1587)』에 실려 있는 우라니보르그 천문 관측소에 관한 그림. 배경에 있는 작업 중인 조수들과 관측 기기들에 주목하라.

한 항성시차는 연주시차가 아니라 일주시차이다—옮긴이)의 증거가 나타나지 않는다고 주장했다는 점이다. 다시 말해, 관측결과에 의하면 신성은 너무 멀리 떨어져 있으므로 아리스토텔레스 자연학에서 말하는 달 밑 세계 안에 놓일 수 없었던 것이다. 대신에 신성은 영원하고 불변하는 세계로 간주되던 달 위 세계에도 불완전과 변화가 존재하는 것을 보여주는 증거로 여겨지게 되었다.

우라니보르그에 자리 잡은 티코 브라헤는 전례 없이 정확한 천문 관측으로 명성을 쌓았다. 그는 관측에 망원경을 사용하지 않았다. 티코는 자신의 막대한 재원을 활용하여 최고의 천문 관측기구를 고안하고 준비한 후, 이 기구들을 사용해 행성의 위치를 정확히 측정했다. 이런 관측작업은 달력을 만들고, 부활절과 같은 교회기념일의 일시를 정확히 확정하는 데 필요한 천문표를 작성하기 위해서 중요했다. 이는 코페르니쿠스의 새로운 우주 모델이 활용된 주된 용도 중 하나였으며, 티코의 관측결과는 이런 천문표를 더욱 정확하게 만들어주었다. 그렇지만 브라헤 자신은 코페르니쿠스주의자가 아니었다. 그는 코페르니쿠스의 지지자들에게 호의적이었지만 지구가 움직인다고 생각하지는 않았다. 대신에 그는 독자적인 해법을 고안했는데, 요컨대 우주의 중심에는 지구가 있고, 그 둘레를 태양과 달이 회전하며, 나머지 행성들은 태양을 중심으로 회전한다고 본 것이다. 아마도 티코의 우주체계는 아리스토텔레스적 우주의 통합성과 그럴듯함을 유지하면서도 그것에 코페르니쿠스 모델의 정확성과 간결함을 더할 수 있는, 즉 두 모델의 장점을 모두 갖춘 우주체계로 여겨졌을 것이다.

요하네스 케플러가 티코의 주목을 받게 된 것은 티코 우주체계의 발단을 둘러싼 논쟁 때문이었다. 티코는 또 다른 독일인 니콜라이 라이머스 우르서스의 우주체계 중 많은 요소가 자신의 아이디어를 표절한 것이라고 주장하며 우르서스와 신랄한 논쟁을 벌이고 있었다. 티코는 케플러의 후원자가 되었고 우르서스의 평판을 떨어뜨리기 위해 조직적 활동을 벌이면서 케플러를 끌어들였다. 당시 티코는 신성로마제국 황제 루돌프 2세의 가신이 되고자 프라하로 떠난 상태였다. 그는 케플러를 고용하여 우르서스에 반대하고 자신의 독창성을 옹호하는 글을 쓰게 했다. 그리고 자신이 일생 동안 축적한 막대한 데이터를 케플러에게 맡겨 이를 티코 우주체계의 우월성을 입증하는 데 쓸 수 있는 형태로 환산하게 했다. 독일 천문학자 마에스틀린의 제자였던 케플러는 이미 그 방면으로 천문학계에서 크게 명성을 떨치고 있었다. 티코가 죽은 1601년, 케플러는 티코의 뒤를 이어 루돌프의 황실 수학자가 되었고 티코의 귀중한 천문기구들과 더욱 귀중한 관측기록 전부를 물려받게 되었다. 이는 천문학 연구를 지속하는 데에 왕족과 귀족의 후원, 특히 재원에 대한 접근이 결정적이었음을 보여주는 또 하나의 사례다.

케플러는 티코가 축적해놓은 막대한 관측결과를 고용주인 티코의 우주체계를 옹호하는 데 사용하려고 하지는 않았다. 17세기 초를 살았던 많은 사람들처럼, 케플러는 플라톤주의자였고 우주가 조화로운 원리에 따라 작동한다고 확신했다. 그는 천구의 음악(Music of the Spheres: 각 행성마다 고유의 음이 있어 행성들이 운행할 때 우주에 아름다운 화음이 울린다는 피타고라스의 이론—옮긴이)을 진지하게 취급했다. 또한 그는 대다수의 동시대인과 달리 열렬한 코페르니쿠스주의자였다. 이미 케플러는 1596년에 출간한 『우주의 신비(Mysterium cosmographicum)』에서 태양 주위를 도는 행성들의 궤도간 거리가 플라톤의 다섯 정다면체들의 배치에 의해 결정되는 우주구조를 명료하게 설명한 바 있다(그림 15.2: 『현대과학의 풍경2』에 있는 그림이나, 이 부분에 필요한 자료로 판단되어 한번 더 소개한다—편집자). 플라톤주의를 신봉했던 케플러가 티코의 관측 데이터로부터 행성이 반드시 따라야만 한다고 확신했던 간단한 법칙을 산출해내기까지는 수년의 시간이 필요했다. 그는 1607년에 연구결과를 책으로 출간하여 코페르니쿠스와 티코

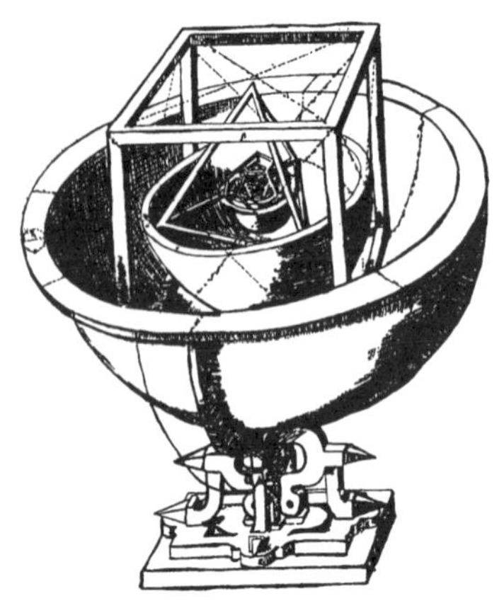

그림 15.2 케플러가 『우주의 신비』에서 제시한 태양계의 기하학적 모형. 케플러는 지구를 포함하여 육안으로 볼 수 있는 여섯 개의 행성만을 알고 있었고, 이를 모든 면이 같은 모양으로 된 '완전한' 입체는 다섯 개뿐이라는 사실과 연결시켰다. 그는 합리적인 신이 이 완전한 입체를 이용하여 행성궤도간의 간격을 결정했다고 주장했으며, 이 그림에서는 어떻게 토성(6면체), 목성(4면체), 화성(12면체), 지구(20면체), 금성(8면체)과 수성 궤도를 나타내는 구들이 입체들에 의해 구획될 수 있는지를 보이고 있다. 가장 안쪽의 궤도와 도형은 너무 작아서 이 그림에서는 보이지 않는다.

브라헤 양쪽 모두 틀렸음을 보여주었다. 행성은 태양 주위를 원형으로 돌지 않았다. 각각의 행성들이 지나는 궤도는 타원이었다. 고용주에 대한 의무를 다한 후, 케플러는 조화의 매력에 다시 천착해 우주가 조화로운 법칙에 따라 작동한다는 자신의 신념을 입증한 『우주의 조화(Harmonices mundi)』를 1619년에 출간했다. 이는 천문학이 새로운 지위를 획득했음을 보여주는 사례였다. 신성로마제국의 전직 황실 수학자이긴 했지만 일개 천문학자·수학자에 불과한 케플러가 이런 종류의 자연철학 논의에 중요한 공헌을 할 수 있게 되었던 것이다.

세기가 경과하면서 혹은 코페르니쿠스의 『천구의 회전에 관하여』가 출간된 이후, 천문학계의 견해는 태양 중심 우주관을 수용하는 쪽으로 점차 옮겨갔다. 그렇지만 천문학이 자연철학에 종속되고 그 목표가 "현상을 구제하는 것"에 제한되는 한, 이런 점진적 수용은 이렇다 할 변화를 가져오지 못했다. 코페르니쿠스의 우주체계는 행성의 운동을 계산하는 좀더 발전된 방법으로만 여겨질 뿐이었다. 진정으로 결정적인 이행은 지구중심설에서 태양중심설로의 변화가 아니라, 달 밑 세계와 달 위 세계 사이의 장벽을 허물고 불완전한 지상계의 속성을 별의 운동에까지 확장하는 것이었다. 이런 이행은 천문학자와 자연철학자의 사회적 · 문화적 지위가 변하면서 이루어졌다. 지상과 천상 간의 물리적 장벽과 함께 천문학자와 자연철학자 사이의 사회적 장벽도 점차 붕괴되어 일개 천문학자도 철학적 문제에 대해 의견을 개진할 수 있게 되었다. 천문학을 수행하는 사회적 장소도 이동하고 있었다. 우리가 앞에서 검토한 모든 천문학자들은 고립된 대학 세계 밖에서 명성을 쌓았다. 천문학뿐 아니라 이후 살펴보게 될 자연철학에서도 지식의 장소는 점차 공공의 광장으로 자리를 옮겼다.

마술과 메커니즘

이 시기에 등장한 새로운 자연철학 체계는 어떤 종류의 세계를 묘사했을까? 16~17세기에 등장한 각종 새로운 자연철학 체계들에서 나타나는 공통된 특징 중 하나는 스스로를 새롭다고 생각했다는 점이다. 학자들은 자신의 책에 『새로운 논리학(Novum organum)』(프랜시스 베이컨), 『새로운 두 과학(Due nuove scienze)』(갈릴레오), 『새로운 음향학(Phonurgia nova)』(아타나시우스 키르허)과 같은 제목을 붙였다. 이러한 표현에는 분명 새로움에 대한 그들의 포부가 담겨 있었다. 그들은 자연세계에 관한 연구를 완전히 새로운 기반 위에 세우고자 했다. 역사학자가 이런 새로운 자연철학 체계의 성격을 규정하려고 할 때, 이를 거리낌 없이 일반화하기란 쉽지 않다. 이제 우리는 새로운 과학을 창조하려는 이런 각각의 시도들이 세부적으로는 상당히 다른 모습을 띠었음을 알고 있다. 새로운 과학이 무엇이 되어야 하고, 이에 이르는 가장 확실한 방법은 무엇이며, 연구의 결과로 무엇이 산출될 것인가에 관해 상당한 의견 차이가 있었다는 것이다. 지식을 추구하기 위해 과학혁명의 주역들이 선택한 길 중 어떤 것들은 현대적 관점에서 볼 때 전혀 가망 없는 것이었다. 또 다른 것들은 과학이 무엇이어야 하는가에 관한 우리의 관념과 훨씬 잘 부합하기도 한다. 그렇지만 근대 초 자연철학자들은 세계에 관해 우리와는 전혀 다른 관념을 갖고 있었으며, 과학이 무엇을 가져다줄 수 있어야 하는가에 관해서도 아주 다르게 생각했다는 점을 기억해야 한다(Lindberg · Westman, 1990).

자연철학자들 중 몇몇은 마술이 자연을 탐구하는 데 상당히 도움이 될 것이라고 보았다. 16~17세기 마술사들은 신화적 인물 헤르메스 트리스메기스투스로 거슬러 올라가 그들 전통의 유래를 찾았다. 마술은 자연계의 물체와 현상에 숨겨진 '신비한(occult)' 성질을 찾아내는 활동으로 여겨졌다. 이런 신비한 성질들을 이해하게 되면 자연의 숨겨진 작용과 상이한 자연물들의 관계도 이해할 수 있을 것처럼 보였다. 예컨대 자석과 같은 특정한 물체가 가시적인 접촉 없이도 다른 물체에 영향을 끼치는 현상은 눈으로 분명하게 볼 수 있었다. 점성술 또한 많은 이들에게 신비적 탐구의 전도유망한 방법으로 여겨졌다. 별과 행성의 움직임이 지상에서 전개되는 현상에 영향을 미치는 방식을 이해하려는 시도는 우주의 숨겨진 작용을 이해하려는 방법 중 하나였다. 이와 유사하게, 연금술은 상이한 물질들이 서로 영향을 주고받는 방식과 그 물질들의 본질적 성질이 무엇인지 이해하는 방법을 제공하는 듯 보였다. 또한 16~17세기에는 자연마술(natural magic)의 전통이 크게 번성했다. 엘리자베스 여왕시대의 궁정인이자 수학자였던 존 디나 박식한 예수회 학자 아타나시우스 키르허를 비롯한 자연마술사들은 자기가 원하는 대로 극적인 현상들을 창출해내기도 했다. 예컨대 키르허는 환등기를 비롯한 발명품으로 명성을 얻었는데, 특히 그가 해바라기 씨앗으로 만든 시계는 마치 해바라기 꽃처럼 일출에서 일몰까지 태양의 경로를 따라 움직임으로써 태양이 자연물에 미치는 신비로운 작용을 보여주었다.

그러나 적어도 현대적 감성에서 볼 때 자연을 이해하는 수단 중 마술보다 논쟁의 여지가 덜한 것은 기계적 철학이었다. 기계적 철학의 관점에 따르면 우주를 가장 잘 이해하는 방법은 그것을 거대한 기계로 취급하는 것이며, 따라서 자연철학의 과업은 자연이라는 기계가 작동하는 원리를 이해하는 것이었다. 기계적 철학은 적어도 몇 가지 점에서 마술적 전통에 대한 반정립이었는데, 왜냐하면 기계적 철학이 마술이 탐구하고자 한 신비한 속성의 존재 자체를 부정했기 때문이다. 기계적 철학에서 가장 흔하게 사용된 메타포는 시계장치였다. 시계의 온갖 부품들은 다 함께 조화를 이루어 최종적 운동을 산출했다. 이는 몇몇 자연철학자들이 자연의 작용을 그려내는 방식이기도 했는데, 이들은 조화롭게 작동하는 자연의 각 부분들이 지구와 행성의 운동을 산출한다고 보았다. 시계장치 메타포는 천상계의 시계 제작자를 함축한다는 면에서도 큰 장점이 있었다. 우주가 시계와 같은 복잡한 메커니즘의 일부라면, 마치 시계에 시계 제작자가 있듯이 우주에도 그 창조주가 반드시 존재해야 했다. 기계적 철학이 행성의 운동과 같은 거대한 현상에만 적용되었던 것은 아니다. 기계적 철학자들은 온갖 자연현상의 메커니즘을 발견하는 데 그들의 재능을 발휘했다. 심지어 그들은 불가사의한 힘조차 간단한 기계적 원리의 작용으로 환원될 수 있음을 보임으로써 자연철학에서 신비한 성질을 완전히 내몰고자 노력했다.

17세기 초, 기계적 철학의 최고 권위자는 말할 것도 없이 프랑스의 자연철학자, 수학자였던 르네 데카르트였다. 예수회에서 양성된 학자이자 30

년 전쟁(1618~48)에 용병으로 참여한 바 있는 데카르트는 널리 알려진 대로 인간의 모든 지식을 철학의 제1원리로 환원하고자 했고, 결국 근대 역사상 가장 유명한 철학격언이라 할 만한, "나는 생각한다, 그러므로 존재한다(cogito ergo sum)"를 제창하게 됐다. 『방법서설(Discourse on Method, 1637)』에서 데카르트는 새로운 자연철학에 관한 자신의 야심 찬 계획을 제안했다. 그가 그린 우주의 모습은 분명 기계적이었다. 데카르트는 우주를 플레넘(plenum), 다시 말해 물질로 충만한 공간으로 보았다. 진공은 데카르트의 우주론에 끼어들 자리가 없었다. 우주는 물질로 꽉차 있으므로 만일 어느 한 부분이 움직인다면 다른 부분도 움직여야 했다. 데카르트는 이를 달성하는 가장 간단한 방법이 원을 그리는 순환운동이며 이 때문에 행성이 태양 둘레를 원운동하게 된다고 보았다. 따라서 데카르트에 의하면, 우주는 무한히 많은 소용돌이들로 이루어지며 각각의 소용돌이는 태양 혹은 별의 둘레를 소용돌이치면서 그 주위에 있는 행성들을 운반했다. 중심부인 태양에서 바깥쪽을 향해 연속적으로 소용돌이치는 미세한 물질들은 행성에 일정한 압력을 가해 안정적인 궤도를 유지하도록 만들었다. 데카르트는 심지어 17세기 실용수학의 최고 난제였던 조수의 운동도 이 소용돌이 이론으로 설명해냈다.

다른 기계적 철학자들과 마찬가지로 데카르트의 이론은 행성의 운동과 조수의 움직임과 같은 거대한 현상을 설명하는 것 이상을 목표로 삼았다. 데카르트의 우주 안에 있는 모든 것들은 물질입자로 구성되었다. 가령, 빛은 태양으로부터 바깥쪽으로 분출되는 미세한 입자의 흐름이었다. 또한 그는 자기현상 역시 기계적·입자적 원리에 입각해 설명하고자 했다(그림 2.5). 자기현상은 자연마술사들이 신비한 성질의 존재를 보여주는 증거로 즐겨 사용한 사례 중 하나였다. 자기현상에 관해 포괄적으로 설명한 최초의 저서 『자석에 관하여(De magnete, 1600)』의 저자인 윌리엄 길버트조차

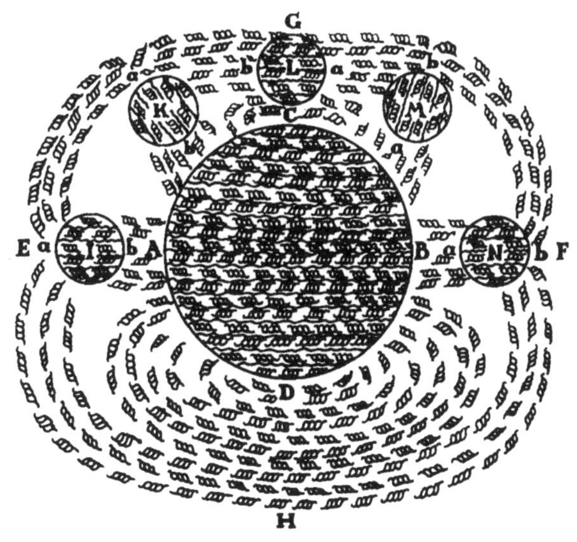

그림 2.5 자기력의 원인에 관한 데카르트의 기계적 설명. 자성체는 작은 나사처럼 생긴 자기입자의 흐름을 방출한다. 나사처럼 생긴 입자들은 다른 물체를 통과하면서, 그 모양에 따라 물체를 자성체 쪽으로 끌어당기거나 자성체로부터 밀어낸다.

자석의 작용을 영혼의 작용에 비유했다. 데카르트에 따르면 자기력은 자성을 띤 물체로부터 흘러나오는 미소체 혹은 입자들의 흐름 때문에 생기는 현상이었다. 그는 이러한 미소체들이 왼손 나사 혹은 오른손 나사처럼 생겼으며, 그것들이 물체를 통과하면서 그 모양에 따라 물체를 자석 쪽으로 끌어당기거나 자석으로부터 밀어낸다고 설명했다. 데카르트의 기계적 철학은 심지어 동물과 인간으로까지 확장되었다. 잘 알려져 있듯이 데카르트는 모든 동물이 복잡한 기계에 불과하다고 설명했다. 또한 송과선(pineal gland)이라는 매개체를 통해 자기 신체를 통제하는 '동물의 영혼(animal soul)'을 가지고 있다는 점만 제외하면, 인간의 신체 역시도 이와 같은 방식으로 설명할 수 있다고 보았다. 데카르트는 적절한 식이요법을 통해 신체의 메커니즘을 관리함으로써 인간의 생명을 무한히 연장할 수 있다고 확신했다(『현대과학의 풍경2』 19장 "과학과 의학" 참조).

아일랜드 태생의 영국 자연철학자 로버트 보일도 데카르트처럼 모든 자연현상을 미세한 물질입자 혹은 미소체의 작용으로 설명할 수 있다고 생각했다. 보일은 창조의 순간에 단일한 물질로 이루어진 우주가 갈라져 상이한 모양과 질감을 지닌 미소체로 나뉘었다고 주장했다. 눈에 보이고 만질 수 있는 물질의 다양한 성질은 바로 이러한 물질입자들의 크기, 모양, 질감과 입자들의 상이한 운동방식을 통해 설명되었다. 보일은 데카르트와는 달리 눈에 안 보이는 입자들의 다양한 모양과 크기가 실제로 어떠한지를 규명하는 데 훨씬 신중을 기했다. 예컨대 데카르트는 자기력을 유발하는 입자의 정확한 모양에 관해 기꺼이 입을 열었던 반면, 보일은 그러한 문제를 미해결 상태로 남겨두었다. 그에게는 물질입자의 모양과 운동에 입각하여 자연현상을 해명하는 기계적 설명방식이 가장 그럴듯하고 유용한 설명으로 받아들여질 수 있다는 점 자체가 중요했던 것이다. 예컨대 보일은, 일반적으로 물질의 색과 질감을 설명하기 위해서는 이를 구성하는 입자의 종류가 무엇인지를 파악해야 한다고 생각했지만, 그러면서도 이러한 입자가 실제로 무엇인가는 심사숙고할 문제로 남겨두었다.

보일이 현상에 관한 기계적 설명을 일반적 차원이 아니라 구체적 차원에서 제시할 때 보였던 신중함은 유명한 공기펌프 실험에 관한 설명에서 명확히 드러난다. 1650년대 말에서 1660년대 초까지 보일은 공기의 성질을 연구하기 위해 갓 고안된 철학적 기구인 공기펌프를 사용해 수많은 실험을 수행했다. 보일은 그러한 실험들을 근거로 공기가 용수철 같은 입자로 이루어져 있다고 주장했다. 용수철과 같은 입자의 성질 때문에 입자로 이루어진 공기는 그것에 가해지는 어떤 힘에도 저항할 수 있고 힘이 사라지면 다시 팽창할 수 있었다. 『공기의 물리적 · 기계적 탄성에 관한 새로운 실험

(New Experiments Physico-Mechanical Touching the Spring of the Air, 1660)』에서, 보일은 공기펌프 안에서 만들어지는 현상 자체의 진실성, 다시 말해 자신이 설명한 대로 공기가 실제 행동한다는 점에 대해서는 확신하지만 이러한 현상의 원인은 확신할 수 없다고 말했다. 기계적 철학자로서 그가 확신할 수 있었던 바는, 현상의 원인은 본성상 기계적이지만 그 원인의 상세한 메커니즘은 아무리 잘 설명해도 기껏해야 그럴싸한 것에 불과하다는 점이었다. 공기입자가 강철 용수철 같을 수도 있지만 반대로 그렇지 않을 수도 있다고 본 것이다.

이러한 신중함에도 불구하고, 많은 추종자들은 기계적 철학이야말로 자연현상을 가장 체계적이고 인과적으로 설명한다고 확신했다. 한때 보일의 실험 조수였던 영국의 자연철학자 로버트 후크조차 그 당시 막 발명된 현미경을 통해 머지않아 물질의 근본 입자를 실제로 보는 것이 가능해지지 않을까 제안하기도 했다. 대부분의 자연철학자들은 비록 "자연을 구성하는 작은 기계들"을 직접 입증하는 감각 증거가 없다 하여도, 그것의 존재를 가정하는 것이 자연에 관해 철학적으로 가치 있는 설명을 구축하는 최상의 방법임은 기꺼이 인정했다. 그것은 서로 다른 물질에 각각 신비한 성질이 내재해 있다고 가정하는 것보다는 분명 더 나은 대안이었다. 에반젤리스타 토리첼리는 1644년에 "자연은 진공을 혐오한다"는 개념에 의지하지 않고도 그 현상을 기계적으로 설명할 수 있음을 보이기 위해 펌프와 액체를 가지고 실험을 수행했다. 블레즈 파스칼 역시 같은 목적으로 1648년에 프랑스 퓌드돔 산기슭에서 이 실험을 반복했다. 또한 기계적 설명을 받아들일 때 얻는 한 가지 이점으로 많은 사람들이 물질에 영적 성질을 부여하려는 유혹을 뿌리칠 수 있다는 점을 들었다. 프랑스 성직자 마랭 메르센은 물질에 활성을 부과하면 신과 자연의 구분이 깨질 위험이 있다고 주장했다. 기계적 철학자들의 가르침을 따르면서, 물질은 본질적으로 수동적이며 단지 그 입자의 모양과 크기에서만 차이가 난다는 주장을 받아들이는 것이 훨씬 더 마음 편했던 것이다.

데카르트의 사례에서 이미 살펴봤듯이 이런 유형의 기계적 논증은 생명 없는 세계뿐만 아니라 동물과 인간의 신체에도 적용되었다. 영국의 의사 윌리엄 하비가 내놓은 피의 순환에 관한 설명은 정작 하비 본인은 기계적 철학의 장점을 의심스러워했음에도 불구하고 많은 당대인들에게 기계적 철학을 생명체에 적용한 본보기로 받아들여졌다. 『심장과 피의 운동에 관하여(De motu cordis et sanguinis, 1628)』에서 하비는 피가 몸을 순환한다고 주장했다. 그에 따르면 피는 심장과 폐를 통과하여 동맥으로 진입하고, 다시 동맥을 통과하여 몸의 말단에 도달한 후, 심장을 향하는 정맥으로 되돌아왔다. 하비를 모범으로 삼아, 조반니 보렐리와 같은 자칭 의사-기계론자들(iatromechanists: 그리스 시대부터 iatro는 의사를 의미했다)은 인간의 신체를 복잡한 기계로 이해하는 것이 의학 발전의 열쇠가 된다고 주장했다. 헤르만 부르하페는 신체를 구성하는 모든 해부학적 기관들을 각각 다양한 종류의 기계장치로 볼 수 있다고 주장했다. "우리의 기관들 중 몇몇은 기둥 · 버팀목 · 대들보 · 보호재 · 덮개를 닮았고, 몇몇은 도끼 · 쐐기 · 도르래를 닮았으며, 다른 것들은 체 · 여과기 · 파이프 · 도관 · 용기를 닮았다. 그리고 이러한 기구들에 의해 수행되는 다양한 동작들이 이른바 그것의 기능이다. 그것들은 모두 기계적 법칙에 따라 작동하며 이것만으로도 이해 가능하다." 부르하페에게 인간의 신체는 단지 복잡한 수력학적 기계에 지나지 않았다(『현대과학의 풍경2』 19장 "과학과 의학" 참조).

기계적 철학을 지지하는 사람들은 수시로 자신들이 마술을 행하는 사람들이나 자연에 신비한 성질이 존재한다고 주장하는 사람들과 반대의 입장을 취한다는 점을 명확히 밝혔다. 자연의 몇몇 속성을 물질에 내재된 성질의 관점에서 설명하는 것은 결코 제대로 된 설명이 아니라고 말하는 사람들도 많았다. 극작가 장 바티스트 몰리에르가, 아편의 최면 효과를 아편이 가지고 있는 "잠을 초래하는 성질"로 설명하는 자연철학자들을 묘사하면서 풍자하려고 했던 것 역시 바로 그와 같은 설명이었다. 기계적 철학에 심취한 당대인들이 마술을 행하는 사람들을 완전히 부정했던 것과는 달리, 최근의 역사학자들은 이에 대해 훨씬 신중한 태도를 취한다. 과학혁명을 연구하는 대부분의 역사학자들은 이 시기의 지적 논쟁에서 마술이 중요한 역할을 담당했음을 인정한다. 마술사와 기계적 철학자들은, 내재적이든 아니든 간에, 물질에 감춰진 성질을 조사함으로써 그 물질의 본성을 밝혀내려는 관심사를 공유했던 것으로 보인다. 또한 그들은 모두 스스로를 새롭다고 자부하는 태도를 갖고 있었다. 연구과제 자체의 상세한 항목을 다르게 설명하고는 있었지만, 이 시기 대부분의 자연철학자들은 자신이 근본적으로 새로운 연구과제에 참여하고 있다는 인식을 공유했다.

새로운 지식을 획득하는 방법

새로운 과학을 실천했던 사람들은 그들이 발견하고 있는 우주의 본성 이상으로 새로운 지식을 획득하는 방법에 관한 질문을 중시했다. 거의 모든 이들이 한목소리로, 그들의 지식이 과거의 각종 지식과는 전혀 달리 권위보다는 경험에 기반을 둔다고 주장했다. 이미 물러난 이전 세대의 '스콜라 학자들'이 지식의 근거를 고전 문헌의 권위에서, 특히 아리스토텔레스와 중세 아리스토텔레스 주석가들의 권위에서 찾았던 반면, 새로운 과학의 주창자들은 그들의 지식이 실질적 경험을 기반으로 하고 있다고 주장했다. 17세기 자연철학자들이 그들의 과학이 지니는 새로움을 얼마나 강조했는지에 관해서는 이미 앞에서 살펴보았다. 그들이 이렇게 주장하면서 염두에 두었던 생각은 이러하다.

그들의 과학이 새로운 이유는, 무엇보다도 지식을 획득할 때 취해야 하는 최선의 방법에 관해, 이전과는 전혀 다른 일련의 가정들에 근거를 두고 있다는 것이었다. 이전 세대의 학자들이 아리스토텔레스의 책에서 지식을 찾으려 했다면, 새로운 세대의 학자들은 '자연이라는 책(books of nature)'을 읽는 것이 지식에 다가서는 최선의 길임을 비로소 깨닫게 되었다고 자부했다.

또한 자연이라는 책이 수학의 언어로 기술되어 있다고 주장하는 자연철학자들이 점점 더 많아졌다. 이런 주장은 수학의 인식론적 · 사회적 지위가 크게 달라졌음을 보여준다. 이미 살펴봤듯이 전통적으로 수학은 자연철학에 비해 인식론적으로 열등한 것으로 간주되고 있었다. 자연철학이 사물의 본성 혹은 본질을 다루는 학문이라고 여겨진 데 반해 수학은 수와 같은 부수적 성질만을 다루는 학문으로 인식되었던 것이다. 자연철학자들은 수학이 특정한 유형의 확실성을 제공하는 것은 분명하지만, 수학이 제공하는 확실성이 매우 제한된 유형에 한정된다고 주장했다. 수학적 추론으로부터 도출되는 결론은 논증의 전제가 참일 때에만, 그리고 그러한 전제의 참됨이 수학적 추론의 영역을 넘어설 때에만 옳다고 받아들여졌다. 이런 인식론적 위상 차이에 더하여 사회적 위상에도 차이가 있었다. 수학은 자연철학과 달리 대학 교과과정에서 높은 지위를 차지하지 못했다. 일례로 갈릴레오가 잘 알고 있었듯이, 수학 교수는 철학 교수에 비해 훨씬 보수를 적게 받았다. 또한 대체로 수학은 자연철학보다 훨씬 더 실용적인 노고로 여겨졌다.

예컨대 수학에 기하학과 같은 오늘날 '순수' 추론이라 일컫는 측면만이 포함되어 있었던 것은 아니다. 수학에는 산술(arithmetic)과 같은 훨씬 더 실용적인 활동도 포함되었다. 몇몇 논객들은 엄밀히 말해 수학은 결코 학문적 활동이 아니며 단지 기계술에서 행하는 그 무엇이자 "교역업자, 상인, 선원, 토지 측량가 등이 담당하는 업무"에 불과하다고 주장했다. 이는 극단적인 예지만 적어도 어떤 사람들은 수학을 인식론적으로 열등하고 사회적으로 저급한 활동이라고 생각했음이 틀림없다. 실용수학은 육분의, 사분의, 계산자 등의 계산기구와 같은, 수학적 기구의 조작을 중심으로 구축된 활동이었다(그림 2.6). 항해와 탐험이 늘어났을 뿐만 아니라 토지구획과 정교한 지도 제작이 시작된 시대에 실용수학의 유용성은 분명 작지 않았다. 지주 귀족과 귀족 사업가들은 점차 실용수학 기법의 필요성을 깨달았고 스스로 특정한 수준의 수학적 기량을 습득하기도 했다(『현대과학의 풍경2』 17장 "과학과 기술" 참조). 이 모든 것들을 통해 수학자들이 문화적으로 눈에 띄는 존재로 부상했는데, 이런 경향은 궁정과 귀족의 저택에서, 다시 말해 아리스토텔레스주의가 판치는 대학으로부터 빠져나온 지적 세계의 구심점이 새롭게 둥지를 튼 장소에서 더욱 두드러졌다.

앞서 살펴봤듯이 갈릴레오는 바로 이런 변화를 활용하여 파두아 대학의 수학 교수에서 피렌체 메디치 궁정의 철학자로 자리를 옮겼다. 천문학을 변호할 때와 마찬가지 방식으로, 갈릴레오는 지위 상승을 위한 전략의 하나로 수학의 철학적 지위를 요구했다. 갈릴레오를 비롯한 여러 사람들이 지속적으로 주장했듯이, 자연이라는 책은 수학의 언어로 기술되어 있었다. 갈릴레오는 자연의 구조가 수학적이므로 자연철학은 수학의 용어로 표현되어야 한다고 주장했다. 따라서 자연철학의 주된 목표는, 지상을 향하는 모든 물체가 무게와 무관하게 같은 속도로 떨어진다는 갈릴레오의 낙체에 관한 수학법칙처럼, 수학적으로 표현된 자연법칙을 이끌어내는 것이어야 했다. 더 나아가 이러한 주장의 원천에는 스콜라 학자의 아리스토텔레스에 필적하는 고전적 계보가 존재했다. 수학자들은 자연세계의 수학적 본성을 확립하기 위해 플라톤과 피타고라스의 권위에 의지했다. 예컨대 행성의 궤도가 정6면체, 정4면체, 정12면체, 정8면체, 정20면체와 같은

그림 2.6 조너스 무어의 『새로운 수학의 체계(A New System of Mathematicks, 1681)』의 권두화. 다양한 종류의 수학적 기구들은 17세기에 실용수학이 얼마나 중요해졌는지를 보여준다.

일련의 플라톤의 입체에 의해 결정된다는 초창기 케플러의 주장은 이를 잘 보여준다.

그렇지만 자연세계에 대한 수학적 설명이 가지는 위상이 대체 무엇인가는 여전히 논란거리로 남았다. 수학적 설명의 위상은 비판자들의 의혹을 비껴가지 못했는데, 예컨대 그들은 갈릴레오의 낙체 법칙이 수학적으로 이상화된 세계에서만 진실일 뿐 실제 세계에는 적용되지 않는다고 주장했다. 이를 극복하기 위해서 갈릴레오는 혼란스러운 실재가 아니라 마찰 없이 이상화된 자신의 수학적 모델을 통해서만 현상의 본질을 정확히 파악할 수 있다고 말해야 했다. 자연철학자들은 수학적 논증결과에 대체 어떤 인식론적 지위와 어느 정도의 확실성을 허용해야 하는지 고심했다. 운동하는 입자들로 구성된 기계적 우주와 그것에 관한 수학적 설명 간의 적합성은 대체 무엇인가? 이러한 대응의 완전성은 어떻게 보장될 수 있는가? 자연이라는 책이 수학의 언어로 기술된다고 말했던 기계적 철학자 로버트 보일조차 실제적 측면에서는 자신의 자연철학을 수학의 언어로 기술하는 데 훨씬 신중한 태도를 취했다. 보일은 당대의 많은 사람들처럼, 자연철학이 그 권위를 유지하고 가능한 많은 이들이 통상 받아들이는 세계에 관한 경험에 호소하려면, 이해하기 쉬워야 한다고 생각했다. 보일이 보기에 수학의 문제는, 수학이 전혀 이해하기 쉽지 않다는 데 있었다.

보일은 다른 많은 사람들처럼 새로운 과학이 경험적인 과학이라고 열성적으로 강조했다. 보일과 동료 철학자들은 고대의 권위에 의존하기보다는 과학의 근거를 바로 자신들의 경험적 판단에 두고자 노력했다. 경험은 자연세계에 대한 새로운 이론을 구축하는 열쇠가 되었다. 경험에 대한 이러한 강조는 지극히 현대적인 관점에서 보더라도 그다지 문제가 없어 보인다. 외견상으로 이는 자연의 작동을 연구하기에 적합한 토대에 관한 견해를 확립했던 근대 초 자연철학자들의 성취를 보여준다. 그렇지만 17세기의 논객들은 스스로 일상적 경험을 확실한 지식으로 전환하려 할 때 직면하게 되는 철학적 문제를 날카롭게 인식하고 있었다. 그들은 개별적 경험으로부터 보편적 일반화로 나아가는 추론에 내재된 어려움을 잘 알고 있었다. 그들은 어떤 종류의 경험이 신뢰할 만한 것인지 혹은 그렇지 않은 것인지를 판가름해주는 방법이 필요하다고 생각했다. 여행가와 탐험가들이 먼 나라에서 외래 동식물을 통해 얻은 낯선 경험에 관한 이야기들을 가지고 돌아오면서, 이 시기 서양 세계에서는 인간 경험의 지평이 현저하게 확장되었다. 한편으로 이러한 정보의 새로운 출처들은 고전적 권위의 신빙성에 대한 회의를 정당화하는 듯했다. 다른 한편으로 그것들은 어떤 종류의 경험을 지식의 정당한 출처로 간주해야 하며 어떤 증거자료를 신뢰할 수 있는가라는 문제도 일으켜 그 시대 사람들을 곤혹스럽게 만들었다.

영국의 궁정인이자 법률가였던 프랜시스 베이컨은 경험적 지식을 철학적으로 옹호한 주요 인물 중 한 사람이었다. 베이컨은 참된 지식의 믿음직한 토대는 고대의 권위가 아니라 오직 잘 검증된 경험뿐이라고 확신했다. 그렇지만 그것이 유용한 경험이 되려면 적절히 관리되어야 했다. 베이컨은 자신의 법정 경험과 국정조사관 경력을 참고하여, 경험을 조직하여 유용하게 만들어야 한다고 주장했다. 베이컨은 "경험에 관해 철학이 채용한 관리체계는, 마치 어떤 왕국이나 국가가 외교관들이나 믿을 만한 소식통이 보내온 편지나 보고를 내팽개치고 거리의 풍문에만 의거해 국사를 운영하려는 것과 마찬가지 행태를 보이고 있다"고 비웃었다. 베이컨의 해법은 경험적 사실을 조사하는 업무를 집단적이고 고도로 통제된 체계로 만드는 것이었다. 『새로운 아틀란티스(New Atlantis)』에서 베이컨은 협동적이고 훈련된 방법을 통해 경험적 지식을 획득하는 데 전념하는 기관인 '솔로몬의 집(Solomon's House)'을 설립해야 한다고 주장했다. 베이컨은 최하층의 미천한 사실 수집가에서 최상층의 철학자들까지, 모든 사람들이 경험적 지식의 체계적 생산에 종사하는 연구자의 위계를 상상했다. 비록 '솔로몬의 집'은 세워지지 않았지만 베이컨의 통찰은 런던 왕립학회나 파리 과학아카데미와 같은 17세기의 협동적 과학단체들이 설립되는 데 분명 중요한 역할을 했다(『현대과학의 풍경2』 14장 "과학단체" 참조). 경험으로부터 지식을 뽑아내려면 훈련된 방법이 필요하며, 모든 경험 혹은 모든 사람의 경험이 지식의 신뢰할 만한 기반이 되지는 않는다는 베이컨의 생각은 많은 사람의 공감을 얻었다(Martin, 1992).

공기펌프 실험의 예에서 잘 드러나듯이, 훈련되고 통제된 경험은 로버트 보일의 실험 프로젝트에서도 중요했다. 많은 사람들, 특히 영국인들은 보일의 실험이 실험적 행위의 적절한 본보기라고 생각했다. 보일은 공기의 성질에 관한 수많은 사실적 주장을 확립하기 위해 실험을 활용했다(3장 "화학혁명" 참조). 하지만 그는 그 과정이 결코 수월하지 않음을 잘 알고 있었다. 예컨대 공기펌프 속에서 일어나는 모든 현상은 인공적인 현상이었다. 그런 상황에 있는 공기의 행동 패턴이 공기의 자연적 행동을 그대로 반영할지는 확실하지 않았다. 공기펌프에서 발생하는 현상과 자연에서 발생하는 현상 사이의 상응을 대체로 받아들인다 하여도, 여전히 보일은 의심 많은 청중들에게 자신의 주장이 정당하다는 사실을 납득시켜야 했다. 그는 실험이 이루어지는 동안 자신이 행한 바를 상세히 기록한 보고서를 작성했고, 공공장소에서 많은 사람을 앞에 두고 실험을 수행했다. 이 모든 것들은 보일이 다른 사람들에게 공기펌프 실험에 대한 자신의 증언이 신뢰할 만하다는 점을 설득하기 위해서 반드시 필요한 과정이었다. 이는 보일이나 그와 같은 부류의 사람들이 왕립학회와 같은 과학단체를 꼭 설립해야 한다고 생각한 이유 중 하나였다. 그렇다 하여도 보일은 자신의 경험으로부터 이끌어낸 추론에 관해 여전히 신중한 태도를 취했다. 앞서 살펴봤듯이 보일은 공기의 행동에 대한 자신의 보고가 사실의 지위를 갖는다고 하면서도 이런 행동으로부터 공기의 실제 성질을 추론하는 것은 가설적일 수밖에 없다고 이야기했다(Shapin · Schaffer, 1985).

이미 말했듯이 17세기 행위자들은 경험의 정당성을 입증할 필요성이 과학단체의 등장을 가져온 한 가지 요인임을 명확히 인식했다. 철학에 종사한 대부분의 논객들은 경험적 정보가 믿을 만한 것으로 인정받기 위해서는 그것을 목격한 사람들이 신뢰할 만한 사람들이어야 한다는 점에 동의했다. 보일을 비롯한 다른 많은 이들이 대중 앞에서 실험을 했던 것도 바로 이런 이유 때문이었다. 목격자가 많고 목격자의 사회적 지위가 높을수록 실험 결과는 더욱 신뢰를 얻었다. 목격자가 없을 경우, 실험자는 자신의 진실성을 다른 사람들이 확신할 수 있도록 최대한 상세하고 엄밀한 보고서를 작성하고자 온갖 노력을 다했다. 또한 기물(奇物) 진열실이 새롭게 유행했다(Findlen, 1994). 자연철학자들과 그 후원자들은 온갖 진기한 자연물과 인공물을 수집하여 전시함으로써 자신들의 명성과 함께 자연의 다양성을 드러내고자 했다(『현대과학의 풍경2』 16장 "대중과학" 참조). 많은 경험주의적 자연철학자들이 집단적 활동을 통해 새로운 지식이 만들어진다는 프랜시스 베이컨의 신념에 동의했다. 이러한 이유 때문에 그들은 서로의 관찰을 신뢰할 수 있게 만드는 기반을 마련해야만 했으며, 또한 이 때문에 실험가는 장인, 상인, 여성, 심지어 외국인이 아닌 신사여야 했다. 경제적 자립을 확보한 계층인 신사는 외부의 영향으로부터 자유로울 수 있었고, 따라서 가장 신뢰할 만한 계층으로 여겨졌다. 또한 많은 사람들은 자연철학이 국익을 위해 중요한 역할을 하는 공공의 업무가 되어야 한다는 베이컨의 주장에 동조했으며, 이는 신사가 자연철학을 가장 잘 수행할 수 있는 또 다른 이유이기도 했다. 그렇지만 무엇보다도 이러한 주장의 핵심은 새로운 실험적 자연철학이 담당해야 하는 한 가지 역할이 유용한 지식을 산출해내는 것임을 강조했다는 데 있었다(Shapin, 1994).

앞서 말했듯이 자연철학적 지식의 공공성에 대한 관심은 로버트 보일을 비롯한 여러 사람들이 새로운 기계적 철학에서 차지하는 수학의 위상을 미심쩍게 여겼던 이유 중 하나였다. 그들의 입장에서 새로운 과학을 신뢰할 만한 것으로 만들기 위해서는 그것을 가능한 한 이해하기 쉽게 만들어야 했다. 새로운 지식은 서로 돌려가며 검증되거나 보증되고 그 결과 점차 새로운 합의에 이를 수 있어야 했다. 이를 통해 그것은 공유된 보편적 경험의 일부가 되었다. 자연이라는 책이 수학의 언어로 기술되어 있다는 주장은 이 점에서는 상당한 장애가 되었다. 17세기에 수학은 널리 쉽게 이해되는 언어가 아니었다. 오히려 수학은 극소수의 전문가들만이 익힐 수 있는 고도로 전문화된 숙련지식이었다. 이러한 염려에도 불구하고 새로운 과학에 열광한 사람들 중에서 수학이 자연의 언어임을 부정하는 이는 거의 없었을 것이다. 분명 수학은 점점 더 명확한 추론의 본보기로 여겨지게 되었다. 믿을 만한 추론법의 모델이야말로 17세기 자연철학자들이 끝끝내 찾아내고자 하던 것이었다. 그들은 지식뿐만 아니라 지식을 획득하는 방법까지도 확실한 기반 위에 세워졌다고 확신하고 싶어했던 것이다.

뉴턴이여 있으라!

아이작 뉴턴 경은 많은 동시대 사람들과 그의 제자들에게 과학혁명을 마무리한 인물로 각인되었다. 시인 알렉산더 포프는 그를 찬양했다.

> 자연과 자연의 법칙들은 어둠 속에 싸여 있었네.
>
> 그때 신께서 말씀하시길, 뉴턴이여 있으라! 하시니 모든 것이 밝아졌네.

뉴턴은 새로운 과학의 이질적 · 단편적 요소들을 한데 묶어 통일성 있는 전체로 만들어냈다. 게다가 신랄하고 까탈스러우며 고독했던 그는 여러모로 자연철학자의 전형이었으며, 다음 세대의 사람들에게는 천재적 과학자의 원형(原型)이 되었다. 1642년 성탄절, 혹은 이미 그레고리력으로 개력한 나머지 유럽 지역의 날짜로는 1643년 1월 4일, 뉴턴은 링컨셔 지역에서 부유한 소지주의 아들로 태어나 그 지역 그래머스쿨(grammerschool)에서 수학한 후 케임브리지 트리니티 칼리지에 입학했다. 뉴턴은 트리니티의 일원으로서 자신에게 명성을 가져다준 두 권의 책을 출판했다. 한 권은 1687년에 출간된 『프린키피아』였고, 다른 한 권인 『광학』은 뉴턴의 강적 로버트 후크가 죽고 뉴턴이 왕립학회 회장으로 추대된 직후인 1704년이 되어 출간되었다. 삶을 마감하는 1727년에 이르렀을 때 이미 뉴턴은 은둔한 학자에서 유력한 공인으로 변해 있었다. 자연철학이 무엇이며 그것을 어떻게 탐구해야 하는지에 관한 그의 비전을 좇았던 자칭 뉴턴주의자들이 뉴턴 주위로 몰려들었다.

뉴턴이 쓴 위대한 수학 저서의 표지는 시간을 들여 살펴볼 가치가 있다. 『프린키피아』의 원제목은 『자연철학의 수학적 원리(Philosophiae naturalis principia mathematica)』였다. 이 제목은 야심 찬 계획을 선언하고 있었다. 분명 뉴턴은 수학이 자연의 언어이며, 우주의 작동을 지배하는 숨겨진 수학적 법칙을 발견하는 것이 자연철학의 과업이라는 자신의 견해를 명백히 밝혔다(Cunningham, 1991). 또한 그는 독자들에게 자신이 그러한 수학적 법칙을 알아냈음을 분명히 했다. 결국 『프린키피아』의 표지에서 뉴턴은 자신이 우주의 비밀을 밝혀냈음을 세상을 향해 공표했던 것이다. 이렇게 야심 찬 책인 『프린키피아』의 기원은 그다지 분명하지 않다. 일화에 따르면 『프린키피아』의 집필 계기는 에드먼드 핼리(자신의 이름이 붙은 혜성〔핼리혜성〕의 발견자)가 던진 질문에 대한 뉴턴의 대답에서 찾을 수 있다. 핼리는

1684년 뉴턴을 만나 행성과 같이 중심으로부터 거리의 제곱에 반비례하는 힘을 받는 물체가 어떤 경로를 따르는지 계산해낼 수 있느냐고 물었다. 뉴턴은 그 경로가 태양 주위를 도는 행성의 궤도와 똑같은 타원임을 전에 계산한 적이 있으나 이를 증명한 계산 종이를 어디에 두었는지 찾을 수 없다고 답했다. 핼리는 알겠다고 어깨를 으쓱한 후 런던으로 돌아갔다. 뉴턴은 그것을 다시 증명하고자 계산에 열중했다. 그 결과가 몇 년 후 출간된 『프린키피아』였다.

『프린키피아』에서 뉴턴은 자연물체의 성질에 대한 일련의 정의인 질량, 운동량, 관성, 힘과 같은 것들로부터 논의를 시작했다. 그런 다음에 세 가지 근본 운동법칙에 관해 논했다. ① 물체는 그것에 강제된 힘이 작용하지 않는 한 직선으로 일정하게 운동하는 상태나 정지해 있는 상태를 유지하려 한다. ② 운동의 변화는 물체에 가해지는 힘의 크기에 비례한다. ③ 모든 작용에 대해 그것과 크기가 같고 방향이 반대인 반작용이 존재한다. 뒤이어 뉴턴은 세 권의 책으로 이루어진 『프린키피아』에 이 명제들을 적용했다. 제1권에서 그는 여러 힘들이 작용하는 상황에서 일어나는 물체의 운동을 검토했고, 특히 물체가 타원궤도를 따라 움직이는 경우 그것에 작용하는 힘이 거리의 제곱에 반비례한다는 점을 밝혔다. 제2권에서는 저항 있는 각종 매질에서 운동하는 물체에 관해 검토했다. 제3권 "세계의 체계(System of the World)"에서 뉴턴은 1권에서 발전시킨 일반 이론을 구체적인 천체의 운동에 적용했고 이를 통해 자신의 보편중력법칙을 확립했다. 달이 궤도를 유지하도록 하는 힘이 지표면으로 떨어지는 물체를 가속시키는 힘과 같다는 사실을 입증한 후, 뉴턴은 "자연의 섭리(economy of nature)에 따라 중력은 각각의 행성에 작용하는 궤도력의 원인이 된다"고 주장했다. 이는 실로 대단한 주장이었고 널리 받아들여졌다.

뉴턴의 『광학』은 성격이 완전히 다른 책이었다. 『광학』은 매우 전문적인 수학이 사용된 『프린키피아』에 비해 상대적으로 이해하기 쉬웠지만, 아마도 많은 이들이 그 내용을 이해할 수 있었기에 오히려 더 논쟁적인 저작이 되었다. 『광학』은 1672년 왕립학회 《철학회보(Philosophical Transactions)》에 실린 논문 「빛과 색깔에 관한 새로운 이론(New Theory about Light and Colours)」에서 뉴턴이 처음 전개한 이론을 상세히 설명하면서 시작했다. 그 논문에서 뉴턴은 백색광이 변형되어 색깔이 나타난다는 당시의 관념을 비판한 후, 오히려 백색광 자체가 서로 다른 색깔을 띤 단색광들의 결합이라는 견해를 내놓았다. 그 유명한 프리즘 실험에서 그는 유리 프리즘을 사용하여 백색광을 단색광들로 분해한 후 이것들을 다시 백색광으로 재결합했다. 여기서 우리는 뉴턴이 이 실험에 부여한 위상을 명확히 할 필요가 있다. 뉴턴에게 이 실험은 색깔에 관한 자신의 이론을 증명하고 자신의 이론을 공고히 확립하는 결정적 실험이었다. 이 실험을 사실상 다르게 해석할 수 있다는 후크의 제안에 대해 뉴턴이 그토록 격렬하게 반발했던 것도 바로 이런 이유 때문이다. 뉴턴의 입장에서, 이는 단지 실험에 대한 자신의 해석을 비판하는 것이 아니라 자신의 개인적 완결성을 공격하는 셈이었던 것이다.

뉴턴의 『광학』에는 색깔에 관한 이론 이상의 논의가 담겨 있었다. 그는 『광학』과 이후 재출간된 판본들을 활용하여 장차 자연철학이 나아갈 방향과 관련한 자신의 비전을 피력했다. 특히 뉴턴은 빛의 본성, 최근 발견된 전기적 · 자기적 현상의 원인, 우주의 모든 공간을 채우는 에테르의 존재 가능성과 같은 자연철학의 여러 논제들에 대한 자신의 견해를 담은 여러 '질문들(Queries)' 을 소개했다. 『광학』 1판에는 16개의 '질문들' 이 들어 있었고, 마지막 판에는 그 수가 31개까지 늘어났다. 뉴턴이 1713년도판 『프린키피아』에 "나는 가설을 세우지 않는다(hypotheses non fingo)" 라는 유명한 격언을 추가해 넣었음에도 불구하고, 이러한 '질문들' 은 그 이름이 함축하듯이 분명 자연에 관한 사변적 논의였다. 예컨대 그는 "빛줄기들이 발광물체로부터 방출되는 매우 작은 입자가 아닐까?"라는 질문을 던졌다. 특히 "영적이고 살아 있으며 지적인 존재〔신〕의 감각기관은 무한한 공간이지 않을까? 사물이 그의 앞에 즉각 현전함에 따라, 그는 사물 자체를 깊숙이 들여다보고 철저히 지각하며 완전히 이해하는 것이 아닐까?"라는 31번 질문은 가장 사변적인 것처럼 보였다. 이는 위험한 질문이었다. 또한 이는 뉴턴이 자기 나름의 기계적 철학을 얼마만큼이나 신학적 견지에 두고 있었는지 보여주는 지표이기도 하다.

『프린키피아』로 이어질 연구를 진전시키는 동안, 뉴턴은 그것 못지않게 중요하다고 여긴 또 다른 방향의 연구를 진행하고 있었다. 그는 태곳적 타락하지 않은 신성한 창조의 역사를 복원하려는 노력의 일환으로 고대의 성서 문헌을 샅샅이 뒤졌다. 사실 뉴턴은 정통 가톨릭과 개신교의 핵심 신앙인 삼위일체의 정당성을 부인했던 이단 아리우스파였다. 뉴턴은 초창기 교회가 성서의 추종자들을 속이고 현혹하기 위해 고의로 원본의 의미를 감추고 왜곡했다고 주장했다. 고대인들은 우주의 수학적 구조에 관한 진실을 이미 알고 있었으나 초대 교회의 성직자들이 계획적으로 이러한 진실을 은폐하는 음모를 꾸몄다고 본 것이다. 그의 성서학적 연구는 성서 문헌의 본래 의미를 복원하고 이를 통해 잃어버린 고대인들의 지혜를 되찾기 위한 체계적인 노력이었다. 그것은 바로 뉴턴이 자신의 자연철학을 통해 행하고자 한 바이기도 했다. 이는 발견이라기보다는 재발견의 과정이었다. 뉴턴은 플라톤과 피타고라스뿐만 아니라, 모세와 신화적 인물 헤르메스 트리스메기스투스도 코페르니쿠스적 우주체계와 보편중력법칙을 알고 있었을 것이라 확신했다. 그가 행했던 모든 일은 초대 교회가 금지하는 바람에 어둠의 나락에 빠진 지식을 다시 구해내는 것이었다.

연금술은 뉴턴이 잃어버린 지식을 복원하려는 노력에서 추구한 또 다른 방향의 연구였다. 뉴턴은 연금술 문헌을 매우 깊이 파고들었고 그에 관한 다량의 메모와 해설을 남겼다. 또한 그는 트리니티 칼리지에 있는 개인 실험실에서 자신의 연금술 연구를 수행했다. 이와 같은 문헌 분석과 실험을 통해, 뉴턴은 세계의 본성과 구조에 관한 고대 철학자들의 지식을 복원하는 또 다른 수단을 마련하고자 했다. 뉴턴은 연금술 문헌에서 보이는 불가사의한 언어와 상징이 대중의 눈으로부터 비밀스런 지식을 감추려는 계획적인 시도라고 생각했다. 연금술 문헌을 읽고 그곳에 설명된 실험 절차를 재현하려는 뉴턴의 노력은 그가 고대 성서 문헌의 의미를 힘들여 이해하려고 할 때나 『프린키피아』를 집필할 때 했던 것과 같은 종류의 복원활동이었다. 뉴턴은 기계적 철학에 열광했던 많은 다른 사람들과 달리 자연에 신비한 성질이 있다는 관념에 훨씬 공감하고 있었다. 다른 많은 기계론자들과 달리, 그는 중력의 물리적 원인에 관한 문제를 미해결된 채로 남겨두는 데 거리낌이 없었다. 또한 그는 물질이 '활동적 능력(active powers)'을 갖고 있을 가능성을 제안하기도 했다. 바로 이러한 점 때문에 독일의 수학자이자 철학자인 고트프리트 빌헬름 라이프니츠는 뉴턴이 자연철학에 신비적 원리를 다시 끌어들였다고 비난했다.

뉴턴이 제자들로 자기 주위를 둘러쌌던 이유는 부분적으로 이러한 비판으로부터 자신을 방어하기 위해서였다. 젊은 국교회 성직자 새뮤얼 클라크는 라이프니츠에 대항해 뉴턴을 변호하고 라이프니츠가 뉴턴의 미적분학 개념을 도용했다는 주장을 도맡아 했다. 라이프니츠와 같은 사람들이 퍼부은 비난에도 불구하고 18세기 초에 뉴턴의 명성은 하늘을 찔렀다. 영국에서 뉴턴은 영국 자연철학의 최고 전성기를 이끈 사람으로 평가되었다. 대륙, 특히 프랑스에서 뉴턴은 계몽된 이성의 선구자로 여겨졌다. 프랑스 작가 볼테르는 뉴턴을 각별히 지지했으며, 뉴턴과 같은 천재는 천 년에 단 한 번 태어날 뿐이라고 칭송한 바 있다. 하지만 볼테르조차 그의 동료들 중 뉴턴의 저작, 특히 난해한 『프린키피아』를 읽은 사람이 거의 없음을 인정해야 했다. 볼테르가 프랑스에 돌아와서 전한 바에 따르면, 뉴턴을 이해하려면 매우 뛰어난 학식을 갖춰야 하므로 런던에서도 이 위대한 인물의 저작을 읽은 사람은 거의 없었다. 『프린키피아』를 틀림없이 읽은 사람 중 한 명은 볼테르의 친구 에밀리 샤틀레였다. 그녀는 『프린키피아』의 첫 번째 프랑스어판을 번역했고 연인 볼테르가 자신의 저서 『뉴턴 철학의 요소들(Elements de la philosophie de Newton, 1738)』에서 수학에 관한 절을 집필할 때 도움을 주었다. 18세기 뉴턴의 추종자를 자임했던 사람들은 『프린키피아』의 수학적 웅장함에 아낌없이 경의를 표했지만, 대체로 『광학』과 그에 포함된 '질문들'에서 더 많은 영감을 얻었다. 프랜시스 혹스비나 존 데자글리에와 같은 실험가와 도구 제작자들은 자신들이 고안한 실험장치와 기법들이 전기력이나 자기력을 현란하게 보여줌으로써 활동적 능력에 대한 뉴턴의 사변을 시연하는 데 사용될 수 있다고 보았다.

뉴턴이 18세기에 남긴 유산은 여러모로 거의 모든 사람들에게 영향을 미쳤다. 역사학자들은 스스로를 뉴턴의 추종자라 이야기한 사람들이 공유한 일관된 자연철학이 무엇이었는지 정의하느라 분투해왔다. 이를 위해 그들을 『광학』의 지면에서 뉴턴의 사상을 배운 사람들과, 『프린키피아』로부터 뉴턴의 사상을 흡수했던 사람들로 나누어 두 개의 진영으로 구분하기도 했다. 『광학』을 읽었던 사람들은 뉴턴이 활동적 힘이라 취급한 전기, 열, 자기, 빛 현상을 연구하면서 뉴턴이 행한 실험적 계통의 연구를 뒤따라 추구했다. 『프린키피아』를 읽은 사람들은 뉴턴의 수학적 방법을 확장하고 정교하게 다듬어 이를 새로운 문제에 적용하는 데 전념했다. 이러한 설명은 『광학』의 저자와 『프린키피아』의 저자를 마치 상당히 다르고 서로 관련 없는 관심을 가진 인물로 가정한다는 난점이 있다. 좀더 설득력 있는 방안은 일관된 '뉴턴주의(Newtonian)' 전통이란 아예 처음부터 없었음을 인지하는 것이다. 18세기를 살았던 여러 사람들은 나머지 필요 없는 부분들은 버린 채, 자신들이 뉴턴식 접근이라 여겼던 특정한 부분만을 빌려다 썼다. 단지 그것이 지닌 엄청난 권위만으로도, 그들 모두는 분명 자신을 뉴턴의 이름과 연관 짓고 싶어했던 것이다. 볼테르처럼 미출간된 뉴턴의 성서 연구에 관해 알고 있었던 사람들은 그로부터 당혹감을 느꼈다. 뉴턴은 이미 18세기 계몽사조의 상징이자 합리성의 화신이 되어 있었기 때문이다.

결론

그러면 이 장을 시작하면서 제기한 '과학혁명은 실제로 있었는가' 라는 질문으로 돌아가보자. 무엇보다도 17세기 무렵 서양 문화에서 우주를 바라보는 방식을 두고 일어난 급격한 변화가 다름 아닌 과학혁명이었다고 하는 주장에는 어떤 의미가 함축되어 있는지를 생각해봐야 한다. 우선 전통적으로 역사학자들은 이를 유례없는 사건으로 간주해왔다. 과학혁명(scientific revolutions)이야 수차례 있었겠지만, 17세기에 일어난 사건은 단 하나의 특별한 과학혁명(Scientific Revolution)이었다는 것이다. 다시 말해 이 주장에는 대략 17세기에 혁명이라 간주할 만큼 충분히 중대하고 전례 없는 사건이 일어났고, 그것이 역사상 비길 데 없는 일련의 독특한 사건들이었으며, 그리고 그 결과 근대과학이라 여길 만한 무엇인가가 출현했다는 의미가 담겨 있다. 비교적 최근까지도 이러한 해석은 별 이의 없이 무난하게 받아들여졌다. 이러한 해석의 모든 요소들은 어찌 되었건 자명해 보였다. 18세기부터 오늘날에 이르는 과학사학자들은 이러한 관점을 공유해왔던 것이다. 그럼에도 불구하고 이 장에서 내놓은 간략한 개요에 비추어 이러한 전통적 그림이 엄밀한 검토를 견뎌낼지 자문해보는 것은 충분히 가치 있는 일이다.

한마디로 말해 과학혁명에 관한 전통적 설명은 여러모로 앞뒤가 맞지 않는다. 실제로 그것은 세 가지 기본 전제 모두에서 실패했다. 이제 역사학자들은 과학혁명이 낳은 지적 변화가 틀림없이 큰 변동이었지만 역사상 비길 데 없는 것은 아니라는 점에 일반적으로 동의한다. 세계관을 둘러싸고 일어난 다른 변화들도 그 못지않게 중요했다. 또한 '혁명'이라는 용어 자체의 문제점도 드러났다. 역사학자들은 자연세계를 이해하기 위한 근대 초의 접근과 그 이전 시기의 관점 사이에 명백한 연속성이 존재한다는 사실을 밝혀냈다. '이것이 과학혁명의 시작 지점이다'라고 지칭할 만한 특정한 시점이나 사건은 없었던 것으로 보인다. 만약 이것이 혁명이라면 이는 명확한 시작도, 딱 부러지는 끝도 없는 혁명일 뿐이다. 마지막으로 과학혁명으로부터 출현한 것이 무엇이건 그것이 근대과학은 아니라는 점이 이제 분명해졌다. 뉴턴이 행한 연구의 어떤 측면은 분명 근대적이었다. 이는 부정할 수 없는 사실이다. 동시에 그가 행한 연구의 어떤 측면들, 예컨대 종교의 역사를 향한 그의 열정은 돌이킬 수 없을 만큼 이질적으로 보인다. 무엇보다도 자신이 몰두한 연구에 대해 뉴턴 본인이 가졌던 생각을 완전히 무시할 요량이 아니라면, 뉴턴의 연구 중에서 부적당한 부분을 괄호로 묶고 이를 제거한 나머지를 근대과학의 기원이라 선언하는 식의 평가는 피해야 할 것이다.

이상의 모든 것들에도 불구하고, 이 장의 서두에서 지적했듯이 과학혁명에 참여한 수많은 주역들이 그 당시 무언가 중요한 일이 진행되고 있음을 스스로 확신했던 것만은 분명하다. 그들은 우주를 이해하는 관점에 중요한 변화가 일어나고 있으며, 그 변화가 어떤 것인지에 관해서도 상당한 의견일치를 보였다. 대체로 이 시기의 주역들은 지식에 대해 그들이 취한 접근법이 권위가 아니라 경험을 심문하는 데에 근거를 둔다는 점에서 특별하다고 생각했다. 그들은 아리스토텔레스에게 의견을 구하는 대신에 자기 자신의 감각경험을 참고했다. 이러한 인식이 정확한 것이었는지 아니었는지에 대해서는 논쟁의 소지가 많다. 현대의 중세 철학사가들은 중세 철학의 실행에 관해서, 결국에 그것을 명백히 거부했던 17세기의 주역들보다 편견을 훨씬 덜 가지고 있다. 그럼에도 불구하고 이는 분명 17세기의 주역들이 자신의 활동을 소개했던 방식이었다. 이런 점에서 만약 우리가 역사적 행위자들이 진지하게 행한 바에 관해 그들 스스로 지녔던 관점을 이해하고자 한다면, 과학학명이라는 개념에 어느 정도의 정당성을 부과해야 한다. 이러한 점에서 그들이 자신들의 활동에 관해 말해야 했던 바가 과학에 관한 근대적 이해를 상기시키는 것 또한 사실이다. 우리도 근대과학이 권위보다는 경험에 근거한다고 생각하곤 한다.

결국 할 수 있는 가장 좋은 대답은, 질문 자체가 잘못되었다고 말하는 것이다. 과학혁명을 역사적으로 유용한 범주에 속하는 것으로 보느냐, 그렇지 않으냐는 관점에 따라 달라진다. 그러한 범주는 유익할 정도로 적당히 가감해서 취해야 한다. 그것 때문에 역사적 판단이 흐려져서는 안 된다. 결국 과학혁명과 같은 범주는 우리가 그것을 통해 과거의 과학과 문화 속에서 과학이 차지한 위치를 더 잘 이해할 수 있는 한에서만 유용한 것이다. 범주에 대한 옹호가 그 자체로 목적이 될 때, 아마도 그때가 그 범주가 사라져야 할 때일 것이다. 특정 시기를 연구할 때 중요한 것은 그 당시 어떤 일이 일어났으며 다양한 역사적 행위자들이 그들의 관점에서 무엇을 이루고자 했는지를 이해하고자 노력하는 것이다. 이것을 그들로부터 우리까지 이어지는 그림 속에 끼워 맞추는 것은 중요하지만 이차적인 관심일 뿐이다. 만약 우리가 이와는 다른 방향에서 과학혁명에 접근한다면, 예컨대 전체적인 그림을 이해하는 것이 아니라 근대과학의 선구자들을 찾으려 한다면 우리는 완전히 잘못된 해석에 이르게 될 것이다. **(김봉국 옮김)**

3 Making Modern Science

화학혁명

화학은 과학사에서 흔히 천덕꾸러기로 취급받는다. 전통적으로 과학사학자들은 '과학혁명' 기와 그 이후의 기간 동안 물리학이 이루어낸 주요 발전에 관해서 많은 이야깃거리를 가지고 있었다. 또한 다윈주의 및 그것의 기원과 영향의 맥락에서 생명과학에도 많은 관심을 기울여왔다. 반면 화학의 발전은 영향력 면에서 덜 중요한 것으로 여겨졌다. 화학이 이렇게 상대적으로 무시된 데에는 많은 이유가 있다. 오늘날 화학적이라고 통칭할 많은 실행과 개념들은, 역사적으로 볼 때 각기 다양한 맥락과 다양한 장소에서 생겨났다. 연금술사, 약제사, 의사, 염색업자, 금속 세공사들은 모두 오늘날 우리가 화학의 기원과 관계 있다고 생각할 만한 활동에 종사했다. 이렇게 다양한 기원에 직면하게 되면서, 화학사학자들은 화학의 발전에 관해서는 통일된 관점을 제시하기 어렵다는 것을 깨닫게 되었다. 또 하나의 문제는 화학이 이론보다는 실용 과학에 가깝다는 인식과 관련이 있다. 비교적 최근까지 과학사학자들은 자신들을 사상사학자라고 생각했다. 이러한 입장에서 보자면, 화학과 같은 실용 과학은 과학사적 가치가 떨어지는 것처럼 보일 수도 있다. 물리학과 생물학에는 주요한 철학적 관념이 있으나, 화학의 역사에서는 그만한 관념을 찾아보기 힘든 것처럼 보이기 때문이다.

전통적인 관점에서 볼 때, 화학은 16~17세기 '과학혁명'이라 일컫는 사건에서 중요한 역할을 하지 못했다. 중요한 역할을 하기는커녕 '과학혁명'에 거의 한 세기나 뒤처졌다고 본 역사학자도 있었다(Butterfield, 1949). 이 견해에 의하면 "화학에서는 지연된 '과학혁명'"이 18세기 말에 이르러서야 일어났다. 18세기 후반에 프랑스의 화학자 라부아지에가 화학적인 개념과 용어를 체계적으로 개편하고 플로지스톤 이론을 뒤엎기 전까지, 화학은 일종의 암흑기에 있었다. 물리학, 더 정확하게는 자연철학이 정량적이고 실험적인 방법론을 내용으로 하는 뉴턴의 이상을 수용했던 반면, 화학은 모호하고 질적인 접근을 고수하고 있었다. 최근 많은 역사학자들은 라부아지에 이전의 화학에 대한 이러한 접근이 몇 가지 논점을 회피한 것임을 인정한다. 이미 살펴봤듯이, 16~17세기 동안에 과학혁명이 일어났다는 생각에 동의하는 역사학자는 이제 거의 없으며, 따라서 과학혁명의 결과로 유일무이한 과학적 방법론이 등장했다는 생각에 동의하는 이는 더욱 드물다. 마찬가지로 이제 화학사학자들도 라부아지에의 공헌만이 화학의 새 시대를 여는 데 결정적인 역할을 했다고 생각하지는 않는다(Ihde, 1964).

이러한 측면에서 볼 때, 우리는 18세기 말에 화학혁명이 있었다는 명제를 주의 깊게 생각할 필요가 있다. '과학혁명'이라는 더 일반적인 사례를 다룰 때 그랬듯이, 이 명제가 주장하는 바가 정확히 무엇인지를 인식하는 것이 중요하다. 이 시기에 일어난 화학이론 및 실행상의 변화가 하나로 정의된 화학혁명을 만들었다는 견해를 받아들인다면, 우리는 18세기 말에 출현한 화학이 꽤 근대적이며 이전의 화학은 그렇지 못했다는 것도 인정해야 한다. 그리고 이러한 변화가 유일무이했다는 것 또한 받아들여야 한다. 그러나 역사학자들은 라부아지에 이전의 화학이론과 실행의 범위 및 복잡성, 그리고 이전 화학자들의 중요한 기여에 대해서 이제는 훨씬 잘 알고 있다. 18세기 말에 있었던 화학을 둘러싼 논쟁들을 라부아지에의 화학개혁을 지지하는 계몽된 사람들과 편협한 반대자들의 직접적인 대립으로 간주할 수는 없다. 실제로 사람들의 입장은 매우 다양했고, 라부아지에의 개혁도 생각했던 것만큼 결정적이지 않았다. 그리고 현대의 화학자들에게 라부아지에 이론의 많은 부분은 그 이전의 이론이나 라부아지에에 반대한 이들의 이론만큼이나 이상하게 보일 것이다.

이 장은 17세기와 18세기 초의 '개혁되지 않은' 화학을 개괄하면서 논의를 시작할 것이다. 후대 화학자들과 화학사학자들이 어떻게 생각하건 간에, 보일, 파라켈수스, 슈탈과 같은 화학 종사자들은 자신들이 새로운 과학을 하고 있다고 생각했음을 알게 될 것이다. 이어서 영국의 화학자이자 자연철학자였던 프리스틀리의 업적을 중심으로 18세기 기체화학의 발전을 살펴볼 것이다. 프리스틀리의 공헌을 살펴보는 것은 화학이 18세기 과학과 문화에서 했던 역할과 플로지스톤 이론의 다양한 지류들을 분명히 하는 데 도움을 줄 것이다. 이를 배경으로 하여, 라부아지에의 공헌, 특히 그가 플로지스톤 이론에 반대하고 산소 이론을 내세웠던 점과 개편된 새 화학용어를 정립하기 위해 노력했던 점을 검토할 것이다. 이를 통해 우리는 라부아지에의 화학혁신이 18세기 후반의 프랑스 화학과 자연철학의 발전이라는 특정한 맥락에서 어떻게 자리매김되는지 알게 될 것이다. 끝으로 라부아지에의 혁신이 있은 직후 전개된 19세기 초의 화학 발전을 돌턴이 전개한 원자설을 중심으로 살펴볼 것이다. 이를 통해, 라부아지에 다음 세대의 화학자들이 라부아지에의 혁신을 정말로 결정적이라 생각했는지, 혹시 그의 이론을 화학개혁에 필요한 여러 방법들 중 한 가지만을 제공한 정도로 여겼던 것은 아닌지를 분명히 알게 것이다.

개혁되지 않은 화학?

오늘날 우리가 '화학적'이라고 부를 만한 활동에 종사했던 많은 16~17세기 사람들은 자신들이 새로운 과학의 선두에 있다고 생각했다. 미카엘 센디보기우스와 같은 연금술사나 아이작 뉴턴조차 자신들을 고대로부터 이어지는 전통의 후계자라고 생각했다. 이들이 행한 연금술의 목적은 자연물질들 사이에 감추어진 관계를 이해하고 한 원소를 다른 원소로 변형시키는 열쇠를 찾는 것이었다. 약제사와 의사들은 물질의 약효성분에 관심을 두었다. 파라켈수스와 반 헬몬트 같은 의학개혁가들은 자연물질의 의학적 이용에 새로운 이해를 가져다줄 새로운 물질 이론을 발전시키고 싶어했다. 반노치오 비링구초 같은 야금술사들은 염료 및 화약과 같은 산업 생산품뿐만 아니라 금속의 생산량을 늘리기 위한 새로운 방법을 개발하여 이를 표로 정리했다. 슈탈 등 18세기 초의 플로지스톤 이론가들은 이런 야금술의 전통 아래서 교육을 받았다. 기계적 철학자였던 보일은 물질의 근본적인 기계적 속성을 이해하기 위한 방편으로 화학 실험을 수행했다. 이미 살펴봤듯이, 많은 동시대인들은 보일을 개혁되지 않은 구시대의 연구자로 바라보기는커녕, 오히려 그를 새로운 자연철학자의 전형이라고 여겼다. 다른 화학 관련 종사자들 역시 자신들이 새롭고 중요한 활동을 하고 있다고 확신했다(Debus, 1987).

르네상스와 근대 초의 연금술사들은 그리스로부터 내려오는 전통 아래에서 연구를 진행했다. 그리스 연금술사들은 금속 가공과 염료 제조 같은 생산과정에 필요한 방법들을 물질의 근본원소라는 개념에 의거하여 이해하고자 했다. 전설적 인물인 자비르 이븐 하얀과 알-라지 같은 중세 이슬람 연금술사들은 이 개념을 발전시켜 광범위한 연금술 저작을 집성했고, 이는 이후에 서방 유럽으로 전해졌다. 신성로마제국 황제 루돌프 2세의 연금술사였던 센디보기우스와 같은 근대 초의 연금술사들은, 자신들에게 원소를 변환시킬 수 있는 능력과 자연의 작용을 꿰뚫어보는 신비한 통찰력이 있다고 주장했다. 연금술의 절실한 목표는 한 금속을 다른 금속으로 변환하는 열쇠인 '현자의 돌(philosopher's stone)'을 찾는 것이었다. 그것을 찾으면, 조악한 금속을 금으로 바꿔 무한한 부를 얻게 될 뿐만 아니라 물질의 감추어진 본성도 궁극적으로 이해할 수 있게 되리라고 믿어졌다. 여러 사람들 중에서도 뉴턴은 잃어버린 고대의 지식을 체계적으로 복원하겠다는 원대한 계획을 품고 연금술을 연구했고, 이를 위해 센디보기우스의 저서를 읽었다. 연금술사들은 다양한 물질의 속성을 연구하기 위해 고안된 기법과 도구들을 발전시켰다. 또한 그들은 평범한 사람들이 이런 물질에 관한 지식을 이해하지 못하도록 하기 위해 해독하기 어려운 언어와 기호를 개발했다(그림 3.1)

바실 발렌타인의 『안티몬의 개선전차(Triumphant Chariot of Antimony, 1604)』 같은 연금술에 관한 저술들은 물질의 약효성분을 강조했는데, 이는 물질의 성질을 연구하던 약제사와 의사들의 주요 관심사였다. 의학개혁가인 파라켈수스(그의 복잡한 본명 Theophrastus Phillippus Aureolus Bombastus von Hohenheim을 보면 왜 그가 개명하였는지를 알 수 있다)는 물질의 궁극적 속성을 새롭게 이해하는 것이야말로 의학개혁의 필수조건이라고 강하게 주장했다. 새로운 과학을 지지한 많은 다른 사람들과 마찬가

A Table which shews how different bodies dissolve one another.

1	2	3	4	5	6	7	8	9	10	11	12	13	14	15	16	17	18	19	20	21	22	23	24	25	26	27	28
[illegible]	[illegible]	[illegible]	[illegible]	[illegible]	[illegible]	[illegible]	⁜	[illegible]	[illegible]	[illegible]	[illegible]	[illegible]	[illegible]	[illegible]	K	[illegible]	[illegible]	[illegible]	W	X	♄	♃	♂	♀	☽	☿	[illegible]
C♁	[illegible]	[illegible]	C♁	C♁	[illegible]	☉	W	[illegible]	♃	[illegible]	☉	W	K	K	[illegible]	[illegible]	☉	☽	☉	♄	♀	☉	♀	☽	☉	[illegible]	C☿
C♄	[illegible]	[illegible]	C♄	C♄	K	☽	♄	☿	[illegible]	[illegible]	[illegible]	K	[illegible]	X	☽	☉	W	♂	☽	♃	♃	☽	☽	☉		♀	CX
≏	[illegible]	C♁	≏	≏	[illegible]	☿	♀	[illegible]	☽	W	♄	[illegible]	☿	W	♄	☽	☽	♄	♄	☉	☉	♀	☉			♄	CW
[illegible]	C♁	C♄	[illegible]	[illegible]	♃	W	♂	W	[illegible]	☿	☿	♃	[illegible]	[illegible]	W	♄	♄	♃	♃	☽	☽	♂				♃	C♂
[illegible]	C♄	≏	[illegible]	[illegible]	♄	♀	X	♄	☿	♄	W	♄	W	♃	[illegible]	♃	♃	♀	♀	♂						X	C♀
	≏	[illegible]	+	⁜	♀	♂	[illegible]	♃	♄	♃	[illegible]	[illegible]	☽	♄	X	♀	♀	X	♂	♀						W	C☽
	[illegible]	[illegible]		[illegible]	♂	X		♀	W	☽	♃	♀	♄	♀	♃	♂	♂									☽	C☉
	[illegible]	[illegible]		[illegible]	X	⁜		♂	♀	♀	♀	♂	♃	♂	♂	X	X									☉	C[illegible]
				[illegible]	+	[illegible]		X	K	♂	K	X	♀	☽	♀												CK
					[illegible]	[illegible]		[illegible]	♂	X	♂	[illegible]	♂	☉													C♄
					[illegible]	[illegible]			X	[illegible]	X																
					[illegible]	[illegible]			[illegible]		[illegible]																
					[illegible]																						

A Table of such bodies which may not be dissolved by those which are seen at the head of each Column.

1	2	3	4	5	6	7	8	9	10	11	12	13	14	15	16	17	18	19	20	21	22	23	24	25	26	27	28
	[illegible]	[illegible]	[illegible]	[illegible]	☉		☉	☉	☉	☉	☽	☉	☉			W		W	X		♂					♂	
			[illegible]		☽		☽	☽				☽	X													K	
					[illegible]		♃																				
							☿																				

그림 3.1 연금술의 기호들에 관한 표. 겔레르트, 『금속화학(Metallurgic Chemistry, 1776)』.

지로 파라켈수스는 알렉산드리아의 의학 권위자였던 갈레노스와 같은 선행 연구자들을 경멸했다. 파라-켈수스라는 그의 새 이름은 로마의 의학 저술가인 켈수스를 넘어선다는 의미로, 자신이 과거보다 우월하다는 점을 상징하고자 하는 것이었다. 의학의 목적은 자연물질의 속성에 기초한 질병의 치료법인 아르카나(arcana)를 마련하는 것이었다. 파라켈수스는 그의 새로운 의료행위를 의화학(iatrochemistry)이라고 불렀다. 의화학자들의 임무는 특정 질병을 치료하는 데 어떤 물질이 사용될 수 있는지 밝히기 위해 서명의 원리(doctrine of signatures: 신이 모든 피조물에 독특한 서명을 남겼다는 학설)를 이용하는 것이었다. 물질은 염, 황, 수은(혹은 몸, 영혼, 정신)이라는 3원질(tria prima)과 결합된 4원소(공기, 흙, 불, 물)로 이루어져 있었다. 연금술사들과 마찬가지로, 파라켈수스는 오로지 전문가들만 이러한 지식을 이용할 수 있어야 한다고 주장했다(Debus, 1977).

일부 의화학자들은 화학이 바람직한 의학의 토대라는 파라켈수스의 주장에 동조하면서도, 서명의 원리와 3원질 같은 일부 광범위한 우주론적 원리들은 따르지 않았다. 파라켈수스의 추종자였던 플랑드르 지방의 귀족 반 헬몬트 역시 4원소 및 3원질의 존재를 받아들이지 않았다. 그는 발효의 원리를 수정하여 세상에 존재하는 원소는 오직 하나, 물뿐이라고 주장했다. 반 헬몬트는 자신의 주장을 유명한 실험으로 시연해 보였는데, 그 실험에서 그는 200파운드의 마른 토양에 증류된 빗물을 규칙적으로 주어 버드나무를 키웠다. 5년 후 그 나무는 5파운드에서 169파운드로 성장했으나, 남아 있는 흙의 무게는 변함이 없었다. 이로부터 그는 나무가 성장한 것은 전적으로 물을 주었기 때문이라고 결론을 내렸다. 많은 의화학자들과 마찬가지로 반 헬몬트는 소화와 같은 생리적 과정에 관한 화학에 흥미를 보였는데, 그는 소화를 발효과정으로 해석했다. 프란시스쿠스 실비우스처럼 반 헬몬트를 추종하던 사람들은 그의 이론을 확장하여 소화를 염과 산이라는 두 원질(原質) 사이의 대립으로 설명했다. 반 헬몬트는 물질과 정신의 구별을 거부한 범신론자였다. 반 헬몬트도 파라켈수스와 마찬가지로 화학적 지식을 소수 전문가들만이 가지는 특별한 것이라고 생각했다(Pagel, 1982).

헬몬트주의는 17세기 전반기에 영국에서 유행하였으나, 영국 내전과 공화정 시기 이후에는 그것에 내재된 개인적 계시와 신비적 측면 때문에 의심받기 시작했다. 로버트 보일 같은 신세대 화학자들은 화학을 설명하는 근간으로 정치적으로 위험한 헬몬트나 파라켈수스의 범신론보다는 기계적 철학을 지지하는 입장으로 선회했다. 보일은 『회의적 화학자(Sceptical Chymist, 1661)』에서 아리스토텔레스, 파라켈수스, 헬몬트의 물질 이론들을 버리고 입자론적 관점을 지지하였다. 보일에 따르면 모든 사물은 운동하는 입자들로 이루어져 있었다. 그는 다양한 원소들의 고유한 속성에 의거해 물질의 화학적 · 물리적 특성을 설명하려 하기보다는, 그러한 물질의 특징은 그것을 구성하는 입자들(혹은 작은 조각들)의 특정한 형태와 배열에서 비롯된 결과라고 주장했다. 보일이 화학 현상을 설명하기 위해 기계적 철학을 택했던 이유 중 하나는 화학 그 자체를 자연철학의 일부로 만들기 위해서였다. 그는 속임수가 가득한 화학에 대한 접근법, 즉 파라켈수스나 헬몬트의 불가해한 신비주의를 없애고, 화학을 신사들이 의심 없이 참여할 수 있는 학문으로 만들고자 했다. 그는 의학에 가져다줄 이득과 매우 철학적인 화학 연구방법이라는 측면에서 기계적 철학의 이점을 칭송했다(Kargon, 1966; Thackray, 1970).

화학은 점차 야금술 및 다른 산업 공정을 발전시키는 데 유용한 새로운 지식의 원천으로 인식되었다. 16세기의 이탈리아 화학자인 반노치오 비링구초는 『불꽃 제조술(Pirotechnica, 1540)』에 상세한 금속 제련법 및 화약과 같은 산업적 · 군사적으로 유용한 물질의 제조방법을 자세하게 기술하였다. 화학적 지식은 광석에서 금속을 제련하는 방법을 개선하고 합금을 생산하는 데에도 사용되었다. 의류 산업에서는 염료와 색소의 생산을 개선하는 데 화학적 기술과 요령이 필요했다. 요한 베허는 경제적 이득을 위해 자원을 이용하는 새로운 방법을 찾아내고자 광물의 화학적 성질을 열심히 연구했다. 『지하의 물리학(Physica Subterranea, 1667)』에서 베허는 광물이 수은의 흙(terra fluida), 기름진 흙(terra finguis), 유리질의 흙(terra lapidea)이라는 세 가지 유형의 흙으로 구성되어 있다고 주장했다. 할레 대학의 의학 교수인 슈탈이 베허의 연구를 계승했는데, 슈탈은 18세기 초에 야금술 처리과정을 설명하는 하나의 방법으로 자신의 플로지스톤 이론을 발전시켰다. 그는 베허의 기름진 흙을 플로지스톤이라고 재명명하고,

이를 광석으로부터 금속을 만들어내는 연소의 원질이라고 규명했다. 슈탈의 이론에 의하면, 순수한 금속은 가열과정에서 광석 혹은 금속재와 플로지스톤이 결합한 것이었다(Brock, 1992).

16~17세기의 화학 종사자들 대부분이 자신들이 새로운 과학을 만들어내는 데 기여하고 있다고 여겼을 것이다. 스스로를 오래된 전통 속에서 연구한다고 간주했던 연금술사들조차 자신들의 연구가 당대의 지식에 중요한 기여를 하고 있다고 믿었다. 예를 들어 뉴턴은 연금술 연구가 보편중력 이론과 마찬가지로 잃어버린 지식을 복원하는 길을 알려줄 것이라고 믿었다. 17세기의 시각에서 볼 때는 고대의 지식체계를 연구하는 일과 새로운 지식을 발견하는 일 사이에 모순이 없어 보였다. 파라켈수스와 반 헬몬트 역시 연금술 지식에 심취해 있었으면서도, 자기들의 연구가 기존 연구와는 근본적으로 다르다고 생각했다. 갈릴레오와 보일을 비롯한 새로운 과학을 지지한 여러 사람들처럼, 화학자들도 화학의 실용적인 측면을 장려했다. 화학은 제조기술을 개선하고 국가의 부를 늘리는 데 기여할 수 있었다. 예컨대 베허는 국가가 상업과 제조업을 지원하기 위해 계획적으로 개입해야 한다고 생각한 중상주의자였다. 그는 신성로마제국 레오폴트 1세의 후원하에 광물생산 이론을 연구했는데, 이는 국익을 위해 채광기술을 개선하기 위해서였다. 과학혁명을 정의하는 요소 중 하나가 당대의 지식을 개혁하고 재조직하려는 참여자들의 노력이라 한다면, 적어도 화학자들은 그러한 노력에 적극적으로 동참한 사람들이었다.

기체화학

1768년, 조지프 라이트의 유명한 그림 〈진공펌프 속의 새에 관한 실험〉은 18세기의 과학과 문화에서

그림 3.2 조지프 라이트의 〈진공펌프 속의 새에 관한 실험(Experiment on a Bird in an Airpump, 1768)〉(런던의 영국국립미술관 제공). 한 화학자가 잘 차려입은 일단의 구경꾼들 앞에서 실험을 시연하고 있다. 이 그림은 18세기 동안 화학과 자연철학의 문화적 중요성이 커졌음을 보여준다.

점차 중요해지던 화학 연구의 역할을 잘 포착하고 있다(그림 3.2). 특히 이 그림은 기체화학, 즉 기체들의 화학적 성질에 관한 연구가 어떤 식으로 행해졌는지를 잘 보여준다. 18세기 이전에는 일반적으로 공기가 아리스토텔레스가 말한 4원소 중 하나이며, 단일한 물질이라고 여겨졌다. 그러나 18세기에 들어서 화학자들은 다양한 화학적 성질과 효과를 지닌 여러 종류의 공기를 발견하기 시작했다. 라이트의 그림은 새가 특정 공기를 호흡하고도 살아남을 수 있는지를 보여줌으로써 이러한 새로운 공기의 성질을 설명하고 있는 한 화학자의 모습을 묘사하고 있다. 그림 속의 화학자는 잘 차려입은 중간계급의 구경꾼들 앞에서 실험을 시연하고 있다. 신흥 부유층인 중간계급은 18세기 동안 과학의 중요한 새 청중이었다. 그들은 과학의 유용성과 자연의 질서에 관한 연구를 통해 얻을 수 있는 교훈에 매력을 느꼈다. 프리스틀리처럼 급진적인 자연철학자들과 화학자들에게는, 기체화학조차도 중요한 정치적 메시지를 전달하는 것으로 보였을 수 있다. 또한 기체화학은 새로운 기술의 원천이었으며, 18세기 말 화학용어를 개혁하는 데 핵심적인 공헌을 했다.

공기의 화학적 성질에 대한 탐구는 18세기에 일어난 혁신이었다. 17세기의 화학자들은 대개 공기는 화학적으로 비활성이며, 따라서 화학반응에서 어떤 역할도 하지 않는다고 생각했다. 『식물정역학(Vegetable Staticks, 1727)과 『혈액정역학(Haemostaticks, 1733)』 같은 동식물에 대한 자연철학 연구로 유명한 영국의 성직자 겸 자연철학자인 헤일스는, 공기가 화학적으로 활성이라고 처음 제안한 인물들 중 한 명이었다. 그는 식물에 관한 실험을 하던 중에 대량의 공기가 고체물질에 '고정' 되며 이를 가열하면 그 공기가 다시 방출된다는 점을 발견한 후, 그 공기를 연구하기 시작했다. 이렇게 방출되는 공기를 포집하기 위해 헤일스가 개발한 기구는, 훗날 영국의 의사 브라운리그가 기체수집기(pneumatic trough: 기체 포집에 사용되던 구유 모양의 용기—옮긴이)로 개량하였으며, 18세기 내내 화학 연구에 핵심적인 기구로 사용되었다. 가열에 의해 방출된 공기는 물을 통과하면서 불순물이 제거된 후 거꾸로 세워진 병에 모아졌다. 공기가 다른 물질과 결합할 수 있다는 헤일스의 발견은 화학자들의 이목을 집중시켰다. 그중에서도 특히 스코틀랜드의 화학자 조지프 블랙은 헤일스의 발견을 좀더 깊이 연구했다. 블랙은 하얀 마그네슘(magnesia alba: 탄산마그네슘의 한 종류)을 가열하면 독특한 성질을 지닌 일종의 공기가 만들어진다는 사실을 발견하고, 이를 '고정된 공기(fixed air: 오늘날 이산화탄소라 일컫는 공기)' 라고 불렀다. 그는 '고정된 공기' 가 산과 염기에 어떻게 반응하는지를 연구하여 그것의 성질을 검사 · 확인하는 새로운 방법들을 개발했다(Schofield, 1970).

18세기 기체화학에서 가장 중요했던 인물은 영국의 화학자, 비국교파 성직자, 자연철학자이자 정치적 급진주의자였던 프리스틀리다. 그의 활동 범위는 이 시기 화학의 맥락이 얼마나 광범위했는지를 잘 보여준다(Anderson · Lawrence, 1987). 잉글랜드 중부의 비국교도 가정에서 태어난 프리스틀리는 비국교파 신학교에서 성직자 교육을 받고, 수많은 회중 앞에서 성직자로 일하다가, 1761년에 워링턴 대학 교수로 임명되었다. 프리스틀리는 웨일스의 프라이스 등 종교적 급진주의자들과 관계를 맺었고, 특히 얼마 지나지 않아 혁명가가 된 미국의 벤저민 프랭클린과 친구가 되었다. 프리스틀리는 1767년에 『전기의 역사와 현 단계(History and Present State of Electricity)』를 출간하여 자연철학자로서 명성을 얻었고, 1774년에는 『여러 종류의 기체에 관한 실험과 관찰(Experiments and Observations on Different Kinds of Air)』을 내놓아 화학자로서도 이름을 알렸다. 헤일스와 블랙의 관찰기록을 입수한 프리스틀리는 각기 특정한 성질을 지닌 여러 종류의 공기가 존재한다는 사실을 입증하였다. 이렇게 발견된 공기 중에서 가장 잘 알려진 두 가지는 오늘날 아산화질소 혹은 웃음가스로 알려져 있는 '초석의 공기(nitrous air)'와 '플로지스톤이 없는 공기(dephlogisticated air)'인 산소였다. 1780년에 프리스틀리는 버밍엄에 새로 지은 예배당(비국교도의 공회당)의 성직자가 되었고, 그곳에서 산업가인 와트와 웨지우드, 급진적인 의사이자 진화론 지지자인 이래즈머스 다윈 등과 함께 열혈 자연철학 지지자들의 모임인 루나협회(Lunar Society)의 회원으로 활동했다(Schofield, 1963; Uglow, 2002).

프리스틀리는 자신의 화학적 발견을 완전히 새로운 자연철학의 기반으로 활용했다. 자신이 정립한 여러 공기의 다양한 화학적 성질을 설명하기 위해 그는 슈탈의 플로지스톤 이론에 의지했다. 공기들의 화학적 성질은 플로지스톤이 얼마나 함유되었느냐에 따라 달라졌는데, 블랙의 '고정된 공기'와 같은 몇몇 공기들은 비교적 다량의 플로지스톤을 함유하고 있었으나, 다른 것들은 상대적으로 그 양이 적었다. 1774년의 놀라운 발견이 있기 전까지, 한동안 프리스틀리는 플로지스톤을 가장 적게 함유한 공기는 보통의 대기라고 생각했다. 하지만 이후에 그는 붉은 수은재(수은의 산화물—옮긴이)를 가열함으로써 플로지스톤이 전혀 없거나 아주 적은 공기를 만들어낼 수 있다는 사실을 발견했다. 다양한 공기들이 자연의 질서 아래 담당하는 역할, 즉 '공기의 섭리(aerial economy)'에 대한 프리스틀리의 견해에 따르면, 새로 발견된 '플로지스톤이 없는 공기'는 있을 수 있는 가장 좋은 공기였다. 프리스틀리는 연소와 부패의 원질인 플로지스톤이 자연의 섭리(natural economy)의 핵심에 있다고 주장했다. 연소, 호흡 및 동물의 부패 등은 플로지스톤을 대기 중으로 방출하는 과정이고, 식물의 생장이나 물의 흐름 등은 공기에서 플로지스톤을 제거하는 과정이므로, 이를 통해 자연의 평형이 유지될 수 있었다. 인류에게 가장 좋은 공기는 플로지스톤을 가장 적게 함유한 공기였다. 그러므로 새로 발견된 '플로지스톤이 없는 공기'는 가장 고결한 공기였다(Golinski, 1992).

프리스틀리는 이 '공기의 섭리'가 신의 자비심을 증명한다고 생각했다. 그것은 신이 우주의 평형상태를 유지하기 위해 사용하는 자연의 메커니즘을 보여주는 것이었다. 그의 이론에 따르면 식물, 동물, 바람과 물의 흐름, 뇌우, 지진, 심지어 화산폭발까지 자연계의 모든 것들은 순환적으로 플로지스톤을 더하거나 뺌으로써 자연의 질서를 유지했다. 프리스틀리처럼 정치적·종교적으로 급진적인 사람들에게는, 자연의 섭리에 대한 이러한 견해는 정치적·사회적으로 중대한 결과를 초래했다. 프리스틀리는, "영국의 위계질서는 그 안에 구조상 조금이라도 부당한 부분이 있다면 공기펌프나 전기기계 앞에서도 두려움에 떨게 될 것"이라는 유명한 말을 남겼다. 이 말을 통해 그가 말하고자 한 것은, 이런 과학기구들이 자연의 올바른 질서를 밝혀내는 것을 도와준다는 것이었다. 또한 사회의 질서는 자연의 질서에 기초를 두어야 하므로, 현재 널리 퍼진 사회질서에 문제가 있다면 (프리스틀리는 문제가 있다고 생각했다) 사회적 부정의가 자연의 질서에 어떻게 반하는지 보여줌으로써 과학기구들도 정치적 도구가 될 수 있었다. 거침없이 말하는 정치적 급진주의자였던 프리스틀리는 미국 혁명과 프랑스 혁명을 열렬히 지지했다. 그 결과 버밍엄에 있는 그의 집과 실험실은 1791년에 충직한 '교회와 왕(Church and King)' 폭도들에 의해 불타버렸고, 프리스틀리는 1794년에 미국 펜실베이니아 주로 이주했다(Schofield, 1970).

그러나 프리스틀리의 기체화학에는 다른 의미도 담겨 있었다. 스코틀랜드의 화학자 조지프 블랙의 제자로 훗날 옥스퍼드 대학의 화학 교수가 되는 베도스를 비롯하여 일부 그의 추종자들은, 프리스틀리의 발견이 새로운 의학체계를 세우는 데 기초가 될 수 있다고 생각했다. 베도스는 프리스틀리의 견해를 옹호했을 뿐만 아니라 체내의 자극제와 진정제의 균형을 적절히 유지함으로써 건강해질 수 있다는 브라운의 의학 이론도 지지했다. 베도스는 새로 발견된 공기들을 이런 용도로 사용할 수 있다고 생각했다. 급진적 정치관 때문에 옥스퍼드에서 면직된 후, 베도스는 다양한 공기를 호흡하는 것의 의학적 이점에 관한 자신의 이론을 실제로 실험해보기 위해 브리스틀에 기체화학연구소(Pneumatic Institute)를 세웠다. 그는 다양한 공기의 화학적 · 의학적 성질에 관한 실험을 수행하고자, 젊고 전도유망한 약제의사 견습생 험프리 데이비를 고용했다. 데이비는 공기의 화학적 성질을 체계적으로 분석했고, 그 과정에서 프리스틀리의 플로지스톤 이론을 폐기하고 라부아지에의 새로운 화학체계를 선호하게 되었다. 18세기 말

그림 3.3 제임스 길레이가 그린 〈과학적인 연구(Scientif Researches)〉(NPG D13036; 런던 국립 초상화미술관 제공). 왕립연구소에서 행해지는 기체 실험을 풍자한 그림이다. 왕립연구소의 화학 교수였던 토머스 가넷이 한 청중에게 기체를 흡입하게 하고 있다. 그의 뒤에서 풀무를 들고 사악한 미소를 지으며 서 있는 사람이 험프리 데이비다. 오른쪽에 멀리 떨어져서 인자하게 이 관경을 보고 있는 코가 큰 사람은 이 연구소의 설립자인 럼퍼드 백작이다.

영국사회에서, 험프리 데이비가 행한 다양한 공기에 관한 실험, 특히 아산화질소를 호흡할 때 생기는 생리적 효과에 관한 실험은 그에게 명성과 오명을 모두 안겨주었고(그림 3.3), 그가 1803년 새로 설립된 왕립연구소에서 최고 대우를 받는 화학 교수 지위를 얻는 데 도움을 주었다(Fullmer, 2000).

기체화학을 의학에 이용하려는 베도스와 데이비의 노력은 플로지스톤 이론에 이론적 원리 이상의 무언가가 있었음을 되새기게 해준다. 이는 실용적인 화학기술의 기초이기도 했다. 프리스틀리는 기체화학의 의학적 잠재력을 이용하려고 시도한 선구자들 중 한 명으로, 세계 최초의 인공 탄산음료를 생산하기 위해 '고정된 공기'를 물에 녹이는 방법을 개발하여 특허를 받기도 했다. 프리스틀리는 그가 만든 인공 소다수가 바스(Bath)나 맬번(Malvern)의 온천 휴양지에서 많이 마시는 갤런의 광천수와 의학적 효과 면에서는 동일할 것이라고 추정했다. 또한 그는 다양한 공기에 들어 있는 플로지스톤의 양을 측정하는 장치를 개발했고, 이 장치로 동물과 인간의 생명을 유지하는 데 필요한 플로지스톤의 용량을 산정할 수 있었다. 이 기체성분 분석기(eudiometer: 혼합기체를 반응시켜 그 부피 변화를 측정하는 장치—옮긴이)는 시험할 공기를 다량의 초석공기와 함께 유리관에 넣고 혼합하는 방식으로 작동하였다. 시험할 공기에 포함된 플로지스톤이 '초석공기'와 결합함에 따라 그 공기의 부피가 변화하는 정도가 그 공기의 효능을 말해주는 척도였다. 기체성분 분석과학은 산업화된 영국과 이탈리아에서 특히 유행했는데, 영국에서는 제조업 분야에서 공기의 성질을 검사하는 데 사용되었고, 이탈리아에서는 밀라노의 실험물리학 교수 란드리아니가 나쁜 공기가 시민들의 건강에 미치는 영향을 보여주는 데 사용할 수 있는 기체성분 분석기를 고안하였다.

프리스틀리의 사례는 특히 18세기 계몽주의의 심장부에서 화학이 어떤 위치를 차지하고 있었는지를 보여준다. 18세기의 많은 사람들이 보기에, 화학은 다른 과학 영역에서 이루어진 발전을 미처 따라잡지 못한 분야가 아니라, 오히려 과학이 사회에 얼마나 중요한지를 보여주는 본보기였다. 화학자들은 강력한 새 이론과 실용적 기술을 개발하여 그들이 과학 발전의 선두에 서 있을 뿐만 아니라 화학이 사회의 발전에도 중요한 공헌을 하고 있음을 보여주었다. 또한 이는 지금에 와서는 틀리거나 잘못 인도된 것처럼 보이는 과거의 개념들을 과학사학자들이 연구할 때 얼마나 신중해야 하는지를 보여주기도 한다. 일부 과학사학자들은, 플로지스톤을 잃는 연소 과정에서 물질의 질량이 증가하는 듯 보이므로 플로지스톤은 음의 질량을 가질 것이라고 제안한 프랑스의 화학자 기통 드 모르보의 예를 들어가며, 과학의 발전을 가로막는 선입관의 전형적 사례로서 플로지스톤 이론을 지목한다. 이러한 '휘그적' 접근은 과거의 과학을 그 자체의 용어와 거기에 종사하는 사람들의 용어로 진지하게 해석하지 않는 잘못을 범하게 만든다. 기통 드 모르보의 주장을 진지하게 받아들인 사람은 거의 없었지만, 프리스틀리와 같이 플로지스톤 이론을 지지하는 사람들에게는 플로지스톤 이론이 조금도 어리석은 것으로 보이지 않았다. 대다수의 사람들은 플로지스톤이 비물질적인 원질이므로 어떤 식으로도 물질의 무게에 영향을 주지 않는다고 주장했다.

플로지스톤 대(對) 산소

'산소의 발견자가 누구인가' 는 화학사에서 계속 논쟁이 되고 있는 주제 가운데 하나다. 과학사학자이자 과학철학자인 토머스 쿤은 이 사건을 '과학적 발견의 역사적 구조' 를 재구성할 때 수반되는 어려움을 가장 잘 보여주는 사례로 든다(Kuhn, 1977). 산소의 발견자로 거론되는 인물은 세 사람이다. 첫 번째 인물은 스웨덴의 화학자 셸레로, 그는 1770년대 초에 다양한 방법을 통해서 자신이 '불의 공기(fire air)' 라 명명한 기체를 분리하는 데 성공했다. 그러나 오랫동안 그는 자신의 연구결과를 공표하지 않았다. 두 번째 인물은 1774년에 이 새로운 공기를 분리하여 1775년에 이를 '플로지스톤이 없는 공기' 라고 명명한 프리스틀리다. 마지막 인물은 라부아지에로, 그는 프리스틀리의 실험을 반복해 1776년 그 공기를 산소라고 재명명하고, 이를 자신의 새로운 화학체계의 토대로 삼았다. 쿤은 이 사례를 바탕으로 발견에 관한 두 가지 관점을 제시했다. 먼저, 쿤은 발견에 이르는 과정이 단순하지도 직접적이지도 않다는 점을 지적했다. 발견은 역사적 구조를 가지고 있는데, 쿤은 그 사례로 누군가 산소가 실제로 무엇인지 인지하게 되기까지 오랜 시간과 여러 노력이 필요했다는 점을 들었다. 다음으로, 쿤은 산소의 발견이 하나의 이론적 체계의 맥락 안에서만 가능했음을 지적했다. 플로지스톤 없는 공기가 발견되었는가 아니면 산소가 발견되었는가는 프리스틀리의 화학체계를 수용했는가, 라부아지에의 화학체계를 수용했는가에 달려 있다는 것이다.

쿤은 라부아지에의 새로운 화학체계를 과학혁명의 한 사례로 보았다. 쿤에 따르면, 이 새로운 물질은 기존 체계에 맞지 않는 변칙사례였고, 이것이 바로 라부아지에를 개념적 혁신으로 이끌고 화학적 과정을 새롭게 이해하는 방식의 발전을 낳았다는 것이다. 1770년대까지 라부아지에는 프랑스에서 존경받는 화학자이자 과학아카데미 회원이었다. 그는 부유한 중간계급 출신으로, 마자랭 대학에서 화학 연구를 시작하기 전까지는 법률가가 되고자 했다. 스승이었던 마자랭 대학의 루엘은 슈탈의 플로지스톤 이론을 지지하는 사람이었다. 1760년대 중반에 이미 라부아지에는 프랑스의 철학 모임에서 의욕적인 젊은 화학자로 유명해져 있었다. 1768년에 그는 과학아카데미의 최하급 회원으로 지명되었고, '과학 분야 공무원' 으로 경력을 쌓기 시작하며 자신의 전문적 화학지식을 프랑스 정부 업무에 활용했다(Brock, 1992; Donovan, 1996). 아버지로부터 많은 유산을 물려받은 후, 라부아지에는 일하지 않아도 될 만큼 부유해졌다. 라부아지에는 재산을 투자해 세금 징수 대행기관인 페름 제네랄의 주식을 샀다. 프랑스 혁명의 여파로 1794년에 그가 처형당한 것도 이 회사의 주주였기 때문이다.

1760년대 후반, 라부아지에는 기체화학 및 연소과정에서 기체가 하는

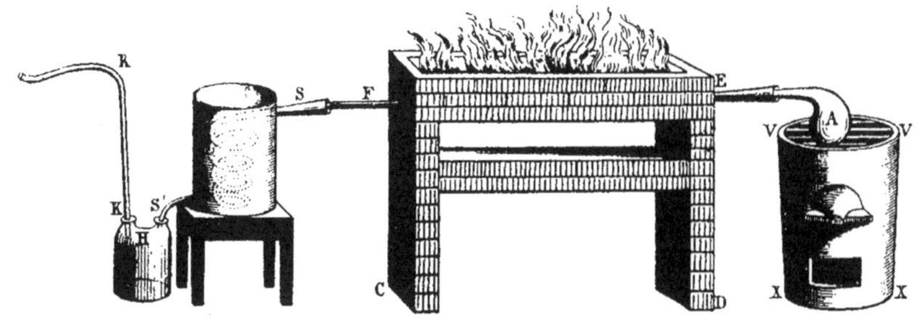

그림 3.4 철에 의한 증기의 분해를 시연하는 18세기의 한 화학 실험.

역할, 그리고 광석에서 금속을 분리하는 작업에 특히 관심을 보였다. 플로지스톤 이론가들은 금속이 광석과 플로지스톤의 결합물이라고 주장했다. 연소과정 중, 불에서 나온 플로지스톤이 광석과 결합하여 금속을 생성한다는 것이었다. 1770년경에 라부아지에는 특정 공기 또한 연소반응에서 분명 어떤 역할을 한다고 확신했다. 1772년에 과학아카데미에서 실시된 대형 점화렌즈 실험을 근거로, 그는 그 기체공기가 사실은 공기 중 물질(aerial matter)과 플로지스톤의 결합물이라는 주장을 제기했다(그림 3.4). 금속을 공기 중에서 가열하면 금속과 공기 중 물질이 결합된 금속재가 생성되고, 열의 형태로 플로지스톤이 방출되었다. 그는 이러한 사실과 다른 실험들을 근거로, 연소 동안 일어나는 기본적인 과정은 금속처럼 연소되는 물질과 공기 중 물질의 결합이고, 그 때문에 연소과정에서 물질의 질량이 증가한다는 가설을 담은 봉인된 노트를 과학아카데미에 제출했다. 그는 프리스틀리의 '플로지스톤이 없는 공기'에 관한 설명을 1775년 우연히 알게 된 후 자신의 가설을 더욱 다듬었다. 당시 그는 연소에서 핵심적 역할을 하는 것은 바로 이 '플로지스톤이 없는 공기', 즉 산소(oxygéne)라고 주장했다.

산소를 도입하면서, 라부아지에는 플로지스톤 이론을 버리고 대신 그 새로운 기체를 기초로 포괄적인 새 이론을 정립했다. '산소' 라는 단어는, 금속이나 탄소가 이 새로운 원질과 결합하여 생성된 물질이 모두 산성을 띤다는 것을 알아낸 라부아지에가 '산을 만드는 물질' 을 의미하는 그리스어로부터 따온 명칭이었다. 그는 산소기체가 산성의 원질인 산소와 열인 칼로릭으로 구성되어 있다고 주장했다. 연소과정에서 칼로릭은 열의 형태로 기체로부터 방출되는 반면, 산소는 금속과 결합하여 산성의 금속재를 생성한다는 것이었다. 그러나 라부아지에는 자신의 이론이 금속의 연소원리를 설명하는 것 이상을 해내기를 원했다. 즉, 자신의 이론이 통합된 새로운 화학체계의 토대가 되기를 원했던 것이다. 여기서 한 가지 문제는 금속과 산이 반응할 때 '가연성 공기' 가 발생하는 예외적인 현상이었다. 이는 플로지스톤 이론에서는 금속재와 결합한 산이 염을 생성하면서 '가연성 공기' 인 플로지스톤을 방출한다고 쉽게 설명될 수 있었다. 그러나 라부아지에는 영국의 화학자 헨리 캐번디시가 물이 '플로지스톤이 없는 공기' 와 '가연성 공기' 의 화합물임을 보여주는 실험을 한 1780년대에 이르러서야 이 문제를 해결했다. 라부아지에는 비로소 금속이 산과 결합할 때 산이 용해되어 있는 물에서 가연성 공기가 방출된다고 주장할 수 있었다. 그는 이 기체를 '물을 만드는 물질' 이라는 의미인 수소(hydrogen)라고 불렀다.

화학을 개혁하려는 라부아지에의 시도 중에서 특히 중요한 한 가지는, 자신의 이론을 적용해서 완전히 새로운 화학용어를 만들어냈다는 것이다. 1782년에 라부아지에는 프랑스의 동료 화학자들인 기통 드 모르보, 베르톨레, 그리고 푸르크루아와 함께 산소 이론을 기초로 화학물질에 이름을 붙이는 새로운 방법을 기술한 『화학물질 명명법(Méthode de nomenclature chimique)』을 출간했다. 탄소, 철, 황과 같이 더 이상 분해되지 않는 물질들은 모두 원소로 간주되었고 명명체계의 토대가 되었다. 금속재라고 불렸던 것들은 이제 산화탄소, 산화철, 산화아연 등과 같이 산화물이라 불리게 되었는데, 이는 그것들이 단일한 원소와 산소의 화합물이기 때문이었다. 산은 황산이나 아황산과 같이 거기에 포함된 산소의 양을 기준으로 하여 원소들의 이름을 따서 각각 명명되었다. 라부아지에의 원소 목록에는 산소와 수소, 금속들, 다양한 염 성분들 외에도, 또 다른 기체인 질소(nitrogen: 당시에는 '생명을 앗아간다'는 그리스어 azote로 불렸다)도 들어 있었다. 또한 그 목록에는 다른 두 원소인 칼로릭과 빛도 포함되어 있었다. 새로운 용어체계는 라부아지에의 화학이론을 구체화하고 있었다. 단지 그 용어를 사용하는 것만으로도, 화학자들은 그 용어의 저변에 깔린 산소 이론을 수용하고 있다는 뜻을 표명하는 것이었다.

대체로 라부아지에의 화학개혁은 급진적이며 논란의 소지가 많은 것으로 여겨졌다. 프리스틀리를 비롯한 일부 플로지스톤 이론의 옹호자들은 끝까지 그것을 받아들이지 않았다. 영국의 화학자 헨리 캐번디시도 가연성 공기에 관한 자신의 실험이 라부아지에의 개혁에 핵심적인 요소 중 하나가 되었음에도 불구하고 여전히 플로지스톤 이론의 우월성을 확신하고 있었다. 그러나 영국의 대다수 화학자들은 곧 산소 이론을 지지하게 되었다. 비록 얼마 지나지 않아 강력한 반대자로 돌아서지만, 18세기 영국 화학계의 떠오르는 별이었던 험프리 데이비도 라부아지에의 새 화학체계를 지지했다. 스코틀랜드에서는 1790년대에 화학자 조지프 블랙이 새로운 화학을 가르쳤고, 에든버러의 후임자들과 함께 새로운 세대의 의학도들에게 산소 이론을 소개했다. 이에 비해 독일 지역에서는 산소 이론에 반대하는 입장이 19세기 초반까지도 널리 퍼져 있었다. 그러나 그곳에서도 1790년대 초 무렵에는 라부아지에 핵심 저작들이 번역되어 출간되었다. 프랑스에서는 라부아지에의 이론이 특히 빠르게 수용되었다. 기통 드 모르보와 같이 플로지스톤 이론을 지지한 유명한 인물들조차 재빨리 입장을 바꾸고 라부아지에의 새 이론을 보급하는 데 동조했다.

프랑스에서 라부아지에의 화학체계가 그토록 빨리 받아들여졌던 이유 중 하나는 그 이론이 당시 프랑스의 과학과 철학에서 이루어진 다른 발전들과 잘 들어맞았기 때문이다. 프랑스의 신세대 자연철학자들에게 과학 발전의 열쇠는 정량화와 정확한 측정이었다. 라플라스와 같은 전도유망한 자연철학자들은 이것만이 천문학과 역학에서 뉴턴이 이루어낸 성공을 물리학의 다른 영역에서 재현할 수 있는 방법이라고 확신했다. 화학반응시 반응물과 생성물의 정확한 무게 측정을 강조하고, 무게가 변화하면 그러한 반응에서 무슨 일이 일어나는지에 관한 결정적 증거를 제공한다고 본 라부아지에의 주장은 정량화에 대한 당대의 관심과 잘 맞아떨어졌다. 마찬가지로, 화학용어를 개혁하려는 노력과 포괄적인 화학체계가 필요하다는 주장 역시, 당시 프랑스인들의 확장된 철학적 관심사에 잘 들어맞았다. 디드로와 달랑베르 같은 철학자들은 철학 전반에 체계적인 개혁이 필요하다고 주장했고, 콩디야크는 언어개혁이 사람들의 사고방식을 개혁하는 데 없어서는 안 될 필수조건이라고 주장했다. 그러므로 여러 면에서 당시 프랑스 학자들에게 라부아지에의 화학개혁은 더 큰 그림의 일부분으로 생각되었다. 그들 모두는 전반적으로 재정비되는 중이던 프랑스 지성계의 일부였던 것이다(Holmes, 1985).

과거의 화학사학자들은 라부아지에가 플로지스톤을 거부한 것과 화학용어를 개혁한 것이 화학혁명의 결정적 순간이라고 생각했다. 그들은 라부아지에 이전에는 화학이 암흑기에 있었고, 라부아지에 이후에야 비로소 상당히 근대적인 과학의 면모를 갖추었다고 생각했다. 여기서 잠시 멈춰서서 이러한 관점이 얼마나 정확한지 살펴볼 필요가 있다. 연소과정에서 산소의 역할과 새 명명법과 같은 중요한 특징들이 아무리 친숙해 보일지라도, 라부아지에 화학의 여러 특징들은 분명 우리에게 상당히 낯설다. 그가 자신의 화학체계에서 플로지스톤을 몰아낸 것은 사실이지만, 열의 비물질적 원질은 칼로릭의 형태로 남아 있었다. 게다가 라부아지에의 원소표에서 자리를 차지했던 비물질적인 원질이 칼로릭뿐이었던 것도 아니다. 근현대 화학자들은 라부아지에 화학체계의 요체가 되는 산소가 산성의 원질이라는 그의 주장 또한 이미 오래전에 버렸다. 다른 한편으로, 라부아지에가 폐기한 플로지스톤 이론은 그 자체로 분명 강력하고 다양하게 활용될 수 있는 이론적 도구였다. 현재의 관점에서 보면 이상하겠지만, 프리스틀리나 캐번디시 같은 경험 많은 연구자들은 플로지스톤 이론을 활용하여 잘 알려진 화학적 현상은 물론 새로운 종류의 공기 같은 근래의 발견들에 대해서도 매우 정교하게 설명해낼 수 있었다. 적어도 이러한 점에서, 라부아지에 이론의 성공이나 그 이론이 화학 분야의 혁명에서 갖는 핵심적 지위는 결코 필연적이거나 자명한 것이 아니었다.

개혁된 화학?

화학 분야에서 라부아지에가 달성한 혁명의 중요성을 평가하는 방법 중 하나는 그의 개혁이 시작된 후 수십 년 간 화학지식이 어떤 양상을 띠고 있었는지를 살펴보는 것이다. 라부아지에의 새로운 화학은 빠르게 널리 수용되었는가? 라부아지에의 개혁 그 자체가 개혁되기까지는 시간이 얼마나 걸렸는가? 쿤은 과학혁명의 시기에는 거대한 지적 변화가 일어나며, 그 후에는 새로운 개념적 틀과 이론의 함의가 탐구되어 명료해지는 '정상과학(normal science)'의 시기가 뒤따른다고 설명했는데, 화학 분야의 혁명 이후에도 그러한 '정상과학'의 시기가 왔는가? 앞서 살펴본 것처럼, 라부아지에의 개혁이 상당히 빠르고 광범위하게 채택되었음은 비교적 분명해 보인다. 19세기 초까지 여전히 플로지스톤 이론에 빠져 있었던 화학자들은 거의 없었다. 하지만 라부아지에의 이론을 완전히 수용한 화학자들도 마찬가지로 매우 드물었다. 이 점만 봐도, 화학혁명 직후의 시기를 '정상과학'의 시기라 보기는 어렵다. 1800년대까지 라부아지에의 개념을 지지했던 이들은 그 개념에 담긴 몇몇 핵심 주장에 의혹을 품고 있었다. 영국의 돌턴이나 스웨덴의 베르셀리우스 같은 다른 화학자들은 그들만의 고유한 새 이론체계를 구축하는 중이었다.

콘월 지방의 화학자 험프리 데이비는 영국의 청중들을 대상으로 라부아지에의 개념을 설명한 니컬슨의 강연에서 화학의 기초를 배웠다. 그러나 1800년대에 런던 왕립연구소의 화학 교수로 임명되고 나서, 데이비는 라부아지에의 몇몇 기본 개념의 타당성에 대하여 중대한 이의를 제기하기 시작했다. 일단, 데이비의 실험은 산소가 존재하기 때문에 산성이 나타난다는 개념을 뒤엎었다. 그는 뮤리에이트산(muriatic acid: 오늘날 염산〔hydrochloric acid〕이라 일컫는 물질의 옛 명칭)과 같은 어떤 산들에는 산소가 포함되어 있지 않음을 보여주었다. 또한 그는 옥시뮤리에이트산(oxymuriatic acid: 산소가 포함된 화합물이라는 가정 아래 잘못 붙여진 염소〔chlorine〕의 옛 명칭—옮긴이)에 산소가 포함되어 있지 않을 뿐만 아니라, 사실 그것은 그가 염소라 명명한 하나의 원소임을 입증하였다. 또한 1813년에는 요오드라고 불리던 다른 유사한 원소를 분리해내는 데에도 성공했다. 데이비가 행했던 극적인 전기 실험은 그의 명성을 높여주었다. 그는 왕립연구소의 강력하고 값비싼 전기 배터리를 사용하여 염소와 요오드뿐만 아니라 나트륨과 칼륨도 분리해냈다(Golinski, 1992). 또한 데이비는 라부아지에의 화학체계에서 핵심적 역할을 한 칼로릭의 존재도 부정했다. 데이비는 열이 비물질적인 유체가 아니라 운동의 한 형태라고 주장했다.

데이비가 옳다면 라부아지에의 산소는 산을 생성하는 물질이 아니므로 잘못 붙여진 명칭이며, 칼로릭도 라부아지에의 주장과는 달리 화학반응에서 중대한 역할을 하지 않았다.

원소에 대한 라부아지에의 정의는 대체로 실용적이었다. 화학원소는 화학자들이 더 단순한 구성성분들로 분해할 수 없었던 물질에 불과했다. 그러나 이러한 원소 개념은 영국의 화학자 돌턴에 의하여 다른 의미를 함축하는 것으로 발전하였다. 물질이 더 이상 쪼갤 수 없는 입자나 원자로 구성되어 있을 것이라는 생각은 고대 그리스 때부터 내려온 개념이었다. 보일과 같은 17세기의 화학자들은 원자 개념을 새로운 기계적 철학의 중심 교의로 채택했다. 라부아지에는 원소들의 궁극적 성질에 관한 논의가 형이상학적이고 화학의 영역을 넘어선다고 생각했지만, 돌턴은 원소에 물리적 실재성을 부여하는 작업에 착수했다. 돌턴은 잉글랜드 북서부의 퀘이커교 집안에서 태어났다. 훗날 맨체스터로 이사할 때까지, 그는 15세 때부터 형과 함께 레이크 지역 켄달에 있는 학교에 다녔다. 그곳에 사는 동안 돌턴은 뉴턴 자연철학의 기초를 독학했고, 기상학에 대한 관심을 발전시켜 그 지역의 기상환경을 일기로 상세히 기록했는데, 이 일기는 1793년에 『기상학 에세이(Meteorological Essays)』라는 책으로 출간되었다. 돌턴은 그 책을 통해 철학자로서 명성을 얻게 되었고, 그 책에서 활용한 바 있는 대량의 데이터에서 규칙성을 찾는 접근방식을 통해 화학원소에 대한 원자설을 정립할 수 있었다(Paterson, 1970).

돌턴의 원자설은 보일과 같은 이전의 화학자들이 채택한 입자론과 달리 각각의 원소가 그에 해당하는 고유한 원자를 갖는다고 가정했다는 점에서 중요한 차이가 있었다. 보일을 비롯하여 18세기의 원자설 지지자들은 모든 원자가 동일하다고 생각했다(Thackray, 1970). 돌턴은 이 가정을 토대로 서로 다른 원소의 원자들이 갖는 상대적인 무게를 정의하려고 시도했다. 이를 위해 그는 원자들이 다양한 물질을 만들어내기 위해 서로 결합하는 방식에 관해 여러 가지 가정을 해야 했다. 간단히 말해, 그는 원소들이 언제나 최대한 단순한 방법으로 결합할 것이라 생각했던 것이다. 예컨대, 돌턴은 알려진 수소와 산소의 결합은 하나뿐이므로, 그것이 하나의 산소 원자와 하나의 수소원자가 결합되는 단순한 2원자 화합물이어야 한다고 주장했다. 하나 이상의 결합이 알려져 있는 경우에는, 2:1과 같은 더 복잡한 결합도 가능했다. 이런 가정들을 이용해, 돌턴은 『화학철학의 새 체계(New System of Chemical Philosophy, 1808)』의 1부에서 화합물에 들어 있는 다양한 원소들의 상대적 양에 관한 기존 데이터로부터 원소들의 상대적 원자량을 계산했다. 예를 들어 돌턴은 물에 포함된 산소와 수소의 질량비가 대략 7:1로 알려져 있었으므로, 산소원자는 가장 가벼운 원소로 알려진 수소원자에 비해 질량이 7배나 더 나간다고 주장했다(그림 3.5).

험프리 데이비는 자신의 극적인 전기실험을 기초로, 원소들을 서로 결합하여 화합물을 이루게 하는 힘인 화학적 친화력에 전기적 성질이 포함되어 있다고 결론 내렸다. 스웨덴의 화학자 베르셀리우스는 돌턴의 원자설에 대한 자신의 지식과 데이비의 결론에 의거하여 원소들이 결합하는 방식에 대한 전기화학적 견해를 정립했다. 베르셀리우스는 원소가 분해될 때 갈바니 전지의 양극에서 방출되느냐 아니면 음극에서 방출되느냐에 따라 원소를 전기적으로 양성인 것과 음성인 것의 두 종류로 분류했다. 훗날 이 용어는 험프리 데이비가 도입한 규약에 맞춰 반대로 뒤바뀐다. 전기적으로 산소가 가장 양성이고 칼륨이 가장 음성인 원소 등급표에서, 특정 원소가 차지하는 위치는 그 원소가 다른 원소들과 결합하는 방식을 결정했다. 이를 원자 수준에서 이야기하자면, 다양한 원소의 개별 원자들은 각각 양성 혹은 음성의 전하를 지니며, 이런 전하에 따라 특정 원자가 다른 원소의 원자와 달라붙어 화합물을 만들어내는 방식이 결정된다는 것이다. 전

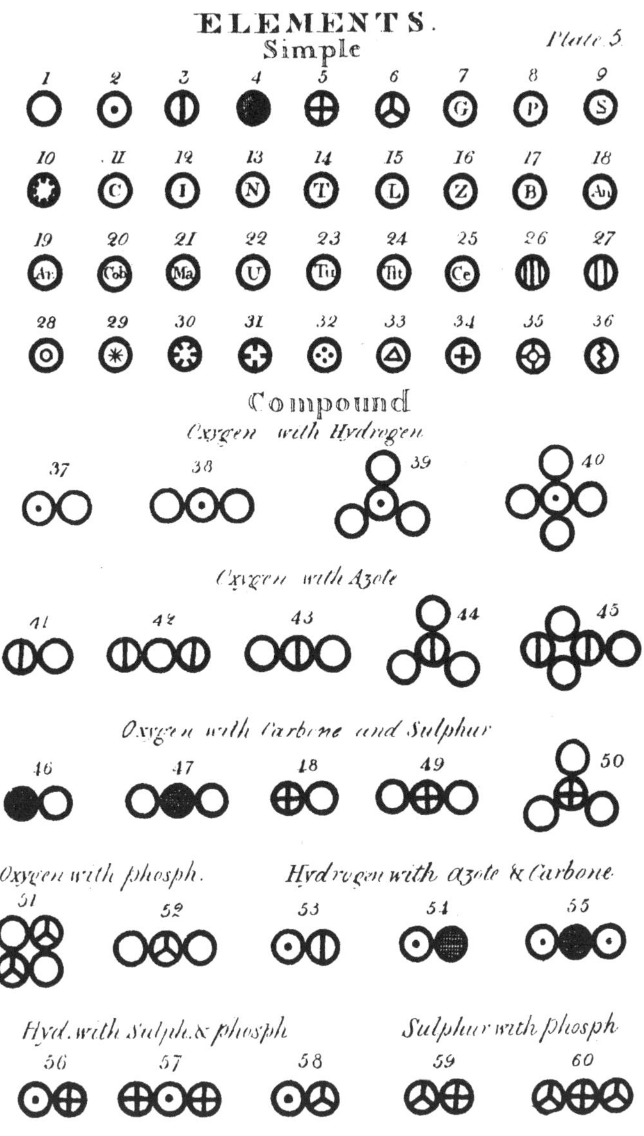

그림 3.5 돌턴의 『화학철학의 새 체계(New System of Chemical Philosophy)』에 실린 새로운 화학 표기법의 예. 이런 표기법에는 원자의 실재성을 강조하려는 돌턴의 의도가 담겨 있었다.

기화학적 원자설에 관한 베르셀리우스의 포괄적인 설명은 1818년에 『화학 비례에 관한 이론과 전기의 화학적 영향에 관한 에세이(Essai sur la théorie des proportions chimiques et sur l' influence chimique de l' électricité)』로 출간되었다.

베르셀리우스는 웁살라 대학에서 의학 공부를 시작했고, 스톡홀름 대학의 화학 교수가 되어 의학도들에게 약학을 가르쳤다. 그는 19세기 초엽의 약학 교과서가 당대의 새 화학이론에 비추어볼 때 시대에 뒤떨어진다는 것을 잘 알게 되었다. 그가 자신의 전기화학적 이론을 근거로 화학에 새로운 명명법을 도입한 것은 약학을 갱신하려는 노력의 일환이었다. 그는 산소의 'O' 와 철의 'Fe' 와 같이 다양한 원소들을 여러 문자와 약어로 나타냈고, 전기적으로 가장 양성을 띠는 원소를 맨 앞에 표기하는 기호 나열방법으로 화합물을 표현했다. 또한 훗날 아래첨자로 바뀌지만, 원자의 수는 위첨자로 표현되었는데, 예를 들어 이산화탄소는 CO^2로 표기되었다. 베르셀리우스의 새로운 규칙은 19세기 초에 도입된 많은 방식들 중 하나일 뿐이었고 이마저도 여러 차례 수정되었다. 특히 돌턴은 다양한 원소를 표시하기 위해 형식적 기호를 사용하는 것이 화학원자가 물리적 실재임을 받아들이는 데 걸림돌이 된다고 생각했기 때문에 이를 수용하지 않았고, 원자의 물리적 실재를 강조하는 자신만의 고유 표기법을 사용했다.

베르셀리우스의 표기법에 대한 돌턴의 반대는 원자설을 둘러싼 핵심 쟁점 중 하나를 분명하게 드러낸다. 원자는 물리적으로 실재한다고 받아들여졌는가, 아니면 단지 화학반응과 원소들이 결합하는 비율을 편리하게 기술하기 위한 방법으로 받아들여졌는가(Thackray, 1972; Rocke, 1984)하는 것이다. 돌턴 자신은 원자가 실재한다고 확신했다. 이 점에서 그는 아마도 소수에 속했을 것이다. 분명 19세기 중반까지 원자의 물리적 실재성에 대해 깊이 숙고한 화학자는 거의 없었다. 화학자들은 기체들이 단순한 부피비로 결합한다는 프랑스 게이뤼삭의 관찰과 같은 여러 일반화와 마찬가지로, 원자설도 경험에 기반을 둔 유용한 도구 정도로만 인식했다. 사실은 베르셀리우스가 정말로 원자의 실재성에 대해 진지하게 숙고했는지도 확실치 않다. 그러나 분명한 것은, 화학 분야에서 라부아지에가 달성한 혁명이 새로운 화학적 세계관을 결정적으로 정립했다고 생각한 화학자 극소수에 불과했다는 점이다. 게다가 플로지스톤 이론을 거부했다는 점을 제외하면 라부아지에가 이룬 업적 중 19세기 초 이후까지 원래의 형태대로 살아남은 것은 거의 없다. 19세기 중반에 열역학의 발전이 이루어지고 비물질적 원질로서의 열 개념이 폐기됨에 따라, 화학반응에서 칼로릭이 담당했던 중추적 역할 역시 부정되었다. 19세기 초의 화학자들은 그들의 분야가 결정적으로 개혁되었다고는 생각하지 않았던 듯 보인다. 그들의 화학개혁 작업은 여전히 진행 중이었던 것이다.

결론

그렇다면 우리는 18세기의 지연된 화학혁명을 어떻게 이해해야 하는가? 16~17세기의 과학혁명에 대한 전통적인 설명을 받아들이지 않았듯이, 우리는 많은 이유를 들어 화학혁명에 대해서도 부정적 입장을 취할 수밖에 없다. 이미 살펴보았지만, 16~17세기의 과학혁명에서 화학이 제외될 이유는 없다. 베허나 보일, 혹은 파라켈수스가 생각하고 실행했던 일이 오늘날의 우리에게는 이상해 보일지 모르나, 당시에도 이상하게 여겨졌다고 보기는 어렵다. 오히려 당시 사람들은 이 화학자들이 새로운 과학에 중요한 공헌을 하고 있다고 생각했다. 18세기의 자연철학자들도 결코 화학자들이 시대에 뒤처진 사람들이라고 생각하지 않았다. 이들이 보기에 조지프 프리스틀리나 조지프 블랙과 같은 화학자들은 화학뿐만 아니라 자연철학에도 중요한 공헌을 한 사람들이었다. 일반적으로 당시 사람들은 화학을 계몽시대의 과학에 꼭 필요한 진보적인 분야라고 생각했다. 18세기의 연구자들이 생각했던 것처럼, 많은 화학자들은 뉴턴 종합의 외곽이 아니라 그 선두에 서 있었다(Knight, 1978, 1992). 이제 역사학자들은 라부아지에 이전의 화학자들이 중요한 공헌을 했다는 점과 그들의 화학을 제대로 평가하려면 그들이 보인 독특한 관심의 맥락에서 이를 이해할 필요가 있다는 점을 점차 깨닫게 되었다.

라부아지에의 화학개혁이 중요한 영향을 미쳤다는 점은 의심할 여지가 없다. 플로지스톤 이론에 대한 그의 거부는 분명 중요했고, 정량적 방법과 면밀한 측정의 도입은 화학 분석의 정확성에 관한 새로운 기준을 세웠다. 그러나 다시 한 번 말하지만, 라부아지에의 화학을 근대 화학의 도래를 알리는 결정적 사건으로 규정할 수 없다는 점 또한 분명하다. 적어도 그런 의미에서, 라부아지에의 공헌은 혁명적이지 않았다. 앞서 본 것처럼 라부아지에의 화학체계 중 19세기 초에 그대로 살아남은 부분은 거의 없었다. 베르셀리우스나 돌턴과 같은 화학자들은 자신들이 기존의 체계 내에서 연구하고 있다고 생각하지 않았고, 그들만의 고유한 화학체계를 확립하고자 노력하였다. 하나의 독보적 화학혁명이 일어난 현장으로 18세기 후반이라는 시기와 라부아지에의 업적을 선택하는 것은 너무나 자의적인 평가인 듯하다. 더 일반적으로 말해, 어쩌면 라부아지에의 '화학혁명'은 혁명이라는 관점에 지나치게 의존해 과학사에 접근할 경우 부딪치게 될 문제점들을 우리에게 경고하는 것인지도 모른다. 더 깊이 들여다보면, 과학에서 일어난 혁명들은 처음 생각했던 것만큼 일관적이지도 결정적이지도 않은 것들이 대부분이다. 적어도 이러한 측면에서 화학 분야에서 일어난 혁명이 특별할 것은 전혀 없다. **(전다혜 옮김)**

에너지 보존

철학자 토머스 쿤은 이제는 널리 알려진 논문에서 대략 19세기 중반에 나타난 에너지보존법칙의 발견과 관련해 그가 보기에 흥미로운 의문 하나를 제기했다(Kuhn, 1977). 쿤은 에너지보존법칙이 1820년대 중반부터 1850년대 중반까지 30여 년에 걸쳐 이루어진 '동시 발견'의 산물임을 깨달았다. 이 시기의 여러 과학자들은 얼마간 차이는 있지만 독립적으로 에너지 보존이라는 개념에 이르렀다. 쿤은 특히 세 가지 요인이 이런 동시 발견에서 중요한 구실을 했다고 말했다. 첫째는 엔진에 관한 관심, 둘째는 변환과정들의 발견, 그리고 셋째 그가 자연철학이라고 부른 철학관이 그것들이었다. 쿤은 이런 요인들이야말로 이 시기에 "통찰력 있는 과학자들을 자연에 관한 새로운 관점으로 이끌었던" 유럽 과학사상의 중심 요소라고 여겼다. 에너지 보존이 과학의 역사에서, 또는 최소한 물리과학의 역사에서 일어난 매우 중요한 일반화 가운데 하나였던 것은 분명하다. 19세기 후반기 물리학의 발전과정에서 그것은 그 핵심에 있었다. 이 원리는 이후 약간 수정된 형태로 현대물리학에서도 중심 구실을 하고 있다. 그러므로 에너지보존법칙의 발전의 배경이 된 문화적 환경이 어떠했는지 살핀다면, 우리는 현대과학의 여러 기원들에 관해 훨씬 더 많은 것을 알게 될 것이다.

하지만 우리는 먼저 에너지 보존과 같은 이론적 일반화를 과연 발견이라고 부를 수 있는지 자문해야 한다. '발견'이라고 하면 우리는 대개 어떤 사물이나 장소의 발견을 떠올린다. 서구 유럽인의 아메리카 대륙 발견은 분명히 그런 사례로 생각될 것이다. 윌리엄 허셜의 천왕성 발견 같은 새 행성의 발견이 떠오를 수도 있겠다. 이 개념을 확장하면, 전자의 발견 같은 이론적 실체의 발견도 포함시킬 수 있다. 그런데 이와 대조적으로, 에너지 보존은 어떤 장소도 아니고 실체도 아니다. 그것은 이론적 일반화이다. 그렇다면 에너지 보존을 발견의 대상으로 생각한다는 것이 어떤 의미인지부터 숙고해볼 필요가 있다. 예컨대 그것은 에너지 보존이 자연에 관한 우리의 이론이 아니라 자연에 실제로 존재하는 어떤 것이 아닐까라는 관점을 견지하게 만든다. 이런 물음을 철학적 말장난이라고 치부할 수만은 없다. 왜냐하면 그 원리의 '발견자들' 중에서도 에너지 또는 에너지 보존이 정말 자연에 실재한다고 말할 수 있는지 의문을 품은 이들이 있었기 때문이다. 우리 자신한테 던져야 하는 두 번째 물음은 발견의 대상과 발견의 동시성에 관한 문제다. 발견이 동시에 일어나려면 모든 발견자들이 동일한 것을 대략 동일한 시기에 발견해야 한다. 그렇지만 우리는 역사의 주인공들이 자신의 발견들을 여러 가지 다른 방식으로 설명했음을 보게 될 것이다. 특히 '에너지'라는 말은 그 한참 뒤에도 '보존되는 어떤 양'을 설명하는 데는 사용되지 않았다.

결국 동일한 관심의 다른 측면들로 볼 수 있겠지만, 일단 이 장에서는 쿤이 말한 요소들 가운데 첫 번째와 두 번째 요소를 먼저 살펴보면서 논의를 시작할 것이다. 프랑스의 엔지니어이자 자연철학자인 사디 카르노와 그의 열기관 이론이 이야기의 출발점이다. 카르노는 그 이론에서 열과 일의 연관성을 규명하고자 했다. 당시에는 어떤 종류의 힘에서 다른 종류의 힘을 얻어내려는 일(쿤의 표현을 빌리면 '변환과정')에 관심이 높았는데, 우리는 이 글에서 카르노의 연구가 이런 더 큰 관심사의 한 측면으로 간주될 수 있음을 제안할 것이다. 더 나아가 우리는 이런 힘들의 관계를 논의하는 데 쓰인 몇몇 용어들, 예컨대 '보존'과 '변환', '상관성(correlation)' 같은 용어들을 살펴볼 것이다. 특히 제임스 프레스콧 줄과 율리우스 로베르트 마이어가 기고논문들에서 이런 주제들이 어떻게 다루어졌는지 살펴볼 것이다. 마지막으로 19세기 후반에 영국과 독일의 자연철학자들이 에너지보존법칙을 받아들이는 과정, 그리고 완전히 새로운 물리학의 실천방식이 발전하는 데 에너지 보존이 이용됐던 과정을 좇아가볼 것이다. 이를 통해 에너지와 보존의 개념이 발견자들에 따라 갖가지 용도로 쓰였음이 분명하게 드러날 것이다. 그것은 예컨대 경제학과 물리학 모두에 있는 효율성에 관한 관심을 정식화하는 하나의 방식이었다. 또한 그것은 다른 과학 분야들보다 물리학의 권위가 우월함을 강조하고 산업의 진보와 물리학이 무관하지 않음을 증명하는 하나의 방식을 제공했다.

수차, 증기기관, 그리고 철학적 장난감

19세기 초 수십 년 동안에 유럽 전역에서 그 수가 늘어난 자연철학자들은 점차 자연에 존재하는 서로 다른 힘이나 동력들의 관계에 많은 관심을 기울였다. 특히나 이들은 어떤 힘을 이용해 다른 힘을 만드는 방법을 찾는 일에 관심을 두었다. 어떤 의미에서 이런 관심이 특별히 새로울 건 없었다. 18세기 초 이래 자연철학자들, 특히 자신을 뉴턴주의자라고 여겼던 사람들은 화학적 친화력, 전기, 열, 빛, 자기, 그리고 그들이 자주 쓴 용어인 운동력(motive force) 같은 동력의 속성을 연구하는 데 열중했다. 예컨대 스코틀랜드인 윌리엄 컬런과 조지프 블랙 같은 자연철학자들은 열의 기초 물질이라고 여겨지던 칼로릭의 속성을 연구했다. 이들의 연구는 몇몇 집단들 내에서 특별히 찬사를 받았는데, 이는 많은 사람들이, 엔지니어인 제임스 와트가 증기기관을 개선하는 데 이 자연철학자들이 영감을 제공했다고 믿었기 때문이다(『현대과학의 풍경2』 17장 "과학과 기술" 참조). 당시는 산업혁명이 대대적으로 일어나 많은 사람들이 일의 문제, 그리고 기계를 돌리는 데 자연의 힘을 이용하는 방법에 관심을 기울이던 시기였다. 일부 사람들의 눈에, 제임스 와트가 블랙과 컬런의 연구를 이용해 이루어낸 성과는 바로 그 본보기였다. 종류는 달라도 모든 기계들을 작동하게 하는 밑바탕의 철학적 원리를 연구하는 작업은, 다른 종류의 자연동력들로 운동력, 즉 일을 만들어내는 방법을 찾는 작업과 마찬가지로 점점 더 유익한 연구로 여겨졌다(Cardwell, 1971).

이런 식의 추론들 가운데 일부는 영구운동의 창출이라는 흥미로운 가능성에 관심을 집중했다(그림 4.1). 독일의 자연철학자 헤르만 폰 헬름홀츠(그에 관한 좀더 자세한 설명은 이 장의 뒷부분에 있다)는 이런 영구운동의 문제가 이후 에너지보존법칙을 낳은 여러 추동력 중 하나가 되었다고 강조했다. 희망에 찬 수많은 발명가, 투자자뿐 아니라 여러 자연철학자들도 유한한 투입량에서 무한한 양의 일을 얻으리라는 기대에 관심을 기울였다. 예를 들면 이런 가설까지도 세워졌다. 물은 높은 곳에서 낮은 곳으로 떨어지며 수차를 돌리는데, 이 수차가 떨어진 물을 다시 높은 곳으로 퍼올릴 만큼의 동력을 생산해낼 수는 없을까? 만일 이것이 가능하다면, 수차는 외

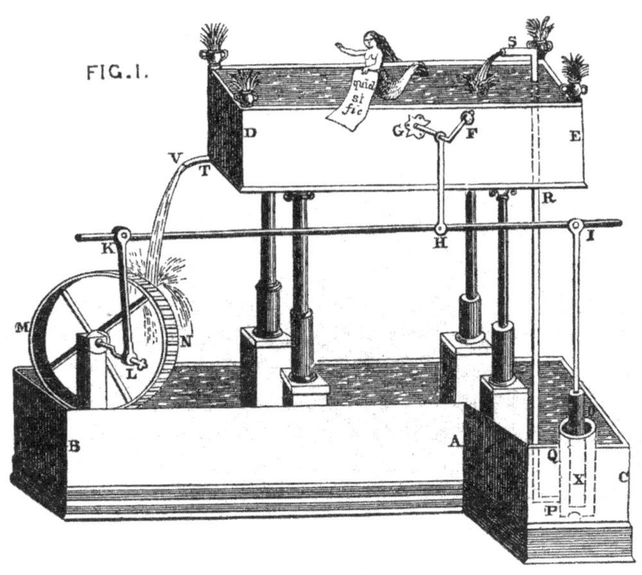

그림 4.1 가설적 영구운동기관의 예. 이 경우에 위쪽의 저장고에 있는 물이 아래로 떨어져 수차를 돌리며, 다시 수차는 펌프에 동력을 공급한다. 펌프는 이 운동을 무한히 유지하는 데 충분한 정도의 물을 위쪽 저장고에 돌려보낸다. 이와 같은 기관이 불가능하다는 점은 18세기 말에 널리 인식되었다.

부에서 어떤 동력원의 도움을 받지 않고서도 영구히 작동하게 된다. 이것은 거저로 일을 생산하는, 다시 말해 돈을 만들어내는 기계가 될 수 있었다. 18세기 말, 대부분의 자연철학자들은 이런 일이 분명히 불가능하다고 믿었다. 그렇지만 헬름홀츠가 보여주었듯이, 이런 가설적 수차 모형은 일이 수차라는 계(界, system)의 내부 어디에서 생기는가라는 대목에 관심을 집중하게 했다. 예컨대 프랑스의 엔지니어이자 혁명가인 라자르 카르노는 수차에 관해 연구하면서 수차를 돌릴 때에 생성된 일의 양은 물이 떨어지는 거리와 함수관계를 이루고 있음을 입증했다.

라자르 카르노의 아들인 사디 카르노도 아버지 못지않게 생산적 운동력

(productive motive force)이 어디에서 생겨나는지에 흥미로운 의문을 품었다. 아버지와 마찬가지로 확실한 공화주의자였던 아들 카르노는 자신의 공학 지식을 인간을 위해 활용하고 싶어했다. 사디 카르노는 자신의 관심을 증기기관에 집중했는데, 이는 그가 보기에 프랑스의 최대 경쟁국인 영국이 급속히 산업 팽창을 이루는 과정에서 증기기관은 점점 더 중요한 역할을 하고 있기 때문이었다. 『불의 동력에 관한 고찰(Reflexions sur la puissance motrice du feu, 1824)』에서 카르노는 가상의 열기관이 작동하는 과정을 세밀하게 분석했다. 카르노가 보기에, 열은 자연의 경제(nature's economy: 여기에서 '경제'는 '섭리'의 의미를 담고 있다—옮긴이)를 보관한 '광대한 저장소'였다. 그것은 기후를 만들고 지진과 화산폭발을 일으키는 힘이었다. 그는 실제 증기기관의 작동원리를 이해할 수 있다면 추상적 열기관의 바탕이 되는 '원리'도 더불어 통찰할 수 있으리라고 생각했다. 그것은 또 좀더 효율적인 기관을 만드는 법을 찾는 데에도 도움을 줄 수 있을 것이었다. 열기관 전체에서 일어나는 열의 비물질적 흐름인 칼로릭의 운동을 추적함으로써, 계 내부의 원동력, 또는 일이 어떻게 어디에서 생성되는지 정확히 그 위치를 확인하자는 것이 그의 탐구전략이었다. 만일 충분할 정도로 단순하고 보편적인 가상의 열기관을 만들 수만 있다면, 그는 그것을 이용해 "모든 물체에 이미 정해진 방식으로 작용할 열의 모든 효과를 사전에 파악"할 수 있으리라고 보았다.

카르노는 칼로릭이 한 곳에서 다른 곳으로 이동한다는 관점에서 증기기관에서 일어나는 현상을 해석했다. 그가 이해한 바에 따르면, 증기가 기관 내에서 실제로 행하는 역할이 바로 그것이었다. 칼로릭은 화로에서 발생해 증기와 일체가 된다. 그런 뒤에 그것은 실린더 안으로, 그러고 나서 다시 응축기 안으로 옮겨진다. 거기에서 칼로릭은 증기에서 벗어나 차가운 물로 옮아가는데, 이때에 차가운 물은 증기가 들이닥치면서 마치 화로 위에 놓인 물처럼 이내 데워진다. 이 과정 내내 증기는 칼로릭을 실어 나르는 수단일 뿐이다. 이것은 카르노가 보기에 아주 중요한 사실이었다. 증기기관 내부에서, 그리고 이런 문제에 관한 한 어떤 다른 종류의 열기관에서도 마찬가지로, 중요한 것은 칼로릭이 소비되지 않으며 뜨거운 물체에서 차가운 물체로 옮아가며 이동한다는 점이었다. 일이 생기는 곳은 바로 이 지점이었다. "그러므로 원동력의 생산은 증기기관 내부에서 칼로릭이 실제로 소비됨으로써 생기는 게 아니라 칼로릭이 따뜻한 물체에서 차가운 물체로 이동함으로써 일어난다." 이 과정에서 칼로릭 자체는 전혀 소실되지 않는다는 점이 결정적으로 중요했다. 카르노가 보기에, 칼로릭은 보존되며, 그것은 그의 아버지가 분석했던 수차에서 일을 만들어내면서도 물이 보존되는 것과 꼭 같았다. 수차에서는 물이 높은 곳에서 낮은 곳으로 떨어짐으로써 물이 일을 행했다. 마찬가지로 열기관에서는 칼로릭이 높은 온도에서 낮은 온도로 떨어짐으로써 칼로릭이 일을 행했다.

1820년 덴마크 자연철학자 한스 외르스테드는 오랫동안 그 가능성만 제기됐던, 전기와 자기가 서로 연결되어 있다는 사실을 극적으로 발견했다. 그는 자성을 띤 바늘을 구리선 근처에 놓고 구리선에 전류를 흘릴 때 바늘이 흔들거리는 것을 관찰했다. 외르스테드는 독일자연철학(Naturphilosophie), 즉 대략 19세기 초에 독일어권 지역에서 특히나 널리 퍼진 낭만적 자연철학의 옹호자였다. 독일 시인 괴테를 비롯해 독일자연철학의 추종자들은 자연이 근본적으로는 통일성을 지닌다고 믿었다. 그들은 우주 전체를 하나의 '우주 유기체'로 보아야 한다고 주장하곤 했다. 생명체와 마찬가지로, 우주 역시 서로 연결된 실체이자 생동하는 '실체'로 여겨질 때 가장 잘 연구되고 이해될 수 있다는 것이었다. 자연의 갖가지 현상과 동력은 따로따로 연구해야 할 대상이 아니며, 그 밑바탕을 이루며 만물을 아우르는 어떤 단일한 원인이 여러 갈래로 드러난 것일 뿐이라고 이해되었다. 리터나 셸링 같은 사상가들은 우주를 묘사하면서 '세계 영혼(World Soul)', '충만한 생동(All-animal)' 같은 표현을 자주 사용했다. 그들은 직관이 중요한 발견 수단이라는 점을 강조했으며, 분석적인 뉴턴 자연철학에 담긴 이른바 '메마른 빈곤함' 같은 것을 소리 높여 비판하곤 했다. 이런 관점 때문에 외르스테드는 실제로 발견하기도 전에 전기와 자기의 상호 연결성이 자연에 실재해야만 한다고 믿고 있었다. 따라서 그가 보기에 그것은 단지 찾아내기만 하면 되는 문제였다.

외르스테드의 발견이 있고 나서 다음 해에 잉글랜드 실험가이자 당시 왕립연구소(1799년에 과학자들이 과학 교육과 연구를 목적으로 런던에 세운 연구소—옮긴이)의 실험실 조수였던 마이클 패러데이는 전류가 흐르는 전선이 자석 둘레를 실제 회전하게 하는 방법을 찾아냈다. 전기와 자기가 결합하면 원동력을 생산하는 데 이용될 수 있음을 보여준 것이었다. 프랑스에서 앙드레-마리 앙페르는 전류가 흐르는 전선을 나선처럼 말면 그 전선이 보통 자석처럼 작용함을 입증했다. 그는 자기란 전기의 운동결과물이며, 자석은 자석을 이루는 입자들의 둘레를 돌아다니는 전류의 특정한 배열로 만들어진 것이라고 주장했다. 그 무렵에 왕립연구소의 풀러 화학 교수좌(Fullerian Professor of Chemistry)와 실험실 책임자 자리를 맡고 있던 패러데이가 그 반대의 효과를 발견하기까지는 다시 10년이 넘는 시간이 지나갔다. 1832년에 그는 막대자석을 전선 코일 안쪽으로 넣으면 전류가 생성됨을 보여주었다. 이와 비슷하게, 철제 링에 전선을 감고 거기에 스위치를 켰다 껐다 하면서 전기를 흘리면 그 링을 에워싼 다른 코일에서 순간적으로 전기흐름이 만들어졌다. 1820년에서 1832년 사이에는 실험가들이 전자기 동력기관을 구현하기 위해 잉글랜드 기구 제작자 윌리엄 스터전이 1824년에 발명한 전자석을 이용하고 있었다. 실험가들은 일련의 전자석들을 연속적으로 켰다 껐다 하는 여러 독창적 장치를 이용해 회전을 만들어낼 수도 있었다. 칼로릭은 이제 유용한 일을 만들어내는 데 쓸 수 있는 유일한 자연동력이 아니었다.

19세기 초 몇십 년 내내 실험가들은 한 가지 힘을 이용해 다른 힘을 만들어내는 새로운 방법을 찾느라 분주했다. 관점에 따라서는 알레산드로 볼타가 1800년에 발명한 전기 배터리도 그중 하나의 사례가 될 수 있는데, 발명자인 볼타 자신은 배터리의 전기가 여러 다른 금속들의 접촉에 의해 생긴다고 말했지만, 이런 설명 대신에 험프리 데이비가 말한 대로 전기 배터리는 화학적 친화력을 전기로 변환함으로써 작동한다고 이해할 수도 있었기 때문이다(3장 "화학혁명" 참조). 독일 왕국인 프로이센에서 토마스 요한 제베크는 외르스테드의 획기적 발견에 고무되어 전기, 자기, 열의 연계성을 연구하기 시작했다. 그의 목표는 열을 이용해 자기현상을 만들어내는 것이었다. 그러나 그 대신에 그는 열에서 전기를 생산하는 방법을 찾아냈다. 구리와 비스무트로 이루어진 회로를 만들고 두 금속이 만나는 접합부 중 한 곳에 열을 가하면 그 회로에 전류가 흐른다는 사실을 근처에 매달아둔 자성바늘을 통해 확인할 수 있었다. 1830년대 사진술의 발전도 많은 이들에게는 자연의 힘을 이용해 다른 힘을 만들어내는 사례로 여겨졌다. 사진 영상은 힘의 한 종류인 빛이 당시에 화학적 친화력으로 널리 알려진 화학반응이라는 다른 힘을 만들어냄으로써 얻어진 산물이었다. 1840년대에 이르면 이와 같은 사례들은 더욱더 많이 축적되고 있었다.

런던연구소(London Institution)에서 행한 강연에서 웨일스의 자연철학자 윌리엄 로버트 그로브는 이런 변환이 만들어내는 파생 효과들을 본보기 실험을 통해 보여주었다. 실험장치로, 그는 물을 가득 채운 유리면 상자 안에 사진 건판을 넣고, 건판에는 은 전선을 이어 다시 검류계와 브레겟 나선(Breuget helix)에 이어지는 배선을 구성했다. 유리면을 감싼 덮개를 벗겨 빛이 건판에 이르게 하자 검류계 바늘이 움직이면서 브레겟 나선이 늘어났다. 빛이 건판에 화학적 힘을 만들고 그것이 다시 배선에 전기를 만들었으며, 다시 검류계에 자기를 만들고, 다시 검류계 바늘에 운동을 만들어냈다. 또 전기는 브레겟 나선에 열을 만들어내어 나선이 팽창하게, 즉 더욱 많이 운동하게 했다. 운동 또는 운동력은 많은 실험가들이 이런 식의 실험들을 통해 만들어내고자 했던 그런 것이었다. 1820년대 이래 그들은 '발로의 회전바퀴(Barlow's Wheel)' 같은 장치를 발명했는데, 그것은 구리선에 전기를 흘리면 구리선이 자석의 두 극 사이에서 회전하도록 만든 장치였다. 또한 여러 전자기 동력기관들도 발명되었다. 어떤 의미에서 보자면 이런 발명품들은 청중들에게 자연의 동력을 시연하고자 고안된 철학적 장난감이었다. 그렇지만 동시에 많은 자연철학자들은 이런 장난감들이 운동력을 생산하고 자연을 일하게 만드는 새 방법을 제공할 수 있으리라고 생각했다(Morus, 1998).

동력기관에 관한 관심과 힘의 변환에 대한 흥미는 자연에서 최대의 효율로 일을 얻어내려는 한 가지 과제의 양 측면이었다. 헬름홀츠가 말했듯이 그것은 영구운동기관에 열광적으로 매달리게 할 만한 관심사였다. 그것은 또한 열기관의 작동원리를 분석하려고 노력하는 동안 사디 카르노가 지녔던 관심사였다. 그는 그 기본 원리를 발견함으로써 더욱더 효율적으로 일을 하는 기관의 제작방법을 찾아내고자 했다. 이와 마찬가지로, 여러 자연적 힘들을 이용해 운동을 만드는 방법을 모색했던 많은 연구자들은 최대의 효율을 구현하는 데 관심을 기울였다. 어떤 면에서 이 모두에는 공통된 신학적 동기가 있었다. 누구나 창조주가 자연의 경제를 가장 효율적으로 설계했으리라고 생각했던 것이다. 그렇지만 이 시기에는 일의 문제, 즉 어떻게 하면 최대한 값싸게 일을 얻어낼 수 있을까 하는 문제가 더욱 큰 관심을 모으는 주제였다. 좀더 효율적인 기계를 만드는 일은 경제적 과제이자 도덕적 과제였다. 자연의 경제를 더 잘 이해하면 사회의 경제도 향상시킬 수 있다고 믿었던 사람은 결코 사디 카르노뿐만이 아니었다.

변환, 보존, 또는 상관성?

1830년과 1840년대 무렵, 많은 자연철학자들은 한 가지 힘으로 다른 종류의 힘을 만들 수 있음을 입증하는 갖가지 사례들이 사실은 힘의 변형을 보여주는 예라는 견해를 제시하기 시작했다. 다시 말해, 하나의 힘(예컨대 전기)은 다른 하나의 힘(예컨대 열 또는 빛)을 생산하는 과정에서 사실상 소비된다고 여겨졌다. 여기에서 우리는 이것이 자명한 명제가 아니었음을 기억해야 한다. 비록 훗날 미출간 원고에서 이 견해를 수정하긴 했지만, 사디 카르노는 자신의 책에서 칼로릭이 일을 생산하는 과정에서 소비되지 않는다고 주장했다. 실험가들은 한 가지 힘이 다른 힘으로 바뀌는 일종의 변형이 일어난다고 볼 때에 이런 현상들이 가장 잘 이해된다는 데에는 동의했지만, 그렇다면 대체 어떤 종류의 변형이 일어난 것인지에 대해서는 의견 차가 매우 컸다. 자연철학자들은 이전 세기 이래 늘 그래왔던 것처럼 일반적 의미에서는 자연이 통일성을 지닌다고 말했지만, 그 통일성의 세부 내용을 어떻게 이해해야 할지에 관해서는 합의된 견해를 거의 내놓지 못했다. 이 쟁점에 관한 논의들은 19세기 초 자연철학자들이 오늘날 우리가 너무도 다른 분야라고 여기는 연구 분야들의 지적 경계를 어떻게 넘나들었는지를 잘 보여준다. 그들의 주장은 자연철학뿐 아니라 공학, 형이상학, 그리고 신학에 걸쳐 있었다(『현대과학의 풍경2』 15장 "과학과 종교" 참조).

제임스 프레스콧 줄은 이런 점에서 좋은 예이다. 산업도시 맨체스터에서 양조장집 아들로 태어난 줄은 초기에 자연철학의 열정을 전자기 연구에 쏟아부었다. 그는 1830년대 후반에 혼자서 전자기 기관을 설계하고 만들어 명성을 얻었으며 주로 런던에서 활동하며 윌리엄 스터전(그림 4.2)을 중심으로 모인 전기학자들의 일원이 되었다. 그렇지만 줄은 자신의 전자기 기관이 얼마나 훌륭한지 알아내기 위해 상당히 노력을 기울였다. 그는 공학적 기술지식과 원리를 이 문제에 적용했다. 그는 자신이 만든 기관의 총 효율이 얼마나 되는지 알고 싶어했다. 총 효율이란 증기기관의 효율을 설명하는 공학 용어인데, 어떤 기관이 1초당 1피트의 비율로 들어올릴 수 있는 파운드 무게로 측정되었다. 줄은 그 과정에서 얼마나 많은 아연이 소비되는지를 자세히 밝혀내고자 했다. 즉, 증기기관 엔지니어처럼, 특정한 일의 양을 만들어내는 데에 얼마나 많은 연료가 소비되는지 알아내고자 했던 것이다. 전자기 기관의 경제적 효율에 관한 여러 실험들을 거치면서 그는 열과 일의 연관성이라는 좀더 일반적인 문제로 관심을 확장시켰다. 1840년대 중반에 그는 그 연관성이 무엇인지를 규명하고자 설계된 일련의 실험을 행했다.

줄은 그가 말한 '열의 역학적 등가량' 이라는 일과 열의 관계를 정량화하는 방법을 찾는 데 특별히 관심을 쏟았다. 1845년에 그는 오늘날 '물갈퀴 달린 바퀴 실험' 으로 알려진 실험결과물을 내놓았다(그림 4.3). 물통 안에 잠긴 물갈퀴 바퀴에다 도르래로 무거운 물체를 연결한 다음에 그 물체를 떨어뜨리면 바퀴는 회전한다. 바퀴가 회전하면 물통 안의 물에는 열이 발생한다. 양조업과 관련한 배경을 지녔기에, 줄은 정교한 열 측정기구를 이용할 수 있었으며 민감한 측정을 행하는 데 필요한 실제 지식도 익히 알고 있었다(Sibum, 1995). 줄은 이런 실험결과가 물체의 운동이 물속에서 열로 변형되었음을 입증한다고 주장했다. 또한 이런 변환은 정밀하게 측정될 수 있었다. 줄에 따르면, 물 1파운드의 온도가 화씨 1도 올랐다면 그것은 890파운드의 물체가 1피트 높이에서 떨어질 때 생기는 활력(vis viva: 줄은 운동력〔motive force〕을 이렇게 표현했다)과 동일한 양의 활력을 얻은

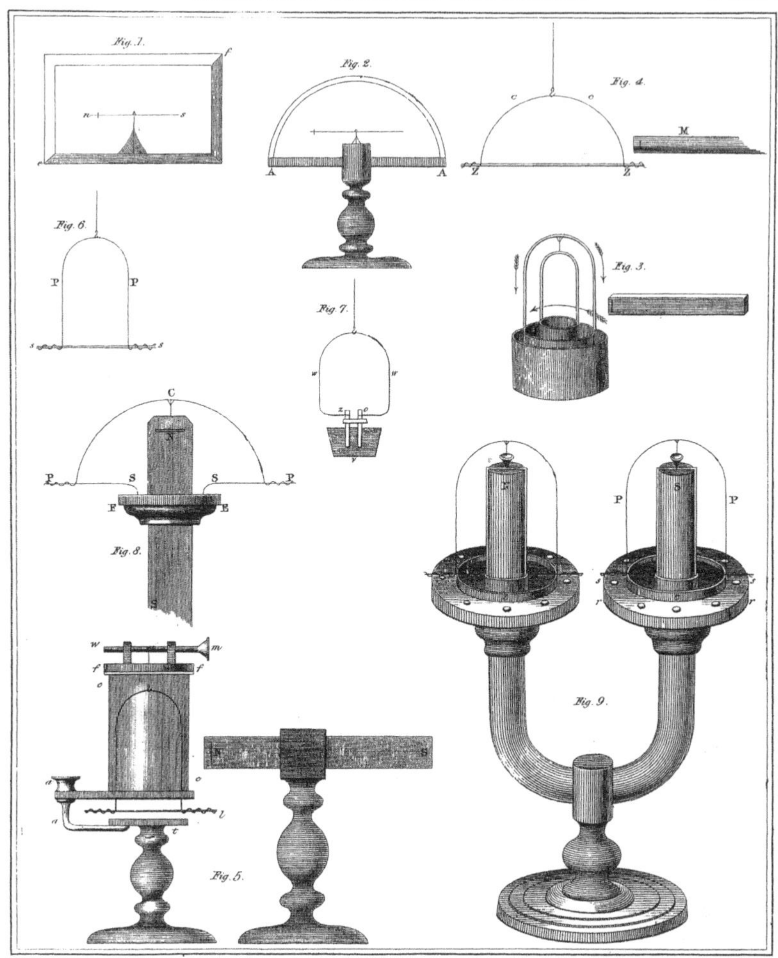

그림 4.2 출처: 윌리엄 스터전의 『과학 연구(Scientific Researches)』. 선자기 현상을 시연하는 데 쓰인 기구들이다. 이런 기구들은 전기와 자기의 연관성을 입증하려는 목적으로 대중강연에서 사용되었다.

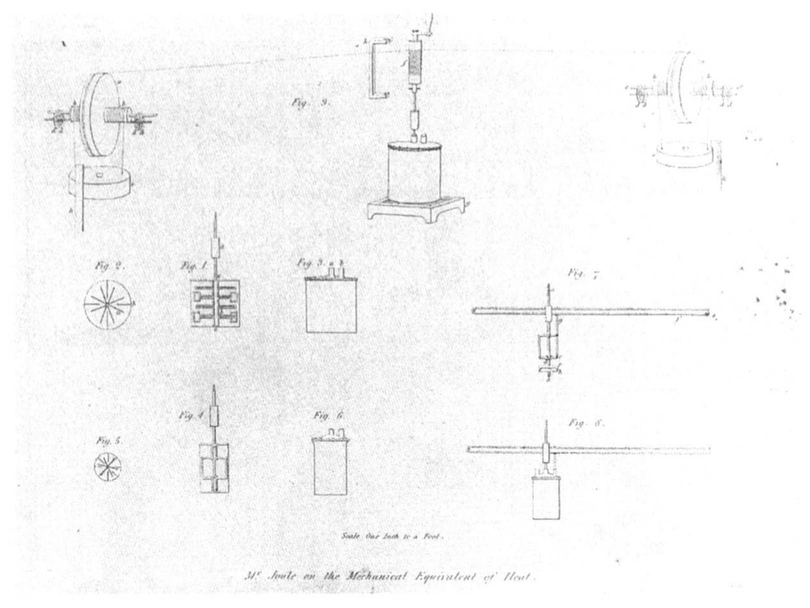

그림 4.3 열의 역학적 등가량을 시연한 제임스 줄의 유명한 '물갈퀴 달린 바퀴 실험'의 도식 그림. 무거운 물체가 낙하하면서 실린더 안에 있는 물갈퀴를 회전시킴으로써 그 안에 담긴 물을 데운다. 줄은 무거운 물체가 낙하한 거리와 실린더 안 물의 온도 증가 사이에 나타나는 비례의 관계가 일과 열의 관계를 입증한다고 주장했다.

셈이 된다. 줄은 이 수치를 '열의 역학적 등가량'이라고 불렀으며, 자신의 실험은 열이 일을 생산하는 과정에서 말 그대로 운동력으로 변환했음을 결정적으로 보여주었다고 주장했다.

줄이 보기에, 이 실험은 공학적 메시지뿐 아니라 신학적 메시지, 즉 신이 행한 창조의 방식도 명확하게 보여주었다. 줄은 자신의 실험을 통해 한 가지 힘이 다른 힘으로 변환될 수 있음이 증명됐을 뿐 아니라 힘의 보전도 증명됐다고 확신했다. 1847년 맨체스터의 성 아네 교회 학교에서 행한 대중강연에서 그는 자신의 지식을 모두 동원해서 '힘의 보존' 개념을 옹호했다. 줄은 보존과 변환과정이 자연에 실재한다고 주장했다. "자연의 현상들은 그게 역학적이건 화학적이건 또는 생기적이건 상관없이 거의 전적으로 공간 내의 인력, 살아 있는 힘(living force), 열이 서로 끊임없이 변환함으로써 일어난다." 이것은 명백히 신학적인 논증방식이었다. 줄이 핵심적으로 주장하고자 했던 것은 신이 힘과 물질을 창조했다는 점, 그리고 신의 창조 이래 그 어느 것도 새로 창조되거나 파괴될 수 없다는 점이었다. '살아 있는 힘'이란 줄이 18세기 수학용어로 쓰인 라틴어 '활력(vis viva)'을 번역한 표현인데, 겉보기에는 그 살아 있는 힘이 사라졌다 해도 그것은 단지 하나의 힘이 다른 힘으로 변환한 결과일 따름이라는 것이었다. 일이 열로 변형됨을 보인 물갈퀴 바퀴 실험에서 일어난 바도 이와 마찬가지였다. 그런데 이는 매우 큰 논쟁을 일으키는 주장으로, 힘의 보존이라는 일반 관념과 줄에게 공감했던 모든 사람들조차도 이런 주장을 확신하지는 못했다. 예컨대 패러데이는 이 문제에 관해 자신이 표명한 의문들을 반영하는 방식으로 줄이 왕립학회의 《철학회보(Philosophical Transactions)》에 낸 논문의 결론을 수정해야 한다고 주장했다.

힘의 변형에 관한 실험결과를 통해 원대한 형이상학적 원리를 끄집어내려 했던 사람들은 줄 이전에도 있었다. 런던연구소에서 행한 일련의 강연에서 윌리엄 로버트 그로브는 자신이 만든 개념인 물리적 힘의 '상관성'에 대해 설명했다. 그로브는 모든 물리적 힘들은 서로 상관성을 지닌다고, 즉 어떤 힘이라도 다른 힘을 만들어내는 데 사용되어 상호 변환될 수 있다고 주장했다. 그는 이런 관념을 동원해 인과성이라는 철학적 개념에 형이상학적 공격을 가했다. 그는 모든 힘은 서로 상관적이기 때문에, 어떤 힘을 다른 힘의 원인으로 볼 수 없다는 사실이 실험으로 입증되었다고 주장했다. 패러데이도 이른바 '힘의 보존'을 주제로 한 강연에서 비슷한 주장을 펼치면서 때때로 그로브의 '상관성'이라는 말을 빌려 사용했다. 그렇지만 그들이 동일한 개념을 염두에 두고 있었는지는 명확하지 않다. 패러데이는 힘의 보존을 옹호하면서도 줄이 주장한 힘의 보존과는 다른 견해를 표명했다. 패러데이는 줄이 입증한 바는 결국에 일정량의 열이 소실됨으로써 늘 동일한 양의 운동이 일어난다는 것뿐이라고 주장했다. 패러데이는 힘의 보존이라는 개념을 즐겨 사용했지만 힘의 변환에 관해서는 의심을 품었다. 이는 패러데이 역시 신이 창조한 무엇(이 경우에는 힘)도 자연적 과정에서 파괴될 수 없다는 줄의 신학적 신념을 공유하고 있었기 때문이라고 볼 수 있다. 패러데이의 관점에서 보자면, 하나의 힘이 다른 힘으로 전환된다는 것은 그 힘이 파괴되는 것과 마찬가지였던 것이다.

이런 논쟁들이 영국 자연철학자들의 관심을 사로잡는 동안에 독일인 의사 율리우스 로베르트 마이어는 1840년에 네덜란드 동인도회사로 가는 자바 호를 타고 항해하는 동안에 특이한 관찰을 행하고 있었다. 자바 호의 전속 의사로 일하면서 마이어는 함께 배를 타고 가는 동료들의 정맥혈 색깔이 평소와 다르다는 사실을 발견했다. 이상할 정도로 붉어 정맥혈이라기보다 동맥혈처럼 보일 정도였다. 이런 현상은 열대지방의 열이 피의 산화와 어떤 연관성을 지님을 의미했다. 그가 열, 일, 그리고 신체에 관심을 기울이게 된 것은 이런 관찰 덕분이었다. 육지로 돌아와 다시 이 문제를 숙고했던 마이어는 1842년에 《화학 · 약학 연보(Annalen der chemie und pharmacie)》에 「무생물 자연의 힘에 관해」라는 제목의 논문을 발표했다. 그는 이른바 '낙하력'과 운동, 그리고 열 사이에 상관성이 있다고 주장했다. 그에 따르면, 어떤 물체가 지구표면을 향해 낙하하는 동안에는 반드시 열이 발생했다. 왜냐하면 낙하는 지구의 부피에 아주 작은 압축을 가하는 것이며, 잘 알려져 있듯이 압축은 열을 발생시키기 때문이었다. 그는 낙하에 의해 생성되는 열의 양은 낙하 물체의 무게, 그리고 낙하 높이에 비례한다는 논증을 폈다.

마이어는 자바 호에서의 관찰결과를 토대로 "운동과 열은 하나, 즉 동일한 힘이 다르게 나타난 것일 뿐임"을 확신하게 되었다고 말했다. 이로부터 그는 역학적 일과 열은 틀림없이 서로 변환할 수 있다는 결론을 이끌어냈다. 줄과 마찬가지로 마이어도 역시 특정한 수치를 제안할 수 있었다. 그는 대략 365미터의 높이에서 특정한 무게를 지닌 물체가 낙하하면 같은 무게의 물에서 열이 섭씨 0도에서 1도로 오른다는 계산을 해냈다. 나중에 마이어는 독일인으로서 에너지 보존을 개척한 인물로 추앙받았지만, 당시는 그의 연구 내용이 거의 영향을 끼치지 못했다. 당대의 독일인들이 보기에, 마이어의 연구는 모호하고도 다루기 힘든 것처럼 보였다. 이와 같은 냉담한 반응은, 일부 절친한 비판자들이 줄의 실험에 대해 보였던 회의적 태도와 마찬가지로, 힘과 힘의 변형에 관한 주제들이 당시에 상당히 난관에 처해 있었음을 잘 보여준다. 실험가들은 자신의 실험이 무엇을 입증했는지, 그리고 그 의미가 무엇인지에 관해서도 이견을 보였다. '보존', '변환', '상관성'과 같이 서로 다른 용어들은 단순히 의미론에 대한 논쟁을 넘어서 그 현상의 본성에 관한 의견 차가 실재했음을 보여준다. 좀더 효율적인 동력기관을 만드는 좀더 평범한 관심사와 더불어, 인과성의 본성에 관한 철학적 관심 그리고 창조과정에서 신의 지위에 관한 신학적 쟁점도 여기에서 중요한 문제였다.

영국적 에너지

경제적 관심사와 공학적 관심사 그리고 신학적 관심사를 결합했던 사람은 제임스 줄만이 아니었다. 다른 영국 자연철학자들도 기계를 좀더 효율적으로 만드는 법을 이해하면 자연도 이해하게 되리라 생각했다. 효율성의 추구, 즉 낭비와 손실을 최소화하려는 노력은 경제적 과제인 동시에 도덕적 과제였다. 장로회 성향의 벨파스트 지역에서 태어나 산업도시 글래스고에서 성장한 윌리엄 톰슨 같은 젊은 자연철학자들에게, 자연철학은 자연을 거대한 증기기관처럼 이해하는 것과 비슷했다. 톰슨은 아버지가 수학 교수로 재임했던 글래스고 대학에서 자연철학을 공부하다가 수학 우등졸업시험을 치르고자 케임브리지로 대학을 옮겼다. 케임브리지 대학은 19세기 대부분 동안에 당시로서는 가장 훌륭한 수학 교육을 받을 수 있는 곳이었으며, 여기에서 톰슨은 촉망받는 학생이었다(Harman, 1985). 자연철학에 대한 윌리엄 톰슨의 관심은 엔지니어인 형 제임스 톰슨과 마찬가지로 일과 효율성, 그리고 낭비의 제거에 집중되었다. 그는 자연이 어떻게 작동하는지 이해하여 자연에서 배운 바를 인간이 이용할 수 있게 되기를 바랐다. 톰슨은 이미 카르노의 열기관 이론을 잘 이해하고 있었다. 케임브리지 대학을 떠난 이후에 그는 실험가 빅토르 르뇨의 파리 실험실에서 증기기관을 연구하면서 클라페롱이 카르노 이론의 수학적 해석을 담아 펴낸 서적을 읽었다. 톰슨은 글래스고 대학교에서 자연철학 교수직을 얻은 지 2년이 지난 뒤인 1847년에 영국과학진흥회(BAAS) 총회에 참석해 줄이 자신의 발견을 발표하는 것을 보았다.

톰슨은 줄의 실험에 깊은 인상을 받았다. 하지만 줄의 실험은 카르노 이론의 옹호자였던 톰슨에게 한 가지 문제를 드러내주었다. 줄에 따르면, 열은 일을 만드는 과정에서 소실된다. 하지만 카르노에 따르면, 칼로릭은 보존된다. 이후 수년 동안 톰슨은 이 수수께끼 같은 물음과 싸워야 했다. 자신의 이론을 세우기 위해서, 그는 카르노나 줄 가운데 하나는 틀렸음을 입증하거나, 아니면 겉보기에 화해할 수 없는 두 이론을 화해시키는 어떤 길을 찾아내야만 했다(톰슨은 카르노가 발표하지는 않았지만 이후에 열의 물질적 특성에 관해 의문을 품었다는 사실을 알지 못했다). 톰슨은 신이 창조한 어느 것도 파괴될 수 없다는 줄의 신학적 신념을 공유했다. 그는 "어떤 것도 자연의 작동과정에서 소실될 수 없다. 어떤 에너지도 파괴될 수 없다"고 믿었다. 그렇지만 이 부분이 바로 문제의 핵심이었다. 카르노의 주장처럼 일이란 것이 한 온도에서 더 낮은 온도로 열이 떨어지면서 나온 산물에 불과하다면, 이렇게 산출된 일은 가동할 동력기관이 없는 경우에는 어찌 된단 말인가? 동시에, 줄의 주장처럼 일의 생산이 곧 열의 절대적 소실을 의미한다면, 유용한 일이 아무것도 행해지지 않았을 경우에, 예컨대 곧장 열전도가 일어날 경우에, 열은 어디로 사라진단 말인가?

1851년이 되어서야 톰슨은 이 문제를 풀 수 있었다. 1851년과 1855년 사이에 출판된 「열의 동역학이론에 관해」라는 제하의 논문들에서 그는 새로운 열 과학, 즉 열역학의 기틀을 마련했다. 그 이론은 두 가지의 중심 명제에 바탕을 두었다. 첫째는 열과 일의 상호 변환에 관한 줄의 단언을 곧바로 받아들인 것이었다. 이것이 열역학의 첫 번째 법칙, 즉 에너지 보존의 원리였다. 두 번째 명제는 카르노 이론에 대한 톰슨의 해석에 근거를 두었다. 이에 따르면 완전한 가역성을 지닌 기관, 다른 말로 소실된 열의 양과 동일한 만큼의 일을 만들어내는 기관, 또는 소실된 열을 복원하기 위해 정확히 그만큼의 일을 필요로 하는 기관이야말로 최고의 기관이었다. 톰슨은 일로 변환되는 과정에서 열이 보존된다는 카르노의 주장을 처음에는 굳게 믿었지만 이제 그것을 포기했다. 하지만 열이 높은 온도에서 낮은 온도로 이동할 때에만 일이 일어난다는 주장은 계속해서 견지했다. 완전한 가역성이라는 카르노의 기준을 구현하지 못하는 열 이동의 과정에서, 다른 말로 하면 현실 세계의 모든 동력기관들에서, "인간이 사용할 수 있는 역학적 에너지에는 절대적 소실이 존재한다"고 톰슨은 결론을 내렸다. 이것이 바로 열역학의 두 번째 법칙이다.

그 후 몇 년 동안 톰슨은 테이트와 랭킨처럼 비슷한 생각을 지닌 협력자들과 함께 작업하면서 자신의 새로운 열의 동역학이론에 의거해 자연철학을 행하는 완전히 새로운 방식을 만들어냈다. 여기에서는 힘이 아니라 에너지라는 새 개념이 그 핵심에 놓였다. 테이트와 톰슨은 익살스럽게도 자신들을 T & T′라고 부르던 사이였는데, 톰슨은 이런 테이트와 함께 새로운 에너지 과학의 가능성을 보여주는 기념비적 저작 『자연철학에 관한 논고(Treatise on Natural Philosophy)』를 저술했다. 이 저술은 야심적인 프로젝트였다. 두 사람은 자신들이 뉴턴의 후계자가 되어 새로운 『프린키피아(Principia)』를 쓰고 있다고 자부했을 정도였다. 톰슨은 '에너지'라는 말을 새롭고도 정확한 수학적 용어로 처음 사용했던 인물이었다. 그 이전에 이 말은 힘 또는 동력의 동의어로 느슨하게 사용되고 있었다. 이제 에너지는 힘의 변형과정에서 양적으로 보존되는 수학적 실체를 의미하게 되었다. 톰슨의 여러 비판자들은 에너지를 새롭게 강조하는 태도를 달갑지 않게 여겼다. 잉글랜드의 저명한 자연철학자 존 허셜(천왕성 발견자인 윌리엄 허셜의 아들)은 에너지는 실재하지 않으며, 단지 수학이 만들어낸 허구일 뿐이라고 주장했다. 그는 힘을 자연철학의 핵심 개념으로 삼아야 한다는 주장을 고집했는데, 힘이야말로 실체가 있으며 직관적으로 명백한 의미를 지닌다고 보았기 때문이었다. 허셜은 에너지 개념을 도입하면 자연철학의 물리적 의미가 사라질 것이라고 생각했다.

톰슨과 지지자들은 에너지와 그 파생 개념들이 열역학 이상의 의미를 지닌다고 자신하고 있었다. 그들은 에너지와 그 구성요소들이 여러 자연철학들을 통일하는 데 도움을 주리라고 믿었다. 전기, 빛, 자기가 모두 에너지로 이해될 수 있었다. 에너지 보존은 또한 화학반응이 일어나는 과정에 대해서도 설명할 수 있었고, 지질학과 생물학에도 일정한 기여를 했다. 예를 들어 톰슨은 종의 기원에 대한 다윈 식의 새로운 관념을 강하게 반대했던 인물이었다(5장 "지구의 나이" 참조). 그는 새로운 에너지 과학을 이용해 그런 이론들이 얼마나 잘못됐는지 입증하고자 했으며, 지구나 태양의 나이는 당대의 최신 이론들이 전제로 삼은 느리고 오랜 지질학적 · 진화적 변화가 일어날 만큼 오래되지 않았음을 열역학으로 증명하고자 했다. 이런 논쟁들 속에서 톰슨은, 그리고 그와 테이트가 공동저술한 『논고』는 대체로 그들 방식의 자연철학이 더 우월하다는 점을 입증하고자 애썼다. 그들은 에너지가 다른 분야의 문제를 푸는 데 어떻게 사용될 수 있는지 보여주었다. 에너지학은 또한 자연철학의 유용성을 보여주는 본보기이기도 했다. 그것은 더 나은 증기기관을 만드는 데 필요한 일종의 처방을 제공했다. 그것은 또한 빅토리아 시대 영국의 산업문화를 포착함과 동시에 반영하고 있었으며 효율의 최대화와 낭비의 최소화를 요구하던 사회에 자연적 모델을 제공했다(Wise, 1989-90).

새로운 에너지 과학을 열정적으로 옹호했던 사람 가운데 한 명은 제임스 클러크 맥스웰이었다. 그는 에너지 개념을 자신이 1850년대 이래 발전시켜 왔던 새 전자기학 이론의 중심에 놓았다. 패러데이의 『전기와 자기의 실험 연구(Experimental Researches in Electricity and Magnetism)』를 세심하게 읽어보라는 윌리엄 톰슨의 조언을 받아들인 맥스웰은 1855년에 자신의 첫 번째 논문 「패러데이의 역선(力線)에 관해」를 발표했다. 거기에서, 그리고 후속 논문들에서, 그는 공간에 가상의 역선들이 분포한다는 가설을 좇아 전자기 현상들을 바라본 패러데이의 설명을 수학적으로 정교하게 다듬었다. 에너지는 감각으로 확인할 수 없는 개념이라는 비판을 의식하여, 맥스웰은 자신의 이론을 재현하면서 '분자 소용돌이'와 '헛바퀴(idle wheel)' 같은 복잡한 역학적 모형을 제시하기도 했다. 그의 수학적 이론은 에너지를 저장하고 어떤 종류의 에너지를 다른 종류로 변형하는 데 필요한 실재적 매질, 즉 에테르의 존재를 기술했다(그림 4.4). 전자기 현상을 이론화하려는 맥스웰의 노력은 그가 케임브리지 대학의 첫 번째 캐번디시 물리학 교수에 임용되고서 2년 뒤인 1873년에 『전기와 자기 논고(Treatise on

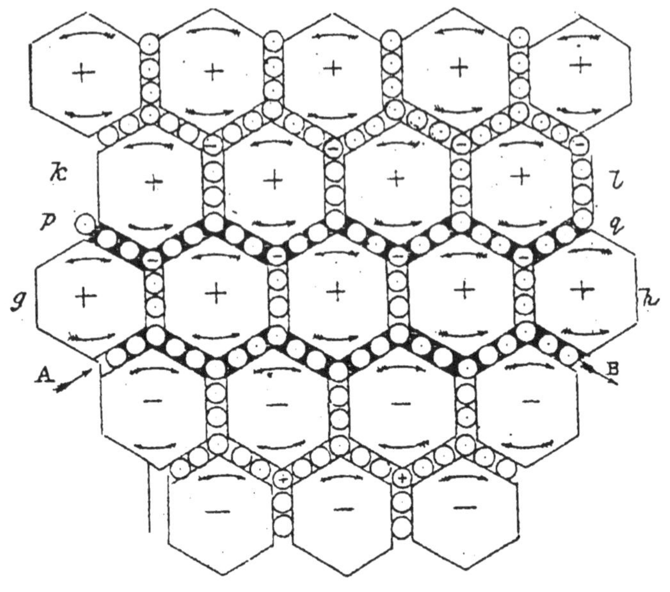

그림 4.4 제임스 클러크 맥스웰이 제안한 에테르의 역학적 구조 모형

Electricity and Magnetism)』를 출간하면서 절정을 이루었다. 톰슨과 테이트처럼 그도 역시 에너지 개념에 바탕을 둔 포괄적인 새로운 과학의 초석을 다지고자 노력했다. 그는 전자기 에너지와 에테르는 가설적 존재가 아니라고 완강하게 주장했다. 그가 보기에, 그것들은 우주에 있는 다른 어떤 것들만큼이나 실재적이었다.

이후, 19세기 영국 물리학자들이 에테르를 에너지의 구현물로 인식하기까지는 오랜 시간이 걸리지 않았다. 그들 대다수가 보기에, 에너지 물리학은 사실 에테르 물리학과 동의어였다. 올리버 헤비사이드, 올리버 로지, 조지 피츠제럴드를 비롯해 물리학자들은 에테르의 물리적 · 수학적 속성을 규명하는 것을 물리학의 주요 과제로 여겼다. 예컨대 피츠제럴드는

1885년에 이른바 에테르의 '소용돌이 스펀지' 모형을 개발했는데, 거기에서 그는 에테르를 해면질의 압축성질을 지니며 공간을 꽉 채운 소용돌이들의 3차원 네트워크로 시각화했다. 이런 시각적 모형의 목적은 추상적인 역학용어로 기술된 맥스웰의 전자기 방정식을, 실재적인 역학계를 묘사하는 방식으로 다시 서술할 수 있음을 보이려는 데에 있었다. 예를 들어 전자기파는 물리적 매질 내에서 일어나는, 말 그대로 역학적 진동으로 이해될 수 있었다. 톰슨의 열역학이 증기기관의 물리학이라면, 맥스웰의 전자기학은 빅토리아 시대 전신 시스템의 물리학이었다. 전신은 빅토리아 시대 공학의 주요한 성과 가운데 하나였으며, 맥스웰을 좇은 물리학자들은 자신들의 과학이 그 전신 시스템의 작동을 설명할 수 있음을 보여주고 싶어했다. 그들은 하인리히 헤르츠(헤르만 폰 헬름홀츠의 제자들 가운데 한 명)가 1888년에 발견한 전자기파야말로 맥스웰의 이론을 입증한 대단한 성과라고 보았으며, 이 발견을 맥스웰 물리학이 실용 공학에 응용될 수 없다고 본 체신청 전신부서장 윌리엄 프리스와 같은 실용적 전기 엔지니어에 대한 승리로 받아들이고자 했다.

줄, 톰슨, 맥스웰 같은 이들은 에너지 과학을 실용적이며 지각 가능한 것으로 만드는 일에 특히나 열을 올렸다. 하지만 물리학을 이런 식으로 인식하는 것에 모두가 동의했던 것은 아니다. 프랑스 물리학자 피에르 뒤앙은 에너지 물리학이 공장의 물리학처럼 비쳐지는 데 대해 호된 비판을 가했다. 그는 에너지 개념이 실재에 확고히 닻을 내린다고 확신하는 영국 물리학자들을 이해하지 못했다. 그는 물리학을 더 추상적인 활동으로 여겼으며, 이론상의 실체가 물질적 대응물을 지니지 않는다 해도 별 문제가 되지 않는다고 생각했다. 영국 물리학자들은 아마도 존 허셜 같은 반대자들이 자신들을 겨냥해 가하는 비판을 의식해 에너지가 실재하는 실체임을 확신시키고자 했는지도 모른다. 물리학자 올리버 로지는 에테르의 존재는 물질의 존재와 마찬가지로 분명한 기정사실이 되었다고 말할 정도였다. 이런 모습은 또한 그들이 과학의 실용성에 대해 지녔던 관심을 특징적으로 보여주기도 한다. 대부분의 영국 물리학자들은 뒤앙이 이들에게 던진 공격적 발언, 요컨대 이제 물리학은 공장 바닥으로 더럽혀졌다는 평가를 모욕으로 받아들이지 않았을 것이다. 왜냐하면 그들은 자신의 물리학이 무엇보다도 실용적이라는 사실에 자부심을 느끼고 있었기 때문이다.

독일의 과학

19세기의 2사분기에 독일 지역에서도 신세대 자연철학자들을 중심으로 과학의 실행과 핵심 개념들을 개혁하려는 움직임이 나타났다. 특히 다수의 신세대 학자들은 이전 세대의 독일자연철학이 보인 지나친 형이상학적 경향에서 벗어나는 일에 가장 많은 관심을 기울였다. 이전 세대의 과학은 너무 사변적이고 자연의 통일성에 집착했으며 우주를 거의 생물체처럼 여겼다고 생각했기 때문이다. 뒤부아레몽, 카를 루트비히, 헤르만 폰 헬름홀츠같이 떠오르는 과학자들은 낭만적 자연철학 대신에 물질주의와 합리주의를 받아들였다. 헬름홀츠는 1840년대 초에 베를린 대학교에서 의학을 공부했다. 다음 몇 년에 걸쳐 프러시아 군대에서 외과의로 복무하는 동안에 그는 근육 생리에서 열이 행하는 역할에 관한 실험을 수행하면서 생리학계에 자신의 이름을 알렸다. 그는 스승이었던 생리학자 요하네스 뮐러의 도움을 받아 1849년에 쾨니히스베르크 대학에서 생리학 교수 자리를 얻었다. 이 자리의 전임자들이 우주가 생물 유기체처럼 이해될 수 있음을 보이고자 했다면, 헬름홀츠가 속한 신세대 생리학자들은 생물 유기체가 기계처럼 다뤄질 수 있음을 보이고자 했다(그림 4.5.)

그림 4.5 에너지 보존의 개척자이자 독일 물리학자인 헤르만 폰 헬름홀츠(런던 웰컴트러스트 소장). 1894년 세상을 떠날 즈음, 그는 독일 과학의 지도적 인물로 널리 인정받았다.

교수 자리를 얻기 이태 전인 1847년에, 헬름홀츠는 『힘의 보존에 관해(Über die Erhaltung der Kraft)』라는 제목의 소책자를 냈다. 헬름홀츠는 영구운동을 부정함으로써 보존 이론의 기초를 세웠다. 그가 보기에 만약 어떤 계의 상태가 다른 상태로 변화하면서 그 계가 행한 일의 양이 계를 원래 상태를 되돌리는 데 필요한 일의 양과 동일하지 않다면, 영구운동이 가능해질 것이기 때문에 일은 보존되어야 했다. 더 나아가 그는 자신의 이론이 역학적 계에 어떻게 적용되는지 보여주었다. 역학적 계란 중력의 영향을 받는 운동, 탄성체의 운동, 파동 운동 따위와 관련된 계를 의미했다. 이전까지 역학적 계에서는 마찰이나 비탄성체 충돌 등으로 인해 힘의 절대적 소실이 일어난다고 가정되었으나 헬름홀츠는 역학적 계를 다루면서 '열의 역학적 등가'가 가능함을 주창했으며, 그 증거로 줄의 초기 실험들 가운데 일부를 제시했다. 그는 또한 칼로릭 이론의 주장과는 달리 열이 일종의 물질이 될 수 없다고 주장했다. 왜냐하면 실험 증거들을 보면, 계 내부에는 무한하게 열을 만들어내는, 역학적 마찰이나 자기·전기 같은 방식들이 존재하기 때문이라는 것이었다. 그러므로 만일 열이 일종의 물질이라면, 열이 마치 무(無)에서 생겨나는 것처럼 보일 수 있다는 게 헬름홀츠의 주장이었다.

헬름홀츠는 동일한 역학적 원리를 전기와 자기 현상에 적용했다. 그는 전기력과 자기력의 영향을 받는 운동을 샅샅이 분석했다. 그는 전기와 열의 연관성에 관한 줄의 실험에 주목하여 다니엘과 그로브 전지 같은 여러 가지 배터리들의 작용을 자세히 살폈으며, 논문의 결론에서는 유기체 내에서 나타나는 힘의 보존을 다뤘다. 결국 헬름홀츠는 생리학이 물질주의 원리에 기초를 두어 연구될 수 있음을 보여주는 데 헌신했던 생리학자였다. 그의 초기 생리학 연구는 동물체의 체열과 근육작용이 어떻게 동물체의 연료인 음식물의 산화에서 생겨나는지 보여주려는 것이었다. 그 연구는 독일 화학자 유스투스 폰 리비히의 길을 따랐는데, 리비히는 영양화학과 생기화학의 연계성을 연구했던 개척자였다. 그는 생리학자들의 비교 실험들을 통해 영양으로 섭취한 물질의 연소와 변형이 만들어낸 열의 양과 생물체에서 발산된 열의 양은 동일하다고 주장했다. 다른 말로 하면, 따로 설명해야 할 생기력의 상실 현상은 없다는 것이었다. 유기체의 몸은 다른 모든 자연의 계와 마찬가지로 힘의 보존을 따랐다.

헬름홀츠는 자신의 논문이 권위 있는 학술지 《물리학 연보(Annalen der

Physik)》에 게재되지 않자 이를 소책자 형식으로 출간했다. 학술지의 편집자인 물리학자 포겐도르프는 그 논문이 너무 사변적이고 새로운 실험자료를 충분히 담지 못했다는 이유로 논문 게재를 거절했다. 게다가 헬름홀츠는 교육과정이나 직업을 보더라도 생리학자였지 물리학자는 아니었다. 그렇지만 쾨니히베르크 대학에 교수 자리를 얻은 후부터, 헬름홀츠는 카를 노이만과 같은 수학적 훈련을 받은 물리학자들과 교류할 수 있게 되었다. 물리학자들은 점차 힘의 보존에 관한 헬름홀츠의 추론에 관심을 기울이기 시작했으며 헬름홀츠는 실험물리학과 수학의 전문지식을 얻을 수 있었다. 1850년대 내내 그의 연구는 생리학과 물리학의 간극을 메워나갔다. 신경을 통한 전기 전달에 관해 노이만과 함께 행한 실험들처럼 그가 행한 대부분의 연구는 생리적 계를 물리적 속성으로 파악하는 데 목표를 맞췄다. 1860년대 무렵이 되면서 그는 물리학자로 인정을 받기 시작했다. 권위 있는 베를린 제국물리기술연구소의 책임자는 그의 마지막 경력이었다. 그는 독일의 신세대 물리학자들을 길러냈는데, 그중 한 명인 하인리히 헤르츠는 에너지 보존에 관한 헬름홀츠의 이론 연구를 새로운 영역에 적용하고 확장했다. 그렇지만 헬름홀츠의 연구를 진지하게 받아들인 최초의 물리학자 가운데 한 명은 루돌프 클라우지우스였다. 그 당시 그는 헬름홀츠처럼 베를린 대학을 갓 졸업한 젊은 교사였다.

클라우지우스는 물리학자 구스타프 마그누스의 지도를 받아 대기의 빛-산란과 발광 효과에 관해 박사학위 논문을 썼는데, 특히 대기에서 작은 입자들이 어떻게 빛을 반사하는지에 주목했다. 그의 연구는 기체와 탄성체의 운동으로 확장되었다. 이런 연구를 통해 열과 일의 문제에 관심을 집중하며 그는 프랑스 실험가 르뇨의 저서와 클라페롱의 카르노 이론 해설서를 읽었다. 1850년에 그는 「열의 운동력과 환원 가능한 열의 본성에 관한 법칙들에 대해」라는 제목의 논문을 포겐도르프의 권위 있는 학술지 《물리학

연보》에 발표했다. 그의 주장은 1849년 윌리엄 톰슨이 카르노 이론에 관해 쓴 논문의 해석에 기초를 두고 있었다. 일은 열이 어떤 온도 수준에서 더 낮은 온도로 흐를 때 생긴다는 카르노의 주장과, 일은 열이 변환해 생성된다는 줄의 단언을 화해시킬 수 있다고 클라우지우스는 주장했다. 단, 일이 생산되는 동안에도 열이 보존된다는 카르노의 가정은 버려야 했다. 클라우지우스의 새로운 제안에 따르면, 열에 의해 일이 생산되려면 어떤 수준의 온도에서 다른 수준의 온도로 향하는 열의 흐름, 그리고 일정 비율로 이루어지는 열이 일로 변환되어야 했다. 그러므로 칼로릭의 보존에 관한 카르노의 주장을 반드시 필요하지는 않은 보조 진술의 지위로 격하시킨다면, 카르노와 줄은 둘 다 옳았다. 1851년 논문 「열의 동역학적 이론에 관해」에서 톰슨은 바로 그러한 결론에 도달했다.

클라우지우스는 1850년대 내내 그리고 그 이후에도 열의 이론을 계속 연구했다. 1853년에 그는 헬름홀츠의 논문이 "여러 아름다운 관념"을 담고 있다고 호평하면서도 수학적으로는 부정확하다고 비판했다. 클라우지우스는 주로 열의 동역학이론과 운동하는 기체에 관한 연구가 서로 어떻게 맞물려 있는지 찾는 데 관심을 기울였다. 기체연구는 애초에 그를 이 문제에 집중하도록 잡아끌던 주제이기도 했다. 그는 기체운동론에 관심을 기울였는데, 그것은 거시적 차원의 기체의 속성을 미시적 차원에서 기체 구성입자 또는 분자의 운동이 만들어낸 결과로 이해할 수 있다고 보는 이론이었다. 그가 보기에, 열은 단지 이런 입자들의 운동이 만든 결과일 뿐이었다. 뜨거운 기체는 빠르게 움직이는 입자들로 구성된 반면에 차가운 기체는 더 느린 입자들로 구성되어 있다는 것이었다. 뜨거운 물체의 입자들은 더 빠르게 움직이기에 서로 더 멀리 떨어지려는 경향이 있었다. 그러므로 클라우지우스에 따르면, 열은 입자간의 거리로 표현할 수 있었다. 1865년에 클라우지우스는 '엔트로피'라는 새 개념을 열의 동역학이론에 도입해, 열역학 제2법칙을 다시 썼다. 이는 우주의 엔트로피가 최대치를 향해 나아간다는 단언이었다. 오스트리아의 물리학자 루트비히 볼츠만은 훗날 열역학 제2법칙이 본래 통계적 성격을 지니며 엔트로피는 계의 상대적 질서나 무질서를 정의하는 통계적 의미로 이해되어야 한다고 주장했다. 이것은 크나큰 진전이었다. 이는 원인과 결과의 법칙이 단지 통계적일 뿐이며 분자 수준에서는 절대적 타당성을 말할 수 없음을 의미했다.

독일 지역에서의 열역학과 에너지학은 영국과 매우 다른 모습으로 전개되었다. 특히 클라우지우스의 경우에 더욱 그러했다. 클라우지우스가 제시한 과학은 그 자신도 의식하고 있었듯이 추상적이고 합리주의적인 성격을 띠었다. 이것은 이전 세대가 지닌 독일자연철학의 거친 형이상학에 대해 벌인 공공연하고도 의도적인 반발이었다. 헬름홀츠와 마찬가지로, 클라우지우스는 1850~60년대의 논문들에서 열에 관한 연구를 확장해 전기현상도 고찰하기 시작했다. 그렇지만 그가 행한 전기와 열의 비교는 명백하게도 실험보다는 수학에 기초하고 있다. 클라우지우스와 제자들이 추구했던 연구의 성격을 보면, 여러 측면에서 그들은 20세기 이론물리학의 직계 선조였다. 이론물리학은 자연을 수학적으로 이론화하는 것 자체를 가치 있는 독립된 활동이라고 여겼다. 자세히 들여다보지 않으면 독일과 영국의 물리학이 많은 공통점을 지녔던 것처럼 보이겠지만, 윌리엄 톰슨 그리고 비슷한 생각을 지닌 영국 물리학자들이 행한 실용적 자연철학과 독일의 과학이 지닌 정반대의 모습은 1860년대에 이르러 매우 명확해졌다. 1860년대에 클라우지우스의 연구가 더욱 발전하자, 맥스웰은 그의 연구가 점점 더 물질적이고 물리학적인 실재에서 멀어지고 있다고 비판했다. 맥스웰은, 아무리 추상적인 수학적 개념이라 해도 물리학 이론의 일부가 되려면 측정 가능한 구성요소가 있어야 한다고 보았다. 클라우지우스와 같은 이론가들은 이런 문제를 전혀 개의치 않았다. 영국의 물리학자들과 달리, 독일의 물리학자들은 에테르의 역학적 구조를 규명하는 일에도 거의 흥미를 느끼지 않았다. 그들에게 중요한 것은 수학이었다.

결론

여러 면에서 토머스 쿤은 분명 옳았다. 19세기의 2사분기에 에너지 보존의 동시 발견이 일어났다. 이 글에서 조명한 인물들뿐 아니라 다른 몇몇 인물들이 지금 보아도 그럴 듯한 에너지 보존의 개념을 저마다 제시했다. 쿤은 12명의 이름을 거론했지만 톰슨과 클라우지우스의 이름은 어찌 된 일인지 빠져 있었다. 물론 다른 이름을 더 댈 수도 있다. 그러나 여러 인물들이 발견했던 바가 어떤 의미에서 동일 대상이었다는 인식은, 아니 사실 무언가가 발견됐다는 인식 자체도 사후 기억의 산물이다. 지금까지 살펴본 이런 실험적 주장과 저런 이론적 일반화가 결국에 오늘날 우리가 아는 에너지 보존의 원리에 이르렀다고 말하는 것도 사실 과거를 되돌아보는 현재의 시선일 뿐이다. 처음 만들어졌을 당시 그런 실험과 이론의 주장들은 서로 완전히 다른 관심과 문제의식을 담고 있었을 게 분명하다. 우리는 지금 그것을 경험과학의 분명한 요소라고 여기지만 줄이나 톰슨, 또 마이클 패러데이는 그것을 근본적으로 신학적 주제라고 여겼다. 동시 발견자들 다수가 무엇을 발견했는지에 대해 서로 이견을 보였는데, 그것은 단지 세부 내용에 관한 이견의 문제만은 아니었다. 그들은 자신이 발견한 바의 근본적 의미를 서로 다르게 생각했으며, 그 발견을 자연철학의 일반적인 틀에 어떻게 맞춰 넣느냐에 관해서도 서로 견해를 달리했다.

이처럼 이견이 분분했지만, 그렇더라도 사실상 19세기 후반에 하나의 근본적 발견이 이루어졌다는 결론이 제시되자 소란스런 우선권 논쟁이 벌어졌다. 수많은 사람들이 자신이 에너지 보존을 발견했다며 발견자의 권리를 주장했다. 예컨대 윌리엄 로버트 그로브는 1846년 자신의 저서 『물리적 힘의 상관성에 관해(On the Correlation of Physical Forces)』를 에너지 보존의 개념을 담은 핵심 텍스트로 제시하며 자신의 권리를 주장했는데, 테이트는 이 주장을 "헛소리"라고 일축했다. 그렇지만 영국의 많은 자연철학자들은 적어도 1880년대까지 '힘의 상관성'이라는 용어를 '에너지 보존'이라는 말과 번갈아 사용했다. 영국의 해석자들은 대부분 열의 역학적 등가성에 관해 제임스 프레스콧 줄이 행한 실험을 결정적 발견으로 지목했다. 마찬가지로 독일에서 에너지의 새 원리를 연구하는 역사가들은 마이어를 그 기원으로 지목했다. 예외적인 해석자도 있었다. 영국계 아일랜드 자연철학자인 존 틴들은 톰슨과 테이트 식의 물리학에 대해 목소리를 높여 반대했는데 그는 줄보다는 마이어가 더 진정한 발견자라는 독일 쪽 주장에 동의를 표했다. 미국의 물리학자 조사이어 윌러드 깁스는 클라우지우스에게 승리의 월계관을 씌워주었지만 테이트는 클라우지우스가 보여준 지나친 수학적 추상화 때문에 그를 고려대상에서 제외해야 한다고 주장했다. 특히나 영국인들과 독일인들은 자기 주장을 펴고 상대의 주장을 반박하며 목소리를 높였다. 그만큼 19세기 물리학의 핵심 이론을 처음 만들었다는 주장은 민족적 자부심과 관련된 문제였다.

이와 별개로, 에너지 보존의 원리는 19세기의 지적 차원, 그리고 제도적 차원에서 중요한 구실을 했다. 한편으로 그것은 자연을 이해하는 데 새롭고 강력한 이론적 도구를 제공했다. 마찬가지로 그것은 자연철학을 제도로서 조직화하는 데 강력한 밑천이 되었다. 어떤 '기원'을 찾는 일에 관심이 있다면, 에너지 보존이 '자연철학의 종언'과 오늘날 우리가 아는 '현대 물리학의 시작'을 가르는 구분선이라고 주장해도 전혀 틀린 말은 아닐 것이다. 에너지 보존의 원리는 분과로서의 물리학이 등장하는 데 중심적인 역할을 했다. 이로 인해 물리학자들은 실험적이고 이론적인 실행과 이론을 공유할 수 있게 되었다. 물론 지금까지 보았듯이 이런 공통의 시각이 등장하기까지는 일정한 시간이 필요했다. 역사가들은 과학이 현대적 의미에서 전문직업이 된 것은 19세기의 일이라고 주장해왔다. 그렇다고 볼 때에 에너지 보존이 물리학자들에게 전문직업의 정체성을 형성하기 위한 공통의 기반을 제공했음은 틀림없다. 그것은 새로운 분과의 지적 능력과 실용적 능력을 입증하는 한 가지 방식을 제공했다. 그것은 증기기관, 전신과 연계하여 산업사회에서 물리학이 할 수 있는 중요한 역할을 보여주는 신호이기도 했다. **(오철우 옮김)**

지구의 나이

현대과학이 놀랄 만한 개념적 혁명을 이루면서 지구 역사의 시간 규모는 엄청나게 확장됐다. 혁명 이전에는 〈창세기〉에 나타난 창조 이야기를 문자 그대로 해석해 지구의 기원, 그리고 사실상 우주 전체의 기원이 불과 수천 년 전에 일어난 일로 생각됐다. 성서에 따르면, 인간은 태초부터 존재했기 때문에 역사 이전 시대란 존재하지 않으며, 우리는 그 성스러운 기록을 통해서만 인간의 활동을 추측할 수 있다. 이를 현대 지구과학이 확립한 그림과 대비해보자. 현대과학이 제시한 그림에 따르면, 지구의 나이는 수십억 년이며 인간 종은 광대한 연쇄사건들의 끝자락에서 겨우 출현했을 뿐이다. 이 정도로 확장된 시간 규모가 없다면 진화의 이론은 생각할 수도 없기에, 현대의 '젊은 지구' 창조론자('young earth' creationist)들이 지구과학이 확립한 세계관의 개연성을 공격하려 한 것도 우연은 아니다. 성서의 시간 규모는 17세기 후반에 널리 받아들여졌는데, 이 시기는 지질기록과 화석기록을 이해하려는 자연학자(naturalist)들의 노력이 처음으로 등장하고 있던 때였다. 백여 년 동안 이 분야에서 연구가 이어지면서 지구상의 연속적인 물리적 사건들이 펼쳐진 기간은 엄청난 규모로 확장됐고, 그에 따라 확장된 시간 규모를 포괄할 수 없는 지구 이론을 유지하기가 점점 더 버거워졌다. 그 지질시기가 얼마나 광대한지는 20세기 초까지도 여전히 논쟁이 되었다. 오늘날에도 젊은 지구 창조론자들은 이 문제에 대해 논쟁하고 있다.

대체로 지구과학의 역사는 이른바 과학과 종교의 '전쟁'을 부각하는 쟁점들에 초점을 맞추어 서술되어 왔다. 이런 경향은 이론적 논쟁을 바라보는 우리의 해석에 왜곡된 영향을 끼쳤으나, 최근에 와서 여러 역사 연구에 의해 그 영향은 점차 사라지고 있다. 지구과학의 전개과정에 관한 오래된 설명방식은 찰스 길리스피의 『창세기와 지질학(Genesis and Geology, 1951)』에서도 찾아볼 수 있다. 그의 설명방식은 '영웅과 악한'이라는 구도의 접근법을 따르고 있는데, 그에 따르면 소수의 주요 과학자들은 현대적 시간 규모를 창시한 사람으로 묘사되며, 이 선구자들에 반대했던 사람들은 종교적 신념을 좇아 자신의 연구를 왜곡했던 나쁜 과학자로 그려지고 있다. 동일과정설(uniformitarianism)이란 지질학 방법론을 발전시킨 가장 중요한 영웅은 제임스 허턴과 찰스 라이엘 두 사람이다. 이들의 방법은 미지의 원인에 의존하는 것을 배격했으며, 또한 느리고 점진적인 변화가 거의 영원히 순환하는 것으로 지구의 역사를 이해했다. 찰스 다윈이 라이엘의 뛰어난 제자들 가운데 한 명이었다는 사실도 기억해둘 만하다. 동일과정설의 반대편에는 이른바 격변설(catastrophism)이라는 지질학 이론이 있었다. 이 이론은 시간 규모를 엄청나게 확장해야 하는 필연성을 줄이고자, 모든 대륙을 창조하거나 파괴할 만한 격렬한 사건들이 과거에 거의 동시적으로 일어났다고 주장했다. 격변설은 〈창세기〉의 시간 규모에 대한 의문의 근거를 제한하고자 했으며 노아의 홍수를 실제 있었던 지질 사건으로 이해할 여지를 제공했다. 라이엘과 허턴은 현대 지구과학의 창시자로 그려진 반면에, 격변론자들은 편협한 종교적 신념을 방어하기 위해 과학을 조작했던 우스꽝스러운 고집불통들처럼 그려졌다.

현대 역사가들은 이처럼 단순한 흑백논리 식의 설명방식을 거의 완전히 뒤집었다. 격변론자들은 서투른 지질학자가 아니라 지구의 역사를 이루는 연속적 지질시대들을 이해하는 데 중요한 기여를 했던 인물들이었다. 그들은 지구의 나이를 불과 수천 년의 규모로 줄이는 데 관심을 두지도 않았고, 또 〈창세기〉에 기록된 홍수를 마지막 격변으로 설명하지도 않았다. 오히려 이와 반대로 여러 과학사 연구들은 허턴과 라이엘 역시 나름의 종교적 · 문화적 가치관을 갖고 있었으며, 이것이 그들의 과학적 사유에 중요한 영향을 끼쳤음을 보여주었다. 지구 역사에 대한 그들의 설명방식은 언뜻 보기에는 현대적으로 보이지만, 거기에는 현대 지질학자들이 받아들이기 힘든 요소들이 있었다. 영어권 밖에서 그들은 대체로 무시되었다. 19세기 말의 지질학자들은 인간의 기준으로 볼 때는 엄청난 시간 규모지만 우리가 오늘날 인정하는 것보다는 훨씬 더 작은 시간 규모를 가정하고 있었다. 라이엘의 책은 널리 읽혔지만 과학계보다는 대중적 상상력에 더 많은 영향을 끼쳤다. 20세기 초가 되어서야 지질학자들은 물리학이 제시한 새 증거들을 바탕으로 수십억 년으로 확장된 시간 규모를 다루기 시작했다.

따라서 지구 나이 논쟁에 관한 연구는 과학의 역사가 어떻게 전개되어 왔는지를 잘 보여주는 사례이다. 과학사를 새롭게 보는 시각들은 그동안 과학자들 자신이, 그리고 간혹 그 반대자들이 만든 신화에 도전해왔다. 예전의 역사 서술은 과거 인물의 이론이 오늘날 우리가 받아들이는 이론에 얼마나 근접했는지를 피상적으로 평가하고, 이런 평가에 따라 '영웅과 악한' 을 만들곤 했다. 그리하여 겉보기에 나쁜 과학으로 판명되면 종교적 신념 같은 외적 요소들을 불러들여 왜 이들이 과학적 객관성이라는 진리의 길에서 이탈했는지를 설명했다. 영웅의 영향력은 크게 과장되어, 이들이 현대적 이론의 패러다임을 확립하는 갑작스러운 혁명을 일으킨 것처럼 보이게 했다. 그러나 이제 우리는 혁명이 이보다 훨씬 더 긴 시간에 걸쳐 진행되었다는 사실을 알고 있으며, 지구 역사에 대한 현대적 관점이 등장하기까지는 한때 상호 적대적이라고 여겨졌던 여러 다른 이론적 · 방법론적 관점들이 종합을 이루는 과정을 거쳐야 했음을 알고 있다.

고생물학자인 스티븐 제이 굴드는 동일과정설과 격변설의 옹호자들이 내세우는 개념의 차이를 다시 한 번 생각해보자고 설득했다. 그는 『시간의 화살, 시간의 순환(Time's Arrow, Time's Cycle, 1987)』에서 겉으로 보기에는 현대적인 라이엘의 관점이 정상상태(steady state)라는 관점을 기반으로 하고 있음을 보여주었는데, 그것은 지구에는 시작도 종말도 없으며, 지구의 과거가 늘 같은 상태였다고 바라보는 관점이었다. 이런 기준에서 보면, 지질학적 시간에 대한 현대의 관점은 동일과정설보다 격변설의 관점에 훨씬 더 가깝다. 왜냐하면 격변론자들은 지구가 시작점을 지닌 행성이며 연속적 발전을 거쳐 우리가 오늘날 알고 있는 지구의 상태에 이르렀다고 보기 때문이다. 라이엘이 더 큰 시간 규모를 다뤘다는 이유만으로 그의 다른 지질학 이론까지 옳다고 볼 수는 없다. 라이엘의 주장에 반대한 격변론자들이 내세운 근거 중 일부가 과학의 영역 밖에서 왔을 수도 있지만, 그들이 라이엘의 주장에 저항할 만한 근거는 충분했다고 볼 수 있다(지질학의 역사에 대한 다른 최근의 연구로는 Greene, 1982; Hallam, 1983; Laudan, 1987; Oldroyd, 1996; Porter, 1977; Schneer, 1969를 참조하라).

뷔퐁과 시간의 암흑심연

이른바 과학혁명(2장 "과학혁명" 참조)의 결과 중 하나로, 17세기 중반의 수십 년 동안 지구 자체가 연구의 대상이 되었으며 지구의 기원은 이론적 가설의 주제가 되었다. 이렇게 해서 생겨난 관념들 중 일부는 이후 지질학의 역사를 형성하는 데 영향을 끼친 당시의 쟁점과 문제들을 드러내주었다. 오늘날의 관점에서 보면 아주 이상해 보이지만 이런 초기 이론들에 나타나는 한 가지 특징은 그 이론들이 거의 모두 성서의 시간 규모가 정한 개념의 틀 안에서 다뤄졌다는 점이다. 17세기는 프로테스탄트 종교인과 학자들이 〈창세기〉를 문자 그대로 해석해 '젊은 지구'의 연대기를 확립하던 시기였다. 역설적이게도, 이보다 몇 세기 전에 기독교 사상의 토대를 마련한 가톨릭 교부들은 이런 창조설을 문자 그대로 이해하지 않았다. 17세기 중반에 이르러 아르마의 제임스 어셔 대주교는 지구가 기원전 4004년에 창조되었다는, 지금 누가 봐도 우스꽝스럽게 들리는 연대 계산결과를 발표했다. 그는 자신의 전문지식을 이용해 헤브라이 조상을 따져 추적하는 방식으로 아담 창조의 날을 계산했다. 여기에 '7일간의 창조'를 액면 그대로 받아들여 7일만 보태면 지구와 우주 창조의 날을 헤아릴 수 있었다. 어셔 대주교의 학문적 성과는 당시에 널리 찬사를 받았으며 지구구조를 연구하는 자연학자들도 처음에는 이런 계산을 반박할 만한 근거를 거의 찾지 못했다. 그리하여 당시 자연학자들은 어떤 지질 변화라도 이처럼 짧은 시간 규모에다 다 끼워 맞출 수 있는 그런 방식으로 지구 이론들을 형성해 나갔다(『현대과학의 풍경2』 15장 "과학과 종교" 참조).

이런 초기 이론들 가운데 일부는 지구의 기원을 데카르트와 뉴턴이 제안한 새 우주론의 틀 안에서 찾으려고 노력했다(자세한 내용은 Greene, 1959; Rappaport, 1997; Rossi, 1984를 참조하라). 토머스 버넷은 『지구의 신성한 이론(Sacred Theory of the Earth, 1691)』에서 데카르트의 이론을 좇아 지구는 죽은 별이었으며, 노아의 홍수는 본래 평탄한 땅의 표면이 거대한 붕괴를 일으키면서 생긴 사건이라고 설명했다(그림 5.1). 윌리엄 휘스턴은 『신 지구 이론(New Theory of the Earth, 1696)』에서 뉴턴의 이론에 의지하여 지구가 혜성과 거의 충돌할 뻔했던 때에 바닷물이 한쪽으로 쏠려 홍수가 일어났다고 설명했다. 한 가지 이론에다 신성한 성서 기록을 너무 지나치게 곧이곧대로 끼워 맞추려는 시도를 경계했던 버넷은 〈창세기〉를 문자 그대로 해석하지 않았다는 비판을 받아야 했다. 그렇지만 버넷과 휘스턴은 모두 성서의 시간 규모만큼은 그대로 따랐다. 버넷은 산맥을 서서히 깎아내리는 침식의 힘을 인식했으면서도, 산들이 지금 지속적으로 존재한다는 점으로 미뤄볼 때에 이 산들이 얼마 전에 형성된 태초 지각의 일부임이 분명하다는 주장을 폈다.

새로운 점은 이런 이론들이 노아의 홍수같이 매우 성령적인 의미를 지닌 사건들을 순전히 물리적 사건의 결과로 설명하고자 했다는 점이었다. 장기적으로 더욱 곤혹스러웠던 것은 자연학자들이 암석과 그 암석에 담긴 화석의 구조를 연구하면서 축적해온 증거들이었다. 약간의 논쟁을 거친 후, 화석은 암석 속에서 돌처럼 굳은 오래전 생물체의 유물이라는 사실이 널리 받아들여졌다(Rudwick, 1976). 해부학자 니콜라스 스테노는 상어 화석의 이빨이 자신이 이전에 해부했던 현존 상어의 이빨과 거의 다르지 않음을 입증했으며, 로버트 후크는 현미경을 통해 보더라도 나무 화석이 현존하는 같은 종의 나무와 유사하다는 점을 확인했다. 스테노와 후크는 당시에 화석이 육지에서 발견되기는 했지만 바다 밑에서 퇴적된 흔적이 있는 암석층이나 지층 속에 남아 있음을 알고 있었다.

화석 수집가인 존 우드워드는 『지구의 자연사에 대한 에세이(Essay toward a Natural History of the Earth, 1695)』에서 이에 대해 그럴듯한 설명

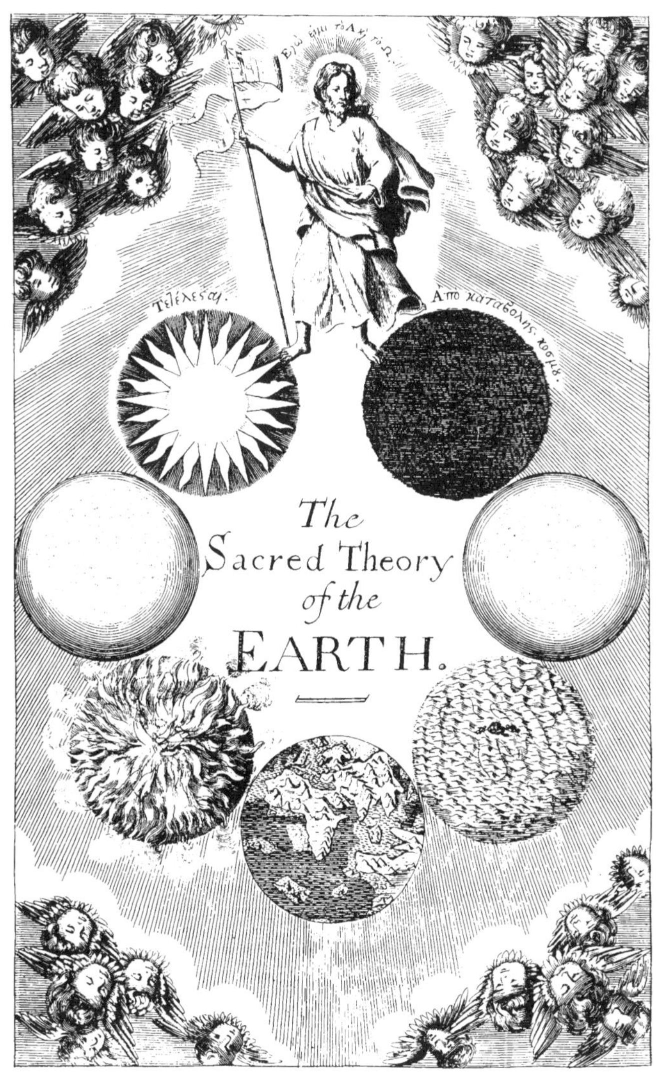

그림 5.1 토머스 버넷이 지은 『지구의 신성한 이론(Sacred Theory of the Earth, 1691)』의 속표지 그림. 윗부분에 그리스도가 지구 역사를 만든 시작과 종말의 사건들에 두 다리를 걸치고 서 있다. 지구는 죽은 별(위 오른쪽)에서 시작해 평평한 지각을 이루었으며, 그 지각은 이후에 노아의 홍수로 쪼개어졌다. 이 사건의 그림에 노아의 방주가 그려져 있다. 지각이 쪼개짐으로써 오늘날의 대륙과 같은 불규칙한 지표면이 생겨났다. 종국에 지구 행성은 다시 불에 휩싸여 별이 된다.

을 제시했다. 모든 퇴적암은 노아의 홍수가 지구표면을 완전히 뒤덮었을 때 생긴 퇴적물이 쌓여 만들어졌다는 설명이었는데, 이 이론은 오늘날에도 젊은 지구 창조론자들에 의해 여전히 지지되고 있다. 그러나 스테노와 후크는 이런 주장의 문제점을 익히 파악하고 있었다. 암석층에는 뒤틀림(twisting)과 단층(faulting)이 나타나게 마련인데, 이는 퇴적 이후 암석에 거대 규모의 변형이 일어났음을 강하게 시사했다. 실제로 두 사람은 머나먼 과거에 일련의 사건들이 연속적으로 일어나 현재의 지구표면구조를 만들었을 것이라고 생각했다. 후크는 지진이 일어나 바다 속 깊숙이 잠겨 있던 지각의 일부가 새롭게 융기했다는 추론을 제시했다. 그러나 신학자들이 주장하는 짧은 시간 규모에 도전할 의사는 없었기에 이런 사건들이 격변의 성격을 띤다는 견해를 덧붙였다. 이 대목에서 우리는 격변설이 오늘날 관찰되는 바처럼 점진적 과정이 아니라 격렬한 변화에 의지함으로써 지구의 시간 규모를 줄이고자 했다는, 격변설의 등장과 관련한 통설의 기원을 보게 된다. 그러나 후크는 성서의 홍수에 관심을 기울였던 만큼 가라앉은 아틀란티스의 전설에도 관심을 두었다. 그는 또 일부 화석이 오늘날 살지 않는 생물체의 것일 수 있음을 인식하고는, 신이 창조한 생물 종이 시간이 흐르면서 멸종했을지도 모른다는 견해를 제시했는데 이는 혼란을 일으킬 만한 주장이었다(그림 5.2).

뷔퐁과 시간의 암흑심연

앞서 살펴본 관찰결과들에 담긴 우려스러운 의미는 18세기 계몽사조기에 좀더 활발하게 드러났다. 철학자들, 그중에서도 프랑스 철학자들은 이제 인간 이성으로 우주의 물리적 본성과 우주 속 인간의 지위를 이해할 수 있게 되리라 희망했다. 그

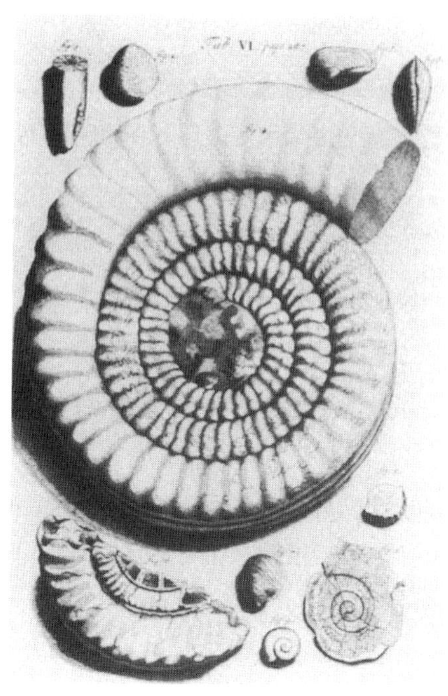

그림 5.2 로버트 후크의 논문 「지진에 관한 강연과 강설」에 실린 암모나이트 화석 그림. 『로버트 후크의 유작(The Posthumous Works of Robert Hooke, 1705)』에 여섯 번째 그림으로 실렸다. 이 그림은 흔히 발견되는 조개 화석을 함께 보여준다. 그러나 후크는 그의 글에서 오늘날의 바다에서는 암모나이트를 닮은 어떤 생물 조개도 볼 수 없다고 말하면서 이 생물체가 지금은 멸종해 존재하지 않을 가능성을 제기했다.

들은 사회적 보수주의의 원인이라고 여겨졌던 가톨릭교회를 더 이상 참아내려 하지 않았으며, 교회의 가르침이 지닌 권위를 깎아내리기 위해 과학이 제공하는 모든 수단을 활용하고자 했다. 〈창세기〉의 창조 이야기에 대한 지구과학의 잠재적 도전이 조용히 이루어졌던 것은 아니다. 18세기 초에 이미 브누아 드 마일레는 지구의 역사를 설명한 저서 『텔리아메드(Telliamed)』에서 우리가 지금 보는 암석층이 형성되기 위해서는 당연히 엄청난 규모의 시간이 필요하다고 주장했다. 그의 책에는 범지구적 홍수 이야기는 전혀 등장하지 않았다. 그 대신에 드 마일레는 당시에 점점 더 많은 호응을 얻었던 해양후퇴설, 혹은 나중에 로마 바다의 신(넵튠〔Neptune〕—옮긴이)의 이름을 따 수성설(Neptunism, 水成說)이라 불린 이론을 선택했다. 그는 지구 행성 전체가 예전에는 거대한 바다로 뒤덮여 있었으며, 그 바다가 점차 줄어 깊이가 낮아지면서 오늘날과 같은 육지와 화석을 함유한 퇴적암이 드러나게 되었다고 가정했다. 『텔리아메드』는 노아의 홍수를 신뢰할 만한 논의로 지켜내기는커녕, 거대한 바다의 시기를 머나먼 과거로 멀찌감치 밀어낸 채 최근의 홍수에 대해서는 언급조차 하지 않았다. 비록 이 책이 초고 형태로 읽혔으며 저자의 생전에는 출간되지 않았지만, 드 마일레는 자신의 이론이 성서와 다른 점을 의식하여 이 이론이 이집트의 어느 현자에게서 전해 들은 것이라고 둘러댔다. 하지만 현자의 이름인 텔리아메드의 철자를 거꾸로 읽으면 그의 이름 마일레가 드러났다.

성서의 시간 규모를 공격한 이론 중 가장 널리 알려진 것은 계몽시대의 저명한 자연학자 뷔퐁이 행한 공격이었다(Roger, 1997 참조). 뷔퐁의 『자연사(Natural History)』는 1749년에 세 권이 먼저 출간되었는데, 나중에는 당시에 다룰 수 있는 생물계에 관해 가장 포괄적인 설명을 담는 방식으로 확장되었다. 뉴턴의 추종자인 뷔퐁은 현 세계의 기원을 순전히 물질주의적인 방식으로 설명하고자 했다. 첫째 권에는 지구의 시작부터 현재까지를 포괄하는 지구의 이론을 담았다. 뷔퐁에 따르면, 여러 궤도를 운행하는 행성들을 가장 훌륭하게 설명하는 이론은, 태양 옆을 스쳐 지나갔던 혜성으로 인해 태양에서 구형의 융해성 물질들이 떨어져 나왔고 이 덩어리들로부터 각 행성들이 생겨났다는 설이었다. 지구를 포함하여, 개개의 행성들은 이후에 서서히 냉각되었다. 뷔퐁은 거대한 물체가 용광로에서 나온 뒤에 얼마나 빠르게 냉각하는지 관찰하여 지구가 현재의 온도로 냉각되기까지 걸린 시간을 추산했다. 그는 그 시간이 7만 년이라고 보고했는데, 이런 수치는 오늘날에는 보잘것없이 작은 수치지만 당시에는 종래의 시간 규모를 무려 열 배나 확장한 것이었다. 개인적으로 그는 지구의 냉각시간이 이보다 훨씬 더 길 거라고 생각했으며 심지어 그가 마주하게 된 '시간의 암흑심연(dark abyss of time)'에 대해 두려움을 느끼기도 했다(Rossi, 1984).

뷔퐁은 가톨릭교회 당국의 견책을 받은 뒤 〈창세기〉에 가한 자신의 비판을 철회하겠다는 내용의 인쇄물을 공표해야 했다. 그러나 파리 왕실정원(현재의 파리식물원〔Jadin des Plantes〕)의 감독자였던 뷔퐁은 박해로부터 상대적으로 안전한 위치에 있었고, 이를 이용해 1778년에는 『자연사』의 부록 형식으로 『자연의 시대 구분(The Epoches of Nature)』이라는 책을 따로 출간하여 수정된 이론을 발표했다. 그는 여전히 행성 기원 이론으로 이야기를 시작했으나 이번에는 지구가 초기 융해상태에서 현재의 상태에 이르는 과정에서 분명히 일어났으리라 추측되는 연속 사건들을 되짚어 나가고자 했다. 그가 유일하게 받아들인 전통적 관점은 사건들의 과정을 일곱 시기로 구분한 것이었는데, 이는 〈창세기〉에 나타난 '창조의 7일'과 모호하게 동일시되었다. 뷔퐁의 우주론 가설은 그가 서술한 역사에 냉각하는 지구라는 분명한 '방향성'을 부여했다. 처음에는 너무도 뜨거워 생명체가 출현할 수 없었던 지구 행성이 나중에는 높은 온도에 적응하는 생물 종이 출현할 수 있을 정도로 충분히 냉각되었다. 이 생물들은 지구 냉각이 진행되면서 사멸했으며, 뒤이어 현재 생물 종의 조상이 그 자리를 차지했다. 지구가 더욱 냉각하면서 이들은 적도 쪽으로 이주해야 했다. 뷔퐁은 열대성 생물들이 예전에 시베리아에서도 번성했음을 보여주는 증거로서 코끼리(요즘 말로 맘모스)의 화석을 제시했다.

그렇지만 그 이론에는 또 다른 '방향성'이 담겨 있었다. 드 마일레와 마찬가지로 뷔퐁은 지진으로 육지 표면이 융기했다고 믿었던 후크의 이론을 받아들이지 않았다. 그는 지구가 일단 응고하면 완전히 경직된다고 보았다. 그러므로 퇴적암이 육지에서 발견되는 이유를 설명하려면, 비록 뷔퐁이 머나먼 과거의 바다가 처음에 뜨겁게 끓고 있었다고 보았지만, 이런 바다가 점차 육지로부터 퇴각했다는 가설에 호소할 수밖에 없었다. 그렇지만 마른 땅은 모습을 드러낸 이후에 지표면을 닳게 하는 바람, 비, 서리를 비롯해 여러 침식의 요인들로부터 공격을 받아야 했다. 지각에서 떨어진 조각들은 강과 바다로 씻겨 떠내려갔고, 거기에서 지구 전체가 물로 덮였을 당시에 쌓인 퇴적물 위에 다시 새 퇴적물이 쌓이면서 신생 암석이 만들어졌다. 이런 점에서 뷔퐁은 훗날 18세기 말의 지질학자들이 찾아냈던 가장 중대한 지질 연구의 기법을 앞서 보여준 셈이었다. 하지만 그는 암석층의 서열을 식별하는 일에서는 거의 진전을 이루어내지 못했으며 그의 이론은 우주론적 사변을 통해 지구의 기원을 설명했던 지구 이론의 오랜 전통에서 벗어나지 못했다.

층서학과 화석 기록

암석, 광물, 화석에 대한 경험주의적 연구가 호기심 차원에서만 이루어졌던 것은 아니다. 과학 덕분에 자연의 작동을 이해함으로써 자연을 통제할 수 있게 되리라는 주장의 근거로 프랜시스 베이컨의 철학이 이용되던 시대에, 지표면 연구는 분명 광산업에 잠재적 혜택을 가져다주었다. 만일 어느 암석이 유용한 광물을 가장 많이 함유하고 있는지를 알 수 있다면 그 경제적 혜택은 엄청날 것이었다. 지구 연구에 대한 이런 실용적 관점은 18세기 말에 이르러 독일에서 확립되었다. 독일에서는 소규모의 여러 독립정부들이 채광사업을 통해 소득을 올렸다. 채광학교들이 세워져 광물의 부존 위치를 찾아내는 기술과 채광하는 데 필요한 기술을 가르쳤다. 이런 과정을 거치면서 지각에 관한 상세한 지식이 매우 실용적으로 이용될 수 있음이 처음으로 분명해졌다. 광물에 대한 실용적 연구를 통해 지구의 역사과정에서 차례차례 퇴적된 암석의 서열을 식별하는 방법이 나타났다. 이것이 바로 층서학(science of straitgraphy)이었다. 층서학은 지층 누중의 원리(principle of superposition), 즉 신생 암석은 언제나 앞선 시기의 암석 위에 쌓인다는 전제를 기반으로 하고 있었다. 이런 전제는 역사성을 띠었는데, 퇴적층의 서열에서 암석의 위치를 식별하는 일은 곧 지구 역사에서 그 암석이 퇴적된 시기를 식별하는 일과 같았기 때문이다. 암석층의 서열, 그리고 지질시대의 서열을 규명하려는 초기의 노력이 있었기에, 오늘날 지구 역사의 큰 윤곽이 밝혀진 것이다.

이런 관점이 나타나기 시작했던 초창기에, 이 연구 프로그램은 아브라함 고틀로프 베르너라는 프라이부르크 채광학교 교수의 명성과 연관되어 있었다. 비록 그는 책을 거의 내지 않았지만, 당시 세계 각지에서 온 학생들이 베르너에게 몰려들었고 그는 엄청난 영향력을 갖게 되었다. 그는 암석의 광물 특성을 식별하는 일에 몰두하여, 각 유형의 암석이 지구 역사의 특정 시기에 퇴적되었다는 가정을 제시했다. 수성설을 받아들였던 그는 이런 가정을 전개하는 것이 정당하다고 생각했다. 머나먼 과거의 거대한 바다가 마르면서 바다에 있던 화학물질이 특정한 서열을 이루며 침전했으며, 마지막으로 육지 표면의 침식이 일어나 퇴적암의 규칙적 서열이 추가되었다는 것이다.

이 이론은 18세기 말에 널리 받아들여졌지만, 곧이어 동일 유형의 암석이 다른 역사시기에도 퇴적되었음을 보여주는 증거들이 나오면서 반박되었다. 훗날 과학자들은 베르너의 이론을 조롱했으며 그토록 명백하게 잘못된 이론이 받아들여졌다는 사실에 놀라움을 표하곤 했다. 베르너를 추종하는 사람들 가운데 일부는 성서상의 홍수로 해석할 수 있을 만한 홍수의 재등장을 이 이론과 연계하려고 했기 때문에, 수성론이야말로 물질주의에 저항하고 종교를 옹호하려는 사람들이 만들어낸 나쁜 과학이라는 주장이 제기되기도 했다. 리처드 커원과 장-앙드레 델뤽을 포함해 일부 수성론자들이 베르너의 이론과 홍수를 연계하고자 했던 것은 분명 사실이다. 보수적 성향을 지닌 이들은 프랑스 혁명 이후에 사회질서의 요새인 가톨릭교회에 가해진 공격에 신과학(New Science)이 동조하지 않음을 확실하게 보여주고자 했다. 그러나 이런 태도는 대체로 영국에 한정되어 나타났다. 베르너 자신은 〈창세기〉 이야기에 별 관심을 보이지 않았으며 그를 따르던 대륙의 과학자들 역시 마찬가지였다. 그들이 베르너 이론을 추종한 것은 그 이론이 암석 지층의 복잡한 서열을 이해하는 데 필요한 배열의 원리를 제공할지도 모른다고 믿었기 때문이었다. 눈앞에 나타난 혼돈에서 일정한 질서를 찾아내려는 욕심 때문에 지나치게 단순화한 감은 있지만, 그들은 지질학을 발전시킬 기본 프로그램을 염두에 두고 있었다. 이는 퇴적 순서에 따라 암석 지층을 식별하는 프로그램이었다. 그리고 여러 층의 긴 서열로 이루어진 이 암석층이 성서의 시간 규모 안에 모두 포함되려면 당연히 압축될 수밖에 없었다.

19세기 초에 이르자 수성론은 더 이상 유지될 수 없는 이론임이 점차 분명해졌다. 이름난 여행가인 알렉산데르 폰 훔볼트는 남아메리카 안데스 산맥을 연구하던 도중에 화산과 지반운동의 엄청난 위력을 직접 목격했다. 훔볼트와 여러 사람들은 수성론을 포기했지만 그들은 여전히 연속적 암석 지층을 식별하는 일을 주요한 연구과업으로 삼았기에 스스로를 베르너의 추종자라고 불렀다. 훔볼트는 프랑스와 스위스 경계지역의 쥐라 산맥에서 발견된 독특한 암석에 그 지역의 이름을 따 쥐라기 지층이라는 이름을 붙였다. 그는 해양후퇴설 대신에 지반운동설을 받아들여 퇴적암이 융기하여 마른 육지를 형성했던 과정을 설명했다.

지구 역사에서 비슷한 암석들이 다른 시기에도 형성될 수 있음이 인식되면서, 이제는 지층에 묻힌 화석이 암석의 서열을 식별하는 데 가장 좋은 자료로 받아들여졌다. 각 시기의 화석은 화석을 함유한 암석의 유형이 어떠하건 상관없이 저마다 고유한 특성을 지녔다. 층서학은 오늘날 생존하는 생물과는 아주 다른 동식물 종들이 출현했던 일련의 지질 연대를 확립하는 일과 밀접하게 연계되었다(그림 5.3). 화석에 기반을 둔 층서학은 잉글랜드에서 운하 건설자인 윌리엄 스미스, 그리고 프랑스에서 고생물학자 조르주 퀴비에와 지질학자 알렉상드르 브롱니아르가 개척했다. 지질학사 연구자들 사이에서 이들 세 사람의 업적이 지닌 상대적 의미는 여전히 논쟁이 되고 있다. 스미스가 1815년에 만든 잉글랜드와 웨일스의 지질지도는 선구적 업적이지만 이 시기에 그는 엘리트 과학자들의 그늘에 가려 다소 주변적인 인물에 머물렀다. 퀴비에는 프랑스 기성 과학계의 중심에 있었으며 비교해부학을 창시하고 척추동물 화석을 복원하는 데에도 지도적인 인물이었다. 그는 서로 다른 신체기관들의 기초가 되는 기본 원리를 밝혀내고자 서로 다른 동물 종의 구조를 연구했다. 또한 자신의 기법을 이용해 유럽 전역의 암석에서 종종 조각난 채 발굴되는 뼈들을 끼워 맞추었다. 모든 합리적 의심을 뛰어넘는 수준으로, 생물 종 멸종의 실재성을 입증한 사람도 바로 퀴비에였다. 이제 맘모스와 마스토돈(mastodon: 신생대 제3기에 살았던 거대한 코끼리—옮긴이)이 지상의 머나먼 곳 어딘가에 아직 생존해 있으리라고 믿는 사람은 아무도 없었다. 이때부터 과학자들은 암석의 새로운 층이 형성될 때마다 암석에는 층을 구분할 수 있게 하는 고유한 화석들이 담기며, 초창기 생물 종의 다수는 이제 사라지고 대체되었다는 사실을 당연하게 받아들이게 되었다. 그러나 1811년 파리 분지 암석지층들에 대한 집단 조사활동의 결과 발표에서 볼 수 있듯이, 암석지층의 서열 확립에 더

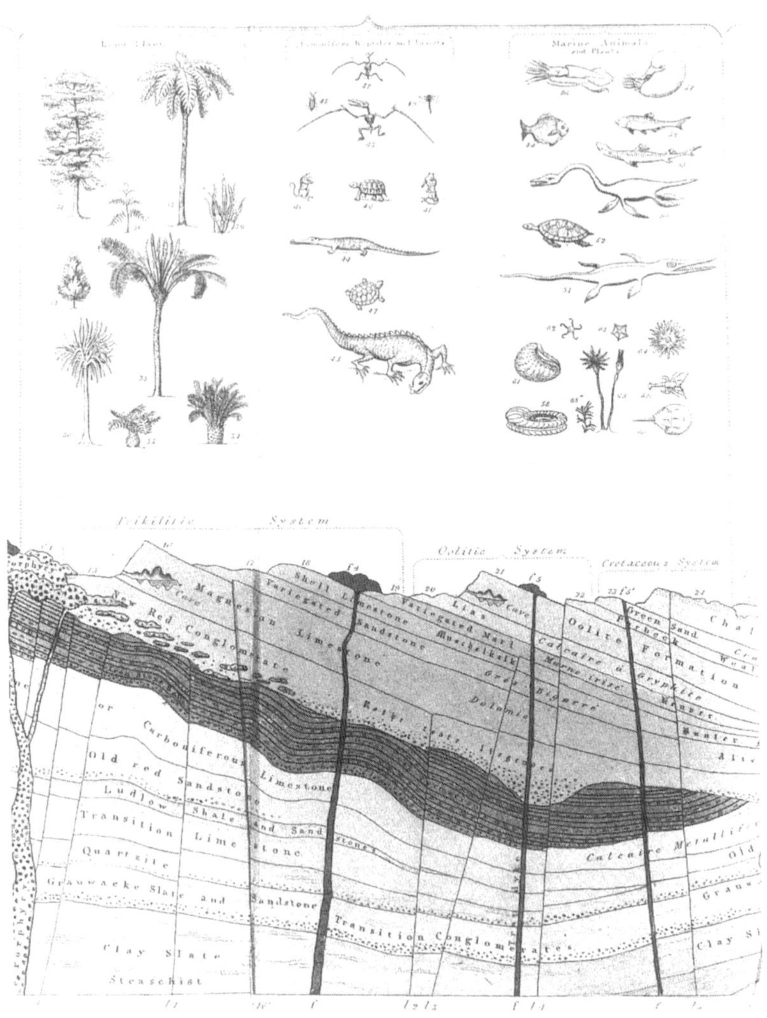

그림 5.3 지각 단면을 보여주는 가설적 모형. 출처 윌리엄 버클랜드의 『자연신학으로 본 지질학과 광물학(Geology and Mineralogy Considered with Reference to Natural Theology, 1837)』(London), 제2권, 〈그림 1〉. 이 단면도는 퇴적암 지층이 형성 이후의 지반운동에 의해 비틀렸으며 화강암의 암맥이 밑에서 위로 분출되었음을 보여준다. 위쪽의 그림들은 이차계열 시기(중생대)의 암석 지층 화석에서 전형적으로 발견되는 생물체들을 보여준다. 용(dragon) 모양을 한 공룡들도 보인다. 〈그림 5.5〉와 비교해보라.

욱 유용한 길잡이가 된 업적은 브롱니아르가 행한 무척추동물 화석의 연구였다.

다음 20여 년 동안, 지질학자들은 암석지층의 서열을 가장 오래된 화석 암석층까지 확장해 확립했다(그림 5.4). 가장 오래된, 그리하여 가장 심하게 왜곡된 일부 지층들의 분류가 이루어진 곳은 영국이었다. 웨일스 지역의 연구자인 애덤 세지윅과 로더릭 임피 머치슨은 각각 캄브리아계와 실루리아계라는 용어를 만들었다. 이 세지윅과 더불어 다윈은 현장 여행을 다니면서 처음으로 지질학 훈련을 받은 바 있다. 1841년에 존 필립스는 생명의 역사에 나타나는 거대한 세 시기에 고생대, 중생대, 신생대라는 이름을 붙였는데, 각각 고대의 생명, 중세의 생명, 새로운 생명이라는 뜻이었다. 이제는 무척추동물 화석이 전문적 분류의 기초가 되었지만, 공룡과 다른 멸종 파충류 종들의 발견 덕분에 중생대는 이미 파충류의 시대로 알려져 있었다(그림 5.5). 계들 사이의 경계를 정하는 일은 결코 순탄치 않았으며 전문가들 간에도 많은 협상이 이루어져야 했다. 세지윅과 머치슨은 캄브리아와 실루리아 사이의 경계를 두고서 다투었지만 그 위쪽에 놓인 데본기도 수많은 논쟁을 불러일으켰다(이 논쟁들에 관해서는 Rudwick, 1985; Secord, 1986을 참조). 그러나 1830년대 무렵에는 어느 누구도 지구의 껍데기가 엄청난 퇴적층들로 구성되어 있으며 각 퇴적층이 지질학적 시간의 특정 시기 전체를 표상한다는 점을 부정하지 못했다. 여전히 어느 누구도 그 시간의 길이가 얼마나 되는지 추산하는 모험을 하지는 않았지만 그 시간의 규모가 인간 역사의 기준으로 볼 때 엄청난 것임은 분명해졌다.

격변설과 동일과정설

퀴비에는 연속적인 지층 사

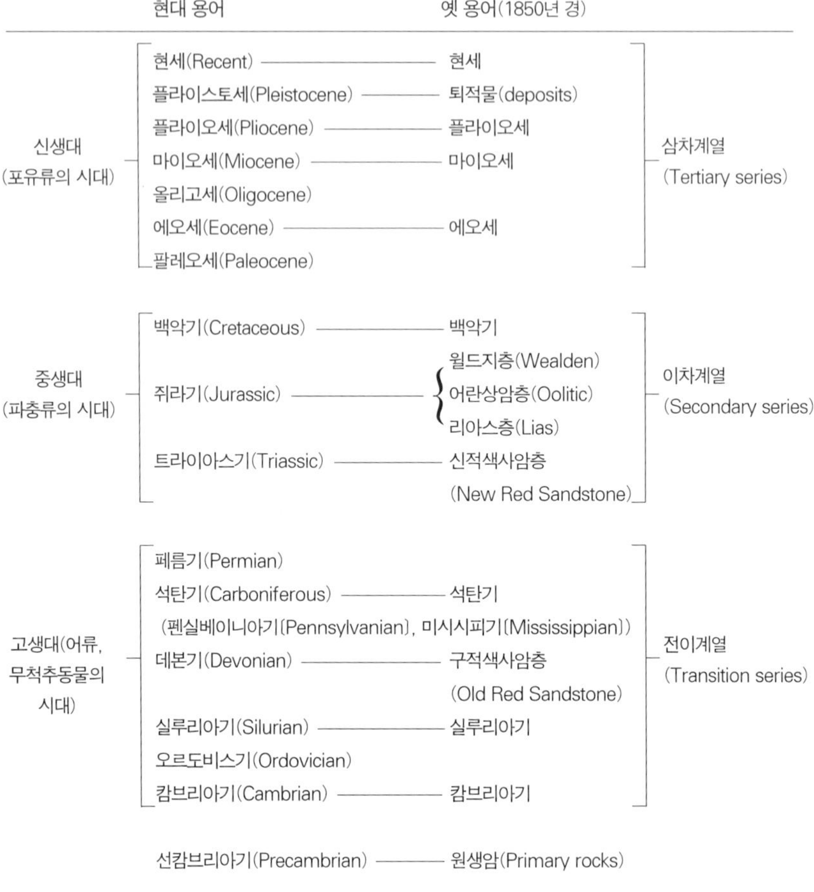

그림 5.4 지질 연대표. 오른쪽은 19세기 중반의 연대표이며 왼쪽은 현대의 연대표다. 지질층의 서열은 지구 역사의 지질학적 시기들에 각각 해당한다. 완전한 서열은 어느 한 지역에서 관측되지 않으며 서로 다른 지역들에 있는 동일 시기의 암석들을 식별해주는 화석과 여러 다른 단서들을 이용해 구성된다.

이의 경계는 갑작스럽게 출현하며, 따라서 어떤 화석군이 다음 화석군으로 바뀌는 전이과정도 어느 정도는 순식간에 일어난다고 인식했다. 그는

그림 5.5 윌리엄 버클랜드가 처음 소개했던 석탄기 공룡 메갈로사우루스의 실물 크기 모형. 디노사우르(dinosaur)라는 이름을 만든 리처드 오언은 1850년대에 이 모형과는 다른 모형들을 설계하는 데 도움을 주었다. 이 모형들은 지금도 런던 남부 시든엄(Sydenham)의 수정궁에서 볼 수 있다. 이 공룡은 네 발로 걷는 거대한 도마뱀처럼 그려졌지만, 훗날 발견된 좀더 완벽한 화석을 보면 메갈로사우루스는 사실 두 발로 걷는다.

자신의 척추동물 화석 연구를 소개하는 책으로 1812년에 출간한 『지구표면의 혁명에 관한 논의(Discourse on the Revolutions of the Surface of the Globe)』에서 생물 종이 갑작스럽게 사멸하는 것은 격변적인 지반운동과 해일 때문이라고 해석했다. 지질학적으로 최근에 속하는 과거에 지형의 극적 변화가 일어났음을 보여주는 증거는 많아 보였다. 기이한 모양을 한 대규모의 옥석들과 더불어, 표석점토(고생대 말 빙하작용으로 생긴 암석 조각들의 퇴적물—옮긴이)와 사력층(grave)으로 이루어진 거대한 언덕은 북부 유럽의 지형을 이루었다. 지구표면을 가로질러 이런 물질을 옮겨놓을 수 있었던 원인은 오늘날 관찰되지 않기에, 보통은 대홍수가 그 원인으로 가정되었다. 퀴비에는 이 최후의 격변을 성서상의 범람과 동일시하고자 애쓰지 않았지만 영국의 퀴비에 추종자들은 둘을 동일시하는 데 전혀 주저하지 않았다. 윌리엄 버클랜드는 자신의 이론을 통해 노아의 홍수가 실재 사건이라는 증거를 제시함으로써 그의 과학이론이 반종교를 부추긴다는 비난에서 벗어나고자 했다. 그의 저서는 매우 보수적인 옥스퍼드 대학에서도 지질학의 교재로 읽혔다. 1823년에 출간된 그의 저서 『홍수의 흔적들(Reliquiae diluvianae)』은 요크셔 지방의 커크데일 동굴을 설명하면서 그 동굴에는 진흙이 가득 채워져 있으며 그 진흙 속에는 하이에나와 그 먹이의 뼈들이 파묻혀 있었다고 전했다(그림 5.6). 범지구적 홍수가 일어나지 않았다면 어떻게 언덕에 있는 동굴에 이런 식으로 진흙이 가득 찰 수 있었겠는가? 더욱이 하이에나는 유럽에서 볼 수 없는 동물이었기에, 거대한 기후 변동과 더불어 홍수 사건이 일어났던 것으로 여겨졌다. 버클랜드가 보기에 이는 〈창세기〉 기록에 딱 들어맞는 지질 격변의 증거였다.

이전의 지질학사에서는 이런 격변설이 과학의 발전을 방해하는 일종의 재난처럼 묘사되었다. 〈창세기〉가 이미 정한 모형에 이론을 끼워 맞추기 위해, 기적과도 같은 자연현상이 있을 법하지도 않은 사건을 일으켰다고 추정되었다는 것이다. 격렬한 사건이 지질 변형을 일으켰다고 보면 지구의 나이를 전통적 추산치보다 훨씬 더 늘려 잡을 필요도 없다. 이런 설명 방식에서, 격변설은 종교와 같은 과학 외부의 힘이 과학의 객관성에 개입할 때 생기는 나쁜 과학의 전형적 사례가 된다. 이에 비해 격변설과 경쟁했던 허턴과 라이엘의 동일과정설은, 관찰할 수 있는 원인을 연구하고 지반을 변형하는 데 걸릴 만한 거대 규모의 시간을 추론함으로써 진정한 진보의 길로 나아갔다는 식으로 이해되었다.

동일과정설 옹호자들이 행한 지질학 역사의 설명방식은 오늘날 크게 수

그림 5.6 윌리엄 버클랜드가 설명한 잉글랜드 북부 요크셔 지방의 커크데일 동굴과 유사한 동굴의 단면도. 출처: 버클랜드, 『홍수의 흔적들(1824)』(런던). 이 동굴의 일부는 단단한 진흙으로 채워져 있었으며 진흙 속에는 이제 유럽에서 볼 수 없는 동물 종의 유물들이 묻혀 있었다. 버클랜드는 이런 동굴에서 특히 해수면 위쪽에 진흙이 가득 들어찰 수 있었던 것은 지구 규모의 홍수가 있지 않고서는 설명될 수 없다고 주장했다. 오늘날에는 빙하기에 빙하들이 계곡을 막으면서 생긴 여러 호수들에서 이런 물질이 흘러들어 왔을 것으로 추정된다.

정되었다. 그것은 라이엘 자신이 처음 밑그림을 그렸던 과학사의 관점이었다. 사실 그는 이런 주제에 관해서는 객관적 관점을 갖춘 학자라고 보기 어렵다. 라이엘은 수성론과 격변설이 모두 비과학적 근거(예컨대 종교적 근거)에 의해서만 지지된, 개연성 없는 이론이라고 주장했다. 하지만 요즘의 연구를 통해 이런 라이엘의 비난이 얼마나 사실을 왜곡했는지가 드러났다. 우리는 지금까지 퀴비에, 훔볼트, 세지윅, 머치슨처럼 격변설을 옹호하는 지질학자들이 오늘날에도 여전히 받아들여지는 층위 서열을 확립하는 일에 얼마나 중요한 기여했는지를 살펴보았다. 대부분의 수성론과 격변설 옹호자들은 자기 이론을 홍수 이야기와 연결하는 일에 관심을 기울이지 않았다. 오직 영어권에서 몇몇 소수의 보수 성향 저자들만이 이런 길을 걸었을 뿐이다. 이들과 달리, 퀴비에는 마지막 격변이 〈창세기〉가 말한 범지구적 격변이 아니었다고 주장했으며, 버클랜드도 결국은 이 점을 인정했다. 두 사람이 보기에, 가장 최근의 격변은 격렬한 변형이 일어난 거대 규모의 연속 사건들에서 마지막에 놓여 있을 뿐이었으며, 이런 변형과 변형 사이에는 비교적 정상적인 조건을 갖춘 시기들이 존재했다. 그 이전의 모든 시기들은 전적으로 성서의 창조 이야기 밖에 있었다. 최근의 지질시대에 무언가 이례적 사건이 일어났다는 증거는 충분히 있었기에 동일과정론자들은 버클랜드가 연구한 진흙 퇴적물과 이와 관련한 현상들을 설명하고자 분투했다. 1840년대가 되어서야 비로소 이 퇴적물은 북부 유럽의 대부분 지역이 얼음으로 뒤덮였던 빙하기에 빙하들에 의해 옮겨졌을 것이라는 주장이 제기되었다. 이 이론이 폭넓게 받아들여지기까지는 다시 수십 년이 걸렸다(Hallam, 1983).

또 다른 요인이 격변설의 개연성을 강화함으로써 지질학자들로 하여금 선뜻 과거에 냉한기가 존재했음을 받아들이지 못하게 했다. 라이엘은 격변론자들이 가설 수준의 대변동을 설명하기 위해 초자연적 원인(기적)을 불러들였다는 점을 보여주기 위해 최선의 노력을 기울였다. 하지만 격변론자들은 자연 외에는 그 어떤 것에서도 원인을 찾으려 하지 않았다. 기록된 인간 역사는 단 수천 년에 불과하기에 거기에 기록된 어떤 지진 규모보다 훨씬 더 큰 규모의 지진이 머나먼 과거에 분명히 일어났을 것이라고 생각했을 뿐이다. 실제로 격변론자들은 지구 역사가 인간 역사보다 훨씬 더 길다는 전제에 의지하여 인간이 관측한 보잘것없는 사건을 전체 사건의 전형으로 삼을 수 없다고 주장했다. 또한 그들의 이론은 물리학적으로도 그 근거가 견실했다. 이 시기에 그들은 지구 중심부가 매우 뜨겁다는 사실을 받아들였다. 뜨거운 지구 중심은 화산에서 분출되는 용해 암석의 기원을 해명해주었다. 또한 엄청난 압력을 받는 용해 암석 또는 최소한 아주 뜨거운 암석의 저장소가 땅속 깊숙한 곳에 있다는 생각은, 지진으로 드러나는 지각의 불안정성을 설명해주었다. 그렇지만 지구 중심부가 뜨겁다 해도, 상식으로 보건 뜨거운 물체의 거동에 관한 물리학 연구를 통해 보건, 그 뜨거운 중심은 식을 수밖에 없었다. 열은 지구표면으로 전도되거나 용암과 더불어 분출되어 우주 공간으로 방사될 것이었다. 그리하여 19세기 초에 뷔퐁의 지구냉각이론이 다시 관심을 끌었다.

프랑스 지질학자 엘리 드 보몽 같은 이들은 지구냉각이론이 격변설에 어떤 의미를 제공하는지를 탐구했다. 지구 중심부의 열이 줄어든다면, 지질학적 시간이 흐르면서 화산활동도 감소한다고 예상할 수 있었다. 더욱 중요하게는, 지각이 더 두꺼워지고 냉각속도가 점차 줄면서 지진활동도 감소할 것이었다. 프레보는 지반과 사과의 주름을 비교하는 유비를 제안했다. 즉 수분 증발로 사과의 부피가 줄더라도 사과의 표면적은 변함이 없기에 그 껍질은 쭈그러들게 된다. 마찬가지로 지구가 냉각하면 그 부피도 감소하여 마치 사과 껍질이 쭈그러들듯이 지표면에는 산이 생겨날 것이었다. 그러나 엘리 드 보몽이 지적한 바와 같이, 지구의 껍질은 단단하다. 그래서 쭈그러들더라도 그것은 땅 밑의 압력이 점점 높아지다가 마침내 지각을 무너뜨리는 식으로 갑작스런 격변의 사건을 통해 일어난다. 지구 행성이 과거에는 더 뜨거웠기에, 자연스럽게 과거의 산악 형성은 오늘날 관측되는 것보다 훨씬 더 큰 규모로 일어난 지반운동과 관련이 있다고 여겨졌다. 이런 식으로 지구냉각이론은 지질학자들이 과거의 불연속을 설명하는 데 쓰던 증거를 보완해주는 그럴듯한 물리적 메커니즘을 격변설에 제공했다.

이런 설명에 대응하는 동일과정설의 대안적 설명방식은 그동안 현대 지질학의 초석으로 받아들여지며 환영을 받아왔다. 왜냐하면 동일과정설은 진정한 과학은 과학이 현실적으로 관측할 수 있는 원인만을 다룬다는 주장에 기초를 둔 방법론의 모범을 따랐기 때문이다. 대변동이 규모만 더 컸지 오늘날 지진과 동일하다고 생각할 수 있기에, 사실 격변론자들도 이런 '현실주의(actualism)'의 방법에 매우 만족했다. 그러나 동일과정론자들에게 진정으로 과학적인 지질학이란, 관측 가능한 강도로 작동하는 관측 가능한 원인만을 다루는 학문이었다. 그 밖에 다른 것은 모두 멋대로 지어낸 사변이며 심지어 초자연적 원인의 추정으로 나아가는 길을 열어줄 뿐이었다. 이는 제임스 허턴이 개척한 방법론이었으며 찰스 라이엘이 1830년대에 가장 완전한 형태로 명시한 방법론이었다. 이것은 오늘날의 이론과도 상당히 비슷해 보인다. 비록 대륙 이동과 연계된 내적 과정에 의해 일어나는 지속적 변화가 혜성 충돌로 중단된 적이 있다는 학설이 오늘날에 널리 받아들여지고는 있지만, 현대의 지질학 이론들에서도 격변을 설명할 여지는 거의 없기 때문이다. 또한 동일과정설이 거대 규모의 시간에 의지한다는 점에서도 그 접근법은 현대의 방법과 비슷해 보인다. 산악의 융기와 계곡의 형성 같은 과거의 모든 변화들이 오늘날에 일어나는 규모 정도의 지반운동과 침식으로 설명되어야 하기에, 이처럼 느리게 작용하는 요인들이 오늘날 우리가 보는 결과를 만들어내기까지는 엄청난 규모의 시간이 필요하다. 격변론자들이 어셔 주교가 제안한 길을 좇아 젊은 지구 이론을 택했다고 비판한다면 이는 아주 잘못된 일이지만, 동일과정론자들이 요구한 확장된 시간의 규모가 이전 사람들은 상상조차 할 수 없었던 수준이었던 것은 분명해 보인다.

그렇지만 동일과정설의 방법에도 문제는 있었다. 사변을 배제하겠다는 열망에 휩싸인 동일과정론자들은, 굴드(1987)가 이름 붙인 지구 역사의

'순환' 모형을 택할 수밖에 없었다. 이 순환 모형에는 지구의 냉각 또는 바다의 후퇴에 따라 나타나게 마련인 '시간의 화살'이 없었다. 과거의 지질 시기들은 오늘날 우리가 관측하는 바와 비슷한 사건들이 영구히 순환하는 식으로 비쳐질 뿐이었다. 지구 행성 자체가 오늘날의 모습을 띠게 된 과정은 물론이거니와 세상이 근본적으로 달랐던 어떤 시기를 추정하는 일은 과학의 영역 밖으로 추방되었다. 오늘날 어떤 지질학자도 이런 추정의 제한을 받아들일 수는 없을 것이다. 그러므로 동일과정설이 현대 지질학의 유일한 기초를 형성했다는 주장에는 문제가 있다. 현대 지질학은 동일과정설은 물론이고 격변설의 방향주의(변화의 흐름에는 어떤 방향이 있다고 보는 태도—옮긴이) 모형을 함께 취하고 있다. 이런 점을 고려한다면, 그 어느 쪽도 논쟁의 과정에서 오로지 객관적 원칙에만 의지했던 '순수한' 과학자의 모습으로 그려서는 안 될 것이다. 왜 일부 격변론자가 성서에 나타난 홍수의 관념에 이끌렸는지 아는 것도 중요하지만 마찬가지로 어떤 동기에서 허턴과 라이엘이 지구의 정상상태 이론을 제안하려고 했는지도 알아야 한다.

정상상태 이론의 연구 프로그램을 처음으로 실행하고자 한 사람은 스코틀랜드 지질학자 제임스 허턴이었다(Dean, 1992). 1788년에 발표한 논문과 1795년에 출간한 두 권짜리 저서 『지구의 이론(Theory of the Earth)』에서 허턴은 고향 에든버러에서 로버트 제임슨이 널리 보급했던 베르너 이론을 받아들였다. 허턴은 한 세기 전에 후크가 했던 것처럼 지반운동만으로도 바다 밑바닥의 퇴적물이 융기해 육지가 되는 과정을 충분히 설명할 수 있다는 점을 들어 해양후퇴설을 무시했다. 그는 지구 깊숙한 곳에 있는 암석 융해물의 저장소로부터 용암이 분출된다는 주장을 제기한 새로운 화산 연구 분야에 의존하고 있었다. 대부분의 지질활동에 지구 중심부의 열이 관련된다는 주장은 로마신화에 등장하는 불의 신(불카누스〔Vulcan〕—옮긴이)의 이름을 따서 화성론(火成論, Vulcanism)이라 불렸다. 허턴은 땅껍질은 불안정하다는 자신의 믿음에다 이 이론을 결합했다. 그가 보기에, 지구 중심부의 열은 화산활동뿐 아니라 지반운동이나 산악의 형성과도 관련이 있었다. 이와 함께 그는 화강암을 포함하는 이른바 원생암의 다수가 화산에서 유래한다는, 즉 원생암은 애초에 물에 녹아 있던 물질에서 결정상태로 변화한 것이 아니라 뜨거운 융해상태에서 결정상태로 변화해 생겨났다는 주장을 폈다. 이런 암석들이 왜 오늘날 화산에서 분출되는 용암과 완전히 다른 모습을 띠는지 설명하라는 도전을 받았을 때, 그는 융해된 암석이 땅 깊숙한 곳의 지층을 뚫고 들어가 거기에서 서서히 냉각되는 과정을 제시했다. 물론 화강암 같은 암석 속에서 발견되는 결정들이 형성되려면 그만한 시간이 필요했다. 허턴은 화강암이 지구의 역사에서 여러 시기에 만들어졌다고 보았기 때문에 베르너 이론의 추종자들이 주장하듯이 화강암이 반드시 가장 오래된 암석일 필요는 없었다.

허턴의 이론은 다른 화성론의 주장들과 달리 암석 형성에 관여한 과정들이 모두 오늘날 우리가 관측하는 바와 같은 속도로 일어났다고 주장했다. 이는 지구 내부가 뜨겁기는 하지만 지구가 냉각하고 있지 않으므로, 지반운동의 세기도 감소하지 않는다는 주장이었다. 허턴은 더 나아가 일반적인 침식 요인들, 즉 바람 · 비 · 시냇물 따위의 요인들이 어떻게 산맥 안쪽에 계곡을 깎아 만들 수 있는지를 상당히 장황하게 설명했다. 흐르는 시냇물이 산악의 암석들을 관통해 고유한 계곡을 조각해내는 데 필요한 엄청난 규모의 시간만 허용된다면, 격렬한 해일을 상상할 필요는 없었다. 이런 침식작용으로 생긴 부스러기들이 바다 밑바닥으로 씻겨 내려가 거기에서 퇴적물로 쌓여 암석이 되었으며 그 암석이 나중에는 융기해 더 많은 육지를 만들어냈다. 여기에는 완벽한 순환이 자리를 잡고 있었다. 그 순환에서 새 땅의 융기와 침식에 의한 낡은 지표면의 파괴는 정확하게 균형을 이루었다. 허턴의 이론으로는 홍수를 설명할 수 없었으며 엄청난 규모의 시간이 요구되었기에, 보수 성향의 베르너 추종자들은 그를 반종교적이라고 비난했다. 보수적 관점에서 볼 때, 더욱 심각했던 점은 그 이론으로는 창조도 설명할 수 없었다는 점이다. 허턴의 지구는 영원했으며, 결코 멈추지 않는 영구운동기계와도 같았기 때문이다. 허턴은 "우리는 시작의 흔적을 찾을 수 없으며 종말의 전망도 찾을 수 없다"고 말했다(Hutton, 1795, I:200). 그러나, 사실 이런 이론을 확립하려는 허턴에게도 그만의 고유한 종교적 신념이 있었다. 그것은 기독교가 아니라 이신론(理神論)의 신앙이었다. 허턴의 신은 감독 없이도 영구히 잘 돌아가는 기계를 설계한 완벽한 기술자였다. 지표면을 끊임없이 다시 만들어내지 않는다면, 생명체의 의지처인 모든 토양이 결국에 모두 다 바다로 씻겨 내려갈 것이기에, 이런 체계 전반의 목적은 생명체의 서식지로서 땅을 유지하는 데 있었다.

에든버러에서는 허턴의 이론이 논쟁을 일으켰지만 다른 곳에서는 거의 관심을 끌지 못했다. 그의 이론은 존 플레이페어의 1802년 저서 『허턴 이론 해설(Illustrations of the Huttonian Theory)』 덕분에 좀더 널리 알려졌다. 최소한 영국에서 그의 연구는 지질학자들의 태도를 수성론에서 화성론으로 바꾸는 데 일정한 역할을 했다. 그러나 이때의 화성론은 지구냉각이론에 기초를 둔 격변설 옹호자들의 관점을 담은 해석이었다. 대륙의 지질학자들도 그들 나름의 근거를 가지고 격변설로 나아갔다. 동일과정설의 모형은 찰스 라이엘의 저서 『지질학의 원리(Principles of Geology, 1830~33)』에서 부활하여 격변설에 대한 분명한 공격의 토대로 인식되었다(Wilson, 1972; Rudwick이 『지질학의 원리』의 최근 인쇄판에 쓴 서문 참조). 수성론과 격변설 모두에 부정적 이미지를 만들어 훗날 과학자들이 그런 이미지를 받아들이게 했던 것은 바로 『지질학의 원리』의 서문 격인 몇몇 장들이었다. 라이엘의 공격은 분명하게도 방법론을 향하고 있었다. 그는 격변설이 주의 깊은 관찰이 아니라 제멋대로의 사변을 택해 과학을 배반했다고 비난했다. 그의 저서는 얼마나 많은 변화들이 오늘날의 화산, 지진, 침식 같은 작용을 통해 실제로 일어나는지를 보여주는 증거를 제시했다(그림 5.7). 라이엘은 시칠리아의 에트나 산(유럽의 대표적 활화산—옮긴이)을 연구하여 이 거대 화산이 엄청난 시간을 거치며 일어난 연속적 용암 분출의 결과로 형성되었으며, 인간은 그 과정에서 최근에 일어난 극히 일부의 분출만을 목격할 수 있을 뿐임을 보여주었다. 에트나 산의 형성은 인간의 척도로 보면 머나먼 과거의 일이지만, 지질시대에서 보면 가장 최근의 시기에 형성된 퇴적암 위에 만들어졌을 뿐이었다. 라이엘은 과거의 격변을 보여주는 이른바 '증거'들이 모두 허상이라며 배격했다. 충분한 시간만 감안하면, 어느 경우에나 보통의 변화들도 오랜 시간에 걸쳐 동일한 결과를 만들어낸다고 생각할 수 있다는 것이었다. 어떤 지층에서 다른 지층으로 나아가는 전이도 겉으로는 갑작스러운 변화처럼 보이지만 사실 퇴적의 기록이 다 보여주지 못하는 방대한 규모의 시기가 만들어낸 결과였다. 라이엘은 에오세(Eocene), 마이오세(Miocene), 플라이오세(Pliocene)라는 지층의 이름을 만들어 층서학의 발전에 나름의 기여를 했다. 하지만 그는 화석군이 어떤 하나의 군에서 다른 하나의 군으로 완전하게 전이하는 일은 일어나지 않는다고 주장했다. 거기에는 언제나 일부 생물 종들이 살아남기에, 격변설이 주장하는 멸종의 개연성은 약화된다는 것이다.

라이엘은 당시에 널리 통용된 지질층들의 전통적 서열을 받아들이면서도 허턴의 역사순환 모형, 즉 정상상태 모형을 되살려놓았다. 그는 지구 역사 초기의 지층들도 오늘날과 비슷한 조건에서 형성되었다고 주장했다. 알려진 지질 기록은 무한한 연쇄의 마지막 일부일 뿐이며 그 연쇄의 초기 단계들은 모두 파괴되거나 왜곡되어 지금의 우리로서는 알 수 없게 되었다. 과학이 순전히 가설적인 지구의 형성에서 유래하는 지구 역사의 원시

그림 5.7 라이엘이 쓴 『지질학의 원리(Principles of Geology, 1830~33)』(런던), 제1권 속표지 그림. 로마 시대의 세파피스 신전으로 나폴리 외곽의 푸졸리(Puzzoli)에 있다. 기둥에 나타난 짙은 색 띠 모양은 바다 생물체의 작용으로 만들어졌는데, 이는 지반운동으로 인해 신전이 기둥은 거의 파괴되지 않은 채 바다 수면 아래로 가라앉았다가 다시 융기했음을 보여준다. 라이엘은 만일 로마 시대 이래 2천 년 동안에 격변 없는 지반운동이 이 정도의 결과를 만들어냈다면, 이보다 더 긴 시간이 주어지면 지반운동은 산맥, 그리고 심지어 모든 대륙들을 융기시킬 수도 있으리라고 주장했다.

단계에 관한 증거를 찾는 일은 불가능하다. 정상상태 이론을 견지하기 위해 라이엘은 지구냉각이론을 지지하는 데 이용된 증거들을 반박하면서, 대륙들이 형성되고 파괴될 때에는 오직 기후의 요동만이 있었음을 주장했다. 게다가 그는 생물체가 겉보기에는 점진적으로 발전하는 듯하지만 이 또한 허상이라면서, 가장 오래된 암석에서도 포유류 화석이 발견될 것이라고 주장했다. 여기에서 우리는 라이엘이 오늘날 지질학자들이 받아들이기 힘든 주장을 어떤 방식으로 펼치는지 볼 수 있다. 결과적으로, 그의 방법론은 지구를 비역사적으로 바라보는 관점에 자신을 속박하는 구속 요인이 되었다. 그의 견해는 어느 정도 종교적 · 정치적 신념과도 연결되어 있었다. 정치적으로 자유주의자였던 라이엘은 버클랜드 같은 보수주의자들이 격변설을 이용해 기독교를 옹호할 뿐 아니라 암묵적으로는 귀족 특권의 버팀목인 국교회를 옹호하는 모습을 보면서 분개했다. 인간 종에 관한 다윈의 견해만큼은 결코 받아들일 수 없다고 강하게 주장했던 라이엘의 종교적 신념은 허턴의 신념과 다소 비슷했는데 그것은 지혜롭고 자애로운 창조주가 고칠 필요 없이 영원히 작동하는 우주를 설계했다고 믿는 일종의 이신론이었다.

라이엘은 인기 있는 작가였으며 일반 대중이 지구가 한없이 오래되었다고 믿는 데 영향을 끼쳤다. 이에 비해 지질과학에 끼친 그의 영향이 어떠했는지에 대해서는 다소 논쟁의 여지가 있다. 라이엘의 가장 뛰어난 제자였던 찰스 다윈은 비글 호를 타고 항해하는 도중에 안데스 산맥이 여전히 지진에 의해 융기되고 있음을 보여주는 증거를 발견했다. 다윈은 라이엘이라면 그러지 않았을 곳에다, 즉 유기체의 세계와 시간 경과에 따른 생물종의 변화과정에다 라이엘의 동일과정설 방법을 적용했다(6장 "다윈 혁명" 참조). 심지어 그는 생명체의 점진적 발전이라는 개념을 거부한 대목에서도 라이엘의 이론을 따르지 않았다. 지질학자들은 대부분 당시 관측되던 원인들의 힘을 인정했으며 머나먼 과거에 있었으리라 추정했던 격변의 규모도 그 정도만큼 줄여 바라보게 되었다. 그렇지만 여전히 지질학자들은 머나먼 과거에 오늘날 우리가 경험하는 것보다 훨씬 더 강렬한 지반운동을 일으켰을 산악 형성의 특정 사건들이 존재했다는 믿음을 견지했다. 이런 사건들은 자연의 구두점들(natural 'punctuation marks')로 인식되었다. 라이엘이 보기에는 이런 구두점들이 우리가 편의상 사용하는 기록들에 나타난 간극일 뿐이었지만, 이제 지질시기들은 이런 구두점들을 이용해 정의되었다. 더욱 진지하게 고려할 사실은 대부분의 지질학자들이 여전히 지구냉각이론을 지지하면서 이 이론을 중심적 기초로 삼아 지각의 주름 형성과 최소한 몇몇 과거 사건들의 격렬한 운동을 설명했다는 점이다. 또한 지질학자들은 지구의 나이를 1억 년가량으로 제한하려는 경향을 보였는데, 1억 년은 인간의 기준으로 보기에는 어마어마한 규모지만 라이엘과 다윈이 기대했던 것보다 훨씬 작은 규모였으며 오늘날 우리가 받아들이고 있는 것보다도 훨씬 작은 규모였다.

물리학과 지구의 나이

방금 말한 대목에서 우리는 종종 그 의미가 과대평가되는 마지막 논쟁을 볼 수 있다. 라이엘의 정상상태 이론은 치명적 모순을 안고 있었다. 바로 지구의 중심부가 뜨겁다고 가정하면서도 지구 행성이 거의 무한한 지질시간을 거치면서 점차 냉각되고 있다는 점은 부정했다는 것이다. 이 점은 1830년대의 논쟁에서도 제기된 바 있지만 나중에 물리학자들이 에너지에 관한 관념을 정교화하고 열역학의 과학을 형성하기 시작하면서 결정적 문제가 되었다(4장 "에너지 보존" 참조). 1860년대에 훗날 켈빈 경으로 불린 물리학자 윌리엄 톰슨은 라이엘을 공격하기 시작했으며 아울러 다윈도 암암리에 공격했다(Burchfield, 1975). 켈빈의 세계관에서 보면, 신은 아주 많은 양의 에너지를 창조했을 뿐이며 그 에너지가 점차 소진되면서 우주는 쇠퇴할 수밖에 없게 된다. 뜨거운 물체의 냉각은 이런 불가역의 과정을 아주 분명하게 보여주는데, 그 점에서는 지구 역시 예외가 아니라는 것이다. 그가 보기에 뜨거운 지구는 식을 수밖에 없으므로 라이엘은 틀리고 격변론자들이 옳았다. 지질 변동의 과정은 지구가 더 뜨거웠던 과거에 좀더 빠르게 진행되었을 게 틀림없었다. 그래서 켈빈은 처음에 융해상태였던 지구가 오늘날 우리가 보는 그런 상태로 냉각하기까지 얼마나 많은 시간이 걸렸는지 보여주고자 계산을 시도했다. 계산결과는 기껏해야 수억 년에 불과했다. 이런 시간 규모는 라이엘과 다윈이 감당하기에 너무나 작았다.

좀더 기초적인 과학인 물리학의 이런 공격이 당시 지질학자들에게 강한 타격을 주었으리라고 많은 사람들이 생각했다. 하지만 이런 가정은 모든 지질학자들이 라이엘의 동일과정설을 따랐다는 잘못된 믿음에 바탕을 두고 있었다. 확실히 라이엘과 다윈, 그리고 진화론자들한테 켈빈의 공격은 중요한 의미가 있었다. 그러나 사실 대부분의 지질학자들은 켈빈이 계산한 시간 규모에 완벽하게 만족했으며 그들한테도 퇴적속도와 바다의 염분 농도에 바탕을 둔 그들만의 추정치가 있었다. 그 추정치는 지구 나이를 1억 년으로 제한하고 있었다. 켈빈이 다시 그 추정치를 2,500만 년으로 줄이자, 지질학자들은 비로소 물리학자들의 자신감이 무언가 잘못을 가져온 듯하다는 불만을 털어놓기 시작했다. 암석들에 의해 드러나는 둘둘 말린 지구 역사를 그 정도 짧은 시간에다 끼워 맞출 도리는 분명 없었다.

물리학자들의 오류는 19세기 말에 이미 분명해졌다. 1896년에 발견된 방사성 물질로 인해 켈빈의 세계관 전체가 뒤집히기 시작했다(11장 "20세기 물리학" 참조). 1903년 무렵에 피에르 퀴리는 방사성 물질이 열을 발산

한다는 것을 알아차렸으며 3년 뒤에 레일리 경은 그런 물질이 지구 전체에 적지만 의미 있는 정도로 분포되어 있기 때문에 상당한 열량이 지구 내부에서 새로 발생할 수 있음을 지적했다. 이는 켈빈이 예측한 냉각 효과를 상쇄하고도 남을 양이었다. 더욱이 일부 자연물질의 방사능 붕괴속도는 너무 느려 이런 열의 원천이 수십억 년은 유지될 수 있었다. 방사성 열의 존재를 보여주는 증거가 드러나면서 지질학자들은 시간 규모를 엄청나게 확장할 수밖에 없었으며 여러 격변들은 불필요해졌다. 이런 점에서는 라이엘의 정당성이 입증됐다고도 볼 수 있다. 그러나 사실 새로운 물리학은 산악의 형성이 점차 쪼그라드는 땅껍질에서 일어나는 주름 현상 때문이라는 관념을 무너뜨림으로써 지구과학에 위기를 촉발시켰다. 이로 인해 결국에는 대륙 이동 이론과 현대 판구조론의 가정이 생겨났다(10장 "대륙이동설" 참조).

이와 더불어 방사능은 지질학자들한테 늘 부족했던 부분을 채워주었다. 지층의 상대적 서열과는 대비되어 절대성의 의미를 지니는 지질연대 측정법이 그것이었다. 방사성 원소가 붕괴하면서 생기는 여러 다른 원소들을 구분할 수 있게 되자, 광물에 포함된 본래의 원소와 붕괴로 생긴 원소의 비율(붕괴 속도의 척도로 쓰이는 반감기를 말한다)을 비교해 광물이 얼마나 오래됐는지 계산하는 일이 가능해졌다. 그 최초의 연대 측정기술은 라듐이 붕괴해 납을 생성하는 현상을 계산에 이용했다. 지금은 포타슘(칼륨)-아르곤 방법과 같은 다른 방법들이 더 널리 알려졌다. 이내 몇 년 지나지 않아 아서 홈스 같은 방사성 연대 측정의 선구자들이 지구 나이를 수십억 년으로 추산해냈다(Lewis, 2000). 마침내 지구과학계에서 지구 나이를 대략 45억 년으로 추산하는 데 합의가 이루어졌다. 20세기 내내, 그리고 21세기에도 정밀화 작업이 무수히 이루어졌지만 이 숫자만큼은 아직도 변함이 없다.

결론

지질학자들은 상상력을 고갈시킬 만한 엄청난 지질시기들을 다루는 일에 익숙해져 왔다. 현대의 젊은 지구 창조론자들은 최근에 확립된 지구 나이를 거부하며 현대 지구과학의 모든 과학장비들과 방사성 연대 측정방법을 외면한다. 17세기 말의 자연학자들이 보기에 그랬던 것처럼 젊은 지구 창조론자들은 지구의 나이가 수천 년에 불과하며 화석 함유 암석은 노아의 홍수로 범람한 바다 밑바닥에서 퇴적해 생긴 것이라고 보았다. 지구의 역사를 규명하려는 과학자들의 노력에 개념의 혁명이 어느 정도 관여했는지를 이보다 더 인상적으로 보여주는 사례는 없다. 라이엘은 1830년대에 이미 지구의 시간 규모를 지금과 비슷하게 확장하는 일에 중요한 노력을 기울였지만 개념의 혁명은 1900년 직후에 방사성 연대 측정방법이 등장하고 나서야 충분할 정도로 분명해졌다. 하지만 우리는 다른 의미에서 중요한 상상의 도약은 라이엘의 발표 이전에 이미 이루어졌음을 알 수 있다. 1800년 전후 수십 년 동안 현대적 층서학을 만들어낸 수성론과 격변설 옹호 지질학자들은 이미 인간 역사의 시기를 훨씬 뛰어넘어 머나먼 과거까지 확장된 지질시기들의 서열을 받아들인 바 있다. 이들은 훗날 추종자들이 받아들인 1억 년이라는 지구 나이를 널리 알리려 하지는 않았겠지만 억 단위 규모의 지구 나이가 요구된다는 점은 아마도 인식했을 것이다. 이렇게 보면, 지구 나이를 오늘날 우리가 받아들이는 시간 규모로 최종 확장하는 데에는 라이엘과 원자물리학자들의 노력이 필요했겠지만 지질학적 시간의 현대적 개념은 이미 그 이전에 모습을 갖추고 있었다. **(오철우 옮김)**

다윈 혁명

'다윈 혁명(Himmelfarb, 1959; Ruse 1979)'이라는 단어가 유명한 만큼 이제부터 우리는 중대한 결과를 야기했던 과학이론을 다루려 한다. 다윈의 자연주의적 진화론을 수용한다는 것은, 당시까지 기독교 문화를 지탱시켜 왔던 일군의 믿음과 가치들을 거부하거나 재정의해야 한다는 의미였다. 인간 종을 포함한 생물체들은 더 이상 신성한 창조물로 여겨질 수 없었다. 물론 신(神)이 진화의 과정에서 어떤 간접적인 역할을 한다고 가정할 수야 있겠지만, 자연선택과 같은 가혹한 메커니즘에 의해 진화가 일어났다면 그마저도 받아들이기 어려웠다. 마찬가지로, 인간의 영혼이 가지는 지위도 심각하게 위협받았다. 우리가 그저 개선된 동물에 불과하다면, 하등한 동물들이 가지지 않은 불멸의 영혼을 우리가 가지고 있다고는 생각하기 어렵다. 그리고 인간 실존에서 영적 차원의 개념을 포기하는 것은 도덕에 대한 전통적 개념을 손상시키고 사회질서의 안정을 위협하는 듯했다.

얼마나 설득력 있는 증거들이 있었기에 다윈과 같은 과학자들이 그처럼 대담한 발걸음을 내디딜 수 있었던 걸까? 개빈 드 비어(1963)와 같은 과학자들이 선호했던 역사 모형을 보면, 다윈이 어떻게 화석기록과 동물 사육처럼 다양한 영역에서 새로운 정보들을 축적함으로써 자신의 이론을 구축하게 되었는지를 알 수 있다. 만약 이론이 문제투성이의 결과를 낳는다 해도, 실제 세계에서 살기를 원하는 한 사람들은 그러한 결과들을 극복하며 살 수밖에 없는 것이다. 그러나 다윈 이론은 좋은 과학이 아니며 그러므로 자연을 연구하려는 열망 이상의 다른 무언가가 분명 다윈과 그의 추종자들을 추동했다는 비판은 오늘날까지도 이어지고 있다. 현대 창조론자들이 볼 때 다윈주의는 전통적 가치와 믿음을 부수고 세계를 대혼란으로 빠뜨리려는 유물론 철학의 대리인이다. 그들은 유물론자들이 의심스러운 과학적 증거들을 조작하여 실제로는 더 야심 차고 위험한 목적을 지닌 이론을 뒷받침하고 있다고 주장한다.

그러나 다른 종류의 주장도 존재하는데, 이 또한 다윈주의의 과학적 지위를 격하시키기 위해 사용되었다. 마르크스와 엥겔스에게 영향을 받은 사회 비평가들은 다윈의 '생존경쟁(struggle for existence)'과 개인들이 생존을 위해 투쟁해야 하는 경쟁적 자유시장경제가 유사하다는 점에 주목했다. 그들은 다윈주의가 빅토리아 자본주의의 전성기에 제기된 것이 우연이 아니라고 보았다. 다윈은 자신이 속한 계급의 이데올로기를 자연에 투사했고, 그 결과 그와 그의 추종자들은 경쟁적 사회를 '자연스러운' 것으로 간주하게 되었다는 것이다. 이것은 다윈주의의 과학적 신빙성에 의문을 제기하는 색다른 주장이다. 그러나 주의 깊은 관찰자라면, 다윈주의의 유물론을 비난하는 창조론자들 역시 자유기업체계를 가장 열광적으로 지지하는 이들에 속한다는 사실을 포착할 수 있을 것이다. 그렇다면 창조론자들도 무의식적으로는 사회 다윈주의자들이란 말인가?

현대 다윈주의에 대한 이런 대립된 주장은 다윈주의의 기원을 기록한 방대한 역사적 자료들에 반영되어 있다. 드 비어는 다윈을 용기 있는 과학자로 해석했는데, 또 다른 과학자이자 역사가인 마이클 기셀린(1969)과 에른스트 마이어(1982)도 이런 견해를 따르고 있다. 다윈주의의 함의를 혐오하는 사람들의 평가는 자크 바르준(1958)과 거트루드 힘멜파브(1959)가 조금은 폄하하는 듯 묘사한 다윈의 이미지에서 확인할 수 있다. 우리는 다윈주의의 기원에 대한 사회학적 해석들을 마르크스주의 역사가인 로버트 영의 저술(1985)과 에이드리언 데즈먼드와 제임스 무어의 전기(1991)에서 발견하게 된다. 다른 역사가들은 양대 진영 속에서 균형을 잡으려고 노력해왔다. 오늘날 다윈이 당대 이데올로기의 영향을 받았고 이를 창조적으로 변형하여 수용했음을 부인하는 사람은 없겠지만, 다윈의 과학적 연구를 통해 그의 창조적인 통찰들을 보지 않고서는 그의 기여도가 얼마나 높은지 알 수 없다는 의심 또한 널리 퍼져 있다(연구결과로는 Bowler, 1983b; 1990; Eiseley, 1958; Greene, 1959가 있다). 출판을 앞두고 편집 중인 다윈의 활동에 대한 방대한 기록들은 역사가의 업무를 더 복잡하게 만들고 있다(예로 Darwin, 1984~; 1987).

추종자와 비판가들이 모두 다윈이라는 한 사람의 연구에 초점을 맞추는 바람에, 다윈 혁명에 대한 우리의 인상이 왜곡되었을 가능성도 있다. 과격한 유물론적 다윈주의가 다소 안정적으로 받아들여지던 창조론을 갑작스럽게 대체했으며, 그 후 일련의 도전은 있었지만 오늘날까지 확고한 지위를 지켜왔다고 착각하기 십상인 것이다. 이런 인식은 다윈의 성과들을 독특하게 혼합한 결과이다. 다윈은 모든 사람들을 진화론자로 개종시켰으며, 대부분의 현대 생물학자들이 올바른 진화의 기작이라고 생각하는 자연선택을 발견했다. 그의 동시대인들은 다윈이 올바른 메커니즘을 발견했다고 여겼기 때문에, 그의 성공을 확실히 믿고 싶어했을 것이다. 이런 주장에 따르면 현대 다윈주의를 만들기 위해 필요한 것은, 오직 약간의 '깔끔한 마무리' 뿐이었다. 그러나 다윈과 동시대를 살았던 과학자들이 자연선택을 수용하지 않았음을 제시하는 연구결과들이 늘어나고 있다. 진화의 메커니즘에 대한 대안적인 설명들이 20세기 초까지 융성했다는 것이다. 우리는 현대 다윈주의가 진화라는 기본적인 개념들이 수용된 이후에 중요한 변화들을 거치며 출현한 긴 여정에 주목할 필요가 있다(Bowler, 1988).

이런 지적들은 1세대 다윈주의자들이 과학 공동체를 성공적으로 점령하는 과정을 연구하고 있는 역사가들의 연구에 반영되고 있다. 진화론에 대한 논의를 처음으로 확산시킨 사람은 사실 다윈이 아니었다. 1859년에 그가 『종의 기원(Origin of Species)』을 출간하기 훨씬 전부터, 급진적 저술가들은 사회 진보를 요구하는 정치철학의 기반으로 진화론을 장려하고 있었다. 진화는 교회를 지탱했던 전통적 믿음에 흠집을 내면서 자연 그 자체가 진보의 법칙에 기반을 둔다는 전망을 열었고, 이는 인간의 진보를 불가피한 것으로 보이게 만들었다. 과학 엘리트들에게는 그다지 큰 인상을 주지 못했지만, 이런 생각들은 사람들이 다윈의 이론을 수용할 수 있는 길을 닦아놓았고, 또한 다윈주의가 보편적 진보의 철학의 토대였다는 널리 퍼진 가정을 형성해 왔는지도 모른다. 그렇다면 일반적으로 다윈주의에서 기인했다고 알려져 있는 철학적 · 신학적 · 사상적 영향들 중 다수는 이러한 폭넓은 문화조류의 반영인 셈이다.

이와 동시에, 우리는 당대의 과학자들이 왜 이전의 저술가들보다 다윈을 더 진지하게 받아들였는지를 좀더 주의 깊게 살펴볼 필요가 있다. 그들은 분명 다윈의 책을 과학의 많은 영역, 특히 형태학(동물 구조의 비교 연구)과 고생물학 분야를 바꾸어줄 새로운 흐름의 시발점으로 보았다. 물론 이들 중 대부분이 자연선택을 진화의 주요 메커니즘으로 받아들이지 않았더라도, 그들은 이 이론은 충분히 가능성이 있고 과학적으로 시험 가능한 내용을 담고 있어 이전의 사변들을 훨씬 넘어선다고 생각했다. 추후에 '다윈의 불독'으로 알려진 토머스 헉슬리와 같은 젊고 전문적인 과학자들이 이 이론에 매력을 느낀 것은, 교회보다 과학이 현대 경제에서 더 전문성을 가질 수 있다는 것을 대중에게 설파하려는 그들의 사상운동에 다윈주의가 도움이 되었기 때문이다. 이 모든 것은 다윈주의의 영향력이, 자연선택에 관한 세부사항을 의심하고 있던 이들조차도 이 이론을 사실로 믿게 만들기에 충분했던 과학적 장점과, 과학 내부와 외부에 있었던 잠재적 지지자들의 가치와 편견에 부응했던 호소력이라는 두 가지 측면에서 평가되어야 함을 의미한다.

자연세계의 설계

현대 창조론자들이 여전히 수용하고 있는 세계관은 초창기 기독교까지 거슬러 올라가지 않는다. 5장 "지구의 나이"에서 언급했듯이, 창세기의 창조 이야기를 문자 그대로 해석하고자 하는 움직임은 17세기에 처음으로 광범위하게 확산되었다. 만약 지구의 나이가 겨우 수천 년이라면, 점진적 진화과정이란 불가능하다. 이런 조건에서는 식물, 동물, 인간의 기원을 신(神)의 직접적인 창조로밖에 설명할 수 없다. 당시의 자연학자들은 이 관점을 이용해 자연세계에 대한 과학의 탐구를 정당화하는 일에 혈안이 되어 있었다. 결국 갈릴레오, 데카르트, 뉴턴이 주창한 새로운 과학이 유물론을 띠고 있다는 경고들이 등장했다. 만약 세계를 하나의 거대한 기계로 취급할 수 있다면, 창조자의 역할을 보전하는 방법은 그 기계가 지혜롭고 지적인 설계자에 의해 설계되었다고 주장하는 것뿐이다. 심지어 17세기 자연학자들이 에덴동산의 존재를 믿지 않았다 하더라도, 그들은 생물에 대한 연구가 신의 손길을 드러내준다는 '자연신학(natural theology)'에 호소할 수 있었다. 생물처럼 복잡한 구조를 가진 존재를 설명하는 가장 좋은 방법은 나중에 윌리엄 페일리가 사용한 유비에서처럼 시계공이 시계를 설계하듯이 신이 존재하여 생물을 설계했다는 것인데, 이러한 '설계논증'은 회의론자들에게 확신을 주고자 하는 노력의 일환이었다(『현대과학의 풍경2』 15장 "과학과 종교" 참조).

이 관점을 선도적으로 주장한 영국의 자연학자 존 레이는 1691년에 『창조작업에서 나타나는 신의 지혜(Wisdom of God Manifested in the Works of Creation)』를 출간했다(Greene, 1959). 레이는 인간의 몸 구조, 특히 눈과 손을 예로 들어, 이처럼 복잡하고 섬세하게 설계된 부분들은 인간이 살아가는 데 필요한 수단들을 제공하기 위해 만들어진 것이라고 주장했다. 하지만 레이는 세계가 인간의 이익만을 위해 창조되었다고 믿지는 않았다. 각 동물 종의 개체들 역시 특정 환경에서 잘살아갈 수 있는 구조로 제각기 설계되었다. 따라서 설계논증은 기능에 적합하게 만들어진 구조에 집중적인 관심을 두었다. 신은 지혜로울 뿐만 아니라 관대하기 때문에, 그가 종을 창조할 때 종들이 그 환경에서 잘살 수 있도록 필요한 것들을 정확하게 제공한다는 것이다. 이 주장은 종과 환경이 처음 창조된 그대로의 모습을 유지한다는 정적인 창조를 가정한다. 종종 언급되는 바에 따르면 다윈은 변화하는 환경에 종들이 어떻게 적응하는지를 보여줌으로써 설계논증에 대한 주장을 거꾸로 뒤집었다.

설계된 세계라는 레이의 비전은 당시의 과학에 잘 적용되었다. 레이의 주장은 종에 대한 상세한 연구와 종과 환경 사이의 관계에 대한 연구를 장려했다. 그러나 그것은 생물학적 분류체계를 만들기 위한 첫 노력의 기반이기도 했는데, 동물과 식물을 분류하는 이 체계로 인해 우리는 곤혹스러울 정도로 다양한 종들을 이해할 수 있게 되었다. 각 개별 종들은 그 자신만의 특별한 적응양상을 드러내지만, 종 사이에는 유연관계가 있어 신의 창조에는 틀림없이 어떤 이성적인 패턴이 존재함을 암시했다. 사자와 호랑이는 둘 다 '큰 고양이'이다. 우리는 둘 사이에서 유연관계를 보며, 이들이 집고양이와 먼 친척임을 알 수 있다. 만약 이것과 또 다른 정도의 유사성들을 정리해 관계를 이을 수 있다면, 우리는 자연사 박물관이나 교과서에서 창조의 전체 계획이 전시된 것을 볼 수 있을지도 모른다. 또한 엄청나게 다양한 종에서 특정 종을 정확하게 구별해야 하는 과학자에게도 큰 도움을 줄 것이었다. 종을 구별하는 문제는 유럽의 자연학자들이 세계의 새로운 곳에서 수많은 새로운 종들에 맞닥뜨림에 따라 훨씬 더 심각해진 문제이기도 했다.

이런 체계를 확립하는 데 레이가 중요한 공헌을 한 것은 틀림없지만, 현대 생물학적 분류체계의 기반을 만든 것은 라틴어 이름 리나이우스로 더 유명했던 스웨덴의 자연학자 카를 폰 린네였다(Farber, 2000). 그의 저작 『자연의 체계(System of Nature, 1735)』는 결과적으로 여러 권의 대작으로 확장돼서, 모든 식물 종과 동물 종을 하나의 합리적 체계로 분류하고자 했다. 린네는 또한 오늘날까지 쓰이는 명명법인 이명법을 만들었다. 그는 가장 가까운 종들을 하나의 속(genus, 복수는 genera)에 통합하고 이들 각각에게 항상 이탤릭체로 쓰는 두 개의 라틴어 이름을 부여했다. 앞부분은 속의 이름이며, 뒷부분은 개별 종의 이름이다. 그러므로 사자는 *Panthera leo*이며, 호랑이는 *Panthera tigris*이다. 표범속 *Panthera*는 고양이과(Felidae)에 속하며, 이는 육식목(Canivora)에 들어가고, 다시 포유강(Mammalia)에 속한다. 분류 그룹에 대한 세부사항과 그룹들 간의 관계를 어떻게 평가할 것인가에 관해서는 상당한 변화가 있었지만, 이와 같은 이

명법 체계는 과학자들이 종들을 분류할 때 여전히 쓰는 방법이다. 다윈의 진화론은 종들의 그룹을 공통 조상의 결과로 설명한다. '생명의 나무(tree of life)' 의 가지에서 두 개의 종이 최근까지 공통 조상을 가지고 있었다면, 이 두 종은 상당히 가까운 친척인 셈이다. 하지만 우리가 기억해야 할 것은 린네가 이 체계를 세웠을 때 그는 그 분류체계가 창조의 신성한 계획, 즉 신의 정신 안에서만 존재하는 관계를 드러낸다고 믿었다는 점이다. 그는 대부분의 종들이 오늘날 우리가 보는 그대로 창조되었다고 생각했다.

레이와 린네가 나타내고자 했던 유연관계의 유형은 더 큰 집단 안에 있는 소집단들로 이루어지는데, 이는 다윈의 분지(branching) 진화 모형과 일치한다. 이 체계는 훨씬 전부터 자연질서의 개념으로 자리한 '존재의 사슬' 이라는 개념을 손상시켰는데, 이 개념은 어떤 동물이 다른 것보다 더 높은 위치에 있거나 혹은 발전된 형태라는 상식에 기반을 두고 있었다. 우리들 대부분은 인간이 다른 동물보다 우월하다고 생각하며, 포유류가 어류보다, 어류가 무척추동물보다 우위에 있다고 간주하곤 한다. 고대 그리스 시대부터, 이러한 자연적 위계질서는 인간으로부터 가장 낮은 수준의 생명체까지 하나의 선형적 사슬로 가시화되었다. 또한 천사로부터 신에게까지 뻗어 있는 영적 위계질서가 있어, 인간은 동물계와 영적 영역 사이의 중요한 경계지점에 서 있었다. 알렉산더 포프와 같은 18세기 시인들은 이 '존재의 사슬' 개념을 계속 사용했지만, 린네와 자연학자들은 그것을 실용적인 분류체계로 사용할 수 없음을 보인 셈이었다(Lovejoy, 1936 참조). 그러나 동물의 위계질서라는 광범위한 개념은 사람들의 사고 속에 너무 깊이 박혀 있어 쉽게 포기되지 않았고, 진화론은 생명의 역사가 더 고차원의 형태를 향하는 생명의 상승을 나타내야 한다는 널리 퍼진 가정에 의해 형성되었다(Ruse, 1996). 생명의 나무는 존재의 사슬에 상당하는 나무의 큰 줄기는 유지했지만, 일군의 작은 옆가지들을 가지게 되었다(그림 6.5).

다윈의 선구자들?

우주를 하나의 신성한 창조물이라고 믿었던 자연학자들은 실제로 상세한 연구를 수행할 때는 이런 믿음을 추구하는 데 필요한 정확한 지침을 찾아내지 못했다. 이러한 모호함은 생명과학이 정교해질수록 더 가중되었다. 18세기 중반에 이르자, 설계에 대한 모든 개념을 폐기처분하고, 사물이 어떻게 현재의 상태가 되었는지를 유물론적으로 설명하려는 움직임이 점점 커졌다. 그러한 이론들 중 몇몇은 변형주의(transformism)의 요소 혹은 오늘날 우리가 진화라고 부를 만한 것을 포함하고 있으며, 이를 제기한 자연학자들은 '다윈의 선구자들'이라 칭송받기도 했다(Glass · Temkin · Straus, 1959). 그러나 후대 역사가들은 이렇게 진화론의 선구자들을 찾는 시도를 의심스럽게 바라보기 시작했는데, 그 이유는 이런 시도들에는 초기 사상들이 어떤 상이한 맥락 속에서 나타났는지가 고려되지 않았기 때문이다. 18세기 사상가들이 다윈주의에 점점 가까워지고 있음을 보여주는 단편적인 증거들을 찾아내는 것은 어렵지 않은 일이지만, 좀더 주의 깊게 읽어보면, 보통은 그들이 현대 진화론과는 꽤 다른 생각을 하고 있었음을 발견하게 된다. 세계가 시간의 경과에 따라 어떻게 변할지를 상상하는 방법은 엄청나게 많았고, 다윈주의는 그중 하나일 뿐이었다. 소위 선구자라고 불렸던 사람들은 실제로 새로운 형태의 생명이 나타나는 방식을 매우 다른 모형 속에서 탐구하고 있었던 것이다. 정적 창조라는 개념에 도전하고자 하는 열망이 점점 자라고 있었다는 것을 인식해야 하지만, 이러한 초창기 이론들을 현대 진화론에 끼워 맞추는 것은 오히려 그것을 왜곡할 뿐이다.

이런 사변들의 동기는 계몽사조의 철학에 기반을 두고 있는데, 계몽사조는 세계를 이해하는 인간 이성의 힘을 칭송하고, 모든 전통 종교를 미신으로 몰아냈다. 계몽사조는 교회를 사회개혁의 장애물로 인식하여, 「창세기」의 창조 이야기에 대한 믿음을 훼손하는 것을 지적인 동시에 이데올로기적인 행위로 보았다. 일부 계몽사조 철학자들은 철저한 무신론자이자 유물론자였으며, 초자연적인 존재에 기대지 않으면서 생명의 기원을 설명하고자 노력했다(Roger, 1998). 드니 디드로에 따르면 세계는 미리 짜인 계획이나 목적 없이 물질적 구조들을 형성하고, 또 재형성하는 물질적 변형들의 끊임없는 순환이었다. 그는 종이 불변한다는 가정에 도전했으며, 우연히 개체를 생존케 하고 새로운 종을 만들 수 있는 새로운 형질을 가진 기형적 돌연변이가 탄생할 가능성을 언급하면서 자연적 변화의 무계획성을 강조했다. 그러나 디드로와 같은 유물론자들은 무기물질도 '자연 발생'이라는 과정을 통해 직접 복잡한 생명을 만들 수 있다고 생각했기 때문에, 변형주의의 이론을 세부적으로 발전시키지는 않았다.

이러한 대안적 생각은 당시 가장 영향력 있던 계몽사조 자연학자 뷔퐁의 사상에서도 나타난다(Roger, 1997). 생명의 기원에 관한 새로운 생각들은 지구 역사의 새로운 시간 척도에 기대고 있었는데, 이를 주장한 사람이 바로 뷔퐁이었다(지질학과 고생물학의 발전에 대해서는 5장 "지구의 나이" 참조). 그는 지구가 매우 오래되었을 뿐만 아니라, 과거에는 훨씬 뜨겁고 격렬했음을 가정하는 이론을 제안했다. 여러 권으로 된 『자연사』는 1749년부터 출간되기 시작했으며, 당시 알려진 모든 동물 종을 개관하고, 그들의 기원에 대한 몇 가지 고찰(비록 모든 고찰들이 정합적이지는 않았지만)들을 총체적으로 볼 수 있는 관점을 담고 있었다. 뷔퐁은 창조의 신성한 계획을 찾고자 했던 린네를 비웃었지만 그 역시 종의 실재성을 받아들였다. 그러나 그는 종들이 변화무쌍한 세계 속에서 맞닥뜨리는 새로운 조건에 적응할 수 있는 상당한 유연성을 가지고 있다고 점차 확신하게 되었다. 1766년, 〈동물의 퇴화에 대하여(On the Degeneration of Animals)〉라는 장에서, 그는 오늘날 속을 이루는 종들이 모두 하나의 조상으로부터 나왔다고 주장했다. 이 주장에 따르면, 사자와 호랑이는 진정한 종이 아니며 단순히 하나의 큰 고양이 종의 변이일 뿐이었다. 그러나 뷔퐁의 다른 저작들에서 볼 때, 그는 이 하나의 조상이 다른 무언가로부터 진화해온 것이 아니라 본래 자연 발생에 의해 만들어졌다고 생각했던 게 틀림없다. 부록으로 내놓은 『자연의 시대 구분』에서, 뷔퐁은 지구의 역사에 두 번의 자연 발생이 있었다고 제안했는데, 첫 번째는 초기의 뜨거운 지구 조건에 적응된 생물들이 생성된 것이고, 두 번째는 현대 종들의 조상이 만들어진 것이었다. 이것은 확실히 〈창세기〉에 도전하는 대담한 가설이었지만, 여기에는 변종에 대해 지극히 적은 부분만이 담겨 있었다.

18세기 말에 오늘날 진화라고 부를 수도 있는 훨씬 더 본질적인 요소가 담긴 생각들을 고안한 두 사람이 등장했다. 그중 한 명은 영국의 내과 의사이자 시인이었던 이래즈머스 다윈으로, 현대 진화론을 제안한 찰스 다윈의 할아버지였다. 이래즈머스는 그의 시에서 생명체가 시간이 지나면서 점진적으로 발전한다는 생각을 지지했는데(당시 그의 시는 꽤 인기 있었다), 이 내용은 1794~96년의 『주노미아(Zoonomia)』의 한 장(章)에도 실렸다. 그러나 훨씬 영향력이 컸던 사람은 평행 이론을 고안한 프랑스 자연학자 장 바티스트 라마르크였다(Burkhardt, 1977; Jordanova, 1984). 라마르크는 혁명 정부가 파리에 설립한 자연사 박물관에서 무척추동물을 연구했고, 무척추동물 분류에 중요한 기여를 했다. 1800년 즈음 그는 종들이 고정되어 있다는 본래의 생각을 버리고, 그가 『동물철학(Zoological Philosophy, 1809)』에서 발표한 이론을 발전시키기 시작했다. 그는 자연 발생을 받아들였고, 무생물인 물질에 생기를 줄 수 있는 힘으로 전기를 주장했지만, 이런 방식으로는 가장 단순한 형태의 생명체만 만들어질 수 있다고 가정하였다. 고등한 동물은 각 세대를 그의 부모 세대보다 약간 더 복잡하게 만들어주는 어떤 전진하는 경향(progressive trend)에 의해 시간이 지나면서 진화했다. 라마르크는 이론적으로 이런 전진을 통해 동물 계통의 선형적 단계가 생성된다고 생각했는데, 사실상 이는 인간이 가장 마지막이자 최상위의 위치를 차지하는 존재의 사슬이었다. 그러나 진화에 대한 이 '사다리' 모형은 각자 자연 발생에 의해 서로 다른 지점에서 출발하여 단계를 밟아 올라가는 다수의 평행선으로 이루어졌기 때문에, 어떤 곁가지도 포함하지 않았음에 주목해야 한다. 라마르크는 멸종의 가능성과 종의 실재성을 부인했다. 그는 이 단계가 완전히 연속적이며, 여기에는 별개의 종으로 단절되는 틈이 존재하지 않는다고 생각했다. 그가 보기에, 직선에 단절된 곳이 있다면 그것은 우리의 정보가 부족하기 때문이며, 단절된 부분은 자연 속 어딘가에 분명히 존재해야 했다.

이 진화 모형은 오늘날 우리가 받아들이고 있는 것과 많은 점에서 차이가 있었다. 그러나 라마르크는 숙련된 자연학자였고, 다양한 생명체들을 선형적 패턴 속에 끼워 맞출 수 없음을 알고 있었다. 그는 제2의 진화과정이 작동한다고 가정했는데, 이 과정은 사슬을 왜곡하고 불규칙한 배열을 만들었다. 사실 라마르크가 명성을 얻은 것은 이 두 번째 과정 때문이었다. 이 과정은 현대 유전학이 출현하기 전까지 생물학자들의 진지한 관심을 받았다. 라마르크는 종이 환경에 적응한다는 것을 알고 있었지만, 이것을 신의 설계로 돌리지는 않았다. 대신 그는 종들이 '획득형질의 유전' 혹은 '용불용설'이라고 불리는 과정에 의해 종들을 둘러싸고 있는 환경의 변화에 적응한다고 가정했다. 획득형질은 개체가 태어난 후 자신의 몸을 특별한 방식으로 사용한 결과로 나타난다. 역도 선수의 팽팽한 근육은 운동이 아니었다면 훨씬 더 작았을 수도 있으므로 획득형질이라 할 수 있다. 라마르크는(그리고 다른 많은 이들도) 미약하게나마 이런 획득형질들이 유전될 수도 있다고 생각했는데, 말하자면 역도 선수의 자녀들은 부모의 노력 때문에 근육이 살짝 커진 상태로 태어난다는 것이다. 만약 운동을 하는 새로운 습관이 환경의 변화에 대처하기 위해 채택된다면, 이 과정은 적응적 진화를 만들 것이다. 고전적인 예를 들자면, 기린의 긴 목은 나뭇잎을 먹기 위해 목을 늘이는 노력을 여러 세대가 반복한 결과인 것이다.

라마르크의 이론은 계몽사조 시대의 사변이 낳은 마지막 산물이었는데, 과학사가들은 통상 라마르크의 이론이 나폴레옹 제정시대에 활동했던 새로운 세대의 보수적 자연학자들부터 상당히 무시되었다고 생각했다. 분명히 일부 엘리트 계층들은 이를 무시했지만, 다음 장에서 볼 수 있는 것처럼 그의 진화론을 이용하여 전통적 믿음에 도전하려는 급진주의자들은 계속 존재했다. 라마르크 이론은 끊임없이 사회개혁을 부르짖던 이들 급진주의자들의 요구와 잘 맞아떨어지는 면이 있었다.

화석기록의 해석

19세기 초엽의 과학 엘리트들은 계몽사조의 유물론과 거리를 두기 위해 노력했다. 영국에서 이는 자연신학의 부활을 의미했다. 대륙에서는 대놓고 종교에 호소하는 경우가 거의 없었지만, 생명과학에 대한 새로운 접근들은 종의 고정성에 대한 믿음을 강화하는 경향이 있었고, 어떤 경우에는 생명의 세계를 자연의 핵심에 있는 어떤 합리적인 원리를 표현하는 질서정연한 패턴이라고 간주했다. 그러나 이 모든 이론적 접근들이 고려해야만 하는 새로운 요소가 있었으니, 화석기록에 의해 드러난 생명의 역사가 그것이었다(화석기록이 주었던 충격에 대한 요약은 5장 참조). 아무리 보수적인 관점에서 보더라도, 자연학자들은 현재의 종들을 역사적 과정의 마지막 단계로 보아야 했다. 그들은 돌연변이를 새로운 종을 등장하게 하는 작인으로 받아들이지 않았지만,

변화된 새로운 요소들을 통합하기 위해서는 전통적 견해들을 수정해야만 했다. 한때 역사가들은 이런 노력들을 다윈주의적 진화론의 출현을 필사적으로 막으려는 미봉책들로 간주하기도 했다. 그러나 현대의 연구들은 이런 초창기 이론들이 진화론적 세계관을 만드는 데 도움을 준 중요한 결과들을 낳았다고 제안하고 있다. 최근의 연구결과들 또한 앞서 언급한 것을 확증해주고 있다. 급진주의자들은 사라지지 않았으며 기성 과학계의 반진화론적 철학들은 어느 정도 이런 위협에 대항하기 위해 고안된 측면이 있었던 것이다.

조르주 퀴비에와 그의 추종자들이 척추동물 화석을 대상으로 한 연구는, 자연의 현재 질서가 매우 긴 단계들의 마지막에 불과함을 확증했다. 퀴비에는 멸종된 동물의 화석화된 잔해를 복원하기 위해 비교해부학 기법을 이용했다(7장 "새로운 생물학" 참조). 그는 지구가 많은 지질학적 시대를 거쳐왔으며, 각 시대마다 고유한 종류의 식물과 동물 개체군이 존재했다고 보았다. 라마르크와 진화론자들의 도움도 없이 퀴비에는 어떻게 이런 관점을 가질 수 있었을까? 퀴비에는 지질학적 격변이 전 대륙의 개체군을 일소해버리고, 상황이 안정된 후에 완전히 새로운 집단이 그 영역에 정착할 수 있는 여지를 남겨둔다고 확신했다. 그는 라마르크의 이론을 반박하려는 목적에서, 각 종들의 구조는 매우 조심스럽게 균형 잡혀 있기 때문에 어떤 특별한 교란이 개체의 생존을 위협했을 것이라고 주장했다. 그러나 그가 설계라는 관점을 받아들였던 것은 아니다. 그는 새로운 종의 출현을 설명하기 위해 연속적인 창조라는 관념을 가정할 필요가 없었고, 대신 새로운 종들은 격변의 영향을 받지 않은 다른 곳에서 이주해 왔다고 주장했다. 그러나 그의 영국인 추종자들은 연속적 창조라는 관념을 거부하지 못했다. 창세기 이야기는 지구의 역사 경로에서 일어난 일련의 기적적인 창조들을 포함하도록 수정되어야 했다(Gillispie, 1951). 그들은 시계와 시계공의 유비를 이용해 설계논증을 다시 펼친 윌리엄 페일리의 『자연 신학』에 박수를 보냈고, 자신들이 화석기록이라는 새로운 지식에 비추어 전통적 견해를 수정하고 있다고 보았다. 윌리엄 버클랜드는 자연신학의 부흥을 위해 『브리지워터 논고(Bridgewater Treatises, 1784~1856)』로 알려진 시리즈물에 기고를 했고, 거기서 각자 연속적인 개체군을 이루고 있는 종들이 어떻게 지배적인 조건에 모두 적응하는지를 보여주었다. 지구의 온도가 점진적으로 내려가면서 환경이 천천히 오늘날의 상태에 이르렀다는 가정 하에, 그는 신의 창조물이 오늘날의 생물과 가까운 새로운 집단에게 공간을 남겨주기 위해 왜 주기적으로 멸종되어야 할 필요가 있는지를 설명할 수 있었다.

독일에서는 유물론에 대항하는 조금 더 혁신적인 움직임이 일어났는데, 이는 예술의 낭만주의 운동과 철학 사조상의 관념론과 연결되어 있었다. 관념론자들은 물질세계는 감각인상들이 우리의 정신 안에 만들어낸 환상이며, 세계는 질서정연하기 때문에 자연법칙은 어떤 형태로든 그러한 인상의 원천인 궁극적 실재에 내재하는 어떤 질서를 부여하는 원리를 표상해야 한다고 믿었다. 이런 질서를 부여하는 원리를 신이라고 부르든지 혹은 '절대'라는 추상적인 단어로 지칭하든지 간에, 이것이 내포하는 내용은 겉으로 드러난 자연의 복잡함 이면에는 어떤 깊은 차원의 패턴이 숨어 있다는 것이었다. 이런 믿음들에 영감을 받은 일군의 독일 자연철학자들은 분류학이 밝힌 종 간의 질서 있는 그룹들을 그와 같은 패턴으로 설명하려고 했다. 이 관점은 리처드 오언을 통해 영국에 수입되었는데, 그는 이 개념을 독창적으로 사용해 주요 분류학적 그룹의 기본 형태를 정의하는 원형(archetype) 개념을 고안해냈다(Rupke, 1993). 1848년에 제안된 오언의 척추동물 원형은 등뼈를 가진 동물이 가져야 할 본질적 요소들을 정의했다. 그것은 생각할 수 있는 가장 단순한 척추동물의 이상화된 모형이었는

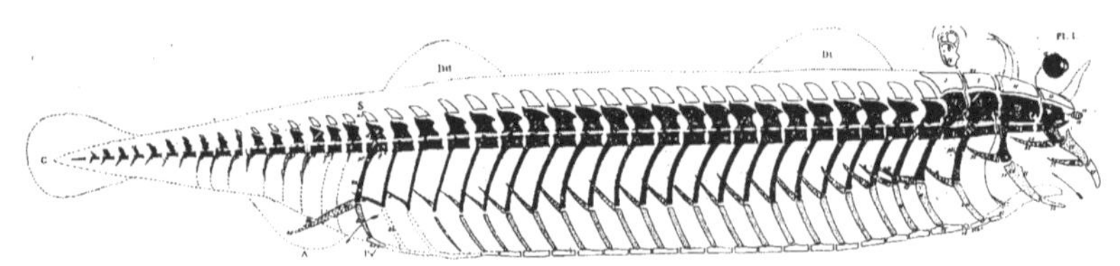

그림 6.1 리처드 오언의 『척추동물 골격의 원형과 상동관계(On the Archetype and Homologies of the Vertebrate Skeleton, 1848)』에 있는 척추동물 원형 그림. 이는 상상할 수 있는 가장 단순한 척추동물을 이상적으로 표현한 것인데, 실제 종의 세부적인 기관들은 모두 제거된 상태이다. 실제로 존재하는 동물은 아니지만, 이후 진화론자들은 다양하게 진화해온 전체 척추동물 문(門)의 조상인 가장 단순하고 원시적인 척추동물의 형태를 밝혀내려고 노력했다.

데, 실재하는 모든 척추동물 종은 원형의 형태에서 다소 복잡하게 적응한 변형 형태였다(그림 6.1). 이러한 이상적 접근을 통해 오언은 상동관계(homology)라는 중요한 개념을 정의할 수 있었는데, 이것은 동일한 조합의 뼈들이 다른 환경에 적응한 종들 안에서 서로 다른 목적을 위해 변형될 수 있는 것이었다(그림 6.2). 그러나 원형이라는 개념이, 원시 어류는 가장 단순한 변화의 결과이고, 인간은 가장 복잡한 변화의 결과라는 진보의 관념을 침해하지는 않았다. 오언은 이를 오히려 설계논증의 더 좋은 형태라고 보았는데, 왜냐하면 이것이 『브리지워터 논고』에서 묘사된 서로 다른 종들의 당황스러울 만큼의 다양성의 근저에는 오직 창조자의 정신에서 나올 수 있는 질서 원리가 존재한다는 것을 함축하기 때문이었다. 오언은 원형의 연속적인 표현을 시간이 지나면서 전개되는 진보적인 패턴이라고 생각했다. 물론 오언은 각각의 종들이 신성한 계획의 고유한 단위라고 항상 주장했지만, 그의 생각은 이따금 위험스러울 정도로 변형주의에 가까이 접근했다. 다윈의 분지 진화론은 발전 모형을 비슷하게 가져다 썼지만, 그는 원형이라는 개념을 집단의 다양한 구성원들이 진화의 과정을 통해 분기해

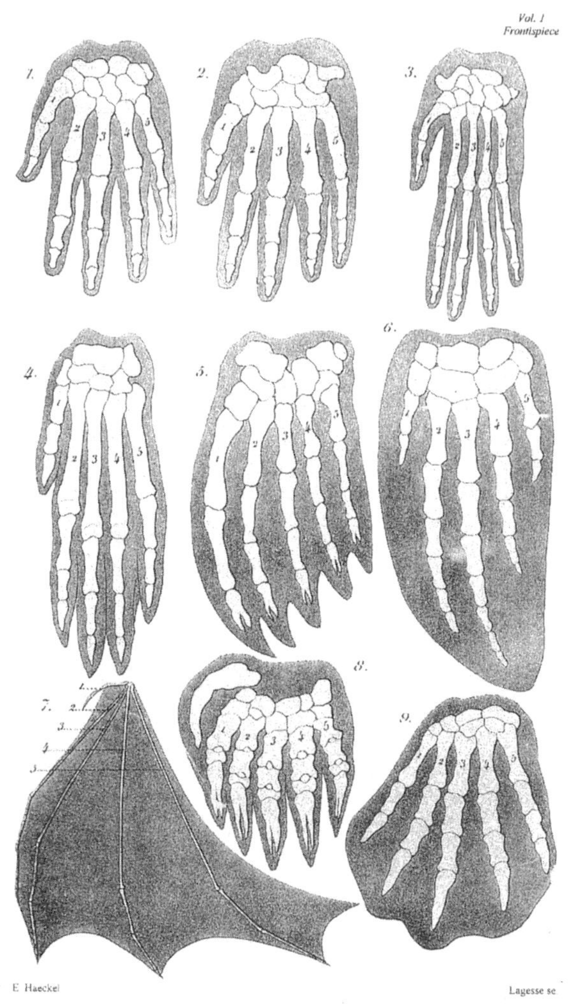

그림 6.2 에른스트 헤켈의 『창조의 역사(History of Creation, 1876)』 제2권에 있는 네 번째 인쇄도에 묘사된 포유류 '손'의 상동관계 그림들. 인간의 손(1, 좌측 맨 위)에서 발견된 것과 같은 형태의 뼈들이 서로 다른 목적을 위해 적응하여, 앞다리를 가지는 고릴라(2), 오랑우탄(3)과 개(4), 헤엄을 치는 물개(5)와 고래(6), 날아다니는 박쥐(7), 땅을 파는 두더지(8), 수영을 할 수 있는 원시 포유류 오리너구리(9)로 변화했다. 동일한 기본 구조가 서로 다른 목적을 위해 서로 다른 동물에게서 변화한 것을, 리처드 오언은 창조계획의 합리적 기반을 보여주는 것으로 설명하려 했지만, 헤켈은 오히려 모든 포유류가 공통 조상에서 내려왔다는 주장의 증거로 삼았다.

내려오는 공통 조상이라는 개념으로 대체했다.

미국 생물학의 기반을 닦은 이들 중 한 명인 스위스의 자연학자 루이 아가시를 비롯한 관념론자들은 창조의 패턴이 진행되는 방식을 설명하기 위해 인간 배(胚)의 발생에 주목했다(Lurie, 1960). 인간 배는 수정란 속에 들어 있는 단순하고 균일한 물질로부터 발생하여, 성인이 되기 위해 필요한 더 복잡한 구조들을 점차 갖춰 나가는 것처럼 보였다. 당시에 널리 퍼진 믿음에 따르면, 새로운 구조가 덧붙여지는 순서는 분류학적 위계를 따르고 있었다. 즉, 인간 배는 어류, 파충류, 단순한 포유류와 비슷한 단계를 거쳐, 인간을 정의하는 최종 특징들을 가지게 된다는 것이다. 그러나 이 과정은 또한 화석기록에 의해 드러난 생명의 상승 서열과 동일했고, 아가시는 이런 병행진화(parallelism)의 과정을, 신이 인간을 창조의 마지막 목표로 삼았음을 보여주는 것으로 인식했다. 이를 볼 때 비록 아가시가 나무의 큰 줄기로부터 나온 많은 가지들이 있어야 함을 충분히 알고 있었다 하더라도, 자연학자들의 생각에는 존재의 사슬이라는 오래된 관념의 요소가 끼어들어 있었음을 알 수 있다. 오언처럼, 아가시 역시 자신의 모형이 진화론적 관점에서 해석되는 것을 거부했다. 그가 보기에, 모든 종들은 신성한 계획의 분명한 요소였으며, 적절한 시점에 초자연적으로 창조된 것이었다.

생명의 역사에 대한 이런 모형들은 『종의 기원』의 출간 이후 이어지는 시기를 다룬 대부분의 역사에서 중심부를 차지해왔다. 그러나 추후의 연구결과들은 이 모형들이 이야기의 전부가 아님을 보여주었다. 더욱 과격한 대안들이 논쟁의 도마 위에 올랐으며, 때때로 과학 공동체뿐 아니라 이에 관심을 갖고 있던 일반인들 사이에서도 이들에 대한 토론이 이루어졌다. 프랑스에서 에티엔 조프루아 생틸레르는 원형 개념을 유물론적 관점에서 해석함으로써 퀴비에에 도전했다(Appel, 1987). 그는 도약진화 혹은 갑작스러운 도약에 토대를 둔 변이 형태를 상상했는데, 이에 따르면 '괴물 돌연변이(monstrosities)'가 나타나서 생존하고 후손을 남김으로써, 종들이 순간적으로 다른 형태로 변화할 수 있었다. 영국에서는 당시의 의료직을 개혁하기 위한 계획의 일환으로 전통적 관점을 타파하고 싶어한 급진파들이 조프루아 생틸레르와 라마르크의 생각들을 환영하고 있었다(Desmond, 1989). 라마르크주의자인 해부학자 로버트 그랜트는 1830년대에 런던으로 이주한 후 오언으로 인해 명성을 잃었다. 비록 과학 공동체에서는 그리 큰 영향력을 발휘하지 못했지만, 이들 변형주의자들은 자신들의 사상을 계속 살려 나갔으며, 엘리트들에게 어느 정도 압력을 가해 진보적 발전 개념이 점차 당연시되는 환경 속에서 스스로를 방어할 수 있을 만큼 엘리트들의 견해를 완화시킬 수 있었다.

이 운동에 가장 중요한 획을 그은 사람으로는 바로 『창조 자연사의 흔적들(Vestiges of the Natural History of Creation, 1844)』을 익명으로 출간한 에든버러의 출판인 로버트 체임버스를 들 수 있을 것이다(Secord, 2000). 체임버스는 중간계급에게 점진적 진화 관념을 보급하고 싶어했는데, 그 이유는 이 관념을 통해 중간계급은 개혁에 대한 자신들의 요구를, 자연에 내재되어 있는 발전의 한 부분으로 여기게 할 이데올로기를 얻을 수 있었기 때문이다. 사회 진보는 지구 위에서 펼쳐지는 생명 역사의 연속선상에 위치하게 될 것이었다. 그러나 이를 위해 체임버스는 위험스러울 정도로 급진적인 라마르크 사상의 이미지를 피해야 했다. 그는 생명의 점진적 발생이 신의 계획의 핵심이지만, 연속적인 기적이 아니라 창조주가 자연에 구현해놓은 법칙에 의해 이루어진다고 전략적으로 주장했다. 배(胚)를 생물체의 위계구조에서 한 단계 위로 도약시키는 한층 더 높은 법칙이 때때로 '동류(同類)가 동류를 낳는다'는 일반적 재생산 법칙을 가로막으면서 끼어들었다. 여기에서 볼 수 있듯이, 배의 발생과 지구 생명체의 역사가

평행을 이루어간다는 병행진화 법칙은 점진적 도약에 의한 진화 법칙으로 변형되었다. 체임버스는 여기서 멈추지 않고 이 법칙을 인간 종에도 적용했다. 인간이란 그저 최상위에 자리한 동물이며, 인간의 우수한 정신적 능력은 연속적인 도약을 통해 뇌의 크기가 커진 결과라는 것이었다. 그는 서로 다른 정신적 기능들은 뇌의 서로 다른 부분에서 기인한다는 골상학을 근거로 삼았는데, 이에 따르면 만약 진화에 의해 뇌에 새로운 부분들이 더해진다면, 새로운 정신적 기능들이 나타날 것이었다.

보수적인 기성 과학계는 『흔적들』을 도덕적 가치와 사회조직을 해칠 위험한 유물론으로 여겨 경멸했다. 이 책은 과학 공동체 바깥에서 널리 읽혔는데, 벌써 많은 사람들이 '법칙에 의한 진보' 라는 기본적인 철학을 받아들일 준비를 하고 있었던 것처럼 보인다(『현대과학의 풍경2』 16장 "대중과학" 참조). 그러므로 이 책으로 인해 세상은 훨씬 더 급진적인 다윈의 생각들을 받아들일 준비를 마치게 되었고, 『종의 기원』이 읽힐 수 있는 토대가 마련되었다. 다윈은 장기적으로 보았을 때 자연선택이 진보를 만들어낸다는 것을 의심하지 않았지만, 그의 이론이 처음부터 어떤 진보적 경향을 그 구성요소로 가진 것은 아니었다. 그러나 사람들은 진화가 곧 진보를 뜻한다고 곧바로 추측했으며, 이는 『흔적들』의 유산이었다. 심지어 과학 엘리트 계층에 속한 몇몇 이들조차 신의 목적이 연속적인 기적보다는 미리 설계된 법칙을 통해 실현된다고 인정하기 시작했다. 제임스 시코드(2000)는 『흔적들』의 충격을 분석하면서, 이 책을 훗날 다윈의 『종의 기원』이 촉발한 논쟁을 통해 해결되는, 진화에 대한 대중적 토론을 연 진정한 시발점으로 간주해야 한다고 주장했다.

『흔적들』의 충격은 과학자들에게는 결정적이지 않았고, 이로 인해 전체 논제는 여전히 미결로 남아 있었다. 이내 다윈의 가장 열렬한 지지자가 된 토머스 헨리 헉슬리와 같은 매우 급진적인 젊은 과학자들의 반응을 주의 깊게 살펴보는 것은 흥미로운 일이다(Desmond, 1994; Di Gregorio, 1984). 헉슬리는 『흔적들』을 경멸하는 서평을 썼는데, 나중에 이것이 공정치 못한 비판이었음을 인정했다. 이는 부분적으로는 체임버스의 과학이 허술한 탓이기도 했다. 그는 진보의 선형적 모형을 지지하지 않는 화석 증거들이 함의한 실제 어려움들을 대충 얼버무렸다. 그러나 더 심각한 문제는, 체임버스의 이론이 헉슬리에게는 그리 급진적으로 보이지 않았다는 것이다. 헉슬리는 성직자 겸 자연학자의 이미지를 산산이 부수고 싶어하는 전문과학자였고, 설계논증의 모든 흔적들을 제거해줄 이론을 찾고 있었다. 체임버스의 책은 진보가 오직 신의 목적으로만 설명될 수 있다고 독자들을 설득했다. 만약 헉슬리가 진화를 받아들인다면, 그것은 신이 설계한 신비한 경향이 아니라 오직 관찰 가능한 결과들에 의해 움직이는 메커니즘에 기반을 두어야 했다. 다행히도 이 요구사항에 정확히 들어맞는 이론이 다윈에 의해서 곧 책으로 출간될 예정이었다.

다윈 이론의 성장

다윈의 이론이 처음 고안된 것은 1830년대 후반이었지만 아직 책으로 나온 상태는 아니었으며, 그는 소수의 친한 사람들에게만 자신이 무엇을 하고 있는지를 조금씩 알렸다. 그러므로 1859년 『종의 기원』이 출간되었을 때 대부분의 과학자들에게 그것은 정말 느닷없이 떨어진 충격이었다. 책은 진화의 원인을 완전히 새롭고도 독창적으로 제시하고 있었으며, 또한 다윈이 20년 이상 수집한 풍부한 증거와 통찰력을 기반으로 하고 있었다. 이 장의 도입부에서 지적했듯이 역사가들은 다윈이 그의 생각들을 조합했던 과정을 어떻게 해석할 것인가를 두고 첨예하게 대립하고 있다. 어떤 이들은 그를 순수한 과학자로 보았으며, 그가 사회적 논쟁들로부터 통찰력을 얻었다고 하여도 그 때문에 그 이론의 신뢰성이 떨어지지는 않는다고 주장한다(De Beer, 1963). 다른 이들은 자연선택과 빅토리아기 자본주의 경쟁 사상이 공명했음을 강조하며, 다윈을 자신이 속한 계층이 지녔던 사회적 가치들을 자연 자체에 투사한 인물로 바라보고 있다(Desmond · Moore, 1991; Young, 1985). 많은 역사가들은 사회 이론이 그에게 제공한 영감들을 인정하면서도, 그가 자신의 통찰력을 특별한 종류의 과학적 질문들에 적용한 과정에 주목할 때에야 비로소 다윈 사상의 독특한 특징을 이해할 수 있다는 것을 인식하였기에, 이 두 입장 사이에서 균형을 잡으려고 노력하고 있다(Bowler, 1990; Browne, 1995; Kohn, 1985).

다윈은 1809년 부유한 중산층 가정에서 태어났다. 그는 의학을 공부하기 위해 에든버러로 갔는데, 그곳에서 라마르크주의자인 해부학자 로버트 그랜트(훗날 다윈은 그랜트의 진화론이 그다지 인상적이지 않았다고 고백했다)를 만나 함께 연구하게 되었다. 그는 의학 공부를 중단하고 영국 성공회의 성직자가 되기 위한 준비과정으로 인문학 학위를 받기 위해 케임브리지로 갔는데, 이는 아마추어 자연학자로서는 이상적인 경력이었다. 케임브리지에서 그가 받은 모든 과학 교육은 교과과정 이외의 것들이었지만, 그는 식물학과 교수인 존 스티븐스 헨슬로와 지질학 교수인 애덤 세지윅 모두에게 좋은 인상을 남겼다. 그 후 헨슬로는 다윈의 인생을 바꾸어놓을 기회, 즉 다윈이 남아메리카로 향해하는 탐사선 H.M.S. 비글 호를 타고 여행하는 신사 자연학자(gentleman-naturalist)의 자격을 얻도록 도와주었다. 비글 호 항해는 5년(1831~36) 동안 계속되었고 배가 해안가를 측량하는 동안 다윈은 내륙을 충분히 여행할 수 있었다. 여기서 다윈은 그에게 과학자로서의 명성과 그를 진화론자로 만든 통찰력을 제공해준 지질학적 · 자연사적 발견들을 하게 된다.

세지윅은 지질학적 기록에 나타난 불연속성들을 과거에 발생한 거대한 변동의 증거로 해석하는 격변론의 입장에서 다윈을 가르쳤다. 그러나 다윈은 찰스 라이엘의 『지질학의 원리』 첫 번째 권을 증정받은 상태였고, 자신이 직접 관찰한 증거를 토대로 동일과정설의 지지자가 되었다(5장 "지구의 나이" 참조). 그는 안데스 산맥이 단 한 번의 격변이 아니라 매우 장구한 시간에 걸쳐 천천히 현재의 높이까지 상승했다는 증거를 확보했을 뿐만 아니라, 산맥이 지진에 의해 계속 높아지고 있는 것을 목격했다. 그때부터 다윈은 동식물의 분포와 적응을 라이엘의 용어로 설명할 필요를 느꼈는데, 이에 따르면 현재의 상황은 자연적 원인에 의한 느린 변화들의 결과임이 틀림없었다. 케임브리지에서 그는 페일리의 『자연신학(Natural Theology)』을 읽고, 적응이 신의 설계를 가리키는 지표라는 주장에 깊은 인상을 받은 적이 있었다. 그러나 페일리의 논증은 점진적으로 변화하는 세계에서는 통하지 않았다. 라이엘 자신이 지적했듯이, 만약 지질이 산을 만들고 파괴하는 식으로 환경을 계속해서 변화시킨다면, 종들은 그들이 살아남을 수 있는 환경조건을 찾아 이주하거나, 서서히 멸종해야 했다. 라이엘은 종들이 고정돼 있다는 입장을 고수했고, 이로 인해 종들이 환경의 변화에 적응하는 과정을 통해 변형될 수 있다는 가능성을 제기하는 일은 다윈의 몫으로 남았다.

남아메리카에서 다윈은 종들이 영역을 차지하기 위해 다른 종들과 경쟁한 증거들을 발견했는데, 그 투쟁의 결과는 환경의 변화에 의해 영향을 받은 것처럼 보였다. 그러나 가장 중요한 관찰들이 이루어진 것은 비글 호가 해변에서 5백 마일 정도 떨어진 일군의 화산섬으로 이루어진 태평양의 갈라파고스 군도에 도착했을 때였다. 비록 다윈은 그 증거를 거의 놓칠뻔 했지만, 섬들에 각각 다른 동물들이 존재한다는 것을 적절한 순간에 이해할 수 있었다. 각 섬에 있는 거대한 육지거북들의 등껍질은 현저하게 다른 모

그림 6.3 다윈의 『비글 호 항해 기간에 방문한 나라들의 지질학 및 자연사 연구 일지(Journal of Researches into the Geology and Natural History of the Countries Visited during the Voyage of H.M.S. Beagle, 1891)』 17장에서 발췌한 갈라파고스의 네 마리 육지 핀치의 머리 그림. 다양한 부리 구조들은 씨앗을 깨뜨리거나, 곤충을 주워 먹는 등 먹이를 찾는 방식에 맞춰 적응한 결과를 보여준다. 다윈은 이 형태들을 각기 다른 종들로 분류해야 한다는 것을 알고 있었지만, 그는 핀치들이 공통 조상에서 진화해 갈라파고스 제도의 다양한 섬에서 서로 다른 생활방식으로 적응해 왔음을 확신했다.

양을 하고 있었고, 새, 특히 흉내지빠귀와 핀치는 어마어마하게 다양한 변이를 보였다. 먹이를 찾기 위해 다른 방식으로 적응한 서로 완전히 다른 부리 구조를 가진 다양한 형태의 핀치들을 발견할 수 있었다(그림 6.3). 다윈은 섬을 떠나기 직전에서야 이 사실의 중요성을 인식했지만, 집으로 가는 동안 그 사실이 함축하는 의미들을 깊이 생각했으며, 다양한 핀치들을 개별 종으로 분류해야 한다는 조류학자 존 굴드의 이야기를 듣고 딜레마에 봉착하게 되었다. 그는 신이 다양한 종류의 별개 종들을 독립적으로 창조하여 그처럼 작은 각각의 섬에 서식하게 했다는 것을 받아들일 수 없었다. 그가 보기에는 소규모의 개체군이 남아메리카로부터 건너와서 각 섬에 자리를 잡고 새로운 환경에 자신들을 적응시키기 위해 변화했다고 믿는 것이 더 합리적이었다. 우리가 진화라고 부르는 돌연변이는 새로운 변종뿐만 아니라 새로운 종까지 만들 수 있었고, 이처럼 새로운 종이 만들어지는 것이 가능하다면 충분한 시간이 주어졌을 때 새로운 속(genus), 과(family), 그리고 심지어 강(class)이라고 해서 만들지 못할 이유도 없었다.

라마르크와 선대의 저술가들이 내놓은 설명에 만족하지 못한 다윈은 (비록 획득형질의 유전이 제한된 역할을 수행한다는 것을 거부하지는 않았지만), 그럴듯한 메커니즘을 찾기 위한 작업에 착수했다. 메커니즘이 관찰 가능한 과정들의 조합에 기반을 두어야 한다는 라이엘의 원칙은 그의 생각을 제한했다. 진화는 본질적으로 적응의 과정이며, 갈라파고스에서 보았던 다양한 종들의 분포(일명 분지 효과 'branching effect')를 생각해볼 때, 어떤 집단이 지리적 격리에 의해 나눠졌을 때 각각의 분리된 집단들은 서로 다른 방식으로 적응할 수 있으므로 진화는 또한 미리 결정될 수 없다. 다윈은 장기적으로 보았을 때 생명의 나무 중 어떤 가지는 다른 것들보다 높은 수준의 조직화를 이루었음을 부인하지 않았지만, 자동으로 올라가는 진보의 사다리가 존재하는 것은 아니라고 생각했다. 많은 가지들은 분명히 멸종으로 끝난 반면에, 다른 가지들은 분리에 의해 더 많은 가지를 늘려 나갔다.

다윈은 증거를 찾기 위해 동물들의 변화를 실제로 관찰할 수 있는 곳, 즉 인간 사육자가 인공 변이를 생산하는 장소로 발길을 돌렸다. 그의 메모지들(Darwin, 1987로 재출간)에 의해 드러난 발견의 과정은 복잡하지만, 사육자들은 몇몇 중요한 원리들을 그에게 가르쳐주었다. 모든 집단들은 개별적 차이를 보여주는데, 어떤 인간도 다른 인간과 똑같지 않듯이 어떤 개체도 다른 개체와 똑같지 않았다. 그리고 이러한 변이에는 어떤 명확한 패턴이나 목적이 있는 것 같지 않았다. 예를 들어 인간의 머리카락 색이 변하는 데 명확한 목적이 없는 것과 마찬가지였다. 도대체 사육자들은 이런 무작위적인 변이를 이용해 어떻게 새로운 종류의 개나 비둘기를 만드는 것일까? 다윈이 궁극적으로 발견한 해답은, 바로 선택이었다. 사육자들은 우연히 그들이 원하는 방향으로 변이를 일으킨, 즉 소수의 개체들을 뽑아 그것들만 번식시킨다. 나머지들은 버리거나 아마 폐사시킬 것이다.

이런 인공 선택과 동등한 자연적인 어떤 것, 즉 더 잘 적응된 변이체들만 골라내 다음 세대에 후손을 낳게 하는 어떤 과정이 있지 않을까? 다윈은 성직자 토머스 맬서스의 『인구론(Essay on the Principle of Population)』을 읽고 자연적 형태의 선택이 있을 수 있음을 깨달았다. 정치경제를 다룬 이 저서는 인간의 진보가 불가능하다는 것을 보임으로써 계몽주의의 낙관론에 도전하고 있었다. 『인구론』에 따르면 가난은 사회적 불평등의 결과가 아니라 어떤 집단의 재생산능력이 항상 식량 공급을 초과하기 때문에 생기는 자연적인 현상이기 때문에 사회개혁을 위한 모든 노력들은 헛수고로 돌아갈 수밖에 없었다. 그 결과 모든 세대에서 다수는 굶어야 했고, 중앙아시아의 야생 부족들에 대해 기술할 때(의미심장하게도 자신의 사회에 대해서가 아니라), 맬서스는 누가 살고 누가 죽어야 할지를 결정하는 '생존경쟁'이 반드시 일어난다고 주장했다. 다윈은 이 생각을 채용했고, 집단의 다양성으로 인해 어떤 개체들은 경쟁에서 우세함을 얻게 될 것이라고 생각했다. 환경의 변화에 가장 잘 적응한 이들은 대부분 살아남아 후손을 낳을 것이고, 적응하지 못한 이들은 굶어 죽을 것이며, 그 결과 다음 세대는 대체로 더 잘 적응한 부모로부터 태어날 것이었다. 이 과정이 셀 수 없이 많은 세대를 거쳐 반복되고 나면 자연선택이라는 과정은 기관과 습성을 변화시킬 것이며, 결국에는 새로운 종을 탄생시킬 것이었다. 자연선택이라는 개념이 자유기업 자본주의의 가치들을 반영한다고 주장하는 이들은 종종 맬서스의 영향을 꼽곤 한다. 다윈이 종들을 어떤 유형이 아니라 집단이라는 개체주의적 용어로 생각했던 것은 틀림없는 듯하다. 그러나 그는 과학적 관찰에 의해 형성된 고유한 방법으로 이 통찰력을 적용했다. 즉, 맬서스는 그의 원리를 변화의 원인으로 보지 않았으며, 다윈이 그의 발견들을 책으로 낸 후에야 비로소 사람들은 경쟁을 진보의 추동력으로 인식하기 시작했다.

1844년에 다윈은 사후에야 출판하기로 마음먹은 에세이 한 편을 쓰면서 자신의 이론을 요약했는데, 거기서 집토끼 대신에 산토끼라는 더 빠른 먹이를 쫓아야 하는 육식동물 집단의 예를 들어 지금까지 언급한 것과 같은 자연선택의 효과를 묘사했다.

> 어떤 육식동물 집단이 집토끼를 주식으로 하고 간혹 산토끼도 잡아먹으면서, 아주 조금씩 변형된다고 하자. 그리고 이와 같은 변화로 인해 집토끼의 수는 매우 천천히 감소하고, 반면 산토끼의 수는 증가했다고 하자. 그 결과 여우나 개는 더 많은 산토끼를 쫓게 될 것이고, 그 수도 감소하게 될 것이다. 그러나 여우나 개의 집단은 아주 조금씩만 변형되므로, 가벼운 몸통과 긴 사지, 그리고 좋은 시력을 갖춘 개체가 (약삭빠르지 않고, 후각이 떨어지더라도) 조금 더 유리할 것이고, 그 차이가 아무리 미미할지라도 먹이가 아주 줄어든다면 약간 더 유리한 개체가 좀더 오래 생존할 것이다. 또한 그들은 더 많은 새끼를 기를 것이며, 이런 특징들은 새끼들에게 조금이라도 전해질 것이다. 덜 빠른 개체들은 완전히 사라질 것이다. 나는 더 이상 이것에 대해 의심할 이유를 찾지 못하겠다. 수천 세대를 거치는 동안 이런 요인들은 큰 효과를 만들어낼 것이며, 집토끼 대신 산토끼를 잡도록 여우의 형태를 적응시킬 것이고, 이것의 효과는 사냥개(greyhound)들이 선별과 정성 어린 사육을 통해 〔인위적으로〕 개량되는 정도보다 훨씬 더 클 것이다(Darwin · Wallace, 1958, 120쪽).

바로 이것이 다윈이 그 후 20년 동안 철저하게 탐구하게 된 이론이었다. 다윈은 동물 사육자들과 계속해서 함께 일했다. 그는 엄청나게 다양하고 많은 자연학자들과 편지를 주고받았고, 자신의 진정한 목적을 드러내지 않은 채 세부 문제들에 관해 그들의 의견을 타진했다. 그는 그때까지 거의 알려지지 않았던 따개비에 대한 방대한 연구를 수행했으며, 이는 분지 진화를 분류학적 위계구조에 대응시키는 방법을 이해하도록 도와주었다. 또한 이 연구는 생명의 나무의 많은 가지들에서 적응적 진화가 기생과 퇴화로 이어졌다는 사실도 보여주었다. 맬서스의 원리에서 영감을 얻었기 때문에 당연한 결과였겠지만, 이것을 진보의 이론이라고만은 할 수 없다. 말하자면, 특정한 환경에 더 잘 적응한다는 것이 절대적 의미의 '더 적합함'을 의미하는 것은 아니라는 말이다. 하지만 다윈은 결국 궁극적으로는 인간 종 자체를 포함하여 더 고등한 동물들이 탄생했던 것이라고 믿었다. 경쟁은 최소한 진화상의 어떤 기간 동안은 개선의 움직임을 낳는 경향이 있었기 때문에, 이 관점은 결국 '사회 다윈주의'에 편입되었다. 그러나 다윈은 자신의 이론을 진보에 대한 선형적 모형과 섣불리 연관 지으려 하지 않았다. 진화에서 중심을 이루는 서열은 존재하지 않았으며, 대부분의 적응적 경향은 생명의 나무에서 위쪽으로 올라가는 것과 전혀 상관이 없다. 다윈은 비록 화석기록의 대략적인 구도가, 각각의 가지가 서로 다른 삶의 방식을 위해 분화되었다는 적응적 분지 진화론과 잘 맞는다고 생각했지만, 화석기록의 불완전성 때문에 진화의 세부적인 과정을 재구성하는 것이 어려울 것이라는 점도 인정했다(그림 6.4).

1850년대 중반에 다윈은 라이엘, 식물학자 조지프 후커, 에이서 그레이를 포함하여 몇몇 동료들에게 자기 이론의 세부사항들을 알리고 집필을 시작했다. 하지만 다윈은 1858년에 극동으로부터 자신의 것과 비슷한 이론을 개략적으로 정리한 또 한 명의 자연학자 앨프리드 러셀 월리스의 편지

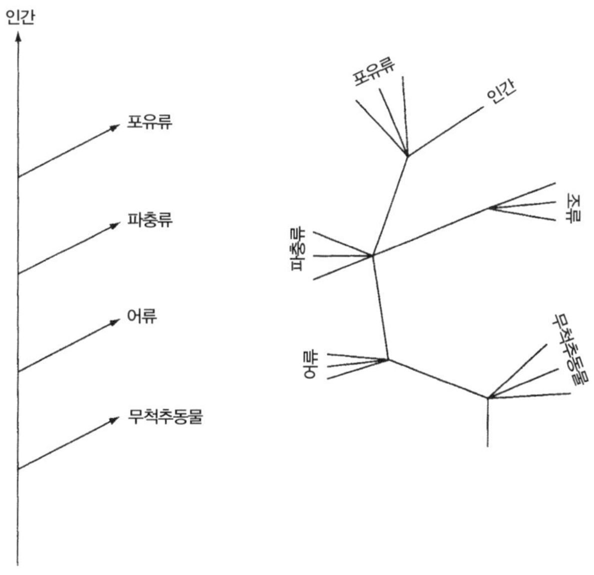

그림 6.4 진화에 대한 선형적 모형(좌측)과 분지 모형(우측)의 차이를 보여주는 그림. 선형적 모형은 진화를 인간 종을 향해 선형적 위계질서를 따라 올라가는 진보적인 움직임으로 묘사한다. 그러므로 '하등한' 형태의 생명체는 인간 종이라는 목표를 향해 밟고 올라가는 사다리의 가로대처럼 보인다. 이 모형은 인간 배(胚)가 하등한 동물들에 대응하는 각각의 단계들을 거친다는 반복발생설과 양립한다. 분지 모형은 진보가 아니라 적응과 분기를 강조한다. 각 강(綱)들은 서로 다른 적응으로 인해 다양한 범위로 쪼개지기 때문에, 이후의 강들은 이전 강의 가지에서 갈라져 나온 것이다. 진보는, 가장 단순한 공통 조상으로부터 멀리 떨어져 있는 정도로 정의해야 하지만, 다양한 경로의 진행이 있기 때문에 어떤 생물체도 다른 생물체의 진화과정 중 한 단계라고 볼 수 없다. 이 그림은 척추동물에 초점을 맞추고 있지만, 무척추동물들 또한 다양성에 관해서는 척추동물과 전적으로 동등하게 다양한 문(門)들을 갖추고 있다는 사실을 기억해야 한다.

를 받고는 이 작업을 중단했다. 월리스의 발견이 가지는 중요성에 대한 역사가들의 의견은 완전히 상반된다. 어떤 사람들은 다윈의 초기 반응을 액면 그대로 받아들이고 월리스를 진화론의 공동 발견자로 간주하는데, 이는 그 후의 사건들이 월리스의 공로를 빼앗기 위해 계획된 것이라고 은연중에 주장하는 셈이다. 다른 사람들은 월리스의 1858년 논문을 면밀히 검토하고는, 다윈이 무심코 보고 넘어간 듯한 중요한 차이점들이 있음을 지적한다. 월리스는 인공 선택에 전혀 관심이 없었으며, 그의 논문이 같은 집단 내의 개체들 사이에서가 아니라, 실제로는 다양한 종이나 하위 종들 사이에서 일어나는 자연선택의 한 형태를 묘사하려는 의도로 씌어졌다고 볼 여지도 충분하다(이에 대한 개괄적 내용은 Kottler, 1985 참조). 이것은 결코 독립적인 발견의 예는 아니지만, 두 명의 자연학자들이 비슷한 그러나 동일하지는 않은 배경을 가지고 같은 문제의 다른 측면들을 연구한 경우라 볼 수 있다. 다른 점과 비슷한 점이 무엇이든지 간에, 다윈은 월리스와 그의 작업이 거의 동등하다고 보았기 때문에, 20년간 앞서고 있던 위치를 한순간에 잃어버릴지도 모른다는 두려움에 휩싸였다. 라이엘과 후커는 다윈의 글 중 두 개의 발췌본을 월리스의 논문과 함께 출판하려고 준비했다(Darwin · Wallace, 1958년에 재출간). 사람들이 많은 관심을 가진 것은 아니었지만, 다윈은 그의 이론에 대한 설명을 서둘러 완성했고, 이것은 1859년 막바지에 『종의 기원』이라는 제목으로 출간되었다.

다윈 이론의 수용

『종의 기원』은 진화에 대한 논쟁을 새롭게 촉발시켰다. 다윈은 뛰어난 과학자였고, 자연선택은 발굴된 풍부한 증거들의 뒷받침을 받는 중요하고도 새로운 독창성을 지니고 있었다. 이 이론이 진화를 신성한 계획의 전개로 보려 하는 모든 희망을 무너뜨리는 것처럼 보였기 때문에, 이를 둘러싼 논쟁은 더욱더 감정적일 수밖에 없었다. 이런 환경에서 과학자와 일반인들은 이 이론을 다양한 수준에서 평가하지 않을 수 없었는데, 그들이 가진 좀더 폭넓은 신념은 증거에 대한 평가에 분명 영향을 주었기 때문이었다. 논쟁은 일반적으로 진화 그 자체의 가능성과 세부적으로는 자연선택의 가능성, 두 주제 모두에 대해 격렬하게 이루어졌다. 다윈의 주장 중에는 새롭고 중요한 내용들이 있었지만, 그의 이론을 반박하는 전문적인 주장들도 역시 존재했다. 반대자 중 일부는 유전 분야에 초점을 맞춰 다윈 이론을 비판했는데, 다윈은 현대 유전학을 예상하지 못했기 때문에, 결국 오늘날 보기에 타당하지 않은 반론에 취약할 수밖에 없었다. 이런 상황들은 다윈의 새로운 이론을 수용할 것이냐 거부할 것이냐를 딱 잘라서 결론지어 줄 분명한 논쟁을 기대하기는 힘들게 만들었다. 과학적 논증만으로 자신의 의견을 바꿀 사람은 아무도 없었으며, 논쟁의 결과는 어느 정도 과학 공동체의 정치정략들과 여론의 변화 가능성에 의존했다. 결국 결론이 나지 않은 채 수년의 시간이 지난 뒤 진화라는 일반적 관념은 폭넓게 수용되었다. 그러나 자연선택은 여전히 논쟁의 불씨로 남게 되었다.

다윈의 이론은 토머스 헉슬리와 같은 젊고 급진적인 과학자들에게 엄청난 기회를 제공해주었다(Desmond, 1997; 과학논쟁에 관해서는 Hull, 1973 참조). 전문 과학자였던 그들은 자연신학이 과학을 종교에 종속시킨다고 보았기 때문에, 자연신학의 평판을 실추시키고 싶어했다(『현대과학의 풍경 2』 14장 "과학단체" 참조). 다윈의 이론은 이 역할을 확실히 수행했고, 비록 그의 반대자들에게는 유물론과 다름없는 것이었지만 헉슬리가 '과학적 자연주의'라고 부른 철학과도 잘 부합했다. 인간의 마음을 포함하는 모든 세계는 자연법칙의 작용으로 설명될 수 있었다. 여기서 헉슬리는 진화를 자연과 사회 둘 모두의 기반에 놓인 원리로 표현했던 철학자 허버트 스펜서와 공통의 대의를 형성할 수 있었다. 스펜서는 다윈 이론이 갖고 있는 개체주의를 환영했는데, 다윈의 이론이 개체들이 자신의 이익을 위해 수없이 많은 활동을 하고, 이것이 자연의 총체적인 진보를 낳는다는 스펜서의 관점과 잘 들어맞았기 때문이다. 이는 다윈 이론이 사회에 어떻게 적용되었는지를 잘 보여준다(『현대과학의 풍경2』 18장 "생물학과 이데올로기" 참조). 그렇지만 자연선택이 진화를 설명하는 유일한 모형이 아니었다는 사실 또한 인식해야 한다. 스펜서는 라마르크의 사상이 자신의 자가 개선(self-improvement) 이데올로기와 더 잘 부합했기 때문에, 그의 획득형질 유전이론을 선호했다. 헉슬리는 자연선택이 진화의 유일한 메커니즘이라고 생각하지 않았으며, 다윈이 변이가 무작위적인 방향을 향한다고 생각한 것과 달리 변이가 몇 가지 일정한 방향으로 나아간다고 믿고 싶어했다.

심지어 과학 공동체 안에서도, 종교적 믿음 때문에 자연주의적 철학을 거부한 이들이 많았다. 과학 밖에서는 종교적 · 도덕적 문제들이 이 이론에 대한 많은 사람들의 반응에 영향을 끼쳤다(『현대과학의 풍경2』 15장 "과학과 종교" 참조). 대중 언론의 반응을 검토한 알바 엘가드(1958)의 설문조사에 따르면, 보수적인 잡지일수록 진화를 받아들이는 데 크게 주저했으며, 거기에 기고한 작가들은 이 이론이 신의 신성한 섭리와 인간 영혼의 영적 상태를 훼손한다고 염려했다. 언변이 뛰어나서 요리조리 곤란함을 잘 피해 다녔기 때문에 '말주변의 달인 샘'이라는 별명이 붙은 윌버포스 주교와 헉슬리가 1860년에 벌인, 영국과학진흥협회에서의 논쟁은 보수 종교와 진화론의 충돌을 보여주는 상징적 사건이 되었다. 하지만 헉슬리가 이 사건의 대중적 이미지가 암시하는 만큼의 성공을 거두었던 것은 아니다. 그럼에도 많은 시간이 지난 후 보수적인 사람들은 진화의 기본적인 관념을 마지못해 받아들였다. 그러나 그들은 진화를 신의 목적이 표현되는 과정으로 보아야 했기 때문에, 여전히 시행착오를 기제로 삼는 자연선택 모형을 적대시했다. 1920년대에 가서야 창조론자들의 지속적인 반대가 다시 일어났다.

물론 이에 맞선 과학적 주장들도 있었다. 다윈은 특정한 형태가 고유한 개별 종인지 아니면 그저 다른 종의 변종인지를 결정할 때 자연학자들이 종종 마주치는 어려움들을 잘 이해하고 있었다. 그는 임의의 창조행위보다는 분지 진화 모형이 지리적 분포를 더 쉽게 설명할 수 있는 방식임을 보였다. 식물학자 조지프 후커와 에이서 그레이는 이 점에서 다윈을 지지했고, 월리스는 동물 분포를 주로 연구하여, 1876년에 중요한 종합 이론을 담은 책을 출간했다. 그러나 점차 사람들은 화석과 해부학적 증거를 가지고 지구에서의 생명의 역사를 자세하게 재구성하는, 다윈이 피하고자 했던 영역을 강조하기 시작했다. 다윈은 화석증거가 너무 불완전하기 때문에, 어떤 알려진 종의 조상을 자세하게 재구성하는 것은 불가능하다고 생각했다. 그러나 이로 인해 다윈은, '잃어버린 고리'를 찾지 않는 한 진화는 받아들이기 어렵다고 주장하는 비판자들의 공격에 직면해야 했다. 1870년대에 이르러, 진화론자들의 예측에 잘 맞는 것처럼 보이는 중요하고 새로운 화석들이 발견되었다. 독일에서는 시조새의 잔해들이 파충류와 조류 사이의 중간 형태를 분명하게 입증했다. 미국에서는 일련의 말 화석들이 현대 말 종을 향한 하나의 분화 서열을 보여주었고, 헉슬리는 이를 "진화의 실증적 증거"라고 선언했다(이러한 전개과정에 대해서는 Bowler, 1996 참조).

화석을 구할 수 없는 곳에서도, 독일의 에른스트 헤켈과 같은 열정적인 진화론자들은 해부학적 · 발생학적 증거를 사용하여, 생명의 나무의 주요 가지들 사이의 연결고리를 재구성했다. 헤켈은 발생반복설의 주요 주창자인데, 이 설은 오래된 병행진화론에 근거하여 배아의 발생이 개체의 모든 진화적 계보를 빠르게 따라간다고 가정했다. 헤켈과 그의 추종자들은(헉슬리는 자신을 이 집단에 포함시켰다) 모든 척추동물 강과 나아가 척추동물 그 자체의 기원을 설명하는 가설적인 계보를 제안했다. 마이클 루즈(1996)는 이 모든 움직임들을 진보적 진화라는 관념을 뒷받침하려는 지나친 열정에 이끌린 조악한 과학으로 치부한 바 있다. 이 진화론자들이 다윈에게서 배울 수 있었던 가장 중요한 교훈들의 일부를 무시했던 것은 분명한 사실이다. 진화의 모형으로 배(胚)를 사용함으로써, 그들은 인간 종이, 발생이 의도하는 최종적 목적임을 보여주는 방식으로 생명의 진보적 발생을 강조했다. 헤켈이 그린 생명의 나무는 인간을 향해 나아가는 큰 줄기를 갖고 있고 다른 종들은 모두 잔가지에 불과했는데, 이는 오래된 존재의 사슬 모형을 떠올리게 하는 선형적 모형이었다(그림 6.5). 헤켈은 그가 가정한 변화들을 가져올 수도 있는 적응적 선택압력의 종류를 탐색하는 데는 전혀 관심이 없었다. 경쟁가설들이 생기고, 어느 쪽이 옳은지를 결정할 화석증거를 찾을 가능성이 거의 없었기 때문에, 진화형태학(동물의 형태에 대한 과학)을 구축하려던 이 계획이 수렁에 빠졌던 것은 사실이다(7장 "새로운 생물학" 참조). 그러나 진화생물학을 추구한 전 세대의 노력을 시간낭비로 간주하는 것은, 그것이 그 당시에 다윈 이론을 가장 흥미롭게 응용한 사례로 인식됐던 점을 놓치는 것이다. 진화가 진보 사상을 지지하는 것처럼 보였기 때문에 환영받았던 것은 사실이지만, 그로 인해 생겨난 논쟁이 분자생물학 기술에 의해(이후 엄청난 화석들이 발견된 것은 말할 것도 없거니와) 이제야 비로소 해결되고 있는 상당한 문젯거리들을 제기했다는 것 역시 확실하다.

헤켈은 자신을 다윈주의자라고 불렀지만, 그는 자연선택이론에 라마르크의 용불용설이론을 듬뿍 담아 버무렸고, 게다가 독일 자연철학에 많이 의지하고 있는 이전 세대의 진보 사상을 열렬히 지지했다. 사실 자연선택은 무작위적인 변이에 기반을 둔 과정이 어떤 목적을 이루는 듯한 결과를 낳는다는 것을 믿기 어려워했던 일군의 과학자들로부터 중요한 비판을 받았다(Gayon, 1998; Vorzimmer, 1970). 리처드 오언은 진화를 받아들였지만, 그 과정이 신성한 계획에 의해 미리 결정된다고 주장했다(Rupke, 1993). 해부학자 성 조지 잭슨 미바트는 『종의 창세기(Genesis of Species, 1871)』에서 일군의 반론을 약술했는데, 이 반론 중 일부는 현대 창조론자

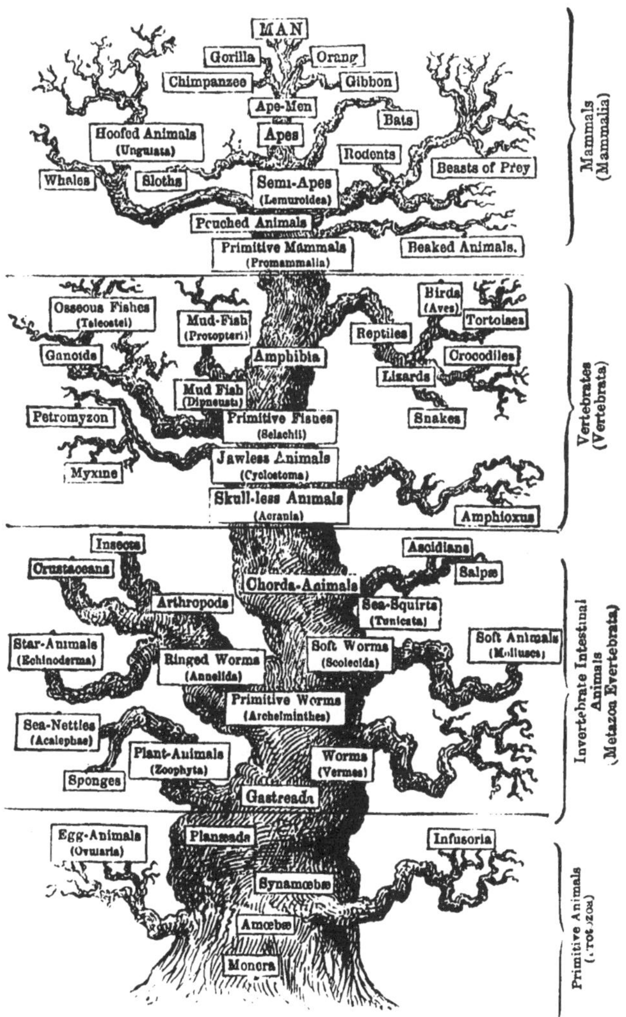

그림 6.5 에른스트 헤켈의 『창조의 역사』에 실린 생명의 나무 그림(제2권, 188쪽). 헤켈이 생명의 나무에 인간을 가장 꼭대기에 놓은 큰 줄기를 일부러 만들면서, 진화의 선형적 모형과 분지 모형을 (그림 6.3) 어떻게 조합하였는지 주목해보라. 그는 분기와 적응에 대한 다윈의 강조점들을 고수하고 있지만, 이것을 선형성에 얹어 '중심 서열(main line)'에 속하지 않은 모든 생물들을 줄기에서 뻗어져 나온 잔가지들로 취급하고 있다.

들에 의해 여전히 사용되고 있다. 그는 예를 들어 사지가 더 이상 다리가 아니지만 아직 적절한 날개도 아닌 상태일 때, 어떻게 자연선택은 어떤 구조가 옛 기능을 잃어버리고 나서 아직 효과적인 새 기능을 만들지 못한 중간 단계를 통해 구조를 변화시킬 수 있었는가라고 질문했다. 어떤 자연학자들은 많은 구조들이 적응적 기능을 전혀 갖고 있지 않다는 미바트의 주장에 동의하면서, 자연선택에 의해 통제되지 않는 미리 결정된 경향들이 존재함을 지적했다. 또한 지질학적 시간의 문제도 남아 있었다(5장 "지구의 나이" 참조). 1860년대 후반에 윌리엄 톰슨은 지구의 나이를 계산했는데, 많은 사람들은 자연선택만으로는 인간까지 올라가기에는 너무 시간이 많이 걸린다고 생각했다.

기술자 플레밍 젠킨이 다윈의 유전과 변이 모델에 대하여 제기한 반론도 심각했다. 다윈은 동시대 사람들과 마찬가지로 그레고어 멘델이 가정했던 분리된 유전 단위에 대한 개념이 전혀 없었고, 후손들이 부모들 사이의 어떤 차이를 (성별의 경우에는 명백히 그렇지 않음에도 불구하고) 단순히 혼합시킬 것이라고 생각했다. 젠킨은 만약 어떤 단일 개체에 이로운 새 형질이 나타난다면, 그 후손은 그 이점의 반만 가지고 있을 것이고, 그 다음 후손은 사분의 일만 갖고 있을 거라고 주장했다. 이렇게 몇 세대가 지나가면, 이로운 새 형질은 알아보기 힘들 정도로 희석될 것이고, 따라서 선택되기도 어려울 것이다. 다윈은 이에 대해 제대로 대답하지 않았는데, 오히려 유리한 형질들이 단일 개체 안에서 나타나지 않는다고 지적한 사람은 월리스였다. 처음으로 나뭇잎을 먹기 시작했던 원시 기린 집단을 생각해보자. 그들은 목의 길이에 있어 어느 정도 범위의 변이를 가졌을 것이며, 그 범위의 양 끝에는 목이 길거나 짧은 기린도 상당히 많이 존재했을 것이다. 목이 평균보다 더 긴 기린이 선택적으로 유리하기 때문에, 그들의 개체 수가 부족할 리는 없었다.

1880년대에 월리스는 다윈의 자연선택이론을 여전히 방어하던 소수의 생물학자들 중 한 명이었다. 진화론 그 자체는 견고했지만, 다윈주의는 자연선택이론에 대한 대안을 찾고자 했던 비판가들로부터 점점 집중적인 공격을 받게 되었다. 줄리안 헉슬리는 후에 이 시기를 '다윈주의의 일식(eclipse of Darwinism)'이라 불렀다(Bowler, 1983a). 미바트의 저작을 기반으로 해서, 많은 사람들은 진화가 생명의 속성이 갖고 있는 어떤 비적응적 경향에 의해 이루어진다고 주장했다. 적응이 갖고 있던 역할을 수용한 사람들은 라마르크 이론을 다윈주의에 대한 보강이 아닌 대안으로 보았다. 미국에서는 에드워드 드링커 코프와 같은 고생물학자에 의해 강력한 신라마르크주의 운동이 일어났다. 그들은 화석기록에서 발견한 거의 선형적으로 보이는 경향이 어떤 방향을 가리키는 작인의 결과라고 확신했다. 이 경우 새로운 습성은 종들을 더 특화된 구조로 몰고 간다. 19세기 후반의 관점에서 보았을 때, 다윈의 이론은 1860년대에 과학자들로 하여금 진화를 다시 생각하게 했던, 잠시 지나가는 역할을 맡았던 옛 유물에 불과했다.

인간의 기원

다윈은 인간 종이 매우 민감한 주제임을 알고 있었으므로, 『종의 기원』에서 그것에 대해 논의하기를 꺼려했다. 그러나 인간과 유인원 간의 관계가 어느 정도인가에 대한 논쟁은 이미 이루어지고 있었고, 다윈이 1871년에 『인간의 유래(Descent of Man)』로 결국 이 싸움에 뛰어들기 이전부터 이 주제는 오랫동안 첨예한 논쟁의 대상이 되었다. 종교 사상가들은 진화론이 인간을 동물에 연결한 점과 이를 통해 암암리에 영원불멸하는 영혼에 대한 신뢰를 손상시킨 점에 당황했다. 인간만이 더 높은 정신적 · 도덕적 기능들을 부여받았다고 보는 전통적 입장에서 볼 때 인간을 그저 개선된 동물일 뿐이라고 주장하는 진화론은 인간의 독특한 위치를 위협하고, 심지어 사회질서의 구조를 무너뜨릴 수도 있는 이론이었다. 그러나 다윈과 헉슬리가 선호했던 과학적 자연주의에서 중요한 점은, 이 세계에는 어떤 초자연적인 작인도 없기 때문에, 인간의 마음도 뇌 활동으로부터 나온 산물이고 뇌 또한 진화에 의해 만들어진 것일 뿐임을 보여주는 것이었다.

인간 종의 진화적 조상에 대한 연구는 1860년대 초반에 있었던 고고학 혁명에 의해 촉진되었다. 라이엘의 『인간의 태고(Antiquity of Man, 1863)』는 문명이 출현하기 전 수만 년 동안 석기시대 인간들이 지구상에 존재했던 증거들을 모아놓았다. 그러나 라이엘 자신도 원시인과 유인원 간의 진화적 연결을 받아들이기 힘들어했다. 그때까지 인간과 유인원 간의 잃어버린 연결고리를 구성할 만한 화석증거는 어디에서도 발견되지 않았기 때문에, 진화적 연결에 대해 주장하고 싶어했던 사람들은 인간과 현존하는 유인원들 간의 해부학적 상사성을 강조해야 했다. 헉슬리는 이미 인간과 유인원의 뇌의 유사 정도에 대해 리처드 오언과 논쟁하고 있었다. 그는 1863년 『자연에서의 인간의 위치(Man's Place in Nature)』에서 긴밀한 연결고리에 대한 자신의 주장을 요약했다(그림 6.6). 그러나 사실상 육체가 아니라 정신적 속성의 비교가 중요했고, 이미 허버트 스펜서와 같은 철학자들은 더 나은 정신적 기능들이 진화과정 속에서 어떻게 추가되었는가를 설명하기 위해 진화심리학을 만들기 시작했다(Richards, 1987).

다윈은 이 계획에 공헌하기 위해 『인간의 유래』를 내놓았다. 그는 동물과 인간의 정신 사이의 간극이 전통적으로 가정되어온 것처럼 그리 넓지 않음을 보여주고 싶어했다(그림 6.7). 동시대인들과 마찬가지로, 다윈은 점차 빅토리아인들이 '야만인들'이라고 불렀던 현대 인종들을, 조상 유인원에서부터 출발하는 진화과정 중 초기 단계에서 살아남은 옛 종들로 취급

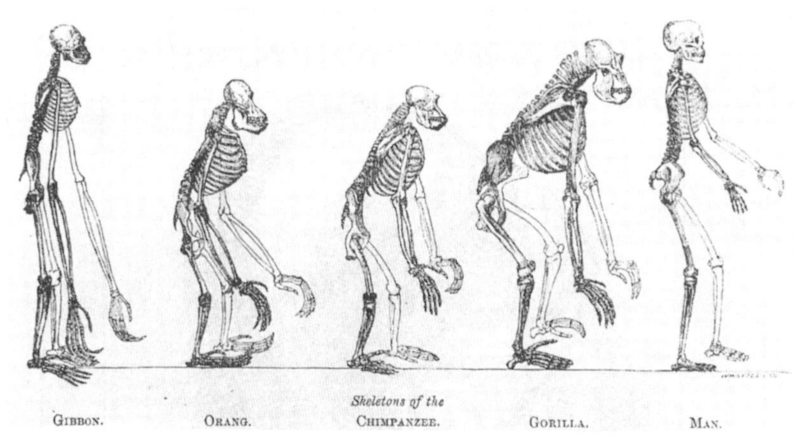

그림 6.6 T. H. 헉슬리의 『자연에서의 인간의 위치』의 속표지에 실려 있는, 인간(오른쪽)과 고릴라, 침팬지, 오랑우탄, 그리고 (비교했을 때 실물 크기의 두 배로 그려진) 긴팔원숭이의 골격을 비교한 그림. 헉슬리는 유사 정도를 볼 때 인간을 영장류로 분류해야 한다고 주장했는데, 이것은 인간이 유인원과 공통 조상을 공유한다는 의미를 내포했다.

하게 되었다. 야만인들은 석기시대의 유럽인 조상들과 동등했으며, 현재까지 살아남아 '잃어버린 연결고리'가 무엇인지 효과적으로 보여주고 있었던 것이다(『현대과학의 풍경2』 18장 "생물학과 이데올로기" 참조). 다윈은 또한 동물들의 정신적 능력을 과장하려고 노력했는데, 그때까지는 동물행동에 대한 과학적 연구가 전혀 이루어지지 않았기 때문에 그는 여행자들과 동물원 관리자들이 종종 동물의 행동을 인간의 관점에서 해석하는 이야기들을 증거로 삼을 수 있었다. 다윈에게 인간의 의식은 단지 우리 조상들이 진화에 의해 부여받았던 사회적 본능의 표현일 뿐이었다. 자연선택은 순수한 이기심을 위한 본능을 발달시키기보다는, (학습된 습성의 유전이라는 라마르크주의적 개념과 결부된) 집단 안에 정상적으로 살던 종들에게 사회적 본능을 발달시킬 수 있었다. 우리의 도덕적 가치들은 우리의 유인원 조상

그림 6.7 1881년 《펀치(Punch)》 잡지에 실린 다윈의 캐리커처. 그림의 설명문에 따르면 다윈의 이론은 인간을 "털이 많고 네 다리가 달린 동물"로부터 유래한 것으로 설명하고 있지만, 이 그림은 오히려 다윈을 더 하등한 동물, 즉 다윈의 마지막 저서의 주제이기도 했던 지렁이와 연결시키고 있다. 다윈은 토양을 재생시키고 긴 시간이 지나 주변 환경까지도 바꿔버리는 지렁이의 능력에 감탄했는데, 그는 매우 광범위한 이론적인 주제들을 다루면서도 자연사의 세세한 것들에 대한 관심을 계속 이어 나갔다.

들이 가지고 있었던 본능들을 그저 합리화한 것에 불과했다.

다윈은 인간이 어쩌다 그들의 유인원 친족들보다 더 높은 수준의 정신적 능력을 가지게 되었는지를 설명하는 것이 중요함을 깨달았다. 그는 아마도 우리의 조상들이 숲에서 나와 중앙아프리카의 초원에 들어섰을 때 직립보행을 했을 것이라고 제안했다. 이것이 그들의 손을 자유롭게 하여 도구를 만들게 했고, 그 결과 지능이 추가적으로 발전했다. 19세기 대부분 동안 진화심리학자들은 진화가 새로운 정신적 활동의 단계들을 계속해서 추가할 거라고 단순하게 가정했다. 그 결과 그들의 작업은 헤켈의 생물학에서 제시된 진화의 발생학적 모형을 확장했다. 이 분야에서 다윈의 수제자 조지 존 로마니스는 동물과 인간의 정신적 능력에 관한 여러 권의 책을 썼고, 새로운 정신적 능력이 추가되는 과정을 정확하게 재구성하려고 노력했다. 그는 발생반복설을 이용하여 인간 아이의 정신발달을 동물의 총체적 진화에 대한 모형으로 묘사했다. 비록 19세기 말에 발견된 화석들이 이 선형적 진화 모형에 도전했지만(Bowler, 1986 참조), 이런 생각들이 19세기 후반의 사상에 끼친 영향은 엄청났다. 마지막으로 영향을 받은 이는 지그문트 프로이트로, 그는 무의식 속에 묻혀 있는 동물적 본능들이 가끔 너무 강해져 이성적 정신이 그 아래 깔린 동물적 본능을 통제할 수 없게 될 것이라고 생각했다(Sulloway, 1979).

다윈주의의 부활

1900년 즈음의 수십 년 동안 대부분의 생물학자들은 진화론자로 남아 있었지만, 그들은 다윈주의가 죽었다고 믿었다. 그러나 생명과학이 새롭게 발전하면서 19세기 후반 진화론을 뒷받침하고 있던 기반은 도전에 직면했다. 많은 생물학자들은 전문 과학자로서 자신들의 지위를 강화하기 위해 실험적 연구로 돌아섰으며, 지구상에서 생명의 진화를 재구성하려 했던 비교해부학자와 고생물학자들을 경멸하기 시작했다. 이런 움직임의 산물로, 유전과 변이에 대한 연구 프로그램이 생겨났고 이는 장차 현대 유전학의 창립을 이끌었다(8장 "유전학" 참조). 유전학자들은 발생반복설을 떠받치고 있던 라마르크주의적인 효과와 발전적 경향 모두를 거부했다. 그들은 신라마르크주의에 대한 지지를 서서히 무너뜨렸는데, 추후에 돌이켜보면 이런 움직임은, 다윈의 자연선택이론이 재등장하는 발판을 닦은 것으로 볼 수 있다. 그러나 초창기 유전학자들은 라마르크주의만큼이나 다윈주의에 많은 시간을 할애하지 못했다. 그들은 선택이라는 과정이 필요 없고, 대규모의 유전적 돌연변이를 통해 새로운 종이 만들어진다고 생각했다. 다윈 혁명의 마지막 단계는 복잡한 조정과정으로부터 나타났는데, 이는 유전학자들이 한 집단 내에서 좋은 유전자들이 축적되는 것을 설명하기 위해 자연선택이 매우 필수적이라는 관점에 거의 도달했을 때였다. 한 세대의 생물학자들이 등을 돌렸지만, 다윈의 이론이 결국 옳았다는 것이 밝혀진 것이다.

유전이 개체의 형질을 엄격하게 결정한다고 확신했던 생물학자들이 첫 발걸음을 내디뎠다. 자녀가 부모로부터 물려받은 형질들을 환경의 영향으로 바꾸기는 어렵다. 독일에서는 아우구스트 바이스만이 한 세대로부터 다음 세대로 유전하는 '생식질(germplasm)'이 있다고 가정했다. 그는 생식질이 몸의 나머지 부분으로부터 고립되어 있기 때문에 라마르크주의적인 효과는 일어날 수 없다고 주장했다. 바이스만은 환경이 형질의 유전에 영향을 끼칠 수 있는 방법은 오직 자연선택뿐이라고 주장했다. 영국에서는 통계학자 칼 피어슨이 이와 비슷한 관점을 채택해, 야생 집단의 변이에 영향을 끼치는 자연선택의 효과를 감지하려고 노력했다(그림 6.8). 그의 관점은 논쟁의 소지가 있었는데, 그가 선택 이론을 지지하자 유전학의 창

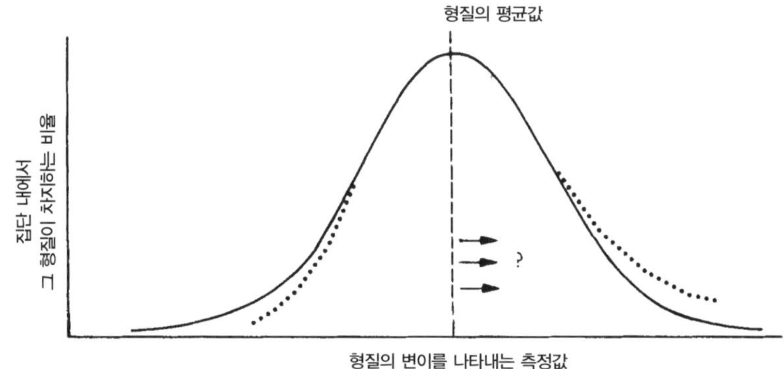

그림 6.8 다이어그램은 집단 안에 있는 어떤 형질의 연속변이 분포와 그 분포에서 자연선택의 효과를 보여주고 있다. 예를 들어, 실선은 인간 집단 내에서 키의 변이를 나타내는 종 모양의 '정규' 곡선이다. 집단 내에서 그 형질이 차지하는 비율(세로축)과 그 형질의 측정값(가로축)을 가지고, 특정 범위 내에서 어떤 지점을 가리킬 수 있다. 가장 큰 비율은 평균값 주위에 모여 있으며 양 극단으로 갈수록 그 비율이 점점 작아진다. 즉, 대부분의 사람들은 대략 평균값의 키를 가지고 있으며, 아주 작거나 큰 사람들의 수는 매우 적다. 칼 피어슨과 웰던 같은 생물측정학자들은 야생 게와 달팽이 집단에서 서로 다른 형질들에 대한 변이를 측정하여, 위와 같은 곡선을 얻었다. 그러나 다윈주의자들은 집단이 자연선택과 관계 있다는 것을 보이기 위해, 분포에서 어떤 영속적인 변화를 발견해야만 했다. 만약 특정한 환경에서 키가 큰 개체가 유리하고 키가 작은 개체들이 불리하다면, 이는 점선이 가리키는 것처럼 다음 세대에서 더 많은 키가 큰 개체들과 더 적은 수의 키 작은 개체들이 생산됨을 의미한다. 그렇다면 이 효과가 집단 전체의 평균값을 화살표 방향으로 옮겼는가? 측정의 결과는 이런 효과가 일어났다고 보여주는 것 같지만, 사실 그 값은 너무 작아서 많은 반(反)다윈주의 생물학자들에게 확신을 주지는 못했다.

시자들은 그를 소외시킬 만큼 적대적인 반응을 보였다. 그에게 있어서 진화는 다윈이 가정했던 것만큼이나 느리고 점진적인 과정이었는데, 멘델 유전학을 창시했던 생물학자들은 바로 그 점에 도전하고자 했다.

오랫동안 무시당했던 그레고어 멘델의 유전법칙을 '재발견' 한 몇몇 생물학자들이 대안으로 찾았던 것이 바로 갑작스런 도약에 의한 진화론이었다(Bowler, 1989). '유전학' 이라는 용어를 만들고, 멘델의 논문을 처음으로 영문 번역했던 윌리엄 베이트슨은 1890년대 동안 공개적으로 다윈주의를 거부했다. 그는 종 내의 변이에 대한 연구들이, 그들 안에 있는 개별 변이가 점진적인 적응적 변화가 아닌 갑작스런 도약에 의해 생겨났음을 보여준다고 주장했다. 멘델의 논문에 처음으로 관심을 보인 생물학자 중 한 사람이었던, 네덜란드 식물학자 휘호 더프리스는 새로운 형태의 달맞이꽃이 갑자기 출현한 현상을 근거로 '돌연변이설' 을 제안했다. 돌연변이의 성격을 마침내 규명한 토머스 헌트 모건은 더프리스의 이론을 지지하며 다윈주의에 강하게 반대하기 시작했다. 이 모든 생물학자들이 멘델의 법칙에서 발견한 유전 모델로 돌아선 것은, 그들이 새로운 형질은 분리된 단위로 만들어진다는 생각을 선호했기 때문이다. 그들로서는 모든 유전 가능한 형질들을 한 세대에서 다음 세대로 전달되는 고정된 개별 단위로 취급하는 이론을 받아들이는 것은 자연스러워 보였다. 1900년경에 더프리스 등의 생물학자들은 출간된 지 30년 이상 지난 멘델의 논문을 우연히 접했는데, 멘델이 (곧 유전자로 알려지게 된) 이런 단위의 유전을 지배하는 법칙을 훨씬 전에 발견했다는 사실은 당시 최신 이론을 예측한 선견지명으로 여겨져 찬사를 받았다.

초기 멘델주의자들이 자신들의 이론을 다윈주의에 대한 새로운 대안으로 본 것은 그리 놀랄 일이 아닌데, 피어슨은 유전학자들의 유전 모델과 그가 많은 야생 집단에서 연구한 변이의 연속 분포가 서로 맞지 않았기 때문에 전자를 거부했다. 양측이 한 문제의 서로 다른 측면을 보고 있음을 발견한 생물학자들이 둘 사이에 다리를 놓기까지는 20년이란 시간이 걸렸다. 그 와중에, 진정한 유전 돌연변이에 대한 모건의 연구는 더프리스의 거대 돌연변이설이 새로운 유전형질이 정상적으로 만들어지는 방식을 반영하지 못했음을 보여주었다(사실 달맞이꽃은 잡종이며, 더프리스가 관찰한

'새로운' 형태들은 진짜 돌연변이가 아니었다). 유전자들은 보통 한 세대에서 다음 세대로 그들의 형질을 원래 상태 그대로 전달하지만, 모건과 그의 연구팀은 때때로 무언가가 유전자를 변화시킴에 따라 유전자가 다른 형질을 가리키는 정보를 암호화하게 된다는 것을 보여주었다. 거대 돌연변이는 해롭고 종종 치명적이기까지 하지만, 개체들이 집단 내의 다른 구성원들과 번식함에 따라, 다수의 훨씬 작은 돌연변이들이 후대로 전해지게 된다. 1920년에 모건은 돌연변이가 종 내의 유전적 변이를 지속적으로 공급한다는 것을 깨달았고, 심지어 자연선택과 비슷한 어떤 효과가 돌연변이를 집단 속으로 퍼져 나가게 한다는 것을 인정하기 시작했다. 변형된 유전자가 새로운 환경에 유리한 어떤 형질과 관계가 있다면, 그것을 가진 개체들은 훨씬 쉽게 번식할 수 있으며, 그 후손은 그런 유전자를 가진 개체들을 더 많이 포함할 것이다. 이와 반대로, 해로운 형질을 가진 유전자는 점차 제거될 것이다. 이와 같이 다윈이 가정했던 무작위적인 변이의 근본적인 원인은 바로 돌연변이였던 것이다.

많은 형질들이 한 개 이상의 유전자에 의해 영향을 받을 수 있기 때문에, 변이에 대한 유전학적 모델은 피어슨과 같은 다윈주의자들이 관찰했던 변이의 연속 분포와 맞지 않는다는 것 또한 밝혀졌다. 어떻게 유전자들이 집단의 다양성을 유지하는가, 그리고 변이의 범위가 자연선택에 의해 바뀔 수 있는가를 연구하기 위해, 집단유전학이라는 새로운 분야가 탄생했다(Provine, 1971). 영국에서는 로널드 에일머 피셔가 『자연선택의 유전학적 이론(Genetical Theory of Natural Selection)』을 1930년에 출간했는데, 그는 모든 진화가 거대 집단에서 자연선택의 느린 작용을 통해 일어난다고 주장했다. 홀데인 또한 이 이론에 기여했지만, 그는 유전자가 주요한 적응적 이점을 제공할 때, 피셔가 생각한 것보다 이 과정이 훨씬 빠르게 일어날 수 있음을 인식했다. 미국에서는 서얼 라이트가 인공선택에서 유도한 다른 모형을 이용하여, 종들이 작은 하위 집단으로 나뉘어서 그저 서로 우연히 교잡할 때 자연선택이 가장 잘 작동함을 보여주었다. 라이트의 수학 공식들이 테오도시우스 도브잔스키의 『유전학과 종의 기원(Genetics and the Origin of Species, 1937)』 속에서 현장 자연학자들이 이해할 수 있는 용어로 번역되면서, 다윈주의는 진화의 지배적인 모델로 등장할 수 있게 되었다.

에른스트 마이어와 같은 현장 자연학자들이 새로운 다윈주의에 공헌하기 시작했는데, 실제로 마이어와 그의 동료들은 유전학적 이론을 알게 되기 전부터 이미 더 나은 자연선택적 모델을 찾고 있었다(Mayr and Provine, 1980). 1942년 토머스 헉슬리의 손자인 영국의 자연학자 줄리안 헉슬리가 『진화: 현대적 종합(Evolution: The Modern Synthesis)』을 출간했는데, 이 이론은 그 이후 현대적 혹은 진화적 종합으로 알려져 왔다. 현대적 종합에 관여한 사람들과 그 후대의 역사가들은 그 이론을 만들기 위해 정확하게 무엇이 종합되었는지에 대해 여전히 논쟁하고 있다. 과연 자연선택과 유전학의 이론적 종합이었는가? 아니면 비다윈주의적인 경쟁 이론들을 제거함으로써 예전에는 서로 적대적이었던 생물학적 연구 영역들이 서로 화해한 것인가? 왜 다른 곳보다 영미 과학 공동체에서 현대적 종합이 더 뚜렷하게 나타났는가? 이것은 영국과 미국보다 프랑스와 독일에서 덜 결정론적인 방식으로 유전학이 발달했다는 사실을 반영하는가? 부분적으로는 종합이 그 이후 성공적으로 진화론을 계속 지탱했다는 사실에 힘입어 이와 같은 논쟁들은 계속될 것이다.

결론

한때는 『종의 기원』의 출간

으로 다윈 혁명이 일어났다는 견해가 유행이었는데, 이는 더 이상 유효하지 않다. 역사가들은 다윈의 책이 출간되기 훨씬 이전부터 신성한 창조라는 관념에 대한 도전들이 있었고, 설계된 우주라는 개념조차 시간 경과를 통한 발전이라는 관념에 들어맞을 수 있도록 더욱 정교화될 수 있음을 보여주었다. 진화의 기본 개념에 대한 논쟁은 『흔적들』의 출판 이후 광범위하게 일어났으며, 다윈의 이론은 체임버스의 진보에 대한 관점에 부분적으로 기여한 것으로 이해되었다. 한층 유물론적인 다윈의 이론은 과학자들에게 새로운 기회를 제공해주었는데, 특히 헉슬리의 과학적 자연주의에 동조하는 사람들에게 더욱 그러했다. 하지만 자연선택이론이 함축하고 있는 가장 급진적인 내용은 결국 20세기에 이르러서야 파악될 수 있었다. 최초의 다윈 혁명은 신의 섭리의 산물 혹은 자연법칙에 의한 진보라는 관념 안에서, 신앙에 기초해 기존에 존재했던 세계관을 그저 진화론적인 해석으로 전환한 것에 지나지 않았다. 현대 생물학자들이 다윈의 저작에서 가장 독창적인 부분으로 간주한 자연선택은, 다윈의 독자들에게 충격을 주어 진화라는 일반 개념을 받아들이게 하는 역할을 했을 뿐이며, 결국 그들은 자연선택을 진지하게 수용할 수는 없었다. 다윈의 주장을 뒤엎은 진화의 발전적 관점을 부수고 현대 다윈주의로의 전환을 완성하기 위해서는, 멘델 유전학의 출현과 관계된 두 번째 혁명이 일어나야 했다.

물론 어떤 면에서 보자면, 혁명은 아직 끝나지 않았다. 현대적 종합의 지지자들은 그들의 이론이 전통적 믿음에 제기하는 어려움들을 숨기지 않았는데, 이에 대한 반응으로 1920년대에 근본주의자들의 반론이 다시 일어났다. 특히 미국에서는 전통적 믿음을 가진 수많은 사람들이 철저하게 진화론을 거부하고 여전히 신의 창조를 믿고 있다. 과학의 영역에서 볼 때 다윈 혁명이 아무리 완벽하다고 해도, 대중의 태도에서 보자면 그 혁명이 가야 할 길은 아직 요원한 것이다. **(성하영 옮김)**

7 Making Modern Science

새로운 생물학

생물과학(biological sciences)은 19세기부터 근대적인 형태를 띠기 시작했고 그때서야 비로소 '생물학(biology)'이라는 용어가 광범위하게 사용되었다(Coleman, 1971). 이전 시기의 생명과학(life sciences)은 자연사를 통해 연구되거나 내과 의사들이 해부학과 생리학을 이용하는 와중에 연구되었는데, 이 두 분야(자연사와 의학)는 약용식물에 대한 관심 등을 공유하며 연결되어 있었다. 그러나 19세기에는 살아 있는 생물에 대한 연구를 물리학에 버금가는 위상으로 끌어올리기 위해 많은 노력이 행해졌다. 국내 혹은 세계 곳곳에서 발견되는 생물 종들을 수집하고 분류하는 것만으로는 충분치 않았다. 생물학자들은 생명체의 서로 다른 내부 구조를 자세히 이해하고 싶어했으며, 개체 발생과 지구상의 생명 진화라는 두 영역 모두에서 생명체의 구조가 어떻게 만들어지는지에 점점 더 관심을 기울였다.

자연사는 비교해부학과 발생학으로 대체되었고, 때로는 구조나 형태를 연구하는 '형태학(morphology)'이라는 과학에 통합되기도 했다. 형태학은 해부실이나 실험실에서, 정교한 현미경과 분석적인 기술을 기반으로 연구되었다. 생명과학에 헌신할 수 있는 전문적인 학문집단을 형성하기 위한 노력이 진행되는 가운데, 현장 연구라는 오랜 전통은 주변부로 밀려났다.

살아 있는 조직의 구조에 대한 상세한 연구가 세포설을 지향하는 방향으로 이뤄짐에 따라, 생명의 본성에 대한 생물학자들의 생각에도 큰 변화가 일어났다. 모든 생명체가 특정 기능으로 분화된 세포로 이루어져 있다고 봄으로써 화학적 수준에서 그것들이 어떻게 기능하는지를 연구하는 방법이 새로이 개척된 것이다. 세포에 대한 개념은 또한 난자와 정자가 결합하여 배아를 발생시키는 과정을 보여줌으로써 생식 연구에도 변화를 가져왔다. 그러나 이 모든 과학이 따라야 하는 모델이 실험생리학으로부터 파생되는 경우가 점점 더 많아졌다. 내과 의사들은 언제나 신체의 구조를 연구하는 해부학을 배워왔으며, 18세기를 거치며 '생리학'이라고 알려지기 시작한 신체 부위별 작동에 대한 이론들을 이용해왔다. 그러나 19세기에 들어 생리학은 실험적 방법을 적용함으로써 변화하였고, 몸의 작동 기작을 완전히 새로운 이론적 이해의 틀 안에서 연구하기 시작했다. 정상적인 기능을 더 많이 알아갈수록 잘못된 현상이 어떻게 일어나는지도 더 잘 이해할 수 있었기 때문에 생리학 연구는 여전히 의학적으로 유용하리라는 기대를 받고 있었다. 그러나 초기의 생리학자들이 의학 교육의 틀 안에서 연구를 수행했던 것과 달리, 19세기의 생리학은 의학부 내에서뿐 아니라 대학의 과학 학부에 독자적인 분야를 두게 되었다(구식이긴 하지만, 아래에 논의된 많은 생물학자들에 대한 상세한 연구로는 Nordenskiöld, 1946 참조).

이런 변화를 통해 생명과학 연구에 실험적 방법이 도입되었으며, 여기에는 살아 있는 동물의 몸에 가해지는 과학적인 목적의 생체해부 시술도 포함되었다. 고대 의학에서도 실험을 이용한 경우가 있었으며 윌리엄 하비는 피의 순환에 대한 자신의 이론 일부를 설명하기 위해 살아 있는 동물들을 사용한 바 있었다. 그러나 19세기에 이르자, 생체해부는 몸의 기능을 이해하는 데 꼭 필요한 전형적 과정으로 인식되었다. 해부학자들은 구조를 탐구하기 위해 죽은 신체를 이용했지만, 그 기능을 연구하기 위해서는 살아 있는 유기체에서 일어나는 과정을 통제된 방식으로 조작해야만 했다. 여기에는 과학이 발전하는 방식에 중요한 영향을 미치는 윤리적 문제들이 있었지만, 생리학자들은 동물에게 제한적인 고통을 가하는 것이 인간의 질병을 이해하고 치료한다는 더 중요한 가치를 위해 반드시 필요한 과정이라고 주장했다.

이제 실험실은 과학적 생리학을 수행하는 핵심적인 장소가 되었고, 형태학은 이 새로운 모델에 최대한 가까워졌다. 이 방향으로 진행된 초기 발전들은 대부분 프랑스와 독일에서 이루어졌다. 1870년대 영국에서 토머스 헨리 헉슬리와 그의 제자들이 19세기 초에 소개된 용어를 빌려와 '생물학'이라는 근대적인 분야를 확립하기 시작했는데, 그들은 생리학과 형태학이라는 실험실 기반의 두 과학을 쌍두마차로 내세워 생물학과 과거의 자연사 사이에 거리를 두고자 했다(Caron, 1988). 그럼에도 불구하고 새로운 과학의 모습이 어떠해야 하는지를 결정하게 된 것은 생리학이었다. 단순히 죽은 동물을 묘사하는 것만으로는 살아 있는 조직이 실제로 어떻게 활동하는지를 이해하기 어려웠기 때문이다. 19세기 말에 접어들면서 '형태학에 대한 반란'이 생명과학의 많은 분야들에 영향을 끼쳤는데, 이러한 반란은 생리학의 뒤를 좇아 실험의 영역에 들어가려는 욕망에서 비롯된 것이었다(Allen, 1975).

실험적 방법이 적용되면서 오늘날 우리가 당연하게 여기는 생명체와 생명현상의 본성을 설명하는 새로운 이론들이 출현했다. 하비가 발견한 혈액순환은 내과 의사들의 해부학적 이해를 변화시켰으며 중세 생리학 전통에 대한 신뢰도를 떨어뜨렸다. 그러나 혈액순환을 발견했다고 해서 옛 체계에 근거한 방혈(放血) 등의 의학 치료법들이 곧바로 자취를 감춘 것은 아니다. 이것은 호흡이나 음식물 섭취 등의 과정에서 일어나는 몸의 현상을 사리에 맞게 설명할 만한 새로운 생리학 체계가 아직 없었기 때문이기도 했다. 살아 있는 각 조직들이 수행하는 기능을 식별하는 데 몇몇 중요한 성과가 있었지만, 그런 기능들이 어떻게 작동하는지에 대해서는 거의 밝혀진 것이 없었다. 결국 생리학이 새로운 과학이 되기 위해서는 그에 적합한 화학 분과가 만들어져야 했다. 근대적 생리학이 라부아지에의 '화학혁명' 이후, 그리고 유기화학이 첫 걸음을 내디딘 이후의 한 세기 동안에 형성된 것은 바로 이런 이유 때문이다. 라부아지에는 신체가 공기로부터 혈액 속에 녹아든 산소를 이용해 음식물에서 나온 화학물질을 '태운다' 고 가정하며 연구에 착수했는데, 이 계획은 19세기 일련의 연구 프로그램들에 기반을 제공했고 그중 상당수는 근대 생물학의 초석으로 여겨지기도 한다.

실험주의의 영향과 더불어, 대부분의 전통적 생리학의 역사는 생명의 본성에 대한 주요 이론 간의 논쟁에 초점을 맞춘다. 17세기까지 내과 의사들은 물질적인 신체가 비물질적인 영혼과 생명력(vital force)에 의해 활성화된다는 고대 철학자들의 주장을 따랐다. 기계적 철학은 살아 있는 신체(암시적으로 인체를 지칭)가 물리적 힘에 의해 움직이는 물질적 구조물 이상이 아니라는 유물론의 재등장을 부추겼다(2장 "과학혁명" 참조). 이런 유물론적 접근은, 원자와 분자의 움직임과 살아 있는 신체의 복잡한 기능을 효과적으로 연결해줄 적절한 화학이 없었기 때문에 더 이상 발전할 수 없었다. 몇몇 눈에 띄는 과학자들이 생명을 물리적 현상으로 제한하려는 흐름에 반대하기는 했지만, 19세기 생리학은 유물론적 방향으로 전개되었다. '생기론'의 몰락은 종종 근대 생명과학의 등장에 있어 중요한 개념적 발전으로 표현되는데, 최근의 역사는 이러한 흑백논리에서 벗어난 관점을 채택한다. 유물론을 거부했던 생물학자들은 나름대로 매우 논리적인 이유들을 근거로 반대 의견을 표했으며 그들 중 일부는 생명이 단순한 물질활동 이상의 무엇이라는 믿음을 바탕으로 분명 중요한 성과들을 냈다. 20세기 초, 홀데인과 같은 유명한 생리학자에게서는 생명력이 초자연적인 방식으로 물질세계에 개입한다는 구시대적 사고가 거의 드러나지 않았으나 그 역시 단순 환원적인 유물론은 거부했다. 유기적 현상들을 분자 수준으로 한정시켜 설명하기는 불가능하며, 이것을 복잡계의 작용으로 봐야 한다고 말한 생물학자도 있었다. 이것은 부분은 물리법칙에 의해 작동될지언정 전체는 부분의 합 이상이며 상위의 기능을 보일 수 있다고 믿는 유기체론이나 전체론의 철학이다.

이 장은 근대 생명과학의 형성에서 중요했던 몇몇 발전들을 선택적으로 개괄할 것이다. 우선 이 장은 형태학의 기원에 대해 간단히 조명하고, 이것을 진화주의를 포함한 다른 과학들에 대한 우리의 논의와 연관할 것이다. 그러고 나서 유기체의 조직에 대한 지식과 세포설의 확장에 초점을 맞출 것이다. 그 후 우리는 생리학과, 호흡과 영양공급을 포함한 '동물 기계(animal machine)'의 근본적 기능의 작동을 이해하려던 시도로 관심을 돌릴 것이다. 실험적 방법과 새로운 유물론이라는 두 가지가 새로운 과학(New Science) 속에 흐르는 기풍을 정의하는 데 담당했던 역할은 이 모든 이야기를 관통하는 논제가 될 것이다.

구조에 대한 연구

18세기에는 외래종에 대한

자연학자들의 지식이 대대적으로 확장되었으며, 린네의 사례에서 볼 수 있듯이(6장 "다윈 혁명" 참조), 다양한 생물을 분류하는 작업에 엄청난 관심이 집중되었다. 19세기 초에는 좀더 '과학적인' 근거로 분류를 행하려는 시도가 나타났고, 이에 조르주 퀴비에를 비롯한 몇몇 사람들은 종의 진정한 본성과 자연 속에서의 진정한 위치는 오직 그 종의 내부 구조에 의해서만 결정된다고 주장하기에 이르렀다(Coleman, 1964). 비교해부학은 새로워진 동시에 기술적으로 한층 정교해진 자연사의 핵심 양식이 되었다. 연구장소는 수집가들이 여전히 새로운 종을 찾아 헤매던 야외가 아니라 대규모 박물관이나 대학 학부 내에 위치한 실험실들로 점차 자리를 옮겼는데, 도시로 보내진 생물 표본들은 이들 실험실에서 더 작은 단위들로 해부되었다(그림 7.1). 퀴비에와 그의 훌륭한 경쟁자였던 조프루아 생틸레르는 둘 다 리처드 오언이 왕립의과대학 박물관을 기반으로 영국의 대표적인 형태학자가 되었던 시기에 파리의 자연사 박물관에서 일했다(Appel, 1987; Rupke, 1993). 그러나 19세기 후반의 형태학은 점차 대학의 동물학부에 터를 잡아가면서 의학적 연구와는 가끔씩만 겹치는 모습을 보이게 되었다(독일 형태학의 제도화에 대해서는 Nyhart, 1995 참조). 식물학 분야에서도 오래된 분류법 전통이 식물의 구조와 기능에 대한 세부적인 연구로 대체되며 비슷한 발전이 이루어졌다.

퀴비에와 그의 동료들은 야생의 자연을 연구하던 이들에게서 분류학을 넘겨받아 실험실과 해부실의 통제된 세계로 가지고 들어오면서 분류과학의 혁명을 이루었다. 유기체가 야생에서 어떻게 살아가는가 하는 문제가 관심 밖으로 밀려나면서, 다윈이 비글 호를 타고 여행하면서 연구를 수행할 때만 해도 뚜렷하게 보였던 현장 연구의 옛 전통은 점차 주변으로 밀려났다. 이 전통은 19세기 말, 생태학의 탄생과 함께 다시 부활했다. 다윈은 자신이 수집한 엄청난 양의 삿갓조개들을 해부하는 데 몇 년의 시간을 보

그림 7.1 1845년에 설립된 파리 의과대학의 비교해부학 전시실. 이 전시실은 서로 다른 골격구조들의 세부사항을 비교해 연구하는 주요 장소였으나, 이와 비슷한 자연사 박물관의 수집물들은 세계 곳곳에서 모아진 이국적 표본들을 대중들에게 전시하는 용도로 활용되기도 했다.

냈고, 삿갓조개 무리에 대한 연구결과를 방대한 저서로 출간하면서 생물학자로 인정받고자 했다. 그러나 다윈은 집에서 연구하는 내내 작은 확대경만을 사용하는 등 심지어 현장 연구 분야에서도 이미 시대에 뒤처져 있었다. 19세기 중반, 박물관과 대학의 특화된 실험실에서는 다른 생물군에 대한 유사한 연구들이 훨씬 더 정교한 현미경, 해부 도구, 염색 시약 등을 사용해 이루어졌다.

유기체의 내부 구조를 이해하려는 이러한 연구들의 주요 목적은 여전히 분류였으며, 분류학은 이제 형태학이라는 새로운 과학의 일부가 되었다. 퀴비에는 동물의 구조를 이해하려면 기관들이 어떤 기능을 하는지를 알아야 한다고 주장한 바 있지만, 생명체의 삶에서 구조가 수행하는 실제 기능은 너무 자주 무시되었다. 이후 비판자들은 형태학자들이 살아 있는 생물보다 죽은 생물에 더 많은 관심을 보였다고 비난했다. 형태와 기능 중 상대적으로 어느 것이 더 중요한가를 놓고 광범위한 논쟁이 제기되었는데, 형태학자들 중 상당수는 조프루아 생틸레르의 주장, 즉 실제 기능과는 관계없이 다양한 구조들을 결정하는 '형태의 법칙'이 존재한다는 주장을 추종했다(Russell, 1916). 19세기 말 '다윈주의의 일식'이 일어나던 기간(6장 "다윈 혁명" 참조)에 자연선택에 대한 대안으로 비적응적 진화사상이 확산된 것도 이런 전통 속에서 일어난 현상이었다. 에른스트 헤켈 같은 형태학자들은 진화론을 환영했는데, 이를 통해 자신들이 규명한 각 생명체들 간의 관계가 조물주의 머릿속에서 나온 패턴이 아니라 실재하는 계통학적 유전의 산물임을 주장할 수 있었기 때문이다. 그러나 그들은 야생에서 동물들이 어떻게 기능하는지에 대한 다윈의 면밀한 연구나, 기후변화와 경쟁종의 침입으로 인해 동물들이 영향을 받는다는 내용은 받아들이려 하지 않았다. 대신 그들은, 진화를 생명체 내부의 힘에 의해 추동된 패턴이 질서 있게 펼쳐지는 과정이라고 보았다(Bowler, 1996).

생명체가 어떻게 진화하는지를 이해하기 위해서, 형태학자들은 비교발생학으로 방향을 돌렸다(그림 7.2). 헤켈의 용어법은, 개체 발생(ontogeny: 개별 유기체의 발생)이 계통 발생(phylogeny: 종의 역사적 진화)의 단계를 반복한다는 가정을 기반으로 하고 있었다. 사실 발생학은 19세기 초에 크게 발전했다. 배(胚)가 수정란 속에 이미 형성되어 있는 축소형으로부터 단지 확장된다는 낡은 전성설 이론은, 단순한 형태의 수정란이 복잡한 일련의 변화과정을 거쳐 유기체의 여러 구조를 차츰 형성하게 된다는 정교한 후성설로 대체되었다. 1827년에 포유류의 진짜 난자를 실제로 발견한 카를 에른스트 폰 베어는 이듬해인 1828년에, 생명체의 주요 그룹에 속하는 각각의 개체들이 독특한 분화과정을 거침으로써 그 그룹을 특징짓는 특화

그림 7.2 나폴리에 설립한 동물학 연구소에서, 1889년에 현미경을 사용해 연구하고 있는 안톤 도른의 모습('안톤 도른' 동물학연구소 문서보관서의 허락으로 게재). '원시' 생명체들과 그것들의 발생단계를 현미경을 통해 연구하는 것은 그 당시 지구 생명체의 역사를 재구성하기 위해 일상적으로 행해진 노력이었다. 또한 해양생물연구소들은 생물학자들로 하여금, 도른이 사용한 현미경처럼 이용 가능한 최선의 장비들을 이용해 살아 있는 표본들을 연구할 수 있도록 했다. 그러나 의미심장하게도 도른은 생명체 계보도의 정확한 구조를 두고 헤켈과 갈등을 겪었으며, 그들이 발견한 증거들은 둘 사이의 의견 차를 해소시키지 못했다.

된 기관을 형성한다는 사실을 밝혀냈다. 발생의 단일한 사다리 같은 것은 어디에도 없었고, 동물계의 역사는 다윈이 그의 진화 이론에서 선언했듯이 가지를 뻗친 나무와 같은 구조일 때 가장 잘 이해될 수 있었다. 그러나 헤켈은 이 나무에 인간의 형태를 향해 뻗어 있는 단일한 중심 줄기를 상정함으로써 이 관점을 뒤집었다. 그래도 어떤 측면에서 보면, 헤켈이 발생학과 진화주의를 종합할 수 있었던 것은 생물의 구조를 현미경 수준에서 연구하는 최신 연구기법 덕분이었다. 그는 수정란의 단일 세포가 갈라지고

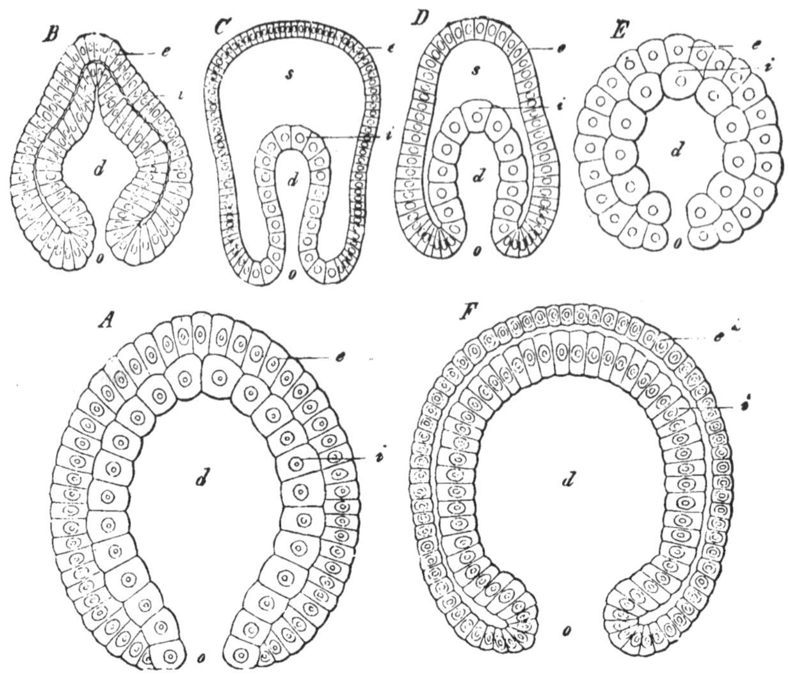

그림 7.3 헤켈이 자신의 저서 『인간의 진화(Evolution of Man, 1879)』(London), I:193에서 묘사한 서로 다른 유기체들의 발달단계 중 '낭배' 단계의 극초기 모습. 아래쪽의 두 그림 중 왼쪽은 원시 식충류이고 오른쪽은 인간이다. 헤켈이 위의 발달단계에서 배아에 존재하는 두 겹의 세포층을 어떻게 그리고 있는지 주목하라. 그는 텅 빈 낭배가 모든 동물계를 아우르는 초기의 공통된 조상을 나타내준다고 주장했다.

세분화되어 결국 배아 형성의 토대가 될 원형 체강을 형성해가는 복잡한 분화과정을 통해 계통 발생을 함축하는 개체의 발생과정을 추적할 수 있었다(그림 7.3). 이처럼 발생의 토대로 수정란을 주목함에 따라, 아우구스트 바이스만을 비롯한 몇몇 사람들이 세포핵 속 염색체가 부모 세대에서 자식 세대로 유전정보를 전달하는 과정을 발견하게 되는 근간이 마련되었다(8장 "유전학" 참조).

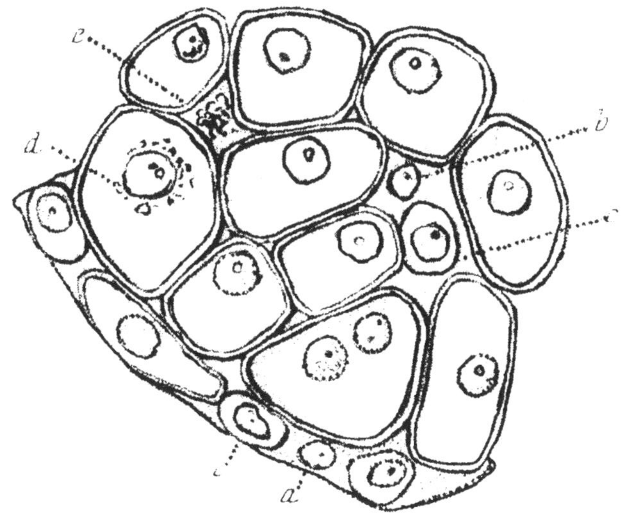

그림 7.4 테오도어 슈반의 『현미경을 사용한 연구(Microscopical Researches, 1847)』(London), 27쪽에 있는 식물세포와 핵에 대한 현미경 관찰 모습. 슈반은 동물이든 식물이든 모든 조직이 세포로 이루어졌다고 보았으며, 이 세포들이 곧 생명의 기본 단위라고 주장했다.

세포가 생명의 기초 단위이며 따라서 모든 유기체들이 세포로 이루어졌다는 생각은 발생학의 이런 발전과 나란히 나타났다. 세포는 로버트 후크 같은 초기 현미경 사용자들에 의해 식물조직에서 관찰되었으나, 세포의 본성과 기능은 19세기 개량된 현미경 덕택에 조직구조를 좀더 세밀하게 분석하기 전까지 의문으로 남아 있었다. 1847년에 독일 식물학자 야코프 마티아스 슐라이덴과 동물학자 테오도어 슈반은 세포가 모든 살아 있는 조직을 구성하는 기본 단위임을 주장하는 '세포설'을 공표했다(그림 7.4). 그러나 그들은 세포가 어떻게 형성되는지에 대해서는 의견을 달리했다. 슐라이덴은 새로운 세포가 오래된 세포 안에서 새로 형성된 핵 주위로 결정화(crystallization)되면서 만들어진다고 믿었고, 슈반은 새로운 세포가 기존 세포의 주위를 둘러싼 평범한 물질로부터 만들어진다고 생각했다. 이때까지는 세포에 대한 이론이 여러 다른 방향으로 이해될 수 있었지만, 1855년에 또 다른 독일의 발생학자 로베르트 레마크는 세포들이 성장의 초기 단계에 핵 안에서 시작된 분열과정을 통해 만들어진다고 보았다. 루돌프 피르호는 1858년 자신의 저서 『세포병리학(Die Cellularpathologie)』에서 세포는 모든 생명체의 기초 단위이며 새로운 세포는 오직 기존 세포의 분열을 통해서만 생성된다("Omnis cellula e cellula")는 세포설의 최종판을 공표했다. 새로운 세포가 기존 세포의 분열을 통해서만 생성된다는 피르호의 주장은, 생물체들이 물리적 세계를 초월하는 힘에 의해 움직인다는 생기론 철학과 결정적으로 대치했다. 이렇게 오직 생명만이 생명을 만들어낼 수 있다면, 무기화합물로부터 생명조직이 자연발생한다는 이론은 오류일 수밖에 없었다. 자연발생을 부정하는 관점은 보수적인 사상가들의 일반적인 입장이었고, 피르호는 철학적으로나 정치적으로나 보수적인 성향을 지닌 인물이었다. 한 역사 연구에 따르면, 몸을 특화된 세포들이 결합되어 일체화된 집합체로 보았던 피르호의 견해는, 그가 모든 개인들이 질서 잡힌 사회 속에서 삶의 진정한 목적을 찾는 정치체계를 선호했던 것과도 관련이 있었다(Ackerknecht, 1953).

그러나 이런 생기론적 해석만 존재했던 것은 아니다. 당시 그 기능이 거의 알려지지 않았던 세포핵을 대체로 무시하면서 세포 내에 흐르는 물질에 초점을 맞춘 생물학자들도 있었다. 1840년대에 얀 푸르키녜와 후고 폰 몰은 이 물질을 '원형질(protoplasm)'이라고 정의했고, 이것이 생명체의 기본 물질이라고 제안했다. 이 모형에 따르면, 세포는 단지 세포벽이 원형질을 환경으로부터 분리하는 역할을 한다는 점에서만 중요했으며, 실제 생명을 가능하게 만드는 것은 원형질 고유의 활동이었다. 더 중요한 것은, 이들이 세포의 질서 있는 구조보다도 원형질의 물질적 실체에 초점을 맞춤으로써 생명체에 대한 유물론적 관점을 부추겼다는 것이다. 원형질이 생명을 유지하기 위해 수행하는 과정을 화학이 해명해주기만 한다면, 특별히 생명력 같은 개념이 필요할 이유는 없었다. 토머스 헉슬리는 1868년에 유명한 에세이 「생명의 물리적 기초(The Physical Basis of Life)」에서 이와 같이 선언했다. 6년 후 헉슬리는 19세기의 유물론과 동물을 기계 이상으로 보지 않았던 데카르트의 독창적 관점(둘 다 1893년에 재출간) 사이의 연속성을 추적한 "동물들이 자동인형이라는 가설과 그 역사에 대하여(On the Hypothesis That Animals are Automata, and Its History)"라는 제목의 강연에서, 본질적으로 유물론적인 자신의 시각을 강화했다. 이즈음의 논쟁에서는 세포가 어떻게 더 큰 유기체 속에 통합되는가를 연구했던 형태학자들과, 이제 생명 유지 현상을 이해하는 데 실험적 방법을 적용하게 된 생리학자들 사이에 진지한 상호 작용이 있었다.

살아 있는 몸의 기능

1628년에 출판된 윌리엄 하비의 혈액순환 이론은 간혹 근대 생리학의 초석으로 언급된다. 혈액순환 발견은 몸이 어떻게 기능하는지에 대해 로마 의사 갈레노스가 제시했던 고대의 이론적 전통의 토대를 약화시켰지만, 그렇다고 혈액순환 이론 자체가 혈액의 폐순환과 체순환의 목적을 설명한 것은 아니었다. 하비의 이론이 실제적인 의학활동에 별 영향을 끼치지 않았던 것도 이런 이유일 것이다. 물론 하비의 이론이 마르첼로 말피기가 현미경을 사용해 근육 속에서 동맥과 정맥을 잇는 모세혈관을 발견하는 데 영향을 주는 등, 분명 이후의 연구를 촉진시켰던 것은 사실이다. 그러나 동물이란 그저 복잡한 기계에 불과하다는 데카르트의 제안은 더 진지한 연구전통의 기초가 형성되는 것을 방해했다. 어쩌면 심장은 펌프일 수도 있었으나, 대체 무엇이 심장과 몸의 다른 근육들에 동력을 제공하는지에 관해서는 호흡과 소화의 기능과 마찬가지로 밝혀진 것이 없었다. 당시의 화학은 이런 과정들을 이해하는 데 필요한 수단들을 전혀 갖추고 있지 않았다. 그럼에도 불구하고, 동물과 인간의 신체기능을 연구하는 생리학은 18세기 대학의 의학부 내에서 눈에 띄는 분야로 성장하기 시작했다. 가장 활발하게 활동했던 연구자는 『생리학의 첫 번째 길(First Lines in Physiology)』을 통해 초기 연구를 개관한 스위스의 생물학자 알브레히트 폰 할러였다. 그는 접촉시 수축하는 감응 가능(irritable) 부위와, 감각이 신경을 타고 뇌로 들어가는 지각 가능(sensible) 부위 간의 차이를 정의한 인물로 잘 알려져 있다. 그러나 신체 각 부분의 기능을 좀더 면밀히 확인하고자 노력했음에도 불구하고, 할러의 생리학은 아직은 해부학에 약간의 생기를 불어넣은 수준에 불과했다(『현대과학의 풍경2』 19장 "과학과 의학" 참조. 생리학의 역사를 폭넓게 개관한 연구를 보고 싶다면 Hall, 1969 참조).

1801년 마리 프랑수아 자비에르 비샤가 『일반 해부학(Anatomie générale)』을 통해 조직을 좀더 정교하게 상술했다. 미셸 푸코가 말한 것처럼(1970) 18세기와 19세기의 사상을 구별짓는 큰 차이가 있는 것이 사실이라면, 생명의 기능을 분류하고 그것을 각각 신체조직의 특수한 유형과 연관 지으려 한 비샤의 노력은 아직 18세기의 틀 안에 있었다(Albury, 1977). 비샤는 생명체의 기능을 죽음 후에 급속히 부패하는 시체에서 관찰되는 물리적 세계의 생명 파괴적 경향에 저항하는 힘의 합계라고 보았기 때문에, 전통적으로 생기론자의 원형(原型)으로 취급되었다. 각각의 조직은 민감도나 감응도와 같은 고유의 생명유지 기능을 가지고 있었고, 이런 기능들의 존재는 관찰된 사실들로부터 자명하게 추론할 수 있었다. 유기적 기능들의 놀라운 가변성은 생명력이 기계적이고 예측 가능한 물리적 세계의 법칙에 의해 지배되는 것이 아님을 명백히 드러내주었다. 생리학을 과학적으로 변모시키려면, 이런 독특한 힘들이 18세기에 열정적으로 이루어진 생물 종 분류에 필적하는 기법을 통해 신체 내에서 식별되고 분류되고 배치되어야 했다. 만약 비샤의 사상 중 이러한 측면을 강조한다면, 기능의 기작을 알아내기 위한 프랑수아 마장디의 혹독한 실험기법으로 대표되는 이후 세대의 접근방식과 비샤의 방식 사이에는 분명한 간극이 있었다. 그러나 비샤도 생체해부의 선구자 중 한 사람이었으며 따라서 실험생리학의 창시자에 속한다고 할 수 있다. 존 레시가 말했듯이(1984), 비샤의 연구는 한쪽은 내과 분야에, 또 다른 한쪽은 외과 분야에 연결되어 있어 두 가지 면모를 모두 갖추고 있었다. 이 당시 생리학은 프랑스 혁명정부에 의해 만들어진 새로운 학문적 환경 내에서 스스로를 확립하기 위해 노력하는 중이었고, 따라서 내과의학, 외과의학, 자연과학 사이에 다소 불편하게 끼여 있었다.

또 다른 측면에서, 비샤는 관련 과학 분야에서 최근 일어난 발전들에 대해 잘 알고 있었다. 1777년에 화학자 라부아지에는 연소에 대한 자신의 산소 이론을 '동물체의 열' 현상을 설명하는 데 적용할 수 있다고 주장했다(Goodfield, 1975). 동물의 몸이 따뜻한 것은 음식물을 태우는 것과 등가의 현상이 폐 안에서 일어나기 때문이라는 것이었다. 1780년대에 라부아지에는 물리학자 피에르 시몽 라플라스와 함께 얼음 열량계를 이용해 연소할 때 생기는 열과 호흡할 때 생기는 열의 양이 거의 같다는 것을 보여주었다. 이것은 생명의 주요 기능을 순수하게 물리적인 용어로 설명할 수 있다는 유물론적 접근법을 생리학에 직접 적용한 작업이었다. 이 이론을 잘 알고 있었던 비샤는, 산화작용은 폐가 아닌 신체 조직에서 이루어지며 혈액은 조직에 산소와 음식물을 운반한다고 가정한 수정 이론을 지지했다. 그러나 그는 생명체의 다른 많은 기능들은 여전히 물리적인 방법으로 설명할 수 없다고 확신했다. 이 점에서 라부아지에는 다음 세기에 생기론자와 기계론자 사이에 일어날 논쟁의 단초를 제공했고 그 논쟁 속에서 어떤 이들은 비샤의 의견을 따른 반면에 다른 이들은 모든 생명현상이 결과적으로 물리적 현상일 수밖에 없다고 주장했다. 그러나 비샤의 독특한 위치를 통해 우리는, 생기론자들을 단순히 신비적이고 영적인 면을 붙잡고 있느라 뒤처진 사상가들로 폄하해버릴 수 없는, 이 주제의 복잡성을 알 수 있다.

이 논쟁은 주로 프랑스와 독일의 생리학 실험실들을 주축으로 이루어졌고 영국은 대륙의 발전에 비해 한참 뒤처져 있었다. 오랫동안 계속된 가정에 따르면, 19세기 초 독일의 생물학은 반기계론과 낭만주의적 독일자연철학의 신비적 가치에 깊은 영향을 받았다. 그러나 르누아르가 말했듯이(1982), 독일 자연철학의 영향력은 과장되어 왔다. 독일 생물학을 가장 적절하게 묘사한 말은 '목적론적 기계론'이라는 말로, 이는 신체가 법칙적 원리들을 따른다고 가정하면서도, 그 원리들이 생명을 유지하기 위해 작동한다고 해석한다. 그러므로 생화학적 과정이 관련된다는 가정하에서 살아 있는 것들에 대해 실험을 적용하는 것은 문제가 되지 않았다. 새로운 생물학의 중요한 모델은 화학 분야에 세워진 유스투스 폰 리비히의 연구학파가 제공했다(Brock, 1997). 리비히는 1824년에 기센 대학의 화학 교수로 임명되었으며 그곳에 화학 연구소를 설립했다. 이 연구소는 유기화학과 동물화학 연구에서 실험실 기반 실험이 중요하다는 리비히의 전언에 동의하는 학생들을 전 유럽으로부터 끌어들였다. 이 연구소의 모토는 "신은 자신의 피조물들을 무게와 치수에 따라 정렬했다"였다. 리비히는 실험철학의 새로운 정량적 풍조와 보조를 맞춰 정확한 측정과 분석을 강조했다. 그는 생물학적 기능들을 몸 안에서 일어나는 화학적 · 물리적 현상들의 결과로 여겼으며, 수정된 라부아지에의 호흡 이론에 의거해 동물체의 열을 설명했다. 1842년에 출간(1964년에 재출간)된 리비히의 저서 『동물 화학

(Animal Chemistry)』에 따르면, 이런 정량적 프로그램의 목적은 인간과 동물의 신체에 무엇이 들어가고 무엇이 나오는지를 주의 깊게 탐구하여 영양 공급이나 호흡 같은 생리적 과정으로 인간 에너지의 근원을 설명하는 것이었다. 탄수화물과 지방의 산화는 오직 열만 생산할 뿐이며 단백질의 분해가 근육활동을 설명한다는 리비히의 믿음은 곧 폐기되었다. 그렇지만 그가 생기론 철학을 버리지 않았음에도 불구하고 리비히의 방법론은 후대의 생리학자들에게 영향을 미쳤다. 그러나 비샤와 마찬가지로 리비히 역시 부패에 대항하는 생명력이 존재한다고 믿었던 듯하다. 그럼에도 그는 이 힘이 법칙을 따르며 물리학, 화학의 법칙과 조화를 이루어 작동한다고 가정했다. 그가 보기에, 생명력은 본질적으로 변덕스러운 것이 아니었으며, 영혼이나 마음과는 어떤 식으로도 비유될 수 없었다. 요컨대, 리비히는 생명에너지가 다른 형태의 에너지와 상호 변환될 수 있다고 생각했다.

베를린 대학의 요하네스 뮐러 역시 새로운 접근법으로 생물학을 연구했던 주요 인물이다. 원래 독일 자연철학의 신비주의로부터 영향을 받았던 뮐러는 형태학과 생리학을 모두 연구하면서 주의 깊은 실험과 관찰로 관심을 돌렸다. 뮐러는 찰스 벨과 프랑수아 마장디의 연구(아래서 논의됨)를 바탕으로 감각신경과 운동신경에 대해 주로 연구했다. 뮐러는 아무리 많은 자극을 받아도 하나의 감각신경은 언제나 일부 특정한 감각만을 발생시킨다고 보는 특수 신경 에너지 법칙에 대해 논했다. 그가 상당히 열심히 관찰한 것은 사실이지만, 일찍부터 신비주의적 접근법에 많은 영향을 받았던 뮐러는, 리비히의 생기론보다 훨씬 더 완고한 생기론에 줄곧 빠져 있었다. 그는 살아 있는 신체가 목적론적 구조를 만들어내는 창조력에 의해 지배된다고 확신했고 서로 다른 종들의 조화는 우주의 성스러운 계획을 반영한다고 믿었다.

뮐러의 학생 중 세 명이 그의 생기론에 등을 돌리고 19세기 생물학에서 가장 영향력 있는 유물론적 학파를 설립하는 데 기여했다. 헤르만 폰 헬름홀츠, 카를 루트비히, 에밀 뒤부아레몽이 그들이다. 이는 낭만주의에 대한 도전이 곧 보수적인 이념에 대한 도전으로 여겨졌던 자유주의 정치원리와도 큰 관련이 있었다. 그들의 활동이 많은 유럽 국가들이 혁명에 휩쓸리기 직전인 1847년에 시작된 것은 우연이 아니었다. 그들이 표명한 유물론은 뮐러의 생기론에 여전히 남아 있는 듯 보이는 신비주의적 자연철학에 대한 반발이자, 새로운 기법들을 활용한 실험을 통해 얻은 성과이기도 했다. 그들은 물리학과 화학에서 이루어진 발전을 목격했고 비슷한 원리에 기반을 둔 프로그램이 생물학에도 같은 효과를 가져올 것이라고 확신했다. 이로부터 신경활동의 전기적 성질에 대한 뒤부아레몽의 연구를 포함해 몇몇 중요한 결과들이 나왔다. 헬름홀츠 또한 신경에 대해 연구했고 사실상 생리학적 광학이라는 과학 분야의 기초를 세웠으나, 이후에는 물리학으로 분야를 옮겨 에너지보존법칙의 창시자 중 한 사람이 되었다. 사실상, 유물론자들은 동물의 신체를 이런 법칙에 따라 작동하는 기계로 간주했고, 오직 생명과 관련된 특별한 형태의 생명 에너지는 없다고 보았다. 이런 관점은 토머스 헉슬리가 그의 에세이 「생명의 물리적 기초」에서 제안한 프로그램과 맥을 같이했다. 물론 헉슬리는 중요한 생화학적 과정이 일어나는 주요 장소를 세포 내의 원형질로 보았지만 말이다.

유물론적-환원주의적 프로그램이 19세기 과학철학 논쟁에서 중요한 역할을 했음에도 불구하고, 유물론이 자리 잡기까지는 초기 지지자들이 상상했던 것보다 훨씬 힘든 과정이 기다리고 있었다. 프리드리히 뵐러가 1828년에 요소(尿素)를 합성함에 따라 생기론의 몰락이 시작된 것이 아닌가 추정하던 때도 있었다. 이전에는 유기적 활동의 부산물로만 알려져 있었던 화학물질이 순전히 비유기적인 물질로부터도 합성될 수 있다는 사실을 보며, 사람들은 생명력이 더 이상 필요 없는 존재라고 확신할 수도 있었다. 그러나 뵐러의 연구가 수용되는 과정을 심도 있게 살펴보면 요소 합성은 당시 그런 결과로까지 이어지지 않았음을 알게 된다(Brooke, 1968). 하나의 고전적 실험으로 생기론이 타파되는 그림은 신화임이 드러났다. 생기론 사상은 적어도 그 다음 세대의 주요 생물학자들에게까지 지속적으로 영향을 끼쳤다. 생리학적 현상들이 어떻게 기능하는지를 상세히 밝혀내는 연구는 살아 있는 동물을 대상으로 실험을 한다고 해도 쉬운 작업이 아니었다. 생명현상의 연구에 대해 덜 교조적인 접근법을 사용해 과학적 생리학의 기반에 더욱 실질적인 기여를 한 사람은 프랑스 실험주의자들이었다.

실험적 방법

독일 학파가 비록 체계적 관찰과 실험의 활용에 근거해 성립되었다고는 하지만, 살아 있는 동물들을 대상으로 실험을 수행할 수 없었던 이들이 있었다. 뮐러도 이런 사람들 중 하나였다. 이후 그는 생리학이 생체해부 없이는 발전할 수 없다는 것을 인식하고 나서 비교해부학으로 방향을 돌렸으며, 헉슬리 역시 같은 이유에서 해부학자로 남았다. 기능을 연구하기 위해서는 살아 있는 신체에 통제된 방식으로 조작을 가하고 그 결과를 관찰할 필요가 있었다(그림 7.5). 우리는 프랑스의 비샤가 19세기에 들어서 생체해부를 수행했음을 이미 언급한 바 있는데, 이를 통해 비샤는 생기론뿐만 아니라 실험생리학에도 기여했다. 비샤의 뒤를 이어 19세기 초 프랑스의 실험생리학을 선도한 사람은 실험용 동물의 고통에 개의치 않는 잔인한 생체해부로 유명세를 얻은 프랑수아 마장디였다. 마장디는 척수의 전방신경이 근육의 움직임을 관장하고 후방신경은 감각을 뇌에 전달한다는 벨-마장디 법칙의 공동 발견자

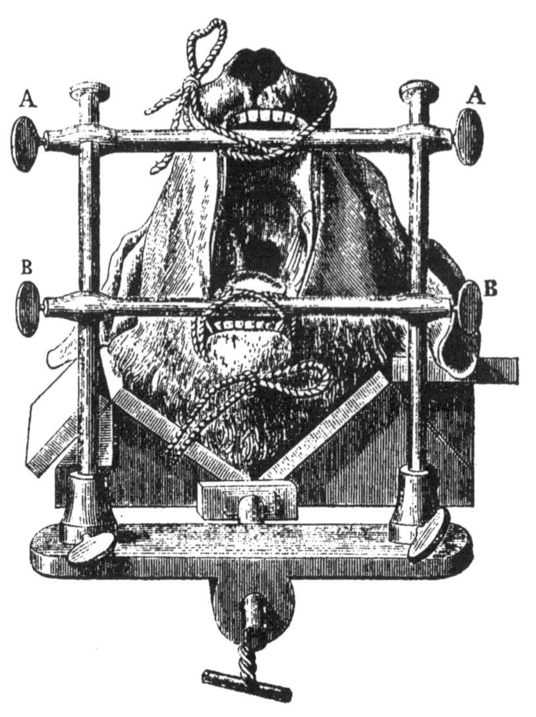

그림 7.5 클로드 베르나르의 『해부 생리학 강의(Leçons de Physiologie opératoire, 1879)』 137쪽에 실린, 개의 침샘과 목 신경에 대한 해부 실험을 하기 위한 개머리 고정기구. 살아 있는 동물에 대한 해부와 실험은 생명현상이 어떻게 일어나는지를 이해하는 데 필수적인 과정으로 생각되었다. 그러나 동물들이 겪는 고통에 대해 무관심한 듯 보이는 과학자들의 태도에 대해 일반인들의 많은 반대가 있었으며, 해부 반대운동은 과학에 대한 대중적 저항의 초기 구심점이 되었다. 프랜시스 파워 코브는 이 그림을 '해부로부터 동물을 보호하기 위한 빅토리아거리협회'와 '국제해부저지협회'가 1883년 런던에서 배부한 해부 반대운동가들의 팸플릿인 《어두운 곳에 광명을(Light in Dark Places)》에 게재했다.

로 알려져 있다. 의미심장하게도, 스코틀랜드의 해부학자 찰스 벨 경은 1811년에 행한 단 한 번의 실험만으로 벨-마장디 법칙의 가설을 세웠지만, 생체해부에 더 이상 연루되기를 꺼려했기 때문에 그 발견과 관련된 후속 연구는 진행하지 않았다. 10년 후 마장디는 그 문제로 돌아와 살아 있는 동물을 대상으로 일련의 실험들을 수행함으로써, 그 법칙을 단단한 토대 위에 올려놓았다(Lesch, 1984, 175-79).

마장디는 유물론적 철학을 지지하기 위해서라기보다는 실험적 기법을 적용하기 위해서 과학적 생리학 프로그램을 사용했다. 그는 가능한 한 물리적 방법으로 설명하기 위해 실험을 이용했고, 생명력에 중요한 역할을 부여했다는 이유로 비샤의 이론을 비판했다. 하지만 연구자로서 발을 내딛던 초창기에, 그는 유물론적 설명을 추구하면서 나아가는 길에서 한계를 느꼈던 듯하다. 신경 내부에서 일어나는 실제 현상들은 순수 물리적인 용어로만으로는 설명할 수 없는 것일지도 몰랐다. 그렇지만 생리학자들이 그 성질을 지배하는 법칙을 수립하지 못하는 한, 생명력은 과학에서 제 역할을 할 수 없었다. 이런 관점을 반영한 프로그램은 독일 학파의 경직된 기계론적 유물론과는 대조적으로 '생기론적 유물론(vital materialism)'이라 불렸다. 생기론적 유물론은 유물론을 가능한 한도까지 밀어붙이면서도 신체가 오로지 물리적 현상에 의해서만 관장된다는 교조적 태도를 배제했다. 말년에 마장디는 생명력을 아직 이해되지 않는 현상을 은폐하는 낭만주의적 개념에 불과하다고 폄하했지만, 이후의 연구를 통해 그 개념이 완전히 제거될 것이라고 생각하지는 않았다. 마장디에게 실험적 방법은 미래의 연구가 분명한 사실들을 기반으로 이루어지게 될 것임을 보장하는 방법이었다. 생명의 궁극적인 본질에 대해 사고하는 것은 과학적 과정의 일부가 아니었다.

콜레주 드 프랑스(College de France)에서 마장디의 학생 중 가장 유명했던 이는 실험실 조수로 시작해 점차 꼼꼼하고 노련한 실험가로 명성을 얻기 시작한 클로드 베르나르였다. 그는 1854년 소르본 대학의 일반 생리학 교수가 되었고, 같은 해에 과학아카데미의 회원이 되었으며, 1855년에는 콜레주 드 프랑스에서 마장디의 자리를 이어받았다. 베르나르의 연구는 간의 혈당수치 조절 역할, 췌장의 소화 기능, 일산화탄소나 쿠라레 같은 독성물질의 효과에 초점이 맞춰졌다. 그는 실험기법 및 구상의 단순성, 그리고 연구가 끝날 때까지 실험동물을 살려두는 기술로 큰 존경을 받았다. 1865년 출간(1957년 번역)된 베르나르의 저서 『실험적 의학 연구 입문(Introduction to the Study of Experimental Medicine)』은 생물학에서 실험의 역할을 논한 고전적 선언문이 되었다.

마장디와 마찬가지로, 베르나르는 생리적 기능이 수행될 수 있는 내부환경을 유지하도록 설계된 시스템이라는 점에 방점을 찍으며 신체를 다루었고 이로써 기계론 대(對) 생기론의 논쟁에서 한발 비켜섰다. 신체의 모든 기능들이 순수하게 물리적인 본성을 지닌다 해도, 살아 있는 신체는 물리학적 법칙만으로 설명될 수 없는 자가 조절 시스템이므로 생리학을 물리학으로 환원시키는 것은 의미가 없다고 본 것이다. 요컨대 신체는 부분의 합 그 이상이며, 개별 기능을 뛰어넘어 통합된 전체로서 작동한다는 것이었다. 이것은 이후에 유기체론 혹은 전체론으로 불리게 되었고 20세기에 들어서 기계론적 유물론에 반대하는 가장 영향력 있는 사상의 조류를 형성했다. 어떻게 이런 복잡한 시스템이 구축되는지를 규명하는 것이 진화론의 핵심 과제로 떠올랐고, 많은 생리학자들과 화학자들이 이 정도의 복잡성을 지닌 산물을 순수하게 물질적인 용어로 설명하는 이론이 과연 가능할지 의심하게 된 것은 중요한 일이다.

그러나 전체적으로 보았을 때, 생리학과 생물의학은 개별 기능을 물리학과 화학의 용어로 설명하기 위해 애쓰면서 그 어느 때보다도 분명히 기계론의 진영을 향해 나아갔다. 이후의 심화연구가 이어지면서 순수한 생명의 기능을 가정하는 영역은 밀려나게 되었고 대부분의 생물학자들은 생기론 프로그램 전체가 그저 과학의 발전을 저해했다고 믿게 되었다. 근대 생물학이 신체 기능을 물리-화학적 용어로 설명하려는 프로그램 위에 수립되었다는 것은 이제 누구나 인정하는 바다. 생화학이 20세기에 독립적인 분야로 부상한 것도 이 과정에 일조했다(Kohler, 1982). 그러나 수많은 초기 생리학자들이 유물론 문제를 독단적으로 주장하기를 거부했다는 사실과, 조직화된 전체로서 몸의 역할을 옹호하기 위해 지속적으로 노력한 후대의 연구자들이 있었다는 사실은 우리가 이 철학적 논쟁에 지나친 강조점을 두지 말아야 함을 일깨워준다. 근대 생리학의 탄생은 그저 자연적 설명을 최대한 확장하려는, 본질적으로 실용주의적인 세계관 아래서 적용된 실험적 방법에 상당부분을 의지하고 있다.

기계적 설명이 지배적인 위치를 차지하게 된 이후의 생리학 발전에 대한 역사적 연구들은, 그와 관련된 기술적 논쟁이 복잡했기 때문에 어려움을 겪어왔다. 그러나 몇몇 중요한 연구들을 통해 이론적 혁신을 추동하는 주요 힘이 언제나 환원주의적 유물론을 촉진하려는 시도들에서만 나온 것은 아니라는 점을 납득할 수 있게 되었다. 생명에 대한 기계적 관점의 지지자로 악명 높았던 독일계 미국인 생리학자 자크 러브를 연구한 필립 폴리(1987)의 설명에 따르면, 러브는 신체 '공학'의 복잡성을 탐구한 실험주의자였다. 러브가 대중의 관심을 끌게 된 것은 1912년에 출간한 『생명의 기계론적 기초(The Mechanistic Basis of Life)』를 통해서였지만, 4년 후 그는 『전체로서의 유기체(The Organism as a Whole)』라는 책을 쓰기도 했다. 호흡에 대한 연구의 발전에 중요한 기여를 한 영국의 유명한 생리학자 존 스콧 홀데인은 기계론적 유물론을 공공연히 거부했다. 그는 개인이 사회에 종속된다는 이념을 지지하기 위해 비유적으로 신체의 부분이 전체에 의존한다는 주장을 이용했다(Sturdy, 1988). 독일에서도 20세기 초 한스 드리슈와 같은 생물학자들은 기계적 원리를 지나치게 엄격하게 적용하는 것을 반대했다. 더 일반적으로는 19세기에 자연에 대한 전체론적 관점을 이용해 기계적 관점에 대해 반대했던 과학자들도 여럿 있었다(Harrington, 1996). 프레더릭 홈스(1991, 1993)는 동물조직 내에서 일어나는 시트르산 회로(크렙스 회로)를 발견한 생화학자 한스 크렙스를 상세히 연구하여 크렙스가 균형 잡힌 전체로서의 유기체 개념에 깊이 영향받았음을 보여준다. 실험주의자들의 프로그램은 확실히 생물학에서 비물리적 힘의 개념을 제거했고, 이 점에서 유물론적 철학의 한 가지 포부를 실현하는 데 기여했다고 할 수 있다. 그러나 몇몇 주요한 과학자들은 유기체는 그 구조가 복잡하고 정교하게 통합된 시스템으로 다루어져야 하므로, 생물학이 단지 물리학의 하위 분과가 되는 일은 없을 것이라고 주장하기도 했다.

새로운 생물학의 제도화

19세기 초 유럽의 여러 도시들에 세워진 자연사 박물관 안에는 형태학을 위한 공간이 마련되었다. 형태학은 조금씩 대학체계에 적응해 나갔으나, 의학부의 해부학과 자연사 사이에서 갈팡질팡하다가 언제나 일을 그르치곤 했다. 연구장소가 박물관으로 옮겨짐에 따라, 자연사는 여러 생물 종을 수집 · 묘사하는 분야에서 벗어나 박물관에서 상주하는 전문가들이 현장 연구자들로부터 견본을 넘겨받아 분석하는 중앙 집중적 연구활동으로 변모했다. 그러나 생물학이라 불리게 될 고도로 전문화되고 특화된 학과의 창설에 공헌함으로써 교육체계를 결정적으로 변화시키는 데 기여한 분야는 생리학이었다. 자연사는 점차 주류에서 밀려났고, 형태학은 실험주의 덕택에 새로운 분야에 편승해 나갔지만 결국에는 자연사와 같은 길을 걸었다. 그러나 생명현상에 대한 더 과학적인 연구에 강조점을 두는 것은 전통적인 의학 교육에 기회와 위기를 동시에 가져왔기 때문에, 생리학조차도 초기에는 그 나름의 전문적 위치를 확보하기 위해 분투해야 했다. 또한 생리학은 유물론적 관점을 더욱 강하게 주장하려는 대중 작가들에게 이용당하기도 했다.

이런 문제들은 마장디와 베르나르가 새로운 생리학의 전문적인 구심점을 형성하려고 애쓰던 프랑스에서 한층 분명하게 드러났다. 마장디는 퀴비에와 라플라스의 지지를 얻었으나, 과학아카데미에는 생리학을 위한 별도의 분과가 없었다. 마장디와 베르나르 모두 콜레주 드 프랑스에서 가르쳤고, 베르나르는 새로운 과학적 접근법을 선호한 생리학자 집단인 생물학협회와의 유대관계를 활용했다. 독일에서는 대학체계가 급속도로 확장되면서, 새로운 생물학을 촉진하는 연구소나 학과 설립의 내부 기틀이 마련되었다. 뮐러를 비롯한 다른 이들은 기센의 리비히 실험실이 제공했던 모델을 기초로 생리학과 형태학을 연결하는 프로그램들을 수립했다. 과학사에 사회학적 접근을 적용한 초창기 연구 중 하나에 따르면, 독일 대학들 간의 경쟁은 이와 같이 유행하는 분야에서 새로운 학과를 설립하는 데 특히 유리한 환경을 조성했다.

영국은 발전이 뒤처졌으며, 이는 부분적으로 자연신학에 대한 학계 엘리트들의 열정과 대립하는 것으로 여겨지던 유물론적 접근에 생리학이 연관되어 있었기 때문이다. 체계적인 실험실 훈련을 의학 교육의 필수 과정이라고 가장 열렬히 주장한 사람은 '다윈의 불독'이라 불리던 토머스 헉슬리였다. 오래된 대학들이 근대화되고 새로운 대학들이 생겨나면서, 동물의 권리 훼손을 우려한 해부 반대주의자들의 방해를 받았음에도 불구하고 실험실 프로그램은 영향력을 끼치기 시작했다(French, 1975. 그림 7.5 참조). 케임브리지에서 헉슬리의 조수로 활동했던 마이클 포스터는 트리니티 칼리지의 강사로 임명되었고 1883년에는 생리학 실험실을 설립할 재원을 받는 동시에 교수직에 임명되었다(Geison, 1978). 포스터가 쓴 『생리학 교과서(Textbook of Physiology, 1877)』는 실험실 기반의 의학 훈련을 확립하는 데 중요한 역할을 했다. 헉슬리는 런던에서 고등학교 교사들을 대상으로 여름학교를 열었고, 실험 조수 역할을 한 젊은 제자들의 도움을 받아가며 교사들에게 실험 교과목을 가르쳤다. 여기에서 형태학과 생리학은 생물에 대한 과학적 연구에서 쌍벽을 이루는 요소로 소개되었다. 형태와 기능은 당시 한창 '생물학'으로 불리기 시작한 분야에서 서로 분리할 수 없는 부분으로 여겨진 것이다(Caron, 1988). 19세기 말 미국에서 이루어진 연구 중심 대학의 빠른 성장은 새로운 생물학이 유사하게 확장될 수 있는 기회를 제공했다(Rainer · Benson · Maienschein, 1988). 존스홉킨스 대학은 실험생물학이 융성한 새로운 부류의 대학들에 모델을 제공했고, 존스홉킨스 대학의 졸업생들은 전국적으로 진출하여 다른 학과들을 설립했다.

형태학에 대한 저항

19세기 말 동물생리학은 새로운 실험생물학의 패러다임으로 등장했다. 이것은 식물학의 발전과 나란히 일어났는데, 율리우스 삭스를 비롯한 몇몇 이들은 분류학과 지리적 분포에 대한 관심에서 벗어나 식물생리학에 초점을 맞추기 시작했다. 윌리엄 시셀튼-다이어는 포스터가 새로운 동물생리학을 전파했듯이 새로운 식물학을 영국에 전파했다. 알렌이 "형태학에 대한 저항"이라고 부른 현상이 일어나면서 생명과학 내에서 근대적 틀로의 전환이 완성된 것은 바로 이런 실험적 연구의 급속한 확장 속에서였다(Allen, 1975). 뮐러나 헉슬리와 같은 선구적 인물들이 (새로운 현미경 기술을 바탕으로 한) 형태에 대한 실험실 기반의 연구를 생명의 기능에 대한 실험적 연구와 연관 지으려 했지만, 다음 세대의 많은 생물학자들에게는 형태학이 본질적으로 현상을 기술(記述)하는 과학임이 분명해 보였다. 형태학은 죽은 신체를 이용해 생물들의 진화적 유사성을 밝히려 했지만, 살아 있는 신체 구조가 어떻게 기능하는지는 보여주지 못했다. 또한 비교발생학에 대한 강조에도 불구하고, 생물의 발생과정에서 어떻게 구조가 형성되는지 역시 설명하지 못했다. 더 최근에 이뤄진 연구는 생물학의 변화과정이 혁명적이었는지 아니면 점진적이었는지에 관해 의문을 제기했지만, 혁명이냐 점진적 변화냐에 관계없이 기능에 대한 연구가 현상을 기술할 뿐인 생물학을 몰아냈다는 최종 결론은 언제나 같았다(Maienschein, 1991).

이런 과정의 결과 중 하나로서 생명과학은 여러 분야로 빠르게 분화되었다. 생각보다 이 분야들은 서로 활발하게 교류하지 않았는데, 각 분야의 창시자들이 각각의 제도적 틀을 만드는 데 골몰했기 때문이다. 발생학자들은 진화론과의 관계를 밝히는 길잡이로 간주되던 발생반복설을 폐기했고, 물리화학적 과정의 견지에서 배아가 어떻게 발생하는지를 연구하는 과학인 발생역학(Entwickelungsmechanik)이 필요하다고 선언한 빌헬름 루를 뒤따랐다. 비록 한스 드리슈를 비롯한 몇몇 선구자들은 좀더 목적 지향적인 힘이 필요하다는 옛 관념을 폐기하기 힘들다고 보았지만, 발생역학은 근대 실험발생학의 기초를 마련했다. 이 연구는 또한 배아를 발생시키는 수정란 내부의 과정에 집중했고, 이를 통해 염색체 이론과 개체의 형질을 결정하는 유전자 이론이 등장하는 데 핵심적인 역할을 했다(8장 "유전학" 참조). 에드윈 윌슨을 비롯한 몇몇 이들은 세포 수준의 생명현상을 집중적으로 연구하는 세포학을 창시했다. 동시에 멘델주의 유전학이라는 새로운 과학은 하나의 형질이 어떻게 한 세대에서 다음 세대로 전달되는지를 실험적으로 연구하는 데 초점을 맞추었다. 유전학은 토머스 헌트 모건이 유전자 이론을 통해 염색체 연구와 멘델의 교배실험을 종합했음에도 불구하고 발생학과의 연결고리를 잃어버렸으며, 생물의 발생과정에서 유전정보가 어떻게 발현되는지에 대해서도 거의 관심을 기울이지 않았다.

실험을 중시한 분과들은 일반적으로 형태학적 전통과 19세기 초 주류에서 밀려난 채 구습을 따르는 자연사에 적대적이었다. 분류와 진화적 계통의 재구성은 한물간 연구라 하며 무시되었고, 심지어 자연선택의 유전학적 이론을 기반으로 부활한 다윈주의도 새로운 생물학 내에서 제 영역을 찾기 위해 분투해야 했다. 그러나 실험적 접근이 오래된 자연사 전통에 속하는 한 가지 주제에 대한 관심을 환기시켜, 생태학이라는 분과의 등장을 가져왔다는 점은 주목할 만하다. 자연학자들은 언제나 유기체와 환경의 관계에 관심을 가졌고, 다윈주의에서도 적응은 곧 자연선택의 추동력이었으므로 이에 대한 관심은 늘 내재해 있었다. 그러나 이제 동물생리학자들이나 식물생리학자들이나 모두 이미 사용되고 있는 실험적 기술을 확장하면서, 그들이 연구한 신체의 기능들을 주위 환경의 물리적 조건과 연관 지어 생각하게 되었다. 가장 큰 영향력을 발휘한 이들은 덴마크의 에우게니우스 바르밍과 미국의 프레더릭 클레멘츠와 같은 식물생리학자들이었다(9장 "생태학과 환경보호주의" 참조). 그러나 생태학은 작은 분야였으며, 20세기 초까지 확립되었던 다른 세분화된 생물학 분야들과는 상당히 동떨어진 분과로 남아 있었다. 생물학의 여러 분과들은 생명체의 다양한 기능들을 실험적으로 연구하는 일에 초점을 맞추어 형성되었고, 그 결과 생명과학은 서로 다르고, 때로는 적대적이기까지 한 전문 집단으로 세분화되어 갔다.

결론

19세기에 근대적 형태를 띤 생물학 분야가 형성되는 과정에서, 생명과학은 큰 변화를 겪었다. 자연사는 아마추어를 포함한 몇몇 현장 자연학자들이 분류학과 지리적 분포 연구에서 지속적으로 중요한 역할을 했음에도 불구하고 결국 주류에서 밀려났다. 생명과학은 규모가 큰 대학이나 박물관 내 실험실로 연구의 중심지로 옮겼고, 현장 자연학자들의 위상은 검토해야 할 새로운 정보를 실험실로 보내는 단순한 수집가로 격하되었다. 그러나 생의학 분야로부터 공격적이고 실험적인 생명과학을 발전시키라는 압력이 가중되면서, 생리학은 점차 과학적 생물학의 진정한 모델로 부상하게 되었다. 결국 형태학마저도 참된 설명력을 갖추지 못한, 순수하게 현상 기술적인 분야로 그 위상이 실추되었다. 대형 박물관들은 기술되고 분류될 대상물들을 진열하고, 실험주의자들이 볼 때는 우표 수집과 다를 바 없는 활동을 하는 곳으로 주변화되었다. 예전 기법과 새로운 기법 양쪽 모두에 다리를 걸친 진화론과 같은 주제들 역시 자연사와 비슷한 처지에 내몰렸다. 이런 발전이 이루어지는 동안 생명력이라는 주제를 다루는 옛날 이론은 점차 폐기되었고, 대신 물리학과 화학에 기초한 설명들에 관심이 쏠리기 시작했다. 그러나 모든 선구자들이 전부 교조적인 유물론자였던 것은 아니다. 많은 생물학자들은 여전히 유기체를 조화로운 전체로 볼 때에야 생명을 유지하는 복잡한 상호작용을 이해할 수 있다고 믿었다.

향상된 의료기술을 바라는 대중들의 요구는 새로운 생물학의 확장을 지원하기도 했지만, 새로운 생물학의 어떤 유산들은 이제 우려의 대상이 되었다. 연구 분야들이 지나치게 특화되면서 지식과 전문적 기술들이 파편화되었고, 일부 생물학자들은 이를 극복하기 위해 오늘날까지 노력하고 있다. 종종 큰 어려움에 부딪치더라도 유전학과 발생학 같은 분야들 사이에는 연결고리가 형성되어야 한다. 형질들이 개별 유기체에서 어떻게 발생하는지를 알아야만 세대 간의 형질 전달 역시도 연구될 수 있다고 말한 형태학자도 있었지만 말이다. 진화론 역시 유전형이 표현되는 방식에서 일어난 변화가 지구상에 새로운 종이 출현하는 데 중요한 영향을 끼친다는 사실을 수용해야만 했다. 더 심각한 문제는 생물학의 다른 전문 영역들로부터 생태학이 고립되었고, 이런 고립이 현재의 환경위기에 대한 우리의 대응을 파편화시켰다는 점일 것이다. 심지어 대형 박물관들의 연구부서와 함께 장기간 무시당해온 분류학이나 생물지리학처럼 오래된 분과들도 이제는 생물권을 살리기 위한 필수적인 요소들로 환영받는 중이다. 얼마나 많은 종류의 종들이 존재하고, 그들이 어디에 사는지를 모른다면 우리가 어떻게 그들을 구할 수 있겠는가? 새로운 생물학은 몸이 어떻게 작동하는지에 대한 발견들을 바탕으로 한 치료를 통해, 생의학 분야에서 우리의 인생을 바꿀 엄청난 기회를 만들었다. 그러나 오늘날 우리에게 익숙한 생명과학을 만들어낸 과학자 공동체와 그 내부의 사회적 변화를 분석한 연구에 따르면, 세분화와 실험실 연구를 향한 가차 없는 매진에는 부정적인 측면도 있다. 만약 생물학이 더 나은 의료기술에 대한 우리의 요구를 만족시키는 것처럼 환경위기와 관련해서도 해야 할 역할이 있다면, 새로운 생물학의 근간이 된 몇몇 발전들은 재고의 대상이 되어야 할 것이다. **(김자경 옮김)**

유전학

인간게놈프로젝트(Human Genome Project)가 성공하면서, 대중들은 유전에 대해 더 많이 알면 질병도 그만큼 없앨 수 있으리라 기대하게 되었다. 대중의 기대수준이 너무 높아서, 많은 전문가들은 개체 발생에 있어서 유전이 하는 역할을 사람들이 너무 단순화하고 있는 게 아닌가 염려하고 있다. 사람들은 좋든 나쁘든 모든 개별적 형질(character)에는 그것을 '나타내는' 하나의 유전자가 존재할 것이라고 기대한다. 또 부모의 형질 중 가장 좋은 점들만 물려받은 '맞춤형 아기(designer babies)'가 탄생할 순간을 주시하고 있다. 하지만 비판자들은 그런 날이 올 경우, 사회에 유익하지만은 않은 극적인 결과들이 발생할 거라고 걱정한다. 또한 그들은 이런 모든 프로그램이 유전자 작동의 원리를 잘못 이해한 데서 나왔다고 지적한다. 즉, 하나의 유전자가 손상되면 특정한 의학적 문제가 발생할 수 있는 것은 사실이지만, 높은 IQ나 범죄행위를 유발하는 단일 유전자가 반드시 존재하는 것은 아니라는 것이다. 그리고 비록 이런 복잡한 특성들을 규정짓는 유전 성분이 밝혀진다 하더라도, 그 결과는 개체가 자라나는 환경과 유전자 사이의 상호 작용에 의존할 것이다. 모든 형질이 유전에 의해 엄격하게 미리 결정된다는 발상은 지난 수세기 동안 심심찮게 등장했던 인간 본성에 대한 독특하면서도 매우 논쟁적인 관점을 반영한다. 그리고 이런 관점은 종종 매우 파국적인 결과로 이어질 수도 있다. 우생학(eugenics)이 새롭고 훨씬 더 교활한 형태로 다시 출현할 위험이 있고, 역사는 유전자 결정론의 이데올로기가 얼마나 쉽게 우리의 통제를 벗어날 수 있는지 경고하고 있다(『현대과학의 풍경2』 18장 "생물학과 이데올로기" 참조).

이런 상황에서 현대 유전학이 어떻게 등장했고, 유전학이 유전자가 형질을 결정하는 정도에 대한 과장된 단점을 조성하는 데 어떻게 악용될 수 있는지를 알아보는 것은 중요한 일이다. 유전학의 역사를 살피다 보면, 유전에 대한 과학적 지식은 단위 유전자들에 의해 미리 결정된 유기체의 특성들이 '전체 단위(whole units)'로 유전된다는 개념을 발견하고 이를 이용하면서 발전해왔음이 드러나곤 한다. 사람들은 그레고어 멘델이 수도원 정원에서 완두를 잇따라 재배하면서 추적할 수 있었던 단위 형질들을 밝혀냄으로써 혼란에 빠져 있던 당시의 유전과학 분야를 명료하게 만들었다는 이야기를 들어왔다. 토머스 헌트 모건과 그의 연구팀은 세포핵에 있는 염색체의 특정 부분과 단위 형질들을 연결함으로써, 고전적인 유전자 개념을 체계화했다(유전학의 전통적인 역사는 Carlson, 1966; Dunn, 1965; Sturtevant, 1965에 나와 있다). 비교적 최근이라 할 수 있는 1953년에 제임스 왓슨과 프랜시스 크릭이 발견한 DNA 이중나선구조는 '유전코드'가 어떻게 작동하는지를 해명해주는 단서를 제공했고, 이 발견으로 분자생물학은 물론, 인간게놈프로젝트와 그것의 응용으로 대표되는 첨단 생명공학의 발전 토대가 마련되었다.

그러나 유전학 역사를 좀더 면밀히 따라가다 보면 훨씬 복잡한 그림이 나타난다(Bowler, 1989; Keller, 2000; Olby, 1985). 멘델주의가 등장하기 이전 '혼란상태'가 지속되었던 것은 개념적 구분이 부재했기 때문인데, 20세기 초반에야 명확해진 이런 개념적 구분이라는 것도 부모에게서 자손으로 형질이 전달되는 것과 그 형질이 배아에서 발현되는 것 사이의 복잡한 관계를 대폭 단순화하는 희생을 치른 후에야 비로소 만들어졌다. 20세기 유전학의 '선구자' 혹은 '개척자'로 인정받던 멘델의 위상 역시 의심을 받았다. 이는 부분적으로 그의 유명한 실험이 잡종교배를 통해 새로운 종의 기원을 밝히려는 것이었지 새로운 유전 이론을 찾고자 한 것은 아니었기 때문이다. 1900년 멘델의 연구가 '재발견'된 후 유전에 대한 개념들이 다시 체계화되고 현대 유전학이 확립되었는데, 이 과정에는 복잡한 지적·전문직업적·문화적 이해관계가 반영되었다. 진화론과 세포설의 새로운 개념들은 형질이 세대를 넘어 동일한 특징을 가지는 자손을 낳는 단위일지도 모른다는 가능성에 주목했다. 그러나 형질이 유전에 의해 결정된다는 것을 강조하는 입장은, 농업적 목적으로 동식물의 육종을 통제하는 새로운 방법의 필요성이 대두되고 특정한 사람들이 유전적 자질 때문에 열등한 사람으로 미리 결정된다고 주장했던 사회 프로그램이 출현하면서 더욱 힘을 받았다. 환경의 영향을 완전히 배제했던 단위 유전자 이론은 과학 공동체 안에 유전학이라는 독립된 분야를 탄생시켰지만, 이는 영어권 국가들에 국한된 현상이었다. 프랑스와 독일에서는 유전학이 하나의 독립된 분야로 확립되지 못했는데, 이 두 나라의 생물학자들이 엄격한 유전적 결정론에 대해 관심이 많지 않았던 데 그 이유가 있었다.

20세기 초 수십 년간, 영미의 유전학자들은 유전자가 세포핵에 있는 염색체의 각 부분과 대응한다는 가정하에 단위 유전자 개념을 연구했다. 유전학자들은 염색체의 행동을 조사하고 이것을 유전형질과 연결할 수 있었지만, 유전정보가 세포핵의 화학적 구조 속에 어떻게 '암호화' 되는지는 알지 못했고, 이러한 유전정보가 배아의 발생과정에서 어떻게 해독되는지에 대해서도 그리 관심을 두지 않았다. 이런 상황은 제2차 세계대전 후 분자생물학의 출현과 더불어 변하기 시작했다. 결국 유전물질의 화학적 본질이 DNA로 규명되었고, 1953년에 왓슨과 크릭은 화학분자가 어떻게 유전과정에서 스스로 복제할 수 있는지, 그리고 유기체의 발생과정에서 어떻게 단백질 합성을 위한 유전암호를 지정할 수 있는지를 탁월하게 밝혀냈다. 그렇지만 분자생물학이 점차 발전하면서 단위 유전자라는 오래된 개념이 사실상 사라질 정도로 유전자의 역할에 대한 우리의 이해가 확장되었다. 어떤 기능을 연구하는가에 따라 유전자의 개념도 다양하게 정립되었기 때문이다. DNA 속 정보 해독과정을 배아 발생 후기 단계와 연결하는 일관된 프로그램은 여전히 부족한 상태지만, DNA 속에 있는 정보가 어떻게 해독되는지는 꾸준히 연구되었다. 비판자들은, 성체의 형질이 유전정보에 의해 엄격하게 결정된다고 보는 지나친 단순화와, 인간게놈프로젝트가 의학 분야에 급격한 변화를 가져올 것이라고 믿는 과도한 낙관주의는, 아직 할 일이 얼마나 많이 남아 있는지를 제대로 이해하지 못한 데서 생겨난 오해라고 경고한다. 그 결과, 단위 유전자라는 낡은 개념이 대중들의 이미지 속에 굳건히 자리 잡고 나면, 이는 우생학 프로그램과 비슷한 사회적 파장을 다시 불러일으킬 수 있다는 것이다.

이 장은 앞에 언급한 수정주의적 입장에서 유전학 역사의 중요한 단계들을 분석할 것이다. 하지만 유전을 다루는 독립된 분야가 존재할 수 있다는 생각을 미처 하지 못했던 지난 수세대의 자연학자들이 유전에 관련된 주제들을 어떻게 다루었는지 개괄하기 위해, 우리는 멘델주의가 등장하기 이전의 시기부터 살펴볼 것이다. (이후의 기준에서 보면 몇몇 주제는 모호한 면이 있지만) 이 시기는 혼란스러웠던 시기라기보다는, 오히려 배(胚)에서 형질이 발현되는 방식과 형질의 유전을 연결해서 생각한 시기였던 것 같다. 발생학에서의 논쟁은 형질이 미리 결정되어 있는가 아니면 환경의 영향을 받는가의 두 가지 입장 중 하나를 선택하는 데 이용된 반면, 진화론은 배의 발생이 예정된 경로를 따라가는 이유를 이해하는 데 궁극적으로 사용되었다. 종종 진화론의 전통 속에서 개별 형질들이 한 세대에서 다음 세대로 어떻게 전달되는지가 연구되었지만, 이런 연구를 더욱 추동한 것은 자신들이 통제할 필요가 있는 현상들을 설명할 체계적인 틀을 마련하고자 했던 동식물 사육자들의 실용적 관심이었다고 할 수 있다.

전성설 대 후성설

성체의 형질이 수정 순간 혹은 그 이전에 미리 결정될지도 모른다는 생각은, 17세기 후반 생명체에 '기계적 철학'을 적용함으로써 야기된 위기에 대한 반응 속에서 체계화되었다. 만약 기계적 철학이 주장하듯이 유기체가 그저 복잡한 기계일 뿐이라면, 미분화된 물질에서 어떻게 복잡한 유기체가 만들어질 수 있을까? 역학 법칙에 따르면, 하나의 목적을 지닌 구조를 만들기 위해 물질을 조직화한다는 것은 분명 불가능한 일인데 말이다. 자연신학이 지배하던 시대에 이러한 딜레마를 해결하는 방안은 하나였다. 유기체의 구조는 이미 작은 모형(miniature)으로 존재하고 있고 단지 여분의 물질들은 그 구조를 '채워나가는 것'이며, 배아의 성장을 연구하는 자연학자들이 눈으로 보는 것은 이렇듯 순차적으로 채워지는 부분들이라고 가정하면, 아마도 자연법칙이 혼돈에서 질서를 만든다고 생각할 필요는 없었을 것이다. 이 '전성설 이론'을 가장 극단적으로 형상화한다면, 종(species)의 연속적인 세대의 배아들이 러시아 인형 시리즈처럼 각각 자신이 발생할 차례를 기다리며 하나가 다른 것 안에 들어가 있는 모습으로 나타날 것이다. 인간 종은 온전한 형태로 아담의 정자 혹은 이브의 난자 속에 둘러싸인 채, 신에 의해 직접 창조되는 것이었다(그림 8.1; Pinto-Correia, 1997; Roe, 1981; Roger, 1998).

후대 생물학자들은 이 이론을 비웃었는데, 실제로 이것은 좀 기괴하고 관찰결과와도 맞지 않는 것처럼 보였다. 1700년 이전의 현미경 연구를 통해 확인했듯이, 확실히 배아는 후성설로 알려진 과정을 통해, 즉 미분화된 조직 단편에서 시작해 일련의 부분들이 추가되면서 성장한다. 구조가 본격적으로 발달하기 전에도 미세한 기관들을 관찰할 수 있다고 주장하면서, 현미경을 통해 본 배아를 종종 전성설을 지지하는 방향으로 해석하는 사람들도 있었는데, 이는 관찰이 얼마나 쉽게 이론적 선입견에 의해 구성될 수 있는지를 보여준다. 하지만 전성설은 생각만큼 어리석은 개념이 아니었다. 사실 19세기 후반에도 '전성' 이라는 용어는, 배아의 미래 구조가 수정된 난자 속에 암호화된 정보로 저장되었음을 가정하는 이론들을 지칭하는 데 사용되었다. 오늘날 우리는 정보가 화학구조물 속에 새겨져 있으며, 발생과정 중에 그것이 '해독된다' 고 생각한다. 이런 정교한 논의들을 이용할 수 없었던 17~18세기의 당시의 사상가들이 성체로 발현되기를 기다리는 소형 인간을 상상했다는 것은 그리 놀라운 일이 아닐지도 모른다. 전성설은 터무니없는 이론이라기보다, 오히려 유전자의 고전적 개념을 만들기 위해 다시 체계화되어야 했던 중요한 관념을 명확하게 정의한 이론이었다.

물론 전성설에는 많은 문제점들이 있었다. 우선 사람들은 소형 인간이 여성의 난자 속에 존재하는지 남성의 정자 속에 존재하는지에 대해 논쟁했다(그것은 어느 한쪽에 반드시 있어야 했다). 결국 이 논쟁에서 소형 인간은 난자 속에 존재하는 것으로 결론 났는데, 그렇지 않으면 엄청난 수의 완전한 소형 인간이 남성이 사정을 할 때마다 버려져야 했기 때문이다. 하지만

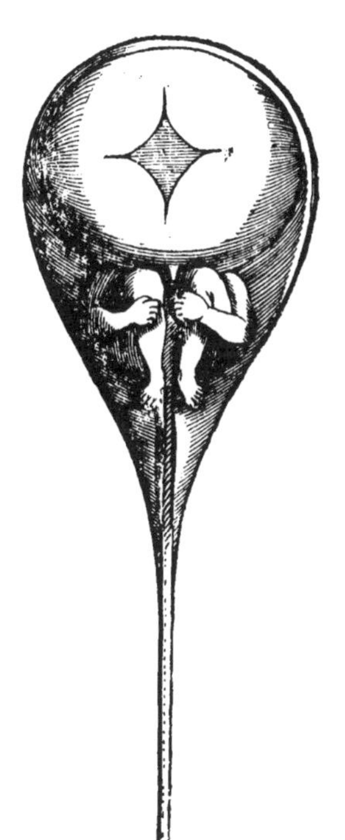

그림 8.1 니콜라스 하르트소커(Nicolas Hartsoeker, 1656–1725)의 『굴절광학 소고(Essai de dioptrique, 1694)』(Paris)에 실린 정자의 머릿속에 미리 형성된 가상의 인간 형상을 보여주는 그림. 하르트소커는 이런 형태를 관찰했다고 주장하지는 않았지만 만약 온전한 개체가 실제 정자 속에 미리 존재한다면 있을 법한 모습을 보여주었다. 그 당시 대부분의 자연학자들은 소형 인간이 아마도 여성의 난자 안에서 형성될 것이라고 생각했다. 그리고 남성의 정액은 소형 인간의 발생을 시작하게 하는 자극제로 기능하며, 이 경우 정자가 아닌 정액이 수정에 있어 더 중요한 요인으로 작용한다고 생각했다.

이 경우 아버지의 붉은 머리카락이 자녀들에게 유전되는 것처럼, 아버지로부터 유래된 형질의 유전은 어떻게 설명할 수 있을까? 1745년 프랑스 학자 피에르 루이 드 모페르튀는 부계와 모계 양쪽의 일련의 형질을 추적함으로써 전성설을 비판하는 초기 연구를 발표했는데, 그의 연구는 종종 멘델의 작업을 예견한 것으로 묘사되기도 한다. 그의 주장은 정액이 난자가 성장하는 처음 단계에서 양분을 제공하고, 그 결과 약간의 남성 형질이 전달된다는 것이었다. 모페르튀는 많은 급진적 계몽주의자들처럼 대담하게도 신이 모든 것을 설계했다는 개념을 거부하는 입장을 취했다. 그는 자연법칙에 따라 양쪽 부모에 의해 제공된 유동적인 액체(semen) 혼합물이 실제로 배아를 만든다고 주장했다. 그의 이론에서 정자와 난자는 중요하지 않았다. 그러나 이 주장으로 인해 모페르튀는 전성설이 처음 등장했을 때 당면했던 문제에 다시 부딪쳤는데, 그것은 단순한 기계적 법칙들이 어떻게 그토록 엄밀하게 물질의 운동을 통제하여 무질서한 유동체로부터 배아를 구성할 수 있는가 하는 것이었다.

모페르튀는 물질 자체에 기억이나 의지와 같은 능력이 내포되어 있다고 이야기함으로써 이 문제를 피해갔다. 반면에 18세기 후반 볼프와 같은 전성설 반대자들은 공공연하게 생기론적 입장을 취했다. 그들은 배아의 기관들이 점진적으로 만들어진다는 후성설을 지지했는데 이를 설명하기 위해 물질들이 구조화될 수 있도록 그 위에 질서를 부여하는 목적론적이고 비물질적인 힘을 불러들였다. 19세기가 시작되면서 전성설은 쇠퇴했고, 발생학자들은 새로운 유기체가 구성되는 점진적 과정을 연구하는 일에 전력을 쏟았다. 발생 패턴은 대체로 과거의 '존재의 사슬'과 유사한 선형 서열, 혹은 위계적 순서를 따르는 것으로 간주되었다. 이러한 이론에 따르면, 인간 배아는 처음에는 무척추동물의 단계에 있다가, 이후 연속적으로 물고기, 파충류, 하등한 포유류의 단계를 거친 후 최종적으로 인간 특유의 형질을 획득했다. 어떤 비물리적인 힘이 이 과정을 통제한다는 가정은 여전히 유효했다. 화석 기록에서 드러나듯이 발생의 순서가 지구 생명체의 역사와도 맞아떨어진다는 것이 명확해지면서, 상황은 훨씬 더 흥미로워졌다. 에른스트 헤켈과 같은 19세기 후반의 진화론자들은 배아의 발생(개체 발생)이 그 종의 진화적 역사(계통 발생)를 되풀이한다는 '발생반복설'을 강력히 옹호했다(6장 "다윈 혁명"과 Gould, 1977 참조).

진화론과 발생학이 이렇게 통합되어 있는 상황에서는 엄격하게 미리 결정된 형질의 개념이나 형질 차이가 어떻게 유전되는가를 독자적으로 연구하기란 거의 불가능했다. 개체 발생의 전반적인 패턴은 종의 과거 역사에 의해 미리 결정되지만, 헤켈은 발생반복설을 주장하는 대부분의 학자들처럼 획득형질이 유전된다는 라마르크의 이론을 받아들였다. 개체 발생은 개체가 환경의 변화에 맞춰 스스로를 적응시킬 수 있을 만큼 유연해야 하지만, 라마르크 이론은 이런 '자가 적응(self-adaption)'이 그 개체의 발생에 각인되어 후손 세대에도 유전될 수 있다고 가정했다. 헤켈은 생기론자는 아니었지만 '일원론' 철학을 통해 물질과 정신이 하나의 근원적인 실체의 서로 다른 측면이라고 간주했으며, 이를 통해 그는 가장 기본적인 자연적 존재자들에게도 정신적인 특성을 부여할 수 있다고 보았다. 헤켈과 그의 동료들은 유전을 기억에 대응시켰는데, 발생하는 배아는 결과적으로 그 종의 조상이 진화하는 과정에서 첨가된 일련의 형질들을 기억해내는 셈이었다. 이런 세계관에서는 현대 유전학과 비슷한 분야가 출현할 가망이 거의 없었다.

헤켈은 자신의 진화론에서 개체 변이에 작동하는 다윈의 자연선택이론을 거의 사용하지 않았지만, 스스로를 다윈주의자라 여겼다. 선택 이론은 개체들 간의 형질 차이에 초점을 맞추고, 그런 차이가 유전된다는 가정을 전제로 하고 있었다. 흔히 다윈의 이론은 유리한 변이가 단위로 보전되어 다음 세대에 전달될 수 있도록 하는, 유전적 모델을 절실히 필요로 했다고 이야기되곤 한다. 하지만 다윈의 관점은 달랐는데, 그것은 오히려 앞에서 서술한 발생 모델과 흡사했다(Gayon, 1998). 다윈은 1868년에 출간한 '범생설(pangenesis)' 이론에서 부모 몸의 다양한 기관들에서 떨어져 나와 만들어진 '제뮬(gemmules)' 이라는 작은 입자가 자손에게 전달되는 과정에서 유전이 일어난다고 가정했다. 그는 대부분의 경우 어떤 구조가 만들어지기 위해서는 부모의 제뮬들이 혼합되고, 그 결과로 서로 다른 형질들이 자녀의 몸 안에서 함께 섞인다고 생각했다. 가장 중요한 것은 그 이론이 부모의 몸에서 만들어지는 유전물질을 기반으로 하고 있다는 점이었다. 즉 현대 이론과는 달리, 한 세대에서 다음 세대로 변하지 않고 전달되는 유전 단위는 존재하지 않았다. 다윈은 부모의 몸에서 획득된 변화들이 자녀들에게 유전될 수 있는 제뮬 속에 각각 반영될 거라고 생각했기 때문에, 스스로 자연선택에 덧붙여 라마르크의 이론을 받아들였다.

멘델

앞서 언급된 간략한 개관은 1865년에 발표된 멘델의 고전적인 교배실험 논문이 왜 주의를 끌지 못했는지를 설명해준다. 다시 말해, 당시에는 어느 누구도 한 세대에서 다음 세대로 전달되는 형질 단위를 생각해내지 못했다. 정통 유전학사에 따르면, 멘델은 초기 유전 관념들 속에 내재해 있는 혼란을 완전히 해소해주는 새로운 유전 모델을 제안함으로써 잠정적으로나마 그 상황을 바꿔놓았다. 문제는 이런 통찰력의 가치가 인정받기까지 오랜 시간이 걸렸으며, 그 결과 멘델은 그의 유전 모델을 현대 유전학을 확립한 생물학자들에 의해 1900년에 '재발견' 되도록 남겨둔 채 무명으로 사망했다는 것이다. 이런 새로운 시작을 가능하게 했던 발전들은 뒤에서 다루어질 예정인데, 이에 앞서 우리는 전체적인 상황에 맞춰 멘델이라는 인물을 살펴보아야 한다. 과학사가들은 새로운 이론이 최종적으로 받아들여지기 훨씬 전에 그 이론을 제안했다고 평가받는 선구자나 선각자들에 대해 점점 의심의 눈초리를 보내고 있다. 과학지식이 맥락에 의존한다는 널리 퍼진 견해를 받아들이면, 개인이 자신의 지적 환경에서 벗어나 미래 세대의 지적 풍토를 예측하는 것은 본질적으로 있을 수 없는 일처럼 보인다. 멘델의 접근법은 확실히 새로웠지만, 최근의 과학사 연구에 따르면 유전학의 선구자라는 멘델에 대한 전통적 이미지는 새로운 과학에 창조신화를 부여하기 위해서 만들어진, 잘못 이해된 선구자의 모습에 기대고 있다. 그는 확실히 20세기 초 유전학의 모든 개념적 체계를 예견한 것이 아니었는데, 한 역사학자는 이를 두고 멘델 그 자신이 멘델주의자가 아니었다고 표현했다(Olby, 1979; 1985).

이러한 문제는 멘델 법칙의 재발견자들이 멘델 논문의 텍스트에서 자신들이 생각한 많은 관념들을 읽어냈기 때문에 생겨난 것으로 보인다. 그들은 멘델 또한 자신들처럼 유전의 일반 법칙을 찾고 있었다고 생각했다. 그들은 또한 멘델의 실험이 세대에서 세대로 전달되는 일종의 물질입자로 규정된 단위 형질(지금의 유전자)의 개념을 사용해서 해석될 때에만 비로소 이해될 수 있다고 생각했다. 최근 역사학자들은 멘델의 논문에는 쌍을 이룬 물질입자가 전혀 언급되지 않았으며, 그가 단지 형질 차이라는 개념을 사용해서 논의를 했을 뿐 이러한 차이가 어떻게 유지되는지에 대해서는 아무런 가설도 제시하지 않았다는 점에 주목하고 있다. 더 흥미롭게도, 멘델이 그 문제를 고민했을 법한 맥락을 살펴본다면 그가 결코 유전법칙을 테스트한 것이 아니었다는 것을 알 수 있다. 가장 급진적인 재해석은 멘델이 다윈의 진화론에 대한 대안을 구체화하려고 노력했다는 것인데, 이렇게 보면 멘델이 자신의 실험결과가 유전에 대한 새로운 사고방식의 토대가 될 수 있으리라고 예상하지 못한 것이 전혀 이상하지 않다.(Callendar, 1988). 이런 수정주의적 해석은 당시 사람들이 멘델의 새로운 '유전 이론'을 이해하지 못했을까라는 질문을 의미 없는 것으로 만든다. 왜냐하면 그런 새로운 이론 자체가 없었기 때문이다.

멘델은 뚜렷한 형질을 가진 다양한 완두를 교배하고, 여러 세대를 통해 그들의 형질 차이를 추적함으로써 자신의 생각을 발전시켰다. 이런 종류의 실험은 전통적으로, 식물의 품종개량을 추구했던 원예학자들뿐만 아니라 현존하는 종들을 잡종교배하여 새로운 종을 만들 수도 있다고 본 카를 폰 린네의 오래된 제안에 영감을 얻은 자연학자들에 의해 활발히 수행되었다(Roberts, 1929). 린네의 주장을 새로운 시각으로 바라본 것은 다윈의 이론을 혐오했던 가톨릭 신부 멘델이 취했던 자연스러운 행동이었을 것이다. 그는 다양하고 뚜렷한 형질을 가진 완두를 잡종교배함으로써, 종들 사이의 교차에 의해 영구적인 새로운 형태가 만들어지는지를 밝히고 싶어했다. 이는 멘델이 잡종과 그 자손들 중에서 고정된 형질이 나타날 가능성에 왜 그토록 주의를 기울였는지를 설명해주며, 무엇보다 그가 유전법칙이 아닌 교배의 법칙을 확립하려 했다는 것을 일깨워준다.

멘델은 몰다비아 브르노에 있는 수도원의 수도사가 되기 전에는 과학 교육을 많이 받지 못했다(Henig, 2000; Iltis, 1932; Orel, 1995). 그는 순종을 만들기 위해 인위적으로 선별된 다양한 종류의 완두를 가지고 실험을 시작했고, 잡종 세대들을 통해 추적한 일곱 가지 다른 형질을 선별해냈다. 예를 들어, 그는 키가 큰 (순종) 완두와 작은 완두를 교배했을 때 두 형질이 섞인 혼합 형태가 나오지 않는 것을 발견했다. 첫 번째 교배 세대의 모든 식물에서 중간 크기가 아닌 키가 큰 형태가 나왔던 것이다. 겉으로 보기에 작은 키 형질은 사라진 것처럼 보였다. 멘델이 첫 번째 잡종 완두들을 교배해 잡종 2세대를 만들자, 그 유명한 3:1 비율이 나왔다. 비록 전체 완두의 4분의 1에 해당하는 비율이지만 작은 키 형질이 다시 나타났고, 나머지 4분의 3은 키가 큰 완두였다. 이것은 형질이 분리된 단위로 존재하고, 하나가 다른 것(열성)보다 '우월'하다는 것을 증명했다. 열성 형질은 잡종 형태 안에서 잠재적으로 존재하는데, 우성 형질이 같이 있으면 성체에서 전혀 드러나지 않았다. 이 실험들은 유전이라는 것을 쌍을 이룬 형질 결정자(determinant)라는 측면으로 생각해야 하며, 각각의 개체는 부모로부터 결정자 하나씩을 물려받고 각 후손에게 결정자 하나씩을 전해주는 것으로 이해해야 함을 보여주었다. 멘델은 형질이 부모에게서 자손으로 전달되는 물질입자에 의해 결정된다고 명확히 이야기하지는 않았지만, 대부분의 초기 유전학자들은 멘델이 그랬다는 증거가 전혀 없었음에도 그가 분명 마음속으로 그런 생각을 했을 것이라고 가정했다.

만약 멘델의 실험을 오늘날의 유전 용어로 번역한다면(이것이 1900년 이후에 멘델 논문이 읽혔던 방식이다), 우리는 완두의 키와 같은 하나의 특정 형질에는 그 형질을 결정할 수 있는 두 개의 유전적 단위(즉, 두 개의 대립유전자)가 있다고 가정해야 한다. 이 경우에는 키가 큰 것(T)과 작은 것(S)이 유전 단위다. 각 식물은 부모로부터 유전된 한 쌍의 유전자를 물려받는데, 순종의 경우 키가 큰 것은 TT, 작은 것은 SS여야 한다. 첫 번째 교배 세대는 부모로부터 각각 하나의 유전자를 전달받게 되는데(TS), 이때 우성-열성 관계가 성립해 키 큰 유전자만이 발현하게 된다.

TT × SS

(tall) (short)

↓

TS

(tall)

잡종은 발현되지 않은 S유전자의 복사본을 가지고 있기 때문에 표면적으로는 키가 큰 부모와 동일하지만 유전적으로는 같지 않다. 잡종식물을 자가교배하면 거의 같은 수로 T와 S의 4가지 가능한 조합이 얻어지고, 우성-열성 법칙을 다시 적용해보면 이 4가지 형태 중 3가지는 키가 큰 식물을 만들고 한 가지에서는 키가 작은 열성 형질이 다시 나타난다.

TS × TS

↓

TT TS ST SS

(tall) (tall) (tall) (short)

멘델은 또한 그가 연구했던 일곱 가지 다른 형질들이 각각 독립적으로 전달된다는 것을 입증했다. 멘델이 죽은 후 그의 추종자들은 이런 관찰결과를 일반화하여, 분리된 단위 형질이 세대를 거쳐 변함없이 전달된다는 사실과 우성-열성 법칙으로 인해 유전된 형질이 서로 섞이지 않는다는 사실에 기초한 완벽한 유전 이론을 제시할 수 있다고 생각했다.

유전학의 전조

멘델은 1865년에 지방 자연사학회에서 논문을 발표했고, 이 논문은 다음 해에 출판되었다(Bateson, 1902. Stern · Sherwood, 1966에 번역되어 있다). 하지만 그의 논문은 거의 무시되었다. 그의 논문을 진지하게 받아들였던 단 한 사람의 과학자인 카를 폰 네겔리는 멘델에게 이 방법을 사용해 복잡한 유전적 특징을 가진 조팝나무를 분석해보라고 독려했다. 초기 유전학사 연구들은 멘델의 논문이 실린 저널이 무명 학술지였다는 점을 들어, 바로 그 때문에 멘델의 논문이 오랫동안 인정받지 못했다고 설명하려 했다. 하지만 이제 우리는 사람들이 그의 논문을 심각하게 받아들일 수 없었던 훨씬 더 근본적인 이유들을 알 수 있다. 단위 형질은 대부분의 생물학자들이 유전과 발생에 대해 생각했던 전체적인 이론 틀과 맞지 않았다. 만약 멘델 스스로가 자기의 논문이 잡종에 관한 논쟁에 기여했다고 생각했다면, 그는 자신의 논문을 유전 이론을 위한 토대로 제시하는 일에는 관심을 두지 않았을 것이다. 좀더 실제적인 관점에서 생각해보자면, 사실 그가 완두에서 연구했던 뚜렷하게 구분되는 형태의 형질들은 대부분의 종에서 볼 수 있는 전형적인 특징이 아니었기 때문에, 멘델의 연구는 법칙에서 벗어난 예외 사례처럼 보였을 수도 있을 것이다. 대부분 종의 많은 형질들은 개체군 내에서 난잡하게 섞인 서로 다른 수많은 유전자들에 의해 통제되며, 이런 형질들은 외양상 혼합된 모습으로 나타난다. 더 중요한 점은 다윈이 관찰했듯이 이러한 형질들은 개체군 안에서 연속적인 범위의 변이를 만든다는 것이다. 예를 들어, 인간은 거인이나 난장이로 뚜렷하게 나뉘지 않으며, 대부분의 사람은 평균 키의 범위에 있고 단지 그 범위의 양 끝에 키가 크거나 작은 소수의 사람들이 존재하는 식이다.

멘델의 법칙이 다양한 유전현상을 이해하는 데 사용되기까지는 상상력의 엄청난 도약이 필요했을 것이다. 따라서 이제 우리는 1865년과 1900년 동안 과학적 견해에 어떤 사조상의 변화가 일어나 멘델의 연구가 재발견될 수 있었는지 질문해보아야 한다. 번식과정에 대한 이해와 진화론 모두에서 중요한 발전들이 있었는데, 이는 성체 형질을 미리 결정하는 힘으로서 유전 개념을 바라보고 그런 형질들이 별개의 단위 형질로 이해될 수 있다는 가능성에 주목한 것이었다. 특히 발생반복설이 진화에 대한 길잡이로 적합하지 않다는 것이 확인되면서, 유전과 발생 같은 현상을 실험적으로 통제하는 것에 대한 관심이 점점 커졌다(Allen, 1975). 그러나 생물학 내에서의 실험적 통제가 강조된 이런 현상은 어느 정도 사회 전반의 변화에 대한 반응이기도 했다. 우생학 운동이 성장하면서 대중은 유전을 인간 사회에 존재하는 타락한 형질의 원인으로 생각하게 되었다. 프랜시스 골턴이 유전에 관한 논쟁에 기여할 수 있었던 것도 인간 형질은 좋든 나쁘든 태어나면서부터 미리 결정된다는 그의 믿음 덕분이었다. 농업인들이 새롭고 유용한 변종을 생산하기 위해 더 나은 인위적인 선별방법을 모색함에 따라, 동식물 육종가의 작업 또한 중요해졌다. 인간뿐 아니라 모든 생물집단을 통제하는 데 근거가 될 정보를 제공할 수 있는 새로운 유전과학을 위한 토양이 만들어지기 시작했던 것이다.

이처럼 형질이 어떻게 전달되는가 하는 문제에 관심이 집중되면서, 수많은 생물학적 발전들이 이루어졌다. 세포설은 그 당시 생물학을 지배했다(7장 "새로운 생물학" 참조). 1875년 오스카르 헤르트비히는 하나의 정자핵에서 나온 물질이 난자를 수정시키고, 이로부터 만들어진 하나의 세포로부터 배아가 자란다는 사실을 입증해냈다. 에두아르 반 베네덴은 난자와 정자가 보통 쌍을 이루고 있는 염색체(이 막대기 모양의 구조는 현미경 아래에서 표본을 더 분명하게 보기 위한 염료를 사용해서 관찰되었기에 염색체라는 이름이 붙었다)에서 단지 한 가닥만을 전달받는다는 것을 확인했다. 수정은 분명 부모에게서 염색체 한 가닥씩을 받아 후대를 위한 한 쌍의 염색체를 만드는 과정이었다(그림 8.3). 이런 발견들은 멘델 실험에서 볼 수 있는 형질들의 짝짓기를 설명하기 위해 초기 유전학자들이 제안했던 메커니즘의 근간이 되었다. 아우구스트 바이스만은 염색체 안에 부모에게서 자손으로 형질을 전달하는 기본적인 유전물질인 '생식질(germplasm)'이 들어있다고 주장했다. 그러나 바이스만은 생식질이 인체의 다른 체세포와는 분리되어 있으며, 따라서 변하지 않은 채로 한 세대에서 다음 세대로 변함없이 전달된다고 주장했다. 바이스만의 유전 모델에서는 라마르크주의가 성립될 수 없었고, 진화적 과거를 '기억하는' 배아라는 모호한 개념도 설 자리가 없었다. 그렇지만 바이스만도 미세한 생식인자의 변이에 기초를 둔 다윈의 자연선택 모델을 받아들였기 때문에, 형질이 (염색체와 같은) 큰 규모의 단위로 미리 결정돼 있다고 생각하지는 않았다.

19세기 말, 진화가 갑작스런 도약 혹은 격변에 의해 일어난다는 오래된 개념에 생물학자들이 새롭게 관심을 갖게 되면서, 점진적인 진화 모델은 비난 세례를 받았다. 1894년 영국의 생물학자 윌리엄 베이트슨은 『변이 연구를 위한 요소들(Materials for the Study of Variation)』을 출간했다. 베이트슨은 이 책을 통해 다윈의 이론을 공격했고, 많은 종을 자세히 연구하여 새로운 형질이 돌연변이에 의해 생겨난다고 주장했다. 예를 들어 만약 어떤 꽃이 4개의 꽃잎에서 5개의 꽃잎을 가진 종으로 변형되었다면, 추가된 꽃잎은 기관이 천천히 자라난 결과가 아니라 발생과정에서 갑작스런 전환이 일어난 결과라는 것이었다. 네덜란드의 식물학자 휘호 더프리스는 '돌연변이설'을 도입했는데, 이 이론에 따르면 진화는 새로운 변종 혹은 심지어 완전히 새로운 종이 갑자기 만들어지는 변이에 의해 진행되는 것이었다. 비록 이후에 그가 관찰한 것이 유전적 돌연변이가 아니라 잡종교배에 의한 형질의 재결합이었다는 사실이 밝혀지긴 했지만, 그는 달맞이꽃 연구를 통해 돌연변이설을 주장할 수 있었다. 돌연변이설은 20세기를 전후해 널리 확산되었다. 생물학자들은 이제, 만일 새로운 형질이 하나의 단위로 만들어진다면, 이 형질 단위는 후손에게서도 똑같이 나타난다고 생각하게 되었다. 멘델 연구의 재발견자들 중 한 사람인 더프리스나 영국에서 자신이 '유전학'이라고 규정한 분야의 대표적인 주창자가 된 베이트슨을 비롯한 많은 유전학의 창시자들이 급격한 변이에 의한 진화로부터 자신들의 연구를 시작했던 것은 우연이 아니다.

멘델주의와 고전 유전학

이제 멘델 법칙이 재발견될 수 있는 무대는 마련되었다. 1900년 잡종교배 실험을 수행했던 두 생물학자가 멘델에 의해 이미 언급된 유전법칙을 발표했다. 한 사람은 더프리스이고, 다른 한 사람은 독일의 식물학자인 카를 코렌스였다(세 번째 재발견자라고 주장한 에리히 폰 체르마크는 멘델의 법칙을 충분히 이해하지 못했다는 이유로 오늘날 재발견자 명단에서 제외됐다). 멘델은 유전법칙을 발견한 선구자로 언급되었고, 실제로 멘델의 명쾌한 해석은 더프리스와 같은 후대 학자들이 유전현상을 이해하는 데 도움을 주었을 수도 있다. 베이트슨 역시 멘델의 논문을 읽고 감명을 받아, 곧 멘델의 이론이 새로운 유전과학의 기초자료로 받아들여져야 한다고 강력하게 주장하면서 이 논문을 영어로 처음 번역하였다(Bateson, 1902). 사람들이 새로운 과학의 창시자로 멘델을 기꺼이 인정한 것은, 재발견자들 사이에서 발생할지도 모르는 격렬한 우선권 논쟁을 피하고 싶었기 때문이었을지도 모른다. 특히 베이트슨에게 있어서, 멘델의 법칙은 유전연구를 완전히 변혁시킬 모델이었다. 베이트슨은 이 모델에 맞지 않는 형질들은 아무 의미가 없다고 주장했다. 이러한 주장은 그와, 모든 변이가 연속범위를 보인다고 강조하며 다윈주의를 생물통계학적으로 다루던 피어슨 사이의 논쟁을 더 오래 지연시켰다(Gayon, 1998; Provine, 1971). 대부분의 초기 멘델주의자들은 돌연변이설을 지지했고, 새로운 형질이 멘델이 말한 유전인자들의 극적인 변화에 의해 갑자기 생겨난다고 가정했다. 하지만 흥미롭게도 더프리스는 돌연변이 형질이 반드시 멘델의 법칙을 따르지는 않는다는 것을 알게 된 후 곧 멘델주의에 대한 흥미를 잃어버렸다.

베이트슨은 1905년에 '유전학(genetics)'이라는 용어를 만들어, 그 다음 해 국제학회에서 이 용어를 사용하기 시작했다. 베이트슨은 케임브리지 대학에서 이 새로운 과학을 장려하려 했지만, 결국 존 이니스 원예연구소로 자리를 옮겼다. 이는 동식물 육종가들이 유전학에 대해 더욱 실질적 관심을 보였기 때문이다. 그의 제자 퍼네트는 1916년 케임브리지 대학에서 처음으로 유전학 교수가 되었다. 많은 대학이 세워지고 있던 미국에서 유전학이 학문적 분과로 확립되기에 더 쉬운 면이 있었지만, 여기서도 유전학은 농업적 관심 때문에 더 열광적으로 받아들여졌다. 초기 멘델주의자들의 성과 중 대부분은 상업적으로 가치 있는 종과 관련되어 있었다(그림 8.2). 그리고 처음 몇 년 동안 유전학은 형질이 전달되는 양상에만 관심을 둔 이론적 모델에 입각해 있었다. 베이트슨이나 퍼네트 모두 형질이 염색체의 물질구조 속에 암호화된 정보로 존재할 가능성에는 관심을 두지 않았다. 베이트슨은 철학적으로 유물론에 반대했고, 10여 년 후에 유전자의 염색체 이론이 널리 수용된 후에도 이 이론을 받아들이지 않았다. 덴마크 식물학자 빌헬름 요한센은 '유전자(gene)'라는 용어를 도입하면서, 이것이 개체의 '유전형(genotype, 개체의 유전적 구성)'이 후손 세대에 영향을 끼치는 데 관여하는 유일한 요소라고 주장했다. 이는 라마르크주의에 대한 바이스만의 반대를 재승인해주는 주장이었다. 하지만 베이트슨처럼 요한센도 유전자를 물질입자가 아닌, 전체 개체 안에 있는 안정된 에너지로 간주했다.

소위 고전 유전학이라 부르는 분야가, 유전의 법칙을 수정과정에 있는 염색체의 행동과 연결하려 했던 미국 생물학자 모건과 모건학파의 노력을 통해 1910~15년 사이에 등장했다(Allen, 1978). 모건은 돌연변이설을 들어 다윈주의를 공격하였지만, 초기에는 멘델주의도 거부했었다. 그러다가 그는 난자와 정자의 결합에 의해 한 쌍의 염색체가 만들어지는 방식과 멘델 법칙이 적용되는 형질의 유전 사이에 명백한 유사성이 있다는 사실에

그림 8.2 멘델의 분리법칙을 보여주는 서로 다른 낟알색을 가진 잡종 옥수수들. 출처 W. E. Castle 등, 『유전과 우생학(Heredity and Eugenics, 1922)』(Chicago: University of Chicago Press), 94쪽. 유전법칙을 확립한 많은 초기 연구들은 경제적으로 중요한 종을 중심으로 수행되었는데, 육종가들은 형질이 전달되는 방법을 이해함으로써 생산량을 증대시키는 방법을 알게 될 거라는 희망을 갖고 있었다.

관심을 가지기 시작했다(그림 8.3). 그는 염색체의 크기가 커서 연구하기 수월했던 초파리(drosophila)에 관심을 가졌다(Kohler, 1994). 모건은 유전자를 개체의 발생과정에서 대응 형질을 발현하도록 암호화되어 있는 염색체의 한 부분으로 간주해야만 이를 가장 잘 이해할 수 있다고 설명했다. 모건과 그의 제자들은 나아가 각각의 유전자가 염색체의 어디에 위치하는지를 대략적으로 보여주는 지도를 작성할 수 있었다. 그들의 연구결과는 유

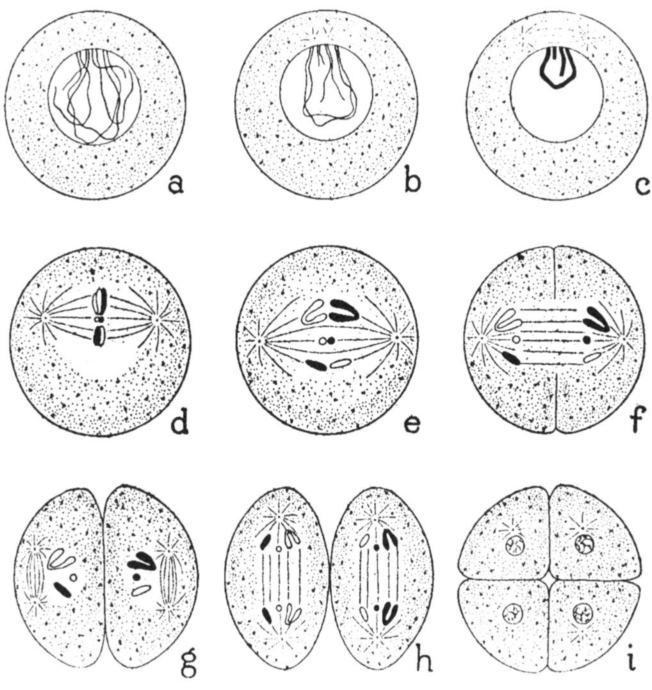

그림 8.3 정자세포를 만들기 위해 감수분열 중인 세포 안 염색체의 움직임. 출처 T. H. Morgan, 『진화와 유전학(Evolution and Genetics, 1925)』(Princeton, NJ: Princeton University Press) 80쪽. 가운데 줄(d~f)이 멘델 법칙을 결정적으로 설명하는 부분인데, 염색체가 나누어져 두 개의 세포로 분리되고, 각 세포는 부모 세포의 쌍을 이룬 염색체에서 한 가닥만을 포함한다. 사실 이 과정은 매우 복잡하고 두 번의 분리과정을 포함하는데, i단계에 도달하게 되면 네 개의 정자 딸세포가 생긴다. 이 그림은 현미경을 통해 관찰한 모습을 이상적으로 표현한 것인데, 여기에는 19세기 후반에서 20세기 초 수많은 생물학자들의 수십 년간의 연구결과가 집적되어 있다.

전자의 고전적 이론을 확립한 『멘델주의 유전의 메커니즘(The Mechanism of Mendelian Inheritance, 1915)』이라는 책에 요약돼 있다(Morgan et al., 1915).

모건과 모건학파 학자들은 돌연변이가 새로운 유전형질을 만드는 과정에 대해서도 연구했다. 그들은 종종 기존 유전자가 갑자기 새로운 형질의 암호를 저장하게 되고, 이것이 다음 세대에 그대로 전달되어 결과적으로 처음의 유전자를 대체한다는 사실을 증명했다. 유전자의 물질구조가 무엇이든지 간에, 유전자는 완전히 변형되어 새로운 형질의 유전암호를 저장했다. 돌연변이는 방사능과 같은 외부의 힘에 의해 생겨났고, 많은 돌연변이는 사소하거나 혹은 꽤 해로웠다. 하지만 모건은 대부분의 돌연변이가 아주 작은 규모이고, 변이유전자를 보유한 개체가 개체군의 나머지와 정상적으로 교배하는 것처럼 보인다는 점에도 주목했다. 동시에 많은 형질이 복수 유전자에 의해 영향을 받는다는 견해가 받아들여지면서, 모건의 통찰력은 유전학과 다윈주의 사이에 궁극적인 조화의 길을 열어주었다. 다윈이 가정했듯이 돌연변이는 모든 개체군에서 일어나는 무작위적인 변이의 원인이고, 멘델의 법칙은 해로운 유전자의 빈도는 감소시키고 적응적인 이익을 부여하는 특별한 유전자의 빈도는 늘리는 선택과정을 가능케 한다고 여겨졌기 때문이다.

유전학은 미국 및 영국 과학계에서 확고한 위치를 차지했고, 이와 함께 염색체 유전자가 개체가 발현하는 형질을 완전하게 미리 결정한다는 가정 또한 확고하게 확립되었다(이것은 이 이론이 전성설의 부활처럼 묘사될 수 있었던 이유이기도 하다). 그러나 영어권이 아닌 다른 지역의 상황은 매우 달랐는데, 이는 심지어 중요한 과학적 발견들도 그 연구가 수행된 지역적 상황과 어느 정도 관련이 있음을 보여준다. 프랑스에서는 대부분의 과학자들이 이 이론을 심각하게 받아들이지 않았는데, 탁월한 유전학자인 뤼시앵 퀴에노는 유전자가 개체의 발생과정에서 어떻게 발현되는지에 대해 더 관심을 가졌다(Burian, Gayon · Zallen, 1988). 모건학파의 연구가 전달유전학으로 불리는 반면, 퀴에노의 연구는 생리유전학으로 알려져 있다. 독일에서는 영미 과학계의 유전자 이론이 훨씬 각광을 받았지만, 새로운 생물학 분과를 정의하는 데까지 이용되지는 않았다(Harwood, 1993). 독일 생물학자들 역시 전달유전학뿐만 아니라 생리유전학에 관심을 가졌고, 염색체 이론에서 볼 수 있는 강한 전성설적 경향을 의심하는 학자들도 많았다. 세포를 둘러싸고 있는 물질인 세포질도 어쩌면 유전에서 어떤 역할을 할 것이며, 이런 세포질은 환경의 영향과 그리 엄격하게 분리되어 있지 않을 수도 있었다(Sapp, 1987).

이러한 지역적 차이는 영미 과학계의 고전 유전학이 우리가 자연을 좀 더 잘 이해하기 위해서 반드시 필요한 발상은 아니었음을 말해준다. 유전자의 염색체 이론은 대단히 중요했지만, 당시 이것은 제한된 종류의 주제에 집중했고 후에 중요하다고 판명된 개념이나 견해들을 무시했다. 가장 명백한 것은, 전달에만 초점을 맞춘 편협한 시각은 유전학자를 생화학자와 발생학자로부터 멀어지게 했고, 그 결과 유전학자들이 유전자가 자라나는 배아를 어떻게 그렇게 결정론적인 방식으로 통제할 수 있는지의 문제를 도대체 다룰 수 없게 (그리고 사실 이에 무관심하게) 만들었다는 점이다. 유전자의 염색체 이론에서 중요한 것은 오직 유전자가 어떻게 한 세대에서 다음 세대로 전달되는가 하는 것이었다. 이렇듯 협소한 연구 프로그램은 생물학을 경쟁적인 분야들로 세분화시켰을 뿐만 아니라, 유전자가 인간 개체 형질의 결정자라는 대중적인 인식을 널리 부추겼다. 많은 초기 유전학자들이 우생학 프로그램과 '부적합한' 유전자를 가진 사람들의 출산을 제한하는 정책들을 지지했다(『현대과학의 풍경2』 18장 "생물학과 이데올로기" 참조). 사람들은 곧 이것이 지나치게 단순화된 개념이라는 것을 깨달았지만, 독일 나치의 잔혹한 행위로 인해 이 정책의 끔찍한 적용결과가 드러나기 전까지는 그에 정면으로 맞서기를 주저했다. 문제는 배아 발생 도중 유전암호가 해독되는 과정에서 어떤 흥미로운 일도 일어나지 않는다고 여기는 것이 전달유전학자들에게는 편했다는 것이다. 그들은 환경적 요소가 유전자가 발현되는 방식에 영향을 주어 성체의 형질을 변화시킬 수 있는 가능성을 무시한 이데올로기에 갇혀 있었다. 어느 정도까지는 유전자와 개체의 관계에 대한 우리의 사고방식 역시도 이러한 접근법이 부과한 개념적 한계에 영향받고 있다.

분자생물학

고전 유전학의 약점은 유전코드의 본질을 푸는 많은 중요한 단계들이 고전 유전학과는 상관없이 이루어진 연구로부터 영감을 받았다는 사실에서도 분명하게 드러난다. 고전 유전학은 유전코드의 본질에 대해서는 다루지 않은 채 그저 염색체의 한 부분이 특정한 방식으로 배아의 발생과정을 미리 결정할 수 있는 화학적 작인을 포함하고 있다고 가정했다. 코드의 본질을 이해하기 위해서는 새로운 개념과 새로운 기법이 필요했고, 따라서 유전학의 기초부터 변혁할 필요가 있었다. 화학물질이 어떻게 그렇게 정확하게 자기 자신을 복제하여, 곧장 하나의 세포에서 다른 세포로 전달될 수 있도록 하는지를 결정하기 위해서는 정보가 필요했다. 그러나 더욱 중요한 것은, 유전자에서 작동하는 생화학적 과정들과 배아 발생과정의 초기 단계들을 연결하기 위해서는 완전히 새로운 분야에 대한 연구가 필요했다는 점이다. 화학코드는 어떻게 자기 자신을 복제할 뿐만 아니라, 서로 다른 환경에서 배아세포들이 형성되는 방식에 영향을 끼치는 일련의 복잡한 화학적 형질변환을 유발하였을까? 20세기 중반에 등장한 분자생물학이라는 새로운 과학이 이런 문제를 다루었다(Echols, 2001; Judson, 1979; Olby, 1974). 이 새로운 분야의 출현이 토머스 쿤이 제시한 의미의 과학혁명을 나타내는지, 아니면 유전학에서 제기된 전통적인 문제들에 생화학, 물리학과 새로운 층위의 지식이 덧붙여진 것인지에 대해서는 아직도 논쟁이 이어지고 있다.

(본질적으로 벌거벗은 유전자인) 바이러스가 90퍼센트의 단백질과 10퍼센트의 핵산으로 구성되어 있다는 사실은 1930년대에 이미 확인되었다. 사람들은 처음에 단백질이 유전적 메시지를 전달한다고 생각했다가 1940년대에 와서야 핵산에 관심을 가지기 시작했는데, 이는 놀랄 일이 아니다. 그 즈음 핵산에는 RNA(ribonucleic acid)와 DNA(deoxyribonucleic acid) 두 가지 형태가 있다고 알려져 있었는데, 바이러스가 새롭게 연구되면서 유전적 메시지가 바로 DNA라는 것이 확인되었다. 이후 또 다른 물음이 제기되었다. DNA 분자구조는 어떻게 자기 자신을 복제하고, 어떻게 개체의 발생을 유발하는 암호화된 정보를 전달하는 것일까? 에르빈 샤가프는 DNA에 포함된 네 가지 염기 중에서, 아데닌(A)과 티민(T)의 비율이 같고, 구아닌(U)과 시토신(C)의 비율이 같다는 것을 증명했다. 모리스 윌킨스와 로잘린드 프랭클린은 분자의 X선 회절 연구를 통해 나선배열을 제시했고, 이 연구의 도움으로 왓슨과 크릭은 1953년에 DNA 분자는 나선팔을 구성하는 염기들의 배열 안에 정보를 저장한 이중나선구조라는 선구적 발표를 할 수 있었다(그림 8.4-8.6; 발견에 대한 상당히 개인적인 설명에 대해서는 Watson, 1968 참조). 만약 아데닌과 티민끼리만, 그리고 구아닌과 시토신끼리만 결합하는 것이 가능하다면, 염기는 이미 결정된 방식으로 결합할 수 있기 때문에 나선이 풀릴 때 각각의 사슬가닥은 대응을 이루는 다른 사슬가닥을 다시 만들 수 있다. 그 결과 유전코드는 무한정 복제될 수 있다. 관련된 과정을 이해하려는 많은 초기 연구들은 사실상 벌거벗은 유전자인 박테리아 바이러스 혹은 박테리오파지(bacteriophage)처럼 가장 단순한 유기체들을 대상으로 수행되었다. 막스 델브뤼크, 살바도르 루리아, 앨프레드 허시에 의해 만들어진 '파지 그룹'은 이러한 초기 연구들을 선도하였다.

그림 8.4 1952년 케임브리지 캐번디시 실험실에서 DNA 이중나선구조의 모형을 자랑스럽게 보여 주고 있는 제임스 왓슨과 프랜시스 크릭.

그렇지만 유전코드에 대한 이해로 이어진 비약적 발견도 염기서열에 담긴 정보가 해독되어 세포 발달을 구체화하는 방식에 대해서는 여전히 설명하지 못했고, 따라서 배아의 발생을 조정하는 방식 역시 설명하지 못했다. 조지 비들과 에드워드 테이텀은 DNA의 각 부분이 하나의 단백질 산물을 통제한다는 '1유전자-1단백질' 가설을 제안했다. 조지 가모프는 정보 이론을 연구하면서, 단백질을 구성하는 아미노산을 명시하려면 염기가 반드시 세 개씩, 즉 트리플릿(triplets: 핵산의 세 염기의 순열)으로 거동해야 한다고 주장했다. 프랜시스 크릭은 DNA 트리플릿 안에 있는 정보가 아미노산을 만들기 위해 사용될 때 RNA가 매개체 역할을 한다고 생각했다. 그리

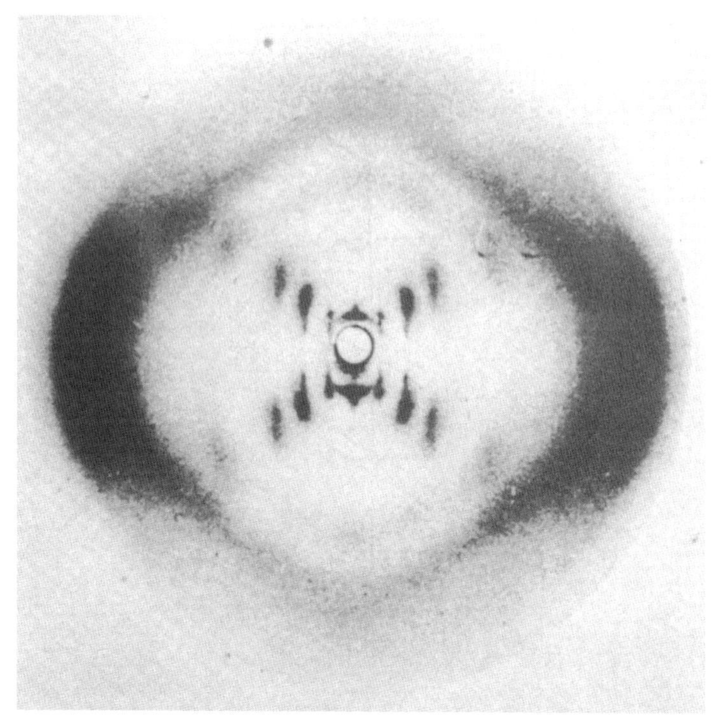

그림 8.5 DNA B형(레이 고즐링이 찍은 사진으로 뉴욕, 콜드스프링하버에 있는 콜드스프링하버 실험실 아카이브의 제임스 왓슨 컬렉션의 허락을 받아 게재). DNA를 찍은 X선 분광사진. 시료를 X선에 쬐면, 특정한 구조를 가진 분자로 인해 특정한 방식으로 X선이 산란된다. 특징적인 교차 패턴은 분자의 나선구조를 나타내는 것으로 알려져 있다. 왓슨과 크릭에게 DNA 구조에 대한 중요한 단서를 제공한 것은 바로 로잘린드 프랭클린이 찍은 이와 유사한 사진들이었다.

고 마침내 두 가지 종류의 RNA가 있다는 것이 밝혀졌다. 프랑수아 자코브와 자크 모노는 용해성 물질이 '전달자(운반 RNA)' 역할을 해서 아미노산이 집적되는 불용해성 (리보솜) RNA에게 정보를 전달한다고 보았다. 나아가 그들은, 어떤 유전자들은 작동을 하거나 혹은 작동을 멈추는 식으로 다른 유전자들을 조절할 뿐 단백질을 만들어내지 않기 때문에 1유전자-1단백질 가설이 적합하지 않다고 주장했다.

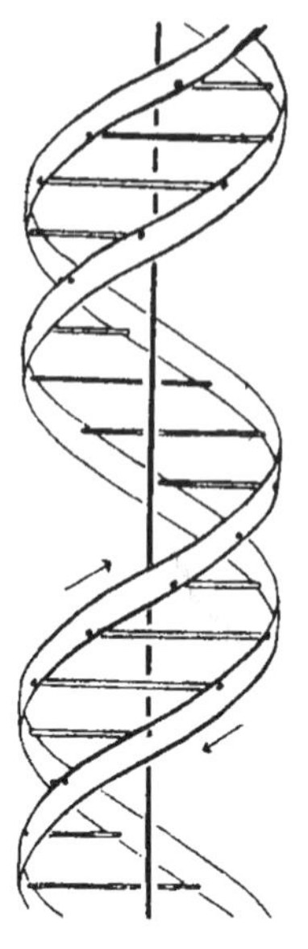

그림 8.6 1953년 4월 25일 《네이처(Nature)》에 실린 왓슨과 크릭의 고전적인 논문 「핵산의 분자구조(Molecular Structure of Nucleic Acids)」 737쪽에 실린 DNA 분자의 나선구조 그림. 수평 가지는 분자를 결합시키는 염기쌍이고, 두 개의 나선 띠는 인산과 당으로 이루어진 사슬을 나타낸다.

이런 발견들은 장구한 경로를 거쳐 유전코드가 작동하는 방식을 설명하게 되었다. 그들은 분자생물학의 '센트럴 도그마(DNA → RNA → 단백질로 이어지는 유전정보의 흐름을 나타내는 분자생물학의 기본 원리—옮긴이)'를 확립했는데, 그것은 생식질은 개체의 발생과정에서 일어난 변화에 의해 영향을 받지 않는다는 전성설과 바이스만의 주장을 근본적으로 확증한 것이다. DNA는 RNA를 만들고 RNA는 단백질을 만들지만, 세포의 단백질 구조 변화가 DNA 내 유전코드 속으로 다시 전달될 수 있는 방법은 없었다. 이런 의미에서, 분자생물학의 발전은 전통적인 유전학 개념을 변혁했다기보다는 정교하게 만들었다고 할 수 있다. 그러나 또 다른 의미에서는, 모든 것이 변하였다. 분자생물학은 본질적으로 환원주의적인 연구 프로그램이고, 유전과 발생 같은 생명현상을 화학분자들의 작용으로 설명하려 한다. 가장 성공한 생물학자들 중 몇몇은 이제 앞으로 갈 길은 모든 것을 물리법칙으로 환원하는 것이라고 주장한다. 생태학자와 진화론자들을 비롯하여 자연세계에서 살아 있는 유기체가 작동하는 방식을 이해하고자 하는 사람들은, 그들의 연구를 그저 구식의 자연사라고 무시하는 분자생물학자들의 성향 때문에 좌절하기도 한다. 21세기에 분자생물학의 접근방식이 어느 정도나 생물학을 지배할지는 아직 판단하기 어렵다.

결론

분자생물학의 환원주의는 데카르트가 동물은 단지 복잡한 기계라고 처음 언명한 이래로 계속 이어져 왔던 환원적 전통의 가장 공격적인 국면을 보여준다. 환원주의적 접근의 한계는 분자 수준의 분석이 별 의미가 없는 영역을 연구할 때 분명히 드러난다. 새로 이주한 종에 의해 그 지역 개체군에 어떤 변화가 일어나는지를 분자 용어로 설명하려는 시도는 의미가 없으며, 생태학자와 진화론자가 다루어야 하는 진정한 문제들로부터 눈을 돌리게 할 뿐이다. 하지만 새로운 유전학이 우리에게 가져다준 힘으로 인해 나타나는 훨씬 더 심각한 문제도 있다. 인간의 전체 게놈과 점점 더 많은 종들의 게놈을 분석하려는 현대 프로젝트는, 우리에게 모든 게놈에 있는 정보를 정확하게 상술할 수 있으리라는 희망을 품게 했다. 게놈프로젝트와 유전자 결정론에 입각한 센트럴 도그마의 결합은 인간을 포함한 모든 개체의 형질이 단 하나의 유전자에 의해 엄격하게 미리 결정될 것이라는 대중의 기대에 불을 지폈다. 분자생물학의 의학적 함의에 대중이 관심을 갖게 되면서 고전 유전학과 우생학 운동 시기의 유전적 결정론은 새로이 활기를 띠게 되었다. 과학자들에게 좀더 공정하게 얘기하자면, 인간게놈프로젝트의 중요성은 처음부터 모두에게 자명한 것이었다(Kevles · Hood, 1992).

유전자가 돌연변이에 의해 손상되어 개체의 중요한 기능이 상실되는 몇 가지 분명한 경우를 제외하고는 유기체의 게놈이 실제로 어떻게 작동하는지를 이해하기 위해 가야 할 길은 아직도 멀다. 이를 인식함으로써 우리는 유전자 결정론이 잠재적으로 내포하고 있는 위험을 알 수 있다. 비록 우리가 원리적으로는 유전자 안에 있는 정보가 암호화되는 방식을 알고 있을지라도, 수많은 유전자의 영향을 받을 법한 복잡한 기관들과 기능들이 어떻게 발현되는지를 밝혀내려면 계속해서 실질적 연구가 이루어져야 한다. 이런 연구는 너무 복잡해져서 '유전자'라는 개념 그 자체를 정의하기조차 어려워졌다. 유전자는 수없이 다양한 기능을 갖고 있는 것으로 드러났는데, 어떤 DNA는 한 가지 이상의 기능을 가지는 것처럼 보이고, 다른 DNA는 아무 기능도 가지지 않는 쓰레기 DNA(junk DNA)처럼 보이기도 한다. 분자생물학의 상이한 연구 분야들은 상이한 유전자 개념을 채용해 연구를 수행하는데도, 일반인들은 여전히 유전자를 명백한 생물학적 하드웨어 조각으로 인식하고 있다.

더 중요한 것은 개체가 발달하는 환경과 유전정보 사이의 관계에 대해서는 밝혀내야 할 것이 아직 너무도 많다는 것이다. 유전자 결정론 이데올로기를 비판하는 사람들은 모든 유전자가 어떤 환경에서 자동적으로 발현될 하나의 명백한 기능을 가진다는 주장을 정당화할 근거가 없다는 점을 지적한다. 많은 경우에 유전정보가 발현되는 방식은 환경에 의해 주어진 상황과 연관될 것이다. 배아의 발생과정은 상당히 유동적이고, 외부 힘이 방해를 하면 종종 특별한 방법으로 반응할 수도 있다. 우리가 이런 요소들을 더 많이 알게 될수록, 모든 형질이 하나의 유전적 토대를 가진다는 어리석은 가정은 점점 신뢰하기 어려워진다. 유기체는 유전자와 환경의 상호 작용에 의해 형성된 복잡한 구조체이고, 이런 상황에서 모든 형질이 미리 결정된다고 가정하는 것은 잘못이다. 오래도록 이어진 전성설과 후성설의 논쟁을 볼 때, 우리는 유전적 결정론의 가시적인 성공이 후성설 역시 여전히 중요한 역할을 한다는 사실까지 가리게 놔둬서는 안 된다. 역사 속에는, 전성설이 우세를 얻은 것처럼 보이는 몇몇 에피소드들이 있지만 이것은 항상 과도한 단순화의 위험을 무릅쓴 결과였다. 공정하게 말해서, 과도한 단순화는 때때로 복잡한 현상들을 분명하게 할 때 유용한 면이 있으며, 특히 전문화되어 있는 현대과학에서는 종종 단순화를 장려하기도 한다. 그러나 일단 주제를 좁혀 연구하던 추동력이 빠지게 되면, 연구는 진자의 운동처럼 다른 방향으로 나아가곤 했다. 유전적 전성설에 맞춰진 현재의 관심이 후성설을 설명하기 위한 복잡한 시도들 속에서 수렁에 빠짐에 따라, 이러한 반작용이 다시 등장하는 것은 당연한 일이다. **[성하영 옮김]**

생태학과 환경보호주의

제목의 두 주제는 얼핏 서로 긴밀하게 연관되어 있는 것처럼 보인다. 환경운동은 인간이 늘 벌여온 강력한 활동, 다시 말해 지구와 그 서식동식물들을 산업과 집약적 농업을 통해 착취하려는 노력에 뒤따르는 위험을 경고하고자 애써왔다. 환경운동은 자연자원의 무분별한 개발 탓에 점차 만연해지는 재앙을 지적하고, 생물 종들의 자연서식지가 파괴됨에 따라 지질학적 규모의 대량 멸종이 현재 우리 눈앞에서 벌어지고 있음에 주목한다. 환경보호주의자들은 우리가 여기에 주의를 기울이지 않는다면, 인류는 전 지구를 살 수 없는 지경으로 몰고 가 자멸하게 될 것이라고 경고한다. 이런 주장을 뒷받침하기 위해 환경보호주의자들은 유기체와 환경의 관계를 설명하고 이해하려는 학문인 생태학을 들고 나오곤 한다. 생태학이라는 과학이 마치 자연세계의 보호를 추구하는 사회철학과 보조를 맞추고 있기라도 한 양, '생태학적(ecological)'이라는 용어는 사실 '환경적으로 유익하다'는 의미로 자주 쓰인다(브램웰이 1989년에 출판한 책의 제목, 『20세기의 생태학』을 눈여겨보라. 기실 이 책은 환경보호주의에 관한 책이다). 환경보호주의자들이 자신들에게 필요한 정보, 이를테면 자연의 균형이나, 인간의 자연 착취를 비롯한 교란요인이 자연의 균형을 엉망으로 만들고 결국은 어떻게 파괴하는지를 알아내기 위해 생태학을 만들었다고 생각하는 사람들도 많다. 생태학의 기원을 이렇게 해석하면, 이 학문의 토대가 자연 만물이 어떻게 상호 작용하여 조화롭고 자립적인 전체를 이루는지 이해하고자 하는 전체론적 세계관이라고 생각하는 것도 당연한 일이다. 이러한 생태학은 지구는 모든 생명체를 부양하는 어머니이며, 그 자식들 중 하나가 조화를 깨고 전체를 위협하면 서슴없이 그를 벌한다는 제임스 러브록의 '가이아(Gaia)' 관념에 편승한 과학이다.

도널드 워스터는 자신의 선구적인 연구(1985)에서 환경보호주의 사상과 과학적 생태학을 함께 다루면서 그 기원에 관해 통합된 그림을 제시하고자 했다. 그러나 후속 연구를 통해 밝혀진 바에 따르면, 그 둘 사이의 관계는 훨씬 더 복잡하며 일관성 또한 거의 없다. 대체로 환경운동은 산업화의 시녀인 현대과학에 반대하면서, 과학적 분석보다는 낭만적 인상주의에서 자연의 이미지를 찾아냈다. 이 운동은 대부분의 과학자들이 선호하는 유물론적이고 환원적인 접근법에 공공연히 도전하는 전체론적인 방법을 장려함으로써 과학에 영향을 미쳐왔다. 이와 같은 환경보호주의자들의 관심에서 영감을 얻은 과학적 생태학도 있지만, 자연의 조화라는 낭만적 시각을 배척하는 환원적 관점에 기원을 둔, 다른 종류의 과학적 생태학도 있다. 초창기의 많은 전문 생태학자들은 생리학을 본보기로 삼으면서, 생리학자들이 신체를 기계로 간주하는 것과 마찬가지로 자신들 역시 유기체가 어떻게 주변 환경과 상호 작용하는가를 연구하는 데에 순전히 자연주의적인 방법론을 적용해야 한다고 주장했다. 생태학의 몇몇 학파는 유물론적 입장을 여전히 고수하면서, 자연계의 관계를 조화보다는 다윈주의적 생존 경쟁의 용어로 서술하고 있다. 이런 부류의 생태학자들은, 자연을 생명의 방주인 지구를 보존하고자 애쓰는 목적론적 전체로 묘사하는 러브록의 노력을 앞장서 비판한다.

오늘날의 역사 연구에 따르면, 생태학은 다양한 역사적 뿌리를 지닌 복잡한 과학이다. 실상 생태학의 다양한 학파들은 여전히 서로 소통하기 어려울 정도로 그 기원이 다르며 그런 점에서 생태학은 실제로 통합된 과학 분과가 아니다. 환경운동의 확고한 근거를 대는 일이 대부분의 과학적 생태학자들의 과제가 아닌 것도 분명하다. 많은 다른 분야가 그랬던 것처럼, 생태학 역시 역사적 맥락 속에서 탄생했는데, 이는 생태학, 전체론 그리고 환경보호주의 사이에 존재하는 것처럼 보이는 진부한 연관관계가 사실은 아무런 근거가 없음을 의미한다. 대신 우리는 생태학을 다양한 시간과 장소에서 각기 다른 목적을 위해 마련된 여러 상이한 연구 프로그램에서 탄생한 과학으로 볼 수 있다. 그중 어떤 프로그램은 환경의 보호보다는 환경의 이용을 더욱 장려하기 위해 기획되었다. 생태학은 단일한 사상적 취지에 대한 통합적 반응으로서 시작된 것이 아니라 오히려 서로 경쟁하는 여러 접근법들의 복합체이며, 이런 접근법들은 오늘날까지도 일관된 방법론을 갖춘 단일한 분과로 통합되지 않았다.

이 장은 우선 생태학이 어떻게 자연자원의 개발을 추진하는 활동과 관련을 맺게 되었는지를 개괄한 후에, 이 활동에 반대하기 위해서 환경운동이 어떻게 출현했는지를 설명하고자 한다. 이어서 이 장의 후반부에서는 19세기 말부터 등장한 과학적 생태학을 개괄하면서, 다양한 연구 프로그램들과 상이한 사상적 · 이념적 의제들이 어떻게 거의 시작 단계부터 이론적 불일치를 조장했는지 상술할 것이다.

과학과 자원개발

17세기에 과학혁명이 일어난 이후, 과학은 우리가 자연에 대해 더 잘 알수록 자연자원을 더욱 효율적으로 이용하게 되리라는 희망과 관련을 맺으며 성장해왔다. 프랜시스 베이컨은 산업과 농업의 개선에 두루 활용할 수 있는 실용적 지식을 축적하기 위해서 관찰과 실험을 이용할 것을 강조했다. 이런 이념 아래서 자연은 인간이 자신의 편의를 위해 활용하는 원료들의 수동적 원천으로 묘사되었다. 심지어 과학의 방법론도 인간의 자연 지배와 자연세계의 수동성을 강조했는데, 실험가들은 특정 현상을 분리하여 이를 자유자재로 조작하는 작업에 몰두했다. 자연의 만물은 특정한 현상들을 연구하여 얻은 통찰을 부정하게 될 방식으로 상호 작용할 것 같아 보이지는 않았다. 온 우주가 단지 기계일 뿐이라면, 인간이 자신의 이득을 위해서 우주의 개별적 부분들을 조작하지 말아야 할 이유도 없었다. 캐럴린 머천트는 이런 태도를 점차 확대된 자연에 대한 '남성적' 태도의 전형으로 간주한다(Merchant, 1980, 『현대과학의 풍경2』 21장 "과학과 젠더" 참조). 18세기 말에 이르러 산업혁명이 진행되면서 이런 태도는 이미 결실을 맺기 시작했고, 다음 세기를 거치면서 과학이 기술 발전을 촉진하는 데 기여한다는 점에는 모든 이들이 의견을 같이했다(『현대과학의 풍경2』 17장 "과학과 기술" 참조).

동시에 과학은 전 세계 도처의 자연자원을 발견하고 이용하고자 하는 노력에 더욱 빈번하게 관여하게 되었다(그림 9.1). 쿡 선장과 같은 탐험가들의 항해는 유럽인들이 연구하고 분류할 이국의 동식물 정보를 가져올 의도로 이루어졌지만, 이런 항해에는 식민지로 삼을 새로운 지역을 발견하려는 속셈도 내포되어 있었다. 조지프 뱅크스 경은 자연학자로서 1768년부터 1771년까지 쿡 선장의 남태평양 처녀 항해에 동참했다. 훗날 그는 왕립

그림 9.1 열대지역의 유럽 자연학자. 출처: 피에르 손네라트, 『뉴기니 여행(Voyage àla Nouvelle-Guinée, 1776)』. 자연학자가 원주민이 가져온 이국의 생물체들을 그리고 있다. 유럽의 상인과 식민주의자들이 이국의 자원을 착취하기 시작하면서 원주민과 과학자 사이의 이상적인 관계는 더 이상 유지되지 않았다.

학회 회장의 자격으로 영국 해군이 세계를 탐사하고 그것을 토대로 지도를 제작하도록 조율했는데, 그 배경에는 종종 유용한 자연자원을 발굴하려는 목적이 감추어져 있었다(MacKay, 1985). 다윈에게 결정적 통찰의 기회를 제공했던 비글 호 항해 역시 영국 무역에 대단히 중요한 남아메리카 해안선의 지도를 만들기 위한 것이었다. 1870년대, 영국 해군은 최초의 심해 탐사를 위해 챌린저 호를 진수했다(그림 9.2). 비록 과학적으로 흥미로운 많은 정보들이 나오긴 했지만, 해양과학 연구에 점점 더 많은 자금이 지원되었던 것은 과학에 대한 직접적 관심 때문이었다기보다는 항해, 어로 및 다른 실제적 이익에 대한 기대 때문이었다.

육지에서도 세계에 대한 호기심을 채우려는 차원에서 오지 탐험이 빈번히 이루어졌지만, 과학이 제국주의와 결탁했음을 보여주는 징후도 점차 분명히 나타났다. 여러 유럽 국가들은 상업적으로 유용한 식물 종을 식별하고 외래종을 새로운 환금작물로 들여오기 위해 본국과 식민지에 식물원을 설립했다. 영국의 경우 다윈의 유력한 후원자였던 조지프 달튼 후커 같은 식물학자들의 감독 아래 런던의 큐 왕립식물원이 그런 활동의 중심지 역할을 했다(Brockway, 1979). 말라리아 특효약인 키니네(quinine)의 원료인 까닭에 유럽인들이 열대지방을 식민화하는 데 큰 역할을 했던 기나(幾那)나무는 이를 재배하는 상업적 플랜테이션을 설립하기 위해 남아메리카의 원산지에서 큐 식물원을 경유하여 인도로 운반되었다. 고무나무는 브라질 정부의 금지에도 불구하고 밀수출되어 전 세계적으로 고무 산업이 번창했다. 넓고도 다양한 지역적 환경에 유럽식 농사법이 적용되면서 북아메리카도 점차 변모했다. 20세기 초엽, 미리엄이 이끄는 생물조사국은 농작물을 망치는 프레리도그(prairie dog: 쥐목 다람쥐과의 포유류—옮긴이)와 같은 토종 '골칫거리(pest)'를 박멸하기 위해 철저한 계획을 세웠다. 당시 유럽인들과 미국인들은 토종 생물의 서식처를 파괴하고 외래종을 환

그림 9.2 1872년부터 1876년까지 선구적인 해양탐사 항해를 한 챌린저 호에 실린 심해 준설장비. 출처: 『H.M.S. 챌린저 호 탐사의 과학적 결과 보고(Report of the Scientific Results of the Voyage of H.M.S. Challenger: Zoology, 1880)』(London) I:9. 챌린저 호는 연구 전용 함정으로서 선상(船上) 실험실을 갖추고 있었다. 탐험에 나선 과학자들은 풍부한 해양생물 종들을 발견함으로써 심해에는 생명이 없다는 널리 퍼진 이론을 반박했다. 또한 그들은 심해에서 오늘날 잠재적 광물자원으로 여기는 망간단괴를 발견했다.

금작물로 들여오면서 전례 없는 규모로 자연 생태계를 교란했던 것이다(이러한 개발에 대한 연구로는 Bowler, 1992 참조).

환경보호주의의 탄생

이러한 개발을 두고 비판이 전혀 없었던 것은 아니다. 대부분 환경파괴로 귀결되는 무절제한 자연개발을 질타하는 운동이 점차 뚜렷하게 전개되었다(McCormick, 1989). 19세기 초의 낭만주의 사상가들은 원생지를 영적 부흥의 원천이라며 찬미했고, 이윤 때문에 원생지를 파괴하는 산업가를 혐오했다. 특히 윌리엄 블레이크 같은 작가는 기계주의적인 과학이 자연세계의 무절제한 착취를 조장하는 주범이라고 보았다. 이후 헨리 소로와 같은 작가도 도시화 · 산업화된 생활양식으로 인해 점차 소외되어 가는 인간성을 치유하는 원생지의 가치를 예찬했다. 1864년, 미국의 외교관 조지 퍼킨스 마시는 『인간과 자연(Man and Nature)』을 저술하여 자연환경의 파괴에 항의했다. 그는, 초창기의 낙관적 전망과는 달리 자연은 인간에 의해 절대 회복할 수 없을 만큼 파괴되었다고 경고했다. "지구는 매우 빠른 속도로 그 고귀한 거주민에게 불편한 보금자리가 되어가고 있다. 지금과 같은 인간의 범죄와 무분별함은 (……) 지구를 황폐한 생산성, 손상된 지표, 이상기후의 상태로 전락하게 하여 타락과 야만을 불러올 것이며 심지어 멸종에 임박하도록 만들 것이다"(Marsh, 1965, 43). 마시는 인간의 개입을 모두 중단하라고 요구한 것이 아니라, 효율적 관리를 통해 지구가 자기 유지능력을 보존하게 하라고 요구하고 있었다. 그의 노력의 결과로, 미 연방정부는 국가의 자원을 관리하기 위해 삼림위원회를 창설했고, 벌목을 금지하는 산림지대를 따로 지정했다. 또한 대중들의 관심에 힘입어 출중한 자연미를 지닌 지역을 국립공원으로 지정했는데, 1864년에는 캘리포니아의 요세미티 계곡이, 1872년에는 와이오밍의 옐로스톤이 국립공원으로 지정되었다. 존 뮤어가 1892년에 창설한 시에라 클럽도 야생지역을 보호하는 작업에 힘을 쏟았다. 유럽에는 보호할 만한 진정한 원생지가 거의 남아 있지 않았지만, 유럽인들도 수세기 동안 이어져온 안정적인 환경이 보존될 수 있는 자연보호지역을 설립하고자 했다(영국의 자연보호지역에 대해서는 Sheal, 1976 참조).

자원을 다시 이용할 수 있도록 자연을 더욱 주의 깊게 관리해야 한다고 요구하는 진영과, 인간의 모든 간섭은 몹쓸 짓이며 잠재적으로 지구 전체에 해가 된다고 점점 더 강변하는 진영 사이에 상당한 긴장이 유지되었다. 첫 번째 부류에 속하는 사람들은 새롭게 발전된 생태학이라는 과학을 적극적으로 활용해 자연 생태계가 인간의 개입에 어떻게 반응하는지를 한층 자세히 이해하고자 했다. 그러나 자연을 더 낭만적으로 바라보는 대안적 관점에서는 이보다 과격한 형태의 환경보호주의가 발전했는데, 이 관점에서는 생태학이 어쨌든 과학으로서 유효하려면, 기계적 원리가 아니라 전체론에 근거를 두어야 한다고 주장했다. 이 운동은 모든 전통적인 정치적 계파를 넘나들었으며, 통치에 대한 민주주의적 접근법을 항상 선호하지도 않았다. 결국 더 많은 물질적 재화에 대한 욕망으로 눈이 어두워진 일반인들로서는 산업화가 더 필요하다는 쪽에 찬성표를 던질 수밖에 없었다. 독일에서는 진화론자 에른스트 헤켈의 사상과 자주 연관되던 '자연의 종교(religion of nature)'가 나치의 이념에 편입되었다. 나치는 유대인들과 폴란드인들을 죽음의 수용소로 모조리 내몰고 그 자리에 자연보호지역을 만들었다. 소비에트 러시아는 스탈린이 산업화를 추진하여 나라의 자원을 무차별적으로 개발하기 전까지 강력한 환경보호정책을 유지했다(유럽의 환경보호주의에 대해서는 Bramwell, 1989 참조).

미국에서는 1930년대 대평원(Great Plains: 미국과 캐나다에 걸친 로키 산맥 동부의 대초원 지대—옮긴이)의 '흙먼지 폭풍(dust bowl: 1930년대 내내 여러 차례 발생하여 대평원 지역을 휩쓴 일련의 흙먼지 폭풍—옮긴이)'을 두고 이것을 자연적인 기후 주기의 일부라고 보는 사람들과 대초원이 농지로 적합하지 않게 되었기 때문에 나타난 결과라고 주장하는 사람들이 대립했다. 여기서 후자의 입장은 점차 더욱 활발한 환경운동의 전형이 되었는데, 이 운동은 원생지 보존이 지구 전체의 건강은 말할 것도 없고 인간의 건강한 심성을 유지하는 데도 반드시 필요하다고 보았던 사람들과 뜻을 같이했다. 미국에서 작가가 사망한 후 1949년에 출간된 알도 레오폴드의 『모래 군의 열두 달(Sand County Almanac)』에는 위스콘신의 어느 수렵 관리인이 원생지에 대한 감성적이고 미적인 애착을 갖는 환경보호주의자로 전향하는 이야기가 실려 있었다. 레오폴드는 과학적 생태학에는 모든 생물 종들이 존재할 권리, 인간의 편리에 굴하지 않을 권리를 지닌다는 것을 인정하는 윤리적 공약이 추가되어야 한다고 생각했다. 그는 "자연보전은 대지에 대한 우리의 아브라함적 사고(자연을 다스리고 이용할 권리가 인간에게 주어져 있다는 사고방식. 구약성서에서 아브라함은 하느님과 계약을 맺을 때 이러한 권리를 약속받았다—옮긴이)와 양립할 수 없기 때문에 성공하지 못하고 있다. 우리는 대지를 우리가 소유한 재화로 여기기 때문에 그것을 남용하고 있다. 대지를 우리가 속한 공동체로 바라볼 때에야, 우리는 그것을 사랑과 존경의 마음으로 다루기 시작할 것이다. 대지가 기계화된 인간의 영향에서 살아남고, 과학의 휘하에서 문화에 기여할 수 있는 아름다운 작물을 수확하려면 다른 방도가 없다"라고 말했다(Leopold, 1966, x). 레오폴드의 환경보호주의가 자연에 대한 과학적 연구의 역할을 몰아냈던 것은 아니지만, 이제 과학적 연구는 인간이 자연의 일부이고 자연을 지배하지 않는다는 사고의 틀 속에서 행해져야 했다.

이러한 태도의 영향력은 더 많은 사람들이 무절제한 환경개발의 위험을 인식하게 되면서 더욱 커졌다. 1962년에 레이첼 카슨은 『침묵의 봄(Silent Spring)』에서 살충제 살포로 인해 얼마나 많은 생물 종들이 고통을 받았는지 강조했다. 수많은 환경적 재앙은 거듭해서 같은 메시지를 전하고 있었지만, 각 집단들의 대응방식은 여전히 크게 달랐다. 미국의 경우 원생지를 소중히 여기는 사람들의 활동에도 불구하고, 대중들은 기업들이 더 저렴한 식품을 생산할 요량으로 자연을 조작하는 것을 나쁘게 생각하지 않았다. 반면 유럽에서는 화학비료와 살충제의 사용이 시들해져가는 한편 작물에 대한 유전자 조작이 금지되었다. 그러나 제3세계에서는 유전공학 덕분에 농부들이 비싸고 잠재적 위험을 내포한 화학물질에 의존하지 않고도 농산물의 생산량을 늘릴 수 있을 것이라는 생각으로 인해 유전공학이 화학물질보다는 덜 나쁜 것으로 인식되고 있는 듯하다.

생태학의 기원들

생태학이라는 독립적인 과학이 등장한 것은 19세기 말이었지만, 우리가 그 학문 분야와 관련지어 떠올리는 개념들은 이미 오래전부터 인식되고 있었다. 스웨덴의 자연학자 카를 폰 린네는 18세기 중반에 '자연의 균형'에 대해 저술한 바 있는데, 그 안에는 하나의 종이 유리한 조건 덕분에 그 수가 증가하면 그 종을 잡아먹는 포식자도 증가하여 균형을 회복하려 한다는 내용이 담겨 있었다. 린네가 볼 때 이는 모두 신이 세운 창조계획의 일부였으며, 통상 자연신학자들은 생물 종들이 주변의 물리적 · 생물학적 환경에 적응하는 것을 신의 은총을 보여주는 사례로 설명했다.

알렉산더 폰 훔볼트는 자연세계를 다루는 통합적인 과학을 정립하려는 기획의 일환으로 생물 종들과 환경의 관계를 체계적으로 연구했는데, 특히 상이한 환경을 형성하는 지리적 요소에 초점을 맞췄다. 훔볼트는 1800년 무렵 예술계에서 유행했던 낭만주의 운동과 그것이 강조한 인간의 감성을 고양하는 원생지의 역할에 감화되었지만, 자연에 대한 진지한 연구는 과학적인 측정기법과 과학적인 합리적 조정기법을 이용해야 한다고 주장했다. 그는 물질적 상호 작용에 초점을 맞춘 과학에 목표를 두었지만, 개별 자연현상들이 상호 연관되어 있는 정합적 전체의 일부로서 그러한 상호 작용을 해석했다. 그는 1799년부터 1804년까지 중남미를 탐험하면서 지질구조, 물리적 조건 및 서식생물들 사이의 상호 작용을 밝히는 데 유용하게 쓰였던 수많은 과학적 측정 데이터를 다양한 환경에서 수집했다. 훔볼트는 지질학에 중요한 기여를 했는데, 베르너의 추종자였던 그는 스위스 쥐라 산맥의 이름을 따서 쥐라기 지층을 명명하였다(5장 "지구의 나이" 참조). 또한 그는 전 지구적 규모에서 온도 편차 및 여타의 기상요소를 보여주는 지도를 제작했고, 고도에 따라 식생의 특징이 변화하는 양상을 나타내는 산악지형의 단면도를 고안했다(그림 9.3). 남미 항해에 대한 훔볼트의 설명은 다윈을 포함한 많은 유럽 과학자들에게 영감을 불어넣었고, 통합된 전체로서의 지구를 강조한 그의 방법은 한 세대 전체를 고무하여 그들이 물리적이고 생물학적 현상의 다양성을 체계적으로 연구하도록 하는 데 영향을 미쳤다. '훔볼트 과학'의 영향 아래에서 생물학자들은 동식물의 분포가 토양, 암반, 국지 기후 및 여타 토종생물들의 특성에 따라 결정되는 방식을 찾으면서 오늘날 우리들이 생태학적 용어라고 부르는 테두리 내에서 사고하도록 훈련받았다.

다음 세대에 다윈주의도 생물 종들의 환경적응을 강조했으나, 각 개체군이 포식자뿐만 아니라 동일한 자원을 이용하고자 하는 경쟁자들과 겨룬다는 좀더 유물론적인 관점을 부추겼다(6장 "다윈 혁명" 참조). 다윈은 생물지리학에도 관심을 두어 종들이 어떻게 새로운 환경에 적응하는지를 설

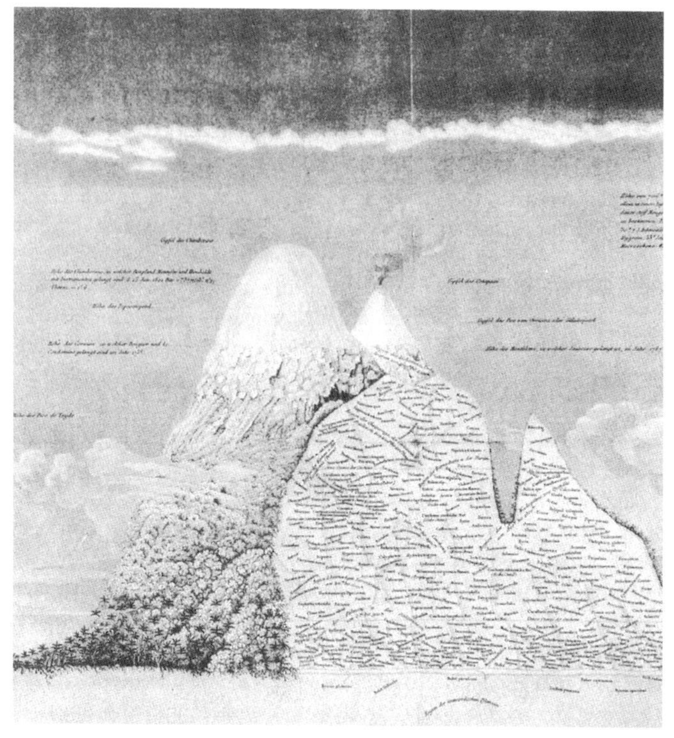

그림 9.3 남미 침보라조 산의 고도에 따른 식생분포를 나타낸 훔볼트의 모식도. 출처: 『지구 지리학 소고(Essai sur la geographie des plantes, 1805)』. 훔볼트의 연구는 물리적 환경의 변이가 동식물의 상이한 형태와 어떻게 관련이 있는가를 보여줌으로써 생태학의 기초를 닦았다.

명했다. 독일의 다윈주의자 에른스트 헤켈은 1866년에 처음으로 가정의 살림살이를 뜻하는 그리스어 oikos에서 '생태(oecology)'라는 용어를 만들어냈는데, 한 지역의 생태(ecology)는 종들이 그곳에서 자연자원을 이용하기 위해 어떻게 상호 작용하는지를 보여주었다. 그러나 다윈과 달리 헤켈은 통합적이고 진화하는 세계에서 생명체들이 능동적인 행위자가 되는, 자연에 대한 비물질적 관점을 받아들였다. 유물론적 세계관과 전일적 세계관 사이의 갈등은 생태학이라는 과학이 애초부터 이론적 불일치 속에서 추진되었음을 분명히 보여주었다. 여러 다른 연구 프로그램이 있었고, 그 각각의 프로그램은 다른 방식으로 종들과 그 환경 사이의 복잡한 관계들을 다루고자 했던 것이다. 이러한 연구 프로그램들은 제각기 다른 기원에서 출발했기 때문에, 종종 상이한 이론적 견해를 채택했다.

생태학이라는 이름을 채용할 새로운 생물학 분과는 19세기 말 자연에 대한 형태학적 · 기술(記述)적 접근이 쇠퇴하면서 탄생하기 시작했다. 바로 이 당시에, 생리학을 전범(典範)으로 삼으면서 실험이 강조되었고, 이에 발맞춰 유전학을 포함한 여러 새로운 생물학 분과들이 생겨났다. 생물종들이 환경과 어떻게 연관을 맺는지를 연구하는 데 실험적 방법을 적용하기란 무척 까다로운 일이었지만, 이런 주제를 좀더 과학적으로 다루게 해주는 여러 가지 접근방법이 생겨났다. 그중 하나가 한층 정교하게 다듬어진 훔볼트의 생물지리학적 기법이었다. 미국 생물조사국의 미리엄은 다양한 '생물 분포대(life zones)', 즉 아메리카 대륙 동서부에 걸친 서식지를 보여주는 상세 지도를 개발했다. 드레스덴 식물원의 오스카르 드루데는 1896년 강과 언덕과 같은 국지적 요소가 각 지역의 식생을 형성하는 방식을 보여주는 정교한 독일 식물 지리지를 출간했다.

식물생리학은 식물생태학의 선구자들에게 모델이 되었다. 실험적 연구는 식물의 내부 기능이 어떻게 작동하는지를 더 잘 이해하게 해주었으나, 19세기 말이 되면서 많은 식물학자들은 물리적 환경이 식물의 내적 기능에 미치는 영향도 살펴봐야 한다는 것을 깨닫기 시작했다. 이 견해는 적응이 결정적인 역할을 하는 지역, 즉 열대지방이나 여타 환경이 혹독한 지역에 설립된 식물원에서 일하는 사람들에게 특히 환영을 받았다(Cittadino, 1991). 식물생태학의 시조인 식물학자 바르밍은 덴마크에서 식물생리학을 공부하고 잠시 동안 브라질에서 일했다. 그는 순수 생리학과 대부분의 식물학자들이 전통적으로 분류를 강조했던 것에 대한 대안으로 하나의 연구 방법을 개발했다(Coleman, 1986). 1895년에 출간된 바르밍의 『식물 집단(Plantesamfund)』은 이듬해 독일어로 번역되었고, 1909년에는 『식물생태학(Oecology of Plants)』이라는 제목으로 영어로 번역되었다. 바르밍은 한 지역의 물리적 조건이 어떻게 그곳에서 어떤 식물들이 살아남도록 결정하는지를 알아냈으며, 또 특정 환경에서 전형적으로 나타나는 식물들 사이에 상호 작용의 그물망이 있다는 사실도 깨달았다. 이러한 전형적인 식물들은 저마다 다양한 방식으로 서로에게 의존하는 자연 공동체를 형성하고 있었다. 자연 공동체라는 개념은 일리노이의 학자 스티븐 포브스가 이미 설명한 바 있었다. 1887년 피오리아 과학협회에 기고한 논문 「소우주로서의 호수(The Lake as a Microcosm)」에서 그는 호수에 서식하는 모든 생물 종들은 서로 의존한다고 역설했다. 유물론에 반대하는 이들은 이런 개념을 너무나 손쉽게 채택하여, 자연 공동체가 그 나름의 생명과 목적을 지닌 일종의 초유기체를 형성한다고 주장했다. 하지만 바르밍은 자연군락을 이렇게 신비적으로 보는 관점을 단호히 거부했다. 그가 보기에 군락 내부의 상호 관계는 생물 종들이 물리적 환경과 생물적 환경에 적응해가는 진화의 자연적 결과일 뿐이었던 것이다. 그는 모든 종들이 부단한 생존경쟁 속에서 서로 경쟁하고 있으며, 원래의 공동체가 인간의 간섭과 같은 요인으로 교란되고 나면 원래 종 집단으로 다시 회복되기 어렵다는 사실을 알고 있었다. 말하자면 숲을 벌목하면 토양이 달라져 식생이 자생할 수 없게 되기 때문에, 식생은 다시 생장할 기회를 얻지 못한다는 것이었다. 이러한 관점은 최초의 미국 생태학 학파 중 하나인, 헨리 카울스가 시카고 대학에 설립한 학파에서 두드러지게 나타난 특징이기도 했다.

한편 미국에서는 또 다른 연구전통이 이와는 완전히 다른 관점에서 발전했다. 네브라스카 주립대학의 프레데릭 클레멘츠는 초지의 생태학 연구를 한층 과학적인 기반 위에 올려놓고자 했다(Tobey, 1981). 유럽식 기법으로는 광활하게 펼쳐진 대초원을 연구하기가 쉽지 않았기 때문에, 클레멘츠는 이러한 조건에서는 식물 개체군에 대한 정확한 정보를 얻기 위해 일련의 표본지역에서 자라는 모든 식물을 말 그대로 하나하나 셈하는 방법을 사용했다. 그는 넓은 지역을 일정한 정방형의 토지(quadrat)로 구획하고, 전체 개체군을 더욱 정확히 평가하기 위해 정보를 조합했다(그림 9.4). 그는 이 정방형에서 모든 식물을 제거함으로써 자연 식물군락이 어떻게 회복하는지를 알아냈고, 이러한 환경에서 자연적 혹은 '극상(極相, climax)' 개체군에 이르는 명백한 천이(遷移)단계가 있음을 확신하게 되었다. 클레멘츠의 『생태학 연구방법론(Research Methods in Ecology, 1905)』은 새로운 기법을 세상에 알렸고, 초지 생태학 분야는 특히 대초원의 자연극상 초지를 파괴할 수밖에 없는 활동을 하는 농부들의 실제 문제를 다루는 기관에서 확고하게 확립되었다. 클레멘츠는 영향력 있는 저술가였으며, 바르밍과 카울스의 유물론적 접근과 완전히 다른 생태학 사상을 고무하였다. 그는 한 지역의 자연극상 개체군을 신비에 가까운 용어로 파악하였는데, 자연은 교란을 받을 때마다 이 군집을 향하도록 예정되어 있으며, 이 군집에는 경쟁하는 종들의 집합 이상으로 보아야 할 고유의 실재가 있다는 것이었다. 자연을 인간의 간섭에 저항하는 목적론적 전체로 바라보는 낭만주의적 관념에서 나온 듯도 했으나, 이 생태학은 평원의 자연환경을 파괴해왔던 농민들을 돕는 데 이용되었다.

통합과 갈등

20세기 초 수십 년 동안, 생태학에 대해 바르밍과 클레멘츠가 주도한 경쟁적 연구방법은 이 분야가

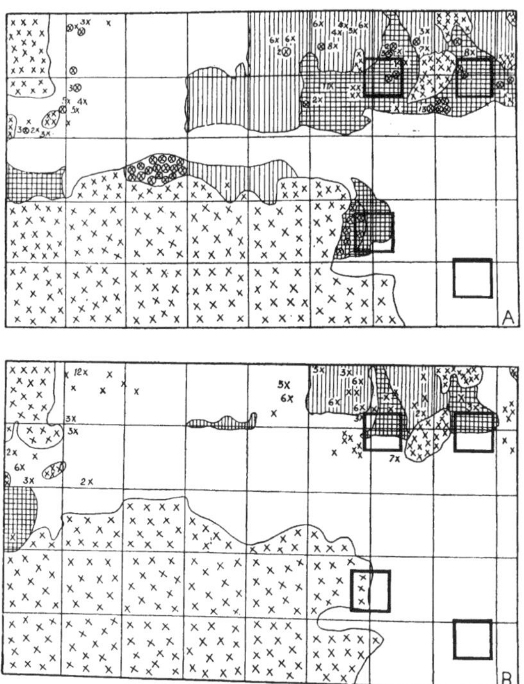

그림 9.4 전형적인 식물생태학 연구. 출처: 존 위버와 프레더릭 클레멘츠의 『식물생태학(Plant Ecology, 1929)』(New York: McGraw-Hill), 41쪽. 네브라스카 링컨의 과다 방목 목장지역이 5평방피트의 격자로 구획되어 있으며, 다른 종류의 초목의 위치가 표시되어 있다. 관목 개체는 X로 표기되어 있고, 새포아풀로 덮인 지역은 수직 격자로, 버팔로풀은 십자 격자로, 개밀지역은 빈 공간으로 표기되어 있다. 그림 A의 조사는 1924년에, 그림 B의 조사는 1926년에 이루어졌는데, 관목지역이 늘어나고 새포아풀과 버팔로풀 지역이 줄어들었음을 보여주고 있다. 굵은 테두리로 표시한 작은 격자는 각 식물을 세는 더욱 자세한 연구를 위해 구획한 지역이다.

어느 정도 과학의 중요한 분야로 인정받을 수 있을 정도로 충분히 주목을 받았다. 그러나 새롭게 발전하는 가운데서도 원래의 긴장은 계속되었는데, 학술지와 협회를 장악하기 위하여, 또 대학의 학과와 정부에 진입하기 위하여 상이한 연구학파들 사이에서는 경쟁이 이어졌다. 사실 전도유망한 출발에 비해 생태학은 제2차 세계대전 이후까지 매우 더디게 성장했다. 최초의 생태학회는 1913년에 설립된 영국 생태학회였으며(Sheal, 1987), 2년 후 미국 생태학회가 그 뒤를 따랐는데, 협회 학술지 《생태학(Ecology)》은 1920년에 처음 출간되었다. 하지만 미국을 제외하면 학계에서 새 분과가 제자리를 잡아가는 발걸음은 더뎠고, 미국에서조차 생태학회의 회원 규모는 양차 대전 사이 내내 그대로였다. 영국에서는 아서 탠슬리와 같은 선구적 생태학자들이 학계의 인정을 받기 위해 고군분투해야 했다. 탠슬리는 한때 프로이트 심리학자로 활동했으며, 제1차 세계대전에서 유능한 젊은 과학자들을 잃은 것이 생태학의 발전을 지지부진하게 만드는 데 한몫했다고 보았다.

미국에서 클레멘츠의 초지 생태학파는 1930년대에 계속 번성했는데, 당시에 이 학파는 대평원 지대의 대초원이 자연극상 상태의 초지로 되돌아가 '흙먼지 폭풍'으로 인한 토양침식으로부터 회복될 것이라고 주장했다. 클레멘츠의 제자 존 필립스는 극상군락을 어엿한 생명을 지닌 초유기체로 보는 이상주의적 개념을, 남아프리카연방의 정치가 얀 스머츠가 1926년『전체론과 진화(Holism and Evolution)』에서 대중화한 전체론적 철학과 연관 짓기도 했다. 스머츠는 자연을 타고난 영적 가치를 지닌 창조적 과정으로 바라보는 관점에 감성적으로 호소했고, 개체에서 볼 수 있는 그 무엇보다 높은 경지의 속성을 지닌 복잡한 전체를 낳도록 설계된 과정이 바로 진화라고 설명했다. 영국에서 탠슬리는 대영제국 전반에 걸쳐 주류 생태학을 위협하고 있었던, 스머츠의 사상을 고집하는 남아프리카연방의 생태학자들과 겨루어야 했다(Anker, 2001).

클레멘츠와 그를 옹호한 사람들이 '흙먼지 폭풍'을 설명하고자 하긴 했지만, 자연극상 식생이 스스로 회복될 것이라는 그들의 주장은 식생이 자랄 수 있는 토양이 사라지면서 권위가 흔들릴 수밖에 없었다. 생태학의 다른 학파들은 발전해갔는데, 특히 대초원지대 농민의 문제를 다룰 필요가 없는 대학 내에서 더욱 두드러지게 발전했다. 헨리 글리슨과 제임스 말린은 한 지역의 식생이 기후 변동과 다른 지역 외래종의 자연적인 침입 때문에 변할 수 있다고 주장하며 클레멘츠의 견해에 도전했다. 영국에서는 마침내 옥스퍼드 대학의 교수로 임용된 탠슬리가 필립스의 초유기체 개념이 신비주의와 다를 바 없다고 공공연히 비난하면서 그 개념에 강하게 반대했다. 그러나 탠슬리는 클레멘츠 학파의 연구방법과 매우 비슷한 방법을 사용했으며, 1935년에 특정 지역의 종들을 한데 묶어 상호 작용의 체계를 나타내는 '생태계(ecosystem)'라는 용어를 처음으로 만들어내기도 했다. 유럽의 생물학자들은 아무리 '자연적' 군락이라고 할지라도 그것이 어느 정도는 수세기에 걸친 인간 활동의 결과로 만들어진 산물이라고 보았기 때문에, 특정한 생태계가 특정 지역에 유일하게 적합한 체계로 인정되는 일종의 우선권을 갖는다는 주장을 받아들이려 하지 않았다. 탠슬리와 다른 비판자들은 초유기체 개념을 지지하는 것은 자연세계를 과학의 눈으로 보려 하지 않는 신비주의자들의 손에 놀아나는 꼴이 될 것이라고 우려하기도 했다. 유럽 대륙에서는 한 지역의 모든 식물을 정확히 분류하는 데 기반을 둔 완전히 다른 형태의 생태학이 발달했는데, 이는 초유기체 개념과 전혀 관계가 없었다.

생태학이 단편적으로 흩어진 기원을 가진다는 확실한 표지는 1920년대가 되어서야 체계적인 동물생태학 연구가 시작되었다는 점에서도 분명히 드러난다. 그러나 여기서도 유물론적 관점과 전체론적 관점 사이의 긴장은 바로 나타났다. 빅터 셸퍼드는 시카고 대학에서 클레멘츠의 접근법을 동물군집 연구 및 그들의 지역 식생 의존도 연구에 적용했다. 또한 시카고에서 워더 앨리는 개체군 구성원들 사이의 협동이 각 생물 종이 주변 환경과 관계 맺는 방식의 핵심적 부분이라는 가정 아래 동물군집 연구를 시작했다(그림 9.5). 앨리는 개체 간의 경쟁을 행동과 진화의 원동력으로 보는 다윈주의 관점을 거부했다. 집단 내에서 개체의 서열을 결정하는 '위계질서(pecking order)' 라는 개념을 노골적으로 부인했던 것이다. 그에게 있어 진화는 경쟁이 아니라 협동을 촉진했으며, 이 관점은 클레멘츠 학파의 특징인 전체론적 사상과도 밀접하게 연관되어 있었다. 앨리와 그의 추종자들은 개체의 경쟁을 자연스럽고 불가피한 것으로 제시하는 '사회 다윈주의' 에 대한 대안으로 자연의 관계에 대한 그들의 시각에서 정치적 함의를 발전시키기도 했다(Mitman, 1992).

영국에서는 1932년부터 옥스퍼드 대학의 동물국에서 일했던 찰스 엘튼이 완전히 다른 접근법을 고안했다(Crowcroft, 1991). 그의 저서『동물생태학(Animal Ecology, 1927)』은 이 분야에서 교과서로 자리 잡았으며, 생물 종이 환경과 상호 작용하는 특별한 방식을 지칭하는 '적소(niche)' 라는 용어를 널리 알렸다. 엘튼은 수년간 포획된 모피동물 수의 변동을 상세히 알려준 허드슨베이 사(Hudson's Bay Company)의 기록을 바탕으로 연구를 진행했다. 이 자료는 먹이가 풍부한 시기에 빠르게 번식하는 종이 포식자를 압도할 때, 이따금 그 종의 개체수가 대규모로 증가한다는 사실을 보여주었는데, 흑사병이 돌던 시기에 레밍(나그네쥐)이 대량으로 번식했던 현상이 그 전형적인 사례이다. 이런 사례들이 발견됨에 따라 '자연의 균형' 이라는 낡은 관념은 의미를 잃었고, 다윈이 설파한 맬서스적 개체군의 관념, 다시 말해 개체군은 가용한 자원이 다 떨어질 때까지 계속 팽창한다는 관념이 확고해졌다.

엘튼은 탠슬리 및 젊은 줄리안 헉슬리와 제휴하여 자신들의 생태학 개념을 발전시켰다. 헉슬리 역시 진화론에서 부상한 신다윈주의와 이 개념을 연계하고자 했다. 그들은 특정한 환경마다 하나의 고유한 자연적 생태계가 존재한다는 관념을 거부했는데, 이런 접근법에서는 자연세계가 마치

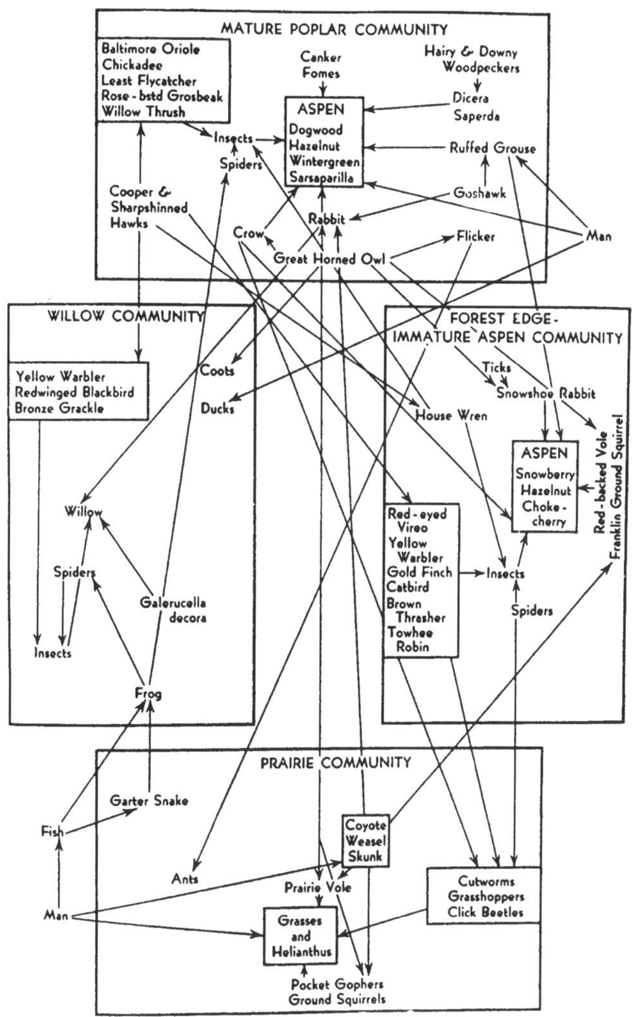

그림 9.5 캐나다 애스펜 공원의 종들 사이의 생태적 관계를 그린 모식도. 앨리(W. C. Allee et al), 『동물생태학 원리(Principles of Animal Ecology, 1949)』(Philadelphia: W. B. Saunders), 513쪽에서 전재. 앨리와 그의 시카고 생태학파 동료들은 자연과 인간 사회 모두에서 생존경쟁의 역할을 최소화하기 위해 개체와 종 사이의 조화로운 상호 작용을 강조했다. 그들이 저술한 교과서는 그 저자들의 이름의 머리글자를 따서 흔히 '위대한 AEPPS 책'으로 알려졌다(Allee, A. E. Emerson, Orlando Park, Thomas Park, K. P. Schmidt).

과학적 계획을 통해 인간의 활동에 맞춰 조정될 수 있는 그 무엇으로 더 쉽게 간주될 수 있었다. 그러한 관점에는 명백한 사회적 의미가 있었고, 이는 줄리안 헉슬리와 함께 중요 대중서 『생명의 과학(The Science of Life, 1931)』을 저술하기도 한 웰스의 공상과학소설들을 통해 대중화되었다. 그러나 당시 그들은 생태학을 수학적인 모델을 통해 분석할 수 있는 주제로 여기지 않았는데, 이는 부분적으로 엘튼이 관측한 군집밀도의 급격한 변동이 예측 불가능한 것처럼 보였기 때문이다. 그러나 다른 학자들은 아마도 기체 안에 있는 개별 분자들의 거동과 주변 환경과 상호 작용하는 개체 동물들 간의 유사성을 보았기 때문인지, 생태학에 수학을 활용할 가능성에 더 큰 관심을 보이기 시작했다. 미국의 물리화학자 앨프레드 로트카는 이 주제를 다룬 책을 1925년에 출간했고, 이어 상업 어류 개체군의 변동을 예측하는 데 관심이 많았던 이탈리아 수리물리학자 비코 볼테라가 이 접근법을 계승했다. 1930년대 후반, 러시아의 생물학자 가우제는 '로트카-볼테라 방정식'을 시험하기 위해 원생동물을 가지고 실험을 했는데, 수학적 기법을 실현하기 위한 그의 노력은 제2차 세계대전 이후 생태학의 팽창을 고무하는 데 결정적인 역할을 하게 되었다(Kingsland, 1985). 그러나 당분간 대다수의 사람들은, 예측할 수 없는 자연개체군 변화의 동역학은 추상적 수학 모델을 적용하기에 알맞지 않은 분야라고 여긴 엘튼의 생각에 여전히 공감하고 있었다.

현대 생태학

사람들이 인간의 활동으로 인해 발생한 환경문제를 더욱 절박하게 인식하게 되면서 생태학은 1950년대와 1960년대에 급속도로 성장했다. 그러나 그 성장동력이 꼭 환경보호주의자의 진영에서 나온 것은 아니었다. 자연을 통제하고 개발하려는 사람들도 그들이 직면하고 있던 유례없이 복잡한 문제를 다루는 데 도움이 될 정보를 원했다(Bocking, 1997). 생태학자들은 제2차 세계대전 이전에 로트카와 볼테라의 수학적 기법으로 가능해진 더욱 '과학적' 인 접근법이라는 새로운 이미지를 이용했다. 그들은 또한 개체군의 수학적 모델링에 기초를 둔 유전적 자연선택이론의 뒤를 이어 이제 진화생물학의 주류가 되기 시작한 다윈 종합(Darwinian synthesis: 자연선택설과 멘델의 유전학을 통합한 개체군 유전학의 발전으로 1936년에서 1947년 사이에 일어난 진화론의 종합—옮긴이)과 제휴할 수 있었다. 군집 생태학파는 경쟁이 자연적 관계들의 원동력이라는 다윈주의의 개념을 이용하면서 등장했다. 그러나 전면적 수준의 이론적 합의가 이루어졌던 것은 아니다. 같은 시기에 시스템 생태학이라는 경쟁 학파가 생태적 관계와 인간 사회의 안정적 경제구조 사이의 유비를 강조하면서 등장했기 때문이다. 여기서는 군집의 조화로운 본성이 다시금 강조되었으나 기존의 생기론적 철학이 아니라 사이버네틱스(cybernetics) 분야에서 창안한 목적론적 자연계라는 모델에 의지했다. 러브록의 가이아 이론이 이 접근을 옛 신비주의와 비슷하게 보일 정도로 확장하자 대부분의 생물학자들은 러브록이 과학의 유물론적인 기본 정신을 포기하고 극단적 환경보호주의자들이 옹호하는 낭만화된 자연의 이미지에 영합했다고 맹렬히 비난했다.

로트카-볼테라 방정식은, 경쟁으로 점철된 세계에서 특정 환경에 가장 잘 적응한 종이 모든 경쟁자들을 멸종으로 몰고 갈 것이라 암시하면서 다윈주의의 교훈을 강화했다. 이것은 '경쟁적 배제의 원리(principle of competitive exclusion)' 로 알려지게 되었는데, 이 원리에 따르면 특정한 장소에서 특정한 적소를 점유하는 것은 오직 하나의 종뿐이었다. 줄리안 헉슬리의 제자 데이비드 랙은 갈라파고스 군도의 '다윈의 핀치새' 를 대상으로 이 원리를 시험했다. 다윈은 이 새를 분화의 고전적 사례로 이용했지만, 이후의 연구들은 같은 섬에서 분명 같은 방식으로 먹이를 구하는 다른 종들이 종종 여럿 있다는 사실을 보여주었다. 하지만 랙은 실상은 다르다고 주장했는데, 실제로는 각각의 종들이 먹이를 구하는 방식이 모두 달랐기 때문이다. 즉, 종들이 한데 뒤섞여 있다고 해서 그 종들이 모두 같은 방식으로 같은 먹이를 구한다고 할 수는 없었다. 그의 책 『다윈의 핀치새(Darwin's Finches, 1947)』는 진화론에서 새로운 다윈 종합을 확립하고 생태학에서는 경쟁적 배제의 원리를 확립하는 데 기여했으며, 이와 동시에 자연선택설의 주창자인 다윈의 역할에 대해 다시 한 번 관심을 불러일으켰다.

영국에서 교육받고 1928년에 미국으로 이주한 생태학자 허친슨은 동물생태학에 수학적인 모델을 사용하기를 거부한 엘튼을 비판했다. 그는 로트카-볼테라 방정식을 적용하기 어려운 상황에서, 가장 좋은 방법은 수학적 모델을 수정하는 것이지 그 기법 전부를 거부하는 것은 아니라고 주장했다. 허친슨은 『생태계라는 극장과 진화라는 연극(The Ecological Theatre and the Evolutionary Play, 1965)』이라는 책의 제목대로 수학적 모델을 사용해 생태학과 진화론을 통합하고자 했다. 그의 제자 로버트 맥아더는 다윈주의의 생존경쟁과 경쟁적 배제의 원리에 입각한 군집 생태학이라는 새로운 과학을 만들어 나갔다(Collins, 1986; Palladino, 1991). 맥아더는 특정 환경에서 적소들이 얼마나 밀집해 있을 수 있는가, 혹은 적소는 생물 종과 함께 진화하는 것인가와 같은 문제에 답하기 위해서 수학적 모델을 이용했다. 랙과 마찬가지로 맥아더는 외딴 섬들의 개체군 구조에서 발생하는 문제들에 관심을 갖게 되었다. 그는 에드워드 윌슨과 함께 대양에 있는 섬의 경우 종의 다양성은 그 섬의 면적에 정비례한다는 예측을 담은 이론을 개발했다. 종의 수는 이주와 멸종 사이의 균형에 의해 유지되었는데, 소규모의 고립된 개체군은 항상 멸종의 위협을 받고 있다는 것이었다. 윌슨은 새로운 섬에 정착하고자 하는 종이 어떤 번식전략들을 통해 성공하고 실패하는지에 관심을 갖게 되었고, 그 뒤에는 사회생물학이라는 과학을 개발하게 되었다.

한편 허친슨은 또 다른 분야에 관심을 두었는데, 그의 관심은 상이한 이론적 원리에 기반을 둔, 시스템 생태학파라는 경쟁 학파의 탄생에 기여했다. 그는 유기체적인 유비가 아니라 경제적인 유비를 사용하여 군집을 연구하고자 했다. 시스템을 통해 이루어지는 에너지와 자원의 흐름을 추적하고 전체의 안정성을 유지하는 되먹임고리(feedback loop)를 식별하려는 목적에서였다. 이는 20세기 초, '생물권(biosphere)'이라는 용어를 만들어냈던 러시아의 지구과학자 베르나드스키가 처음으로 시도했던 방법이다. 되먹임고리는 노버트 위너가 만든 새로운 과학인 사이버네틱스에서 자동조절기계의 거동을 설명할 때 사용된 핵심적인 개념이었다. 허친슨은 그러한 되먹임고리가 전 지구적 범위에서 작동하여 다양한 생태계들을 안정적인 상태로 유지한다고 생각했다. 그는 또한 이러한 자연의 모델과 경제학자들이 인간 사회를 자원의 협동적 사용에 입각한 안정적인 체계로 설명하려는 시도 사이에서 유비관계를 보았다. 허친슨의 제자인 레이먼드 린디먼은 태양에서 온 에너지가 미네소타의 세다보그 호수(Cedar Bog Lake) 생태계를 통과하는 흐름을 분석한 영향력 있는 논문을 1942년에 저술했다. 이후 이런 에너지 흐름 모델은 시스템 생태학을 창시한 하워드 오덤과 유진 오덤 형제에 의해 더욱 확고해졌다. 오덤 형제는 대규모 생태계가 외부의 위협에 직면해도 이를 견뎌내는 상당한 강인성을 지닐 것이라는 가정을 세우고, 그것을 근거로 매우 다양한 환경에서 일어나는 에너지와 자원의 순환을 분석했다. 그들의 연구 중 일부는 핵전쟁이나 핵사고로 발생할 수 있는 잠재적 피해를 우려한 미 원자력위원회로부터 자금을 지원받았다. 시스템 생태학은 인간의 경제를 에너지와 자원이 소비되는 전 지구적 그물망의 한 부분으로 간주했으며, 그 전 지구적 흐름의 패턴을 이해하게 되면 과정의 전 단계를 성공적으로 관리할 수 있음을 제안하는 모델을 제시했다. 하워드 오덤의 『환경, 동력 그리고 사회(Environment, Power, and Society, 1971)』는 기술관료들이 꿈꾸던 신중하게 조직되고 관리된 사회를 묘사하고 있는데, 이 사회는 향후 인류가 이용할 수 있는 자원이 더욱 제한되는 상황에 이르더라도 스스로를 유지해 나갈 수 있는 그러한 사회였다(Tayler, 1988).

따라서 군집 생태학과 시스템 생태학은 생태계의 모델을 어떻게 구성할 것인가를 두고 서로 경쟁하는 관점을 내세우고 있었다. 군집 생태학은 다윈주의의 경쟁원리에 입각한 반면, 시스템 생태학은 분명 목적론적인 되먹임고리라는 한층 전체론적인 관점에 기반을 두었던 것이다. 사상적으로나 정치적으로 이들 학문은 자연과 인간 사회에 대해 판이하게 다른 함의를 불러일으켰다. 그 결과 각 진영은 상대 진영을 사상적으로 단순하고 과학적으로 무익하다고 배척했고, 그 결과 갈등의 골이 더욱 깊어졌다. 따라서 20세기 말에도 일관된 패러다임을 중심으로 통합된 하나의 생태학은 등장하지 않았으며, 각 학파들은 아직까지도 상이한 연구 프로그램, 방법론, 사상을 견지하고 있다. 그들 모두가 동의할 만한 하나의 공통분모는, 과학적 생태학은 극단적 환경운동이 선호하는 일종의 자연 신비주의와는 소통하지 않으며, 본질적으로 유물론적인 과학을 표방해야 한다는 입장이었다. 비록 시스템 생태학에는 생태계를 어엿한 유기체로 보는 클레멘츠의 관점을 상기시키는 전체론적인 접근이 내포되어 있었지만, 사이버네틱스가 등장하고 경제학과 관련을 맺으면서 이 학파마저 낡은 이상주의에서 멀어지게 되었다.

바로 이러한 맥락에서 우리는, 1979년 제임스 러브록이 지구 전체를 생명유지를 위해 설계된 자기조절적 체계로 간주하면서 내세운 가이아 가설에 쏟아진 비판을 이해할 수 있다. 가이아는 고대 그리스의 대지의 여신으로, 지구가 인간을 포함한 모든 생명체의 어머니라는 의미를 드러내기 위해 선택된 명칭이었다. 러브록은 자신이 환경보호주의를 지지한다는 사실을 숨기지 않았으며, 인류가 생명권 전체를 위협하면 필요에 따라 가이아가 인류를 제거할 수도 있다는 의견을 내비치면서, 무제한적인 자연개발을 옹호하는 사람들을 비판했다. 러브록은 지표 감시용 위성 시스템의 개발을 추진한 우주항공 프로그램에 참여했던 나무랄 데 없는 과학적 경력을 갖추고 있었으나, 그가 자신의 이론을 내세우면서 동원한 수사는 분명 많은 과학자들의 심기를 불편하게 만들었다. 겉보기엔 시스템 생태학의 접근법과 유사해 보였지만, 가이아 이론은 사이버네틱스 유비에서 더 나아가 전체로서의 생명권인 생태계가 실재하고 이것이 제 나름의 목적을 달성하기 위해 운신한다고 보는 낡은 유기체주의로 회귀한 듯 보였다. 비판자들은 가이아 이론 전체가 환경운동의 낭만주의에 야합하여 과학을 타락시켰다고 일축했다. 러브록에게는 그런 태도들이 독단적 기성 과학 체제가 유물론을 수호하기 위해 일치단결하는 모습처럼 보였다. 러브록은 다음과 같이 말했다. "사실 나는 가이아가 종교계로부터 비난을 받을지 모른다고 걱정했습니다. 그러나 오히려 나는 뉴욕의 성 요한 성당으로부터 강연요청을 받았습니다. 하지만 학자들은 이와 반대로 가이아를 맹비난했고, 《네이처(Nature)》, 《사이언스(Science)》와 같은 학술지는 이 주제에 대해서는 논문조차 게재하려 하지 않았습니다. 여기에는 어떤 타당한 이유도 없었습니다. 마치 갈릴레오 시대의 기성 교회가 그랬듯이, 기성 학계는 급진적이거나 상궤를 벗어난 생각을 더 이상 용납하려 하지 않는 것입니다"(Lovelock, 1987, vii-viii). 과학적 생태학과 급진적 환경보호주의 사이에 늘 존재했던 간극이 이보다 더 극명하게 드러난 사례는 없을 것이다.

결론

많은 사람들이 '생태학'이라는 용어를 환경운동과 연관해 생각함에도 불구하고, 우리는 과학적 생태학이 다양한 기원을 갖고 있으며, 그 대부분은 자연환경의 보호와 관련이 없음을 살펴보았다. 과학은 자연자원을 이용하려는 노력과 더 자주 관련을 맺고 있었으며, 역사 연구는 생태학이 자연자원의 이용을 저지하기보다는 그것을 관리하고자 하는 열망에서 시작되었다는 사실을 보여준다. 대부분의 생물학자들은 인간의 개입이 자연에 그리 큰 피해를 입히지는 않는다는 확신을 얻고자 했을 뿐이다. 이런 상황에서는 자연자원의 대량 파괴보다는 지속 가능한 산출이라는 관념이 더 선호되었다. 생태계를 어엿한 생명이 있는 목적론적인 실재로 여기는 생태학자조차도 농부를 비롯하여 본연의 자연을 해치는 활동을 할 수밖에 없는 이들에게 조언을 아끼지 않았다. 유럽에서는 순수한 자연경관이라는 관념 자체가 무의미해 보였는데, 그 이유는 환경이 형성되는 데 인간이 해온 역할은 너무도 유래가 깊으며 광범위했기 때문이다. 급진적인 환경보호주의자들은 러브록의 가이아 이론에서 위안을 얻을 수는 있겠지만, 생태학이 자연을 있는 그대로 두어야 한다는 그들의 관점을 지지해야 하는 과학이라고 주장할 수는 없다.

이와 더불어 과학사학자들에게 흥미로운 점은, 여러 갈래의 생태학이 탄생한 다양한 배경과 그들의 이론적 관점들이다. 생태학에는 공통의 연구 프로그램과 방법론을 통해 형성된 단일한 전문분야가 없었다. 오히려 생태학이라 불리게 될 분야를 향한 움직임은 상이한 시간과 장소에서 일어났다. 과학자들이 속한 다양한 장소는, 그들이 답해야 할 문제와 그에 적합해 보이는 방법론을 정하는 데 영향을 미쳤다. 미국 중서부의 광활한 대초원에 적합했던 기법은 유럽의 과다 경작된 토지나 허드슨베이의 툰드라 지대에는 알맞지 않았을 것이다. 과학자들은 상이한 경력과 관심을 지닌 채 이렇듯 다양한 환경을 대하였다. 그들 중에는 실험적 기법을 식물과 환경 사이의 상호 작용으로 확장하고자 하는 식물생리학자도 있었고, 생물지리학자나 분류학자들도 있었다. 유기체와 환경의 상호 관계를 더욱 과학적으로 연구하고자 하는 결단은 이들 모두의 원동력이 되었지만, 무엇을 '과학적' 이라고 정의할지는 그들의 경력과 그들이 당면한 문제에 달려 있었다. 생태계의 모델링에 수학적 기법을 적용하는 것에 관해서는 처음부터 많은 회의가 있었다. 대부분의 생태학자들은 그들의 과학을 유물론적으로 표현하고 싶어했으며, 이는 결국 진화종합(evolutionary synthesis: 줄리안 헉슬리가 1942년 『진화: 현대적 종합』에서 처음 사용한 용어. 앞의 다윈 종합과 같은 의미—옮긴이)을 통해 부활한 다윈주의로 연결되었다. 그러나 생물학의 다른 영역에서 있었던 의구심과 마찬가지로, 이런 움직임을 사상적으로 반대하는 흐름도 지속되었다. 스머츠의 전체론에는 20세기 초 과학이 지닌 비유물론적 사조의 특징이 없지 않았다. 분명 초기의 몇몇 생태학자들은 이에 동조했으며, 비록 20세기 후반에 덜 유행하게 되었지만 그런 종류의 사유는 가이아 가설의 형태로 부활하여 논쟁의 새로운 국면에 불을 당겼다. 이 논쟁은 급진적 환경운동을 뒷받침하는 거의 신비주의적이라고 할 만한 자연관과 대다수 과학자들 사이에 상존하는 간극을 우리에게 상기시킨다. **[오승현 옮김]**

10 Making Modern Science

대륙이동설

1960년대에 지구과학은 극적인 혁명기를 맞았다. 지질학의 '영웅 시대' 였던 19세기 이래 줄곧 받아들여졌던 원리가 10여 년 이내에 폐기되고 지구 내부의 새로운 모델이 그것을 대신하게 된 것이다. 지각은 서로 맞물려 있지만 움직일 수 있는 여러 판으로 이루어져 있으며, 이러한 판은 한쪽 끝에서는 화산활동에 의해 끊임없이 새로 생겨나고 다른 쪽 끝에서는 지구 내부로 함몰하여 소멸한다는 이론이 받아들여졌다. 새로운 '판구조론' 으로 인해 수십 년 동안 묵살되고 조롱받았던, 대륙이 지표를 표류한다는 생각은 이제 아주 타당한 것으로 여겨졌다. 대륙은 그 아래에서 대륙을 받치고 있는 판의 운동에 따라 움직이는 가벼운 암석 덩어리 뗏목이라 할 수 있었다.

과학사학자들 및 과학철학자들이 이 역사적 사건을 과학의 변화에 대한 이론을 시험할 사례로 삼아온 것은 당연한 일일지도 모른다(Frankel, 1978, 1985; Le Grand, 1988; Stewart, 1990). 이 사건은 기존의 패러다임이 위기 단계에 진입한 후 다른 패러다임으로 바뀌는 쿤 식의 '혁명'이었을까? 많은 연구자들이 지질학의 변화를 분명 이러한 관점에서 바라보았다. 아니면 연구집단 및 새로운 분과의 형성과 관련하여 사회학적 용어로 설명해야 할지도 모르는 더 복잡한 어떤 일이 일어나고 있었던 것일까? 로버트 우드에 따르면(1985), 이 혁명은 지구물리학이라는 새로운 분과가 전통적인 지질학을 대체하여 지구과학 분야를 접수하는 데 성공한 사건이었다. 지질학자들이 확립해놓은 대부분의 지식 자체는 그대로 남았지만, 그것의 기초가 되는 원리들은 지구 내부에 대한 지구물리학의 새로운 이해에 따라 재구성되었다. 19세기 지질학자들이 정립한 지층의 형성과정(5장 "지구의 나이" 참조)은 여전히 유효했지만, 산악 형성에 대한 설명은 폐기되었다. 동시에, 이전 시대의 지질학에서 가장 큰 논란을 일으켰던 이론 중 하나인 찰스 라이엘의 동일과정설은 당당히 정당한 이론으로 인정받았다. 판구조론이 가정한 운동은 느리고 점진적이며 오늘날에도 여전히 진행 중이다. 이러한 이론적 변화는 부분적으로는 새로운 기술에 의해 이루어졌는데, 이 기술은 심해저를 탐색할 수 있게 해주었고 라이엘의 시대에는 관찰할 수 없었던 지질작용의 모습을 드러내주었다.

대륙이동의 개념은 알프레드 베게너가 1912년에 이미 제안했지만 1960년대 지구과학의 혁명 전까지는 대체로 묵살되어 왔다. 베게너는 훗날 받아들여지게 되는 이 이론의 선구자였을까? 만일 그렇다면, 왜 당대의 지질학자들은 그의 주장을 그렇게 완강히 거부했던 걸까? 혹시 그의 통찰은 단지 판구조론에 대한 피상적인 예견에 불과했던 것은 아닐까? 다시 말해 그것은 후대 이론의 한 가지 핵심적 측면과 우연히 맞아떨어진 운 좋은 추측이기는 하지만, 지구를 이해하는 데 필요한 근본적인 혁명을 예견하는 데는 완전히 실패했던 것은 아닐까? 베게너는 판구조론의 핵심이 되는 지각 내부의 메커니즘이 개념적으로 재구성될 필요가 있다는 것까지는 예상하지 못했다. 하지만 1920년대에 방사능 방열에 대한 새로운 이해에 입각해 비슷한 메커니즘이 제안되었을 때조차, 대부분의 지질학자들은 회의적인 입장을 고수했다. 베게너가 지질학자가 아닌 지구물리학자였다는 사실은 그의 생각이 왜 기존의 사고방식으로 훈련받은 학자들에게 진지하게 받아들여지지 않았는지를 이해하는 데 도움이 될 것이다. 여기서 우리는 이 혁명이 지각을 연구하는 새로운 기술이 등장하여 촉발한, 지구물리학의 뒤늦은 승리였다는 우드의 견해를 신중히 고려하게 된다.

지질학의 위기

아프리카 대륙과 남아메리카 대륙의 해안선이 확연히 '일치' 하므로 대서양은 이 대륙들이 쪼개지면서 생긴 것일지도 모른다는 사실을 처음으로 알아차린 인물은 베게너가 아니었다. 그러나 그는 이 통찰을 바탕으로, 광범위한 지질현상을 대륙이동의 관점에서 설명하려는 이론 체계를 최초로 만들어낸 인물이었다. 대다수의 사람들은 그의 이론에 대해 회의적인 반응을 보였는데, 이는 부분적으로 그가 대륙이 어떤 메커니즘에 의해 지구표면 위를 이동하는지를 설득력 있게 설명하지 못했기 때문이었다. 그러나 그는 지질 변화에 대한 기존 이론을 흔들기 시작했던 여러 심각한 난점들을 지적했고, '대륙이동' 이라는 대안이 이러한 문제점들을 해결할 수 있을지도 모른다고 주장했다. 이런 점에서 볼 때, 새 이론의 예측범위가 비록 제한적이긴 했지만, 베게너는 지구과학에서 이전 패러다임의 몰락을 가져온 인물로 진지하게 받아들여질 만하다. 코페르니쿠스나 케플러도 뉴턴의 행성운동 해석을 예견하지 못했다는 점을 기억해보라. 베게너는 자신의 대륙이동설을 지구의 내부구조에 대한 개념을 새롭게 정립할 훗날의 세대가 입증하게 될 예비적 개요로 간주했다.

베게너가 부딪혔던 위기상황을 이해하기 위해 우리는 19세기에 제기된 지구에 대한 이론으로 돌아갈 필요가 있다(Greene, 1982). 5장 "지구의 나이"에서 살펴보았듯이, 당시에는 지구가 냉각하고 있으며 그 결과 지구의 운동과 같은 지질활동의 빈도도 감소할 것이라는 이론이 힘을 얻고 있었다. 라이엘의 동일과정설은 지구가 상당히 긴 시간 동안 '정상상태'였다는 의미를 내포하고 있었는데, 바로 그런 이유로 큰 저항에 부딪혔다. 라이엘은 격변론자들로 하여금 그들이 초창기에 자명하게 여겼던 대격변의 규모를 줄이도록 설득하는 데는 어느 정도 성공했으나, 아주 먼 옛날에는 지구가 한층 격렬한 변화를 겪었다는 격변설의 기본 입장을 포기하게 만들지는 못했다. 대격변까지는 아니어도 지질기록에 나타나는 급격한 사건의 증거들을 잘 설명해내지 못한 게 라이엘의 한계였다. 지질학적 시대 구분은 상대적으로 평온했던 기간들과 거대한 산악 형성 사건들, 그리고 그로 인한 기후변화 때문에 생긴 대규모 멸종사태 사이에 그야말로 구두점을 찍는 작업처럼 보였다. 19세기 후반, 대부분의 지질학자들은 지구 내부가 냉각하여 그 부피가 줄어들면서 발생하는 압력을 해소하느라 비교적 갑작스럽게 생기는 지표면의 주름 때문에 이러한 대규모 현상들이 일어났다고 믿었다. 대륙 자체도 그와 같은 지각의 대규모 뒤틀림에 의해 형성되었기에, 그조차 영속하는 것이 아니었다. 즉, 수축에 의한 압력 때문에 꺾이는 취약지점의 세부 위치에 따라 지각의 어떤 부분은 침강하여 해저를 이루고 다른 부분은 융기하여 대륙과 산악을 형성한다는 것이다. 전체 과정의 시간규모는 지구가 최초의 용융상태에서 냉각되기까지 얼마나 오래 걸렸느냐에 따라 정해졌다.

19세기 말에 이르면 이 이론의 여러 측면이 의심을 받는데, 이는 부분적으로 지구물리학이라고 알려지게 된 지구 연구의 새로운 접근법이 등장한데 원인이 있었다. 이 새로운 부류의 지구과학자들은 지구 역사상의 일련의 사건들에 상대적 순서를 매기려는 지질학자들의 노력에는 별 관심을 두지 않았다. 이들은 지구 내부 깊은 곳에서 계속되고 있는 활동들을 추동하는 실제 물리적 과정을 이해하고 싶어했다. 지구 냉각의 시간규모를 연구했던 켈빈의 노력은 이러한 초창기 시도의 일환으로, 그는 열이 지표까지 전달되는 과정에 관심을 두었다. 그의 연구에서 도출된 결론 중 하나는 지구 내부에서 지표로 도달하는 열량은 태양에서 받는 열량에 비해 미약하다는 것이었다. 이로 인해 냉각하는 지구라는 개념을 옹호하는 사람들조차 적어도 냉각단계의 후반부에는 기후가 추워질 것이라고 예상하지 않게 되었다.

하지만 지구물리학자들의 어떤 계산은 주류 이론에 한층 더 심각한 타격을 입혔다. 우선 가장 중요한 점으로, 지구가 냉각하여 수축한다고 하더라도 그 수축량이 지표에서 보이는 어마어마한 규모의 습곡과 단층을 만들어내기에 충분하지 않다는 사실이 밝혀졌다. 20세기 초반에는 방사능 방열 이론을 근거로 지구 내부 온도가 수십억 년 동안 지속된다는 주장이 제기됨에 따라, 지구 냉각 모델은 집중 포화를 받게 되었다. 산악 형성에 대한 수축 메커니즘은 폐기되었고, 베게너는 대륙의 수평운동이 이에 대한 대안적 설명을 제공해줄 것이라고 믿었다.

이와 더불어 대륙과 대양을 이루는 암석들의 실제 성질을 연구한 결과에서 도출된 새로운 증거 역시 시사적이었다. 영국의 지구물리학자 오스몬드 피셔는 『지각의 물리학(Physics of the Earth's Crust, 1881)』에서 대륙의 암석이 깊은 해저의 암석보다 더 가벼운 물질로 이루어져 있음을 보여주는 증거를 수집했다. 대륙은 주로 알루미늄 규산염(silicates of aluminum: 훗날 '시알(sial)' 이라는 약칭으로 줄여 쓰게 된다—옮긴이)으로 구성되어 있는 반면, 해양저는 대부분이 마그네슘 규산염(silicates of magnesium: 훗날 '시마(sima)' 라는 약칭으로 줄여 쓰게 됨—옮긴이)으로 이루어져 있었다. 이것이 의미하는 바는 명백했다. 대륙은 해저가 융기해서 생긴 것이 아니라, 시마로 이루어진 지구의 기층지각 위에 떠 있는 가벼운 시알의 뗏목이었던 것이다. 이 개념은 미국의 지구물리학자 클래런스 더튼이 1889년에 제안한 지각평형설(theory of isostasy)의 기반이 되었다. 이 모델에 따르면, 대륙은 여기저기서 일어나는 물질의 침식 및 퇴적에 따라 부침(浮沈)하면서 유체 정역학적 평형상태로 부유하고 있었다.

이 무렵, 대부분의 지질학자들은 대륙이 태곳적부터 존재해왔다고 보았으나, 여전히 많은 이들은 일부 육지지대가 특정 지질시기에 해저로 침강했다고 믿고 있었다. 현재의 대륙들은 한때 '육교' 혹은 그보다 넓은 육지지대였는데, 이제는 그 육지지대들이 바다 밑으로 가라앉았다는 것이다. 이러한 육교는 화석기록에 나타난 변칙사례들을 설명해주었다. 아프리카와 남아메리카의 군집들이 계속 같은 분포를 보이다가 중생대 이후부터 서서히 달라진 것도 그러한 변칙사례 중의 하나였다. 이를 토대로 아프리카와 남아메리카 대륙을 잇는 육교가 중생대에 침강했다는 가정이 세워졌다. 그러나 피셔와 더튼이 제안한 모델에서는 그러한 육교를 받아들이기가 어려웠다. 가벼운 대륙의 암석이 남대서양을 비롯한 대양의 해양저를 형성할 수 있는 지점까지 침강하는 것은 물리적으로 불가능한 일이었기 때문이다. 대륙은 아주 얕은 바다로 침수될 수는 있지만, 결코 심해저를 형성할 수는 없었다. 여기서 다시 베게너는 기존 이론의 약점을 포착할 수 있었는데, 그 약점은 대륙 뗏목 자체가 수평으로 움직인다고 가정하면 극복될 수 있었다.

베게너와 최초의 대륙이동설

베게너의 이론은 이미 용도 폐기되었던 패러다임의 대안을 제시하려는 시도였다. 문제는 대부분의 동시대인들이 이 새로운 생각이 이전의 이론보다 설득력이 떨어진다고 여겼다는 데 있다. 한때 육교 가설을 정당화하는 데 쓰인 적 있던 몇몇 증거들을 포함하여 대륙이 이동해왔다는 가능성을 지적하는 일련의 중요한 증거들이 분명 있었다. 그러나 지구의 내부 구조에 대한 개념까지는 완전히 재구성하지 못했던 베게너의 이론은 어떻게 대륙이 그러한 움직임을 방해할 엄청난 마찰력을 거스르고 지구표면에서 끌려 다닐 수 있는지를 설득력 있게 설명하지 못했다. 아울러 심각한 점은 베게너 자신이 전통적인 지질학자 집단에서 이방인 취급을 받았다는 사실이다. 그는 본래 고기후학에 관심이 있었던 기상학자였다(Schwarzbach, 1989; 더 일반적인 논의는 Hallam, 1973 참조). 그는 장인 블라디미르 쾨펜과 함께 태양에서 받는 열량이 변동하면서 빙하기가 엄습하기 시작했다는 이론을 옹호했다. 베게너는 빙하기에 대한 이러한 관심에 이끌려 그린란드에서 연구했으며, 결국은 그곳을 탐험하던 중 1930년에 사망했다. 따라서 대륙이동에 관한 그의 연구는 지구물리학의 기상학 분야에 종사했던 그의 주요 이력에 비추어보면 어떤 의미에서 부수적이었다고도 할 수 있다. 역사학자들은 베게너가 정통 지질학 훈련이 부족했기 때문에 대륙이동이라는 완전히 새로운 개념을 만들어낼 유연한 사고를 할 수 있었다고 주장했지만, 이로 인해 베게너는 그를 이방인이자 아마추어로 보았던 전문 지질학자 집단에서 소외되었다.

베게너는 아프리카와 남아메리카 해안선 사이의 관계를 알아차렸던 1910년에 자신의 이론을 구상했고, 즉시 이를 뒷받침할 논거를 찾고자 지질학 문헌조사에 착수했다. 2년 후, 그는 이 주제에 대해 강연하기 시작했고, 1915년에는 『대륙과 해양의 기원(The Origins of Continent and Oceans, 영역본은 1966년 출간)』을 출간했다. 이 책은 산악 형성에 대한 전통적인 이론을 반박하는, 당시까지 축적되었던 모든 증거들을 일목요연하게 제시하고 나아가 그 대안으로 대륙이동설을 옹호했다. 당시에는 대륙이 해저에 노출된 고밀도의 지각층 위에 떠 있는 가벼운 뗏목일 거라고 생각한 사람이 거의 없었다. 베게너의 핵심 주장은 대륙이 어떤 방식으로든 지각 표층을 가로질러 수평으로 밀려다닌다면, 움직이는 대륙판의 앞쪽 언저리에는 마찰력 때문에 주름이 잡혀 산맥이 형성될 수 있다는 것이었다. 아메리카 대륙이 아프리카 대륙 및 유라시아 대륙에서 떨어져 나갔다고 본다면, 북아메리카와 남아메리카 대륙의 서쪽 언저리를 따라 왜 산맥이 형성되었는지도 설명할 수 있었다. 베게너는 모든 대륙이 판게아(Pangaea)라는 하나의 거대한 땅덩이로 뭉쳐져 있었으며, 중생대부터 이 판게아가 갈라지기 시작했다고 주장했다(그림 10.1). 이 가설은 왜 남아메리카와 아프리카의 서식생물들이 중생대 이후에야 분기하기 시작했는지를 설명해주었고, 왜 두 지역의 초창기 지질구조가 그토록 흡사한지도 설명해주었다. 대륙의 해안선이 서로 일치한다는 점에서 이끌어낸 이 주장은 단지 지형뿐만 아니라 다른 근거를 통해서도 뒷받침되었다. 두 대륙을 결합해보면, 실제 지질구조도 연속적이었던 것이다. 베게너는 설득력 있는 비유를 들어 이를 설명했다. "그것은 마치 우리가 찢어진 신문지 조각들의 모서리를 맞춰 다시 정돈한 후 인쇄선이 가지런히 연결되는지 확인하는 것과 같다. 만약 그렇다면 그 조각들은 사실 이러한 방식으로 합쳐져 있었다는 결론을 내릴 수밖에 없다"(Wegener, 1966, 77). 그가 보기에 중생대에 대륙이 분리되어 갈라졌다는 증거는 분명했다.

베게너는 자신의 고기후학 지식을 활용하여 다른 종류의 증거도 제시했다. 화석기록에 따르면 여러 대륙의 많은 지역들은 페름기에 빙하기를 겪

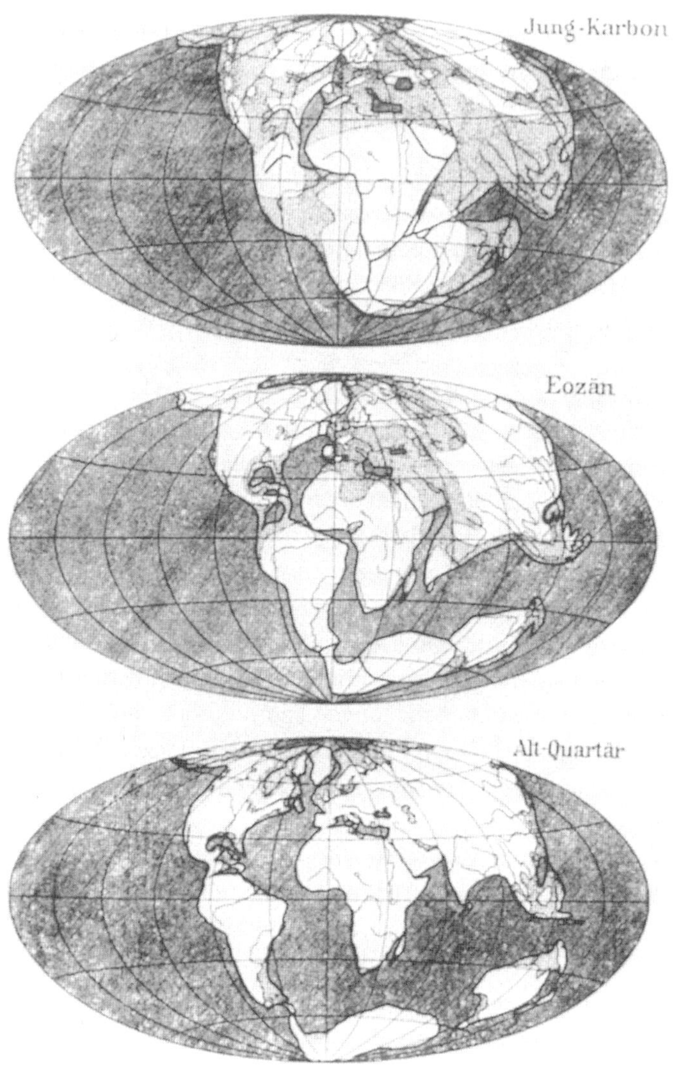

그림 10.1 대륙이동을 보여주는 알프레드 베게너의 지도. 『대륙과 해양의 기원 (Die Entstehung der Kontinente und Ozeane, 3d ed., 1922)』 4쪽에서 전재. 맨위의 지도는 대부분의 육지가 하나의 초대륙, 판게아로 뭉쳐져 있는 석탄기 말의 지구를 나타낸다. 아래의 지도들은 신생대 시신세와 마지막으로 제4기 초의 대륙분화를 보여준다. 이때쯤 지금과 같은 대륙분포가 차츰 분명해지고 있다.

었다. 이는 당시의 대륙들이 오늘날과 같은 위치에 있었다면 설명하기 어려운 현상이었지만, 만일 한때 대륙들이 남극 근처에 한데 모여 거대한 땅덩이를 형성하고 있었다면 이해될 수 있는 일이었다. 같은 시기에 서로 다른 지역들의 환경이 온난했던 이유도 그 지역들이 열대지방에 위치해 있었다고 가정하면 설명할 수 있었다. 이와 더불어 훨씬 불합리한 설명도 있었는데, 베게너는 마지막 빙하기에 유럽과 북아메리카도 서로 연결되어 있었다고 주장했다. 마지막 빙하기는 지질시기상 아주 최근이므로, 이 견해는 북대서양이 아주 급속도로 만들어졌음을 의미했다. 베게너는 심지어 그린란드와 유럽이 당시에도 연간 10미터의 속도로 멀어지고 있음을 암시하는 매우 의심스러운 측정치를 거론하기도 했다.

또한 베게너는 어떻게 대륙이 지구표면에서 이동하는지도 설명해야 했는데, 여기서는 그의 시도가 훨씬 설득력을 잃었다. 그는 여전히 마그네슘 규산염으로 이루어진 기층지각이 정지해 있다고 생각했는데, 그렇다면 떠다니는 대륙은 어마어마한 마찰력을 거스르고 기층지각의 표면에서 밀려다녀야 했다. 이 생각을 더 설득력 있게 보이도록 하기 위해서, 그는 기층지각이 완전한 고체가 아니라고 주장했다. 그것은 역청(pitch)과 같이, 갑작스러운 움직임에는 저항하지만 지속적인 압력이 가해지면 차츰 흐르는 성질을 가지고 있었다. 하지만 그렇다고 해도 움직이는 대륙에 미치는 저항력은 막대할 것이므로, 베게너는 대륙을 밀어내는 데 필요한 힘을 보충하기 위해 두 가지 요인을 제안했다. 하나는 지구의 자전 때문에 생기는 원심력에 의해 대륙이 '극지방으로부터 이탈'한다는 가설이고, 다른 하나는 달에 의한 조력으로 인해 서편향 힘이 생긴다는 설명이었다. 그러나 여기에는, 이러한 힘들이 대부분의 지구물리학자들이 보기에 부적절했을 뿐 아니라 왜 판게아가 중생대에 갈라진 이유도 설명하지 못한다는 문제가 있었다. 극지방으로부터 이탈하는 힘은 아마 대륙이 형성된 이래 줄곧 작용했을 것이므로, 모든 대륙은 차차 적도로 이동하여 그곳에 머물러 있어야 했다. 또한 조력이 아메리카 대륙을 서쪽으로 밀어냈다면, 왜 그것은 유라시아와 아프리카에는 영향을 미치지 않았던 것일까? 베게너는 대륙이동을 뒷받침하는 피상적 증거를 보았지만, 그 이론을 유효하게 만들 만한 전체 기층지각에 대한 유동성 모델까지 만들지는 못했다.

베게너에 대한 반응

베게너의 이론에 대한 초기 반응은 조용한 편이었으나, 영어권 국가들에서는 오래지 않아 거의 보편적인 적대감이 형성되었다. 독일의 지질학자들은 이를 흥미로운 개념이라 여기면서 좀더 호의적인 태도를 보였지만 그 개념이 진지하게 받아들여지려면 더 많은 증거가 필요하다고 생각했다. 독일의 지구과학 분야에서는 현장 연구 대신 문헌에서 증거를 모아 정리하는 책상물림 지질학자들을 중심으로 이론적인 연구전통이 형성되어 있었다. 하지만 영국과 미국의 학자들은 새로운 이론을 주창하고자 하는 사람은 일단 현장에서부터 경험을 쌓아야 한다고 생각했다. 따라서 베게너는 다른 사람들이 이미 일구어놓은 영역에 발을 들여놓은 낯선 이방인 취급을 받았다(Oreskes, 1999). 1926년에 미국석유지질학자협회에서 개최한 악명 높은 회합에서 대륙이동설은 전반적으로 외면받았고 때로는 공개적으로 조롱을 받기도 했다. 침강한 육교라는 기존의 개념은 지구물리학적 증거와 부합하지 않았음에도 여전히 화석기록을 설명하는 데 이용되고 있었다. 베게너는 수많은 상반된 논거를 무시한 채로, 문헌을 샅샅이 뒤져 자신의 주장에 유리한 증거만을 찾으려 하는 무분별한 열광주의자로 취급받았다. 또한 그의 이론에 따르면, 대륙이동의 전체 과정에서 임의적인 시작점이 중생대에 있는 듯 보였기 때문에 동일과정설의 논리도 흔들리는 것처럼 보였다.

지구물리학자들조차 베게너의 주장을 쉽게 납득하지 못했으며, 게다가 베게너가 제안한 실제 메커니즘에 치명적인 약점이 있음이 드러났다. 1924년에 초판이 출간된 영향력 있는 교과서 『지구(The Earth)』에서 영국의 지구물리학자 해럴드 제프리스가 베게너가 가정한 힘은 대륙이 정지한 기층지각을 가로질러 밀려나려 할 때 반드시 생기는 마찰력에 비해 수천수만 배나 작아서 그 마찰력을 극복할 수 없다고 주장했던 것이다.

비록 수십 년간 세상에서 외면당했지만, 소수의 지질학자들은 베게너의 이론을 진지하게 받아들였다. 하버드 대학의 지질학자 데일리는 극지방 지표의 돌출부에서 미끄러져 내려오는 대륙에 기반을 둔 대륙이동 메커니즘을 주장했다. 베게너를 가장 열성적으로 지지한 사람은 남아프리카의 지질학자 뒤투아였는데, 그는 남아프리카 대륙과 남아메리카 대륙의 유사점을 인식하고 있었다. 그는 자신의 저서 『우리의 떠돌이 대륙(Our Wandering Continents, 1937)』에서 대륙이 급속히 이동한다는 베게너의 지나친 주장을 완곡하게 표현하여, 두 개의 초대륙 라우라시아(Laurasia)와 곤드와나(Gondwana)를 가정했다.

현재의 이론에 상당히 근접했던 이론이 당시에는 왜 그토록 천대받았는지를 이해하고자 하는 역사학자들에게 방사능 지구연대 측정 연구로 큰 명성을 얻었던 지구물리학자 아서 홈스의 사례는 시사하는 바가 크다. 홈스는 지구 내부 깊은 곳에서 방사능에 의해 발생하는 열의 양이 너무도 막대하므로 그것을 표면으로 끌어내는 데는 전도 외에도 또 다른 메커니즘이 필요하다고 계산했다. 엄청난 화산활동에 그 가능성이 있었다. 1927년에 홈스는 뜨거운 물질은 지각 표면으로 떠오르고 차가운 물질은 그 내부 어딘가로 침강해 들어가는 대류현상이 지각에서 일어날 수도 있다고 주장했다. 요컨대, 새로운 지각은 '열점(hot spot)' 위의 용해된 암석으로부터 만들어지고 오래된 지각은 침강해 소멸하면서, 그 사이에 있는 지각이 수평으로 이동한다는 것이다. 홈스는 대륙 뗏목이 이동 중인 지각지대에 떠 있다면 대륙은 지각과 함께 움직일 것이고, 그러한 대류가 대륙이동의 메커니즘이 될 수 있으리라고 생각했다. 대륙과 기층지각 사이의 마찰력을 근거로 베게너를 반박하던 주장은 기층지각 내부에서 벌어지는 일에 대한 새로운 모델이 등장하면서 토대가 흔들리게 되었다.

홈스는 열점이 대륙 아래쪽에서 형성될 것이며 이런 열점의 압력 때문에 대륙이 쪼개질 것이라고 추측했다. 그러나 그는 이런 추측에 연루된 사실, 즉 태초의 대륙이 갈라지면서 생겨난 대양 밑에서 대부분의 열점들을 발견할 수 있으리라는 사실까지는 알아차리지 못했다. 이 점에서 그는 판구조론의 핵심 개념인 해저확장설을 예견하지는 못했지만, 그의 지각대류이론은 이후의 발전을 기가 막히게 예측한 것이었다. 비록 그렇다고 하더라도 이에 주목한 사람은 아무도 없었고, 홈스의 제안은 베게너 이론의 성공을 추동하는 데 전혀 도움이 되지 않았다. 그리하여 역사학자들은 1960년대에 받아들이게 될 이론에 거의 근접한 한 이론이 왜 한 세대나 더 거부되었는지 질문하게 된다. 한 가지 추측해볼 수 있는 것은 홈스의 이론은 시험이 불가능했기 때문에 촉망받는 연구 프로그램의 기초로 쓰이지 못했을 거라는 점이다. 설령 홈스가 대양 한가운데서 열점을 탐색해야 한다는 사실을 알아차리고 있었다해도, 당시에는 심해저 연구에 사용할 만한 기술이 없었다. 그렇지만 더욱 심각한 문제는 기존 지질학계의 영향력이 지속되고 있었으며, 여전히 이들은 갑자기 득세한 지구물리학자들이 자신들의 세계관에 대해 왈가왈부하는 것을 용납하지 않으려 했다는 점이다.

판구조론

1950~60년대의 지구과학에 혁신을 가져다준 발전들은 부분적으로 제2차 세계대전과 냉전시기에 개발된 군사기술의 산물이었다. 잠수함의 위협에 직면한 세계 각국의 해군은 심해저에 대해 더 자세히 연구할 필요가 있음을 느끼고, 그에 관한 정보를 얻기 위해 지구물리학자들에게 도움을 청했다. 해저의 자기구조를 측량하기 위해 향상된 장비들이 개발되었고, 이런 해저자기 측량에 힘입어 과학자들이 견지했던 이론적 지각 모델을 바꿀 만한 새로운 통찰이 나타났다. 이로써 대륙이동 개념은 새로운 판구조론의 도움으로 뒤늦은 승리를 거두게 되었다. 그러나 바뀐 것은 기존의 패러다임뿐만이 아니었다. 신생 과학인 지구물리학은 혁신적 수준의 자금력과 영향력을 바탕으로 그때까지 전통적 지질학 아래 종속돼왔던 판세를 전복할 수 있었다. 국제지구물리관측년(International Geophysical Year: 1957년 7월부터 1959년 12월에 행해진 세계적인 지구물리학 연구에 관한 계획—옮긴이)은 이런 새로운 질서의 승리를 과학계 외부까지 널리 공표했다. 이후 십수 년에 걸쳐 대학 지질학과들은 그들의 분야가 더 이상 구식 지질학의 지배를 받지 않음을 인정하면서 학과명을 '지구과학'과로 바꾸었다. 판구조론을 만들어낸 혁명은 단일한 분과 내부에서 일어난 변화가 아니었다. 최근의 한 연구에 따르면, 적어도 미국 과학자들에게는 무엇을 좋은 과학으로 간주해야 하는가에 대한 정의가 변했다(Oreskes, 1999).

지구물리학자들이 추가로 이용하게 된 기술 중 가장 중요했던 것은 지구자기장을 상세히 연구할 수 있게 해주는 기술이었다. 물리학자들 사이에서는 자기의 성질과 지자기(地磁氣)의 불변성에 대한 굵직굵직한 논쟁들이 이어졌다. 영국의 물리학자 블래킷은 2차 대전 중에 적이 해저에 부설한 자기기록를 찾아낼 수 있는 매우 민감한 자기탐지기를 제작하는 일에 일조한 후, 지각의 암석에 갇힌 미소 자기장을 추적하는 데 그 기술을 이용했다. 암석이 형성될 때 미소 자기장이 암석들에 각인되므로, 이러한 각인의 흔적은 사실상 지질시기를 통틀어 지자기의 기록을 제공하는 것으로 여겨졌다. 여러 지역의 암석에 각인된 잔여 자기의 세부 사항을 비교했을 때, 놀랍게도 그것들은 현재의 지자기와 일치하지 않았고, 자기들끼리 나란히 정렬되지도 않았다. 암석이 형성된 이후 이동했거나 자극(磁極)의 방향이 바뀌었던 것이다. 세계 각지에서 가져온 암석의 잔여 자기가 서로 다르게 나타나자, 대륙이 지질시대 초기에 점했던 위치에 계속 머무르지 않았다는 설명이 힘을 얻었다.

마찬가지로 곤혹스러운 점은 여러 암석의 잔여 자기가 오늘날의 극성과 정반대라는 사실이었다. 지구물리학자들은 틀림없이 지자기가 때때로 역전되어 자극의 남북의 위치가 서로 바뀐 것이라 생각했고, 수많은 관찰 데이터를 종합하여 지자기 역전 시간표를 작성할 수 있었다. 이와 동시에 더욱 정교한 방사능 연대측정법에 힘입어 전(全) 홍적세를 한층 세분화한 암석 형성 시간표가 작성되었다. 이 두 가지 근거를 종합하여, 리처드 도엘, 앨런 콕스, 브렌트 달림플이 이끄는 버클리 대학 연구팀은 기존 지질학 연대기에 준하는 자기역전 순서를 완성할 수 있었다. 이들은 자라밀로(Jaramillo) 및 뉴멕시코의 암석을 조사하여 마지막 자기역전을 밝힌 후 그 결과를 1966년에 책으로 출간했다(Glen, 1982). 이 결과는 머지않아 대륙이동설을 결정적으로 뒷받침했다.

이와 궤를 같이하는 발전이 해양학 분야에서 일어났다. 제2차 세계대전과 이후의 냉전시기 동안, 군사적 측면에서 적군의 잠수함을 탐지하는 것은 너무나 중요한 일이 되었다. 숨어 있는 잠수함을 탐지하려면 해저의 성질에 대해 더 많은 정보를 얻어야 했는데, 이에 새롭고 한결 민감한 자기

탐지기의 유효거리를 확상하여 해저의 상세한 자기지도를 작성하려는 노력이 이루어졌다. 이 연구는 지각이 움직이지 않는다는 개념에 근거를 둔 예상을 완전히 뒤엎었다. 해저의 암석들이 매우 균일하며 지질시기상 극히 최근에 만들어진 것으로 판명되었기 때문이다. 수중 음파탐지를 비롯하여 다른 기술들을 활용한 연구에서는, 평평한 해저의 한가운데 길게 뻗어 있는 수중 산맥인 중앙해령의 형태가 밝혀졌다. 이 해령은 대규모 지진과 화산활동이 일어났던 장소였다. 중앙해령에서 캐낸 암석들은 다른 지역의 어떤 암석들보다 연대가 짧은, 극히 최근에야 용융상태에서 응고된 암석임이 밝혀졌다. 바로 이곳, 전혀 예측하지 못한 부분에 홈스가 예견한 열점이 있었던 것이다.

해양저에 대한 이러한 개념 전환을 주도한 인물은 미국의 지구물리학자 해리 헤스였다. 그는 태평양 전쟁에서 해군 함정을 지휘하면서, 잠수함 탐지 시스템을 이용해 해저를 측량한 적이 있었다. 1950년대 중엽에 그는, 중앙해령은 뜨거운 암석이 지구 내부에서 솟아오르는 장소라고 주장했다. 해령은 새로운 지각이 생성되는 곳이며, 해구는 오래된 지각이 심해 아래로 밀려들어가는 곳이었다. 해저는 끊임없이 갱신되는 중이라서 그 역사가 짧았는데, 밀도가 낮아 솟아오른 대륙만이 먼 옛날의 흔적을 간직하고 있었다. 홈스의 지각대류이론은 옳았으나, 그 모든 활동은 이전에 누구도 관측할 수 없었던 해저에서 일어나고 있었던 것이다. '해저확장' 이라는 용어는 로버트 디츠가 1961년에 만들었다.

헤스의 개념은 곧 회의론에 부딪혔지만 케임브리지 대학의 프레드 바인과 드러먼드 매슈스의 열정에 불을 지폈다. 이들은 심해저에서 보이는 자성무늬를 조리 있게 설명하려는 와중에, 중앙해령을 중심으로 정상자기의 띠와 역전자기의 띠가 나란히 있는 것을 발견하고 당황했다. 1963년에 그들은 새로운 해저가 해령에서 지속적으로 생겨나고 양 방향으로 멀어진다

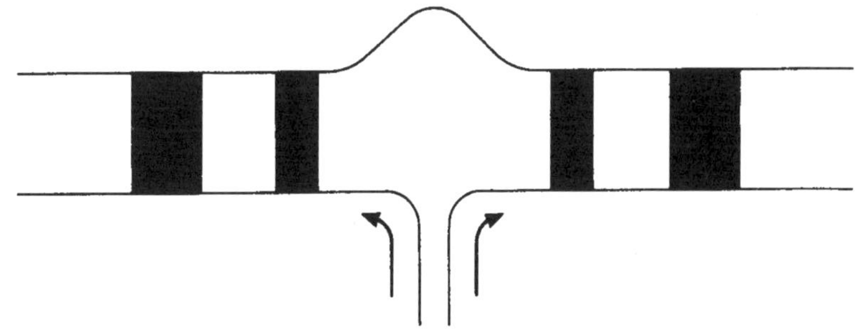

그림 10.2 해저확장의 효과를 보여주는 중앙해령에서의 심해저 단면도. 해령에서 솟아오르는 뜨거운 물질은 양쪽으로 고르게 퍼져 나간다. 밝은 띠(정상자기 지대)와 어두운 띠(역전자기 지대)는 암석이 냉각하면서 각인된 지자기의 자성을 나타낸다. 그 결과 그림 10.3에서 보이는 바와 같이 해령의 양쪽에 나란히 정상과 역전의 자성띠를 이룬다. 대륙은 더 밀도가 큰 심해지각 위에 있는 더 가벼운 암석판을 형성한다. 지각이 중앙해령에서 퍼져 나가면서 대륙은 밀려나 멀어진다.

고 가정하면 이 무늬가 예상되는 바와 완전히 일치한다고 주장하는 논문을 발표했다. 요컨대, 암석이 새로 분출될 때는 그 당시의 지자기 방향이 그 암석에 새겨지지만, 자기장이 역전되었을 때는 역전된 자기장이 각인된 암석의 새로운 지대가 형성되기 시작해 정상자기를 띤 지대를 해령에서 점차 밀어낸다는 것이다. 따라서 해령은 양쪽에 반복되어 나타나는 정상자기 지대 및 역전자기 지대에 둘러싸이게 된다(그림 10.2, 10.3).

바인과 매슈스는 이런 자기띠 효과와 관련한 몇 가지 증거들을 이미 확보했으나, 대부분의 동료 지구물리학자들을 설득하기엔 매우 불분명했다. 탐사선 엘타닌(Eltanin)을 이용해 최고의 해저 자기지도를 제작했던 라몬트 지질관측소 연구자들은 이런 자기띠 효과를 매우 회의적으로 바라보았다. 1965년에 그들은 북아메리카의 서해안을 따라 뻗어 있는 후안 데 푸카 해령대(Juan de Fuca Ridge: 캘리포니아의 악명 높은 산 안드레아스〔San Andreas〕 단층과 연결되어 있는 해령—옮긴이)를 조사했다. '엘타닌 19'로 알려진 자기

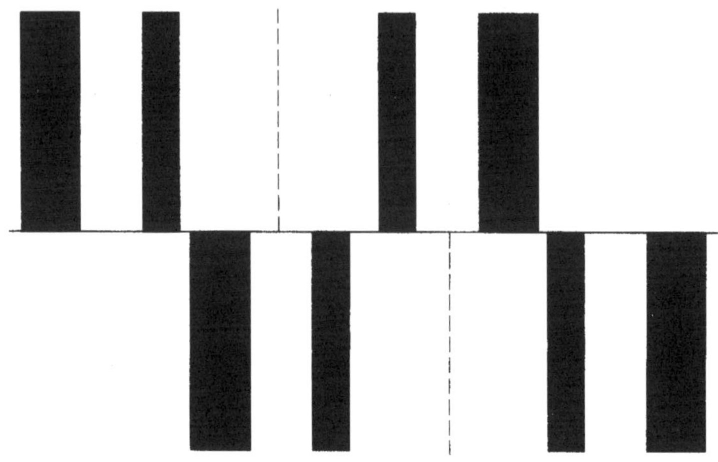

그림 10.3 그림 10.2에서 보여준 과정에 의해 나란히 생성된 정상자기선과 역전자기선. 이 무늬 중앙의 가로 경계는 변환단층으로, 여기서 전체 해령 및 암석의 자기형태가 해령에 대해 직각으로 이동했다.

지대 자료는 나란한 띠무늬를 명확하게 보여주었고, 그제야 연구자들은 해저확장에 호의적인 견해를 표명하기 시작했다(그림 10.4). 바인은 자라밀로의 암석을 분석해 얻어낸 자기역전의 좁은 시간간격이 자기띠 무늬와 완벽히 들어맞는다는 사실을 입증할 수 있었다. 같은 시기에 캐나다의 지구물리학자 존 투조 윌슨은 '변환단층(transform faults)' 개념을 발전시켰고, 이를 통해 왜 중앙해령과 그 주위의 자기형태가 분명한 지그재그를 이루며 때때로 한쪽 혹은 다른 쪽으로 송두리째 이동했는지 설명했다.

판구조론의 최종 학설은 1960년대 중반에 제이슨 모건, 댄 매킨지, 자비에르 르 피숑의 연구에서 제시되었다. 그들은 지구의 둥근 형태가 중앙해령 및 지각 침강지대에 의해 정해지는 판의 모양에 제약을 가한다는 점을 깨닫고, 이를 통해 이차원 지도에서 보았을 때 혼란을 일으켰던 여러

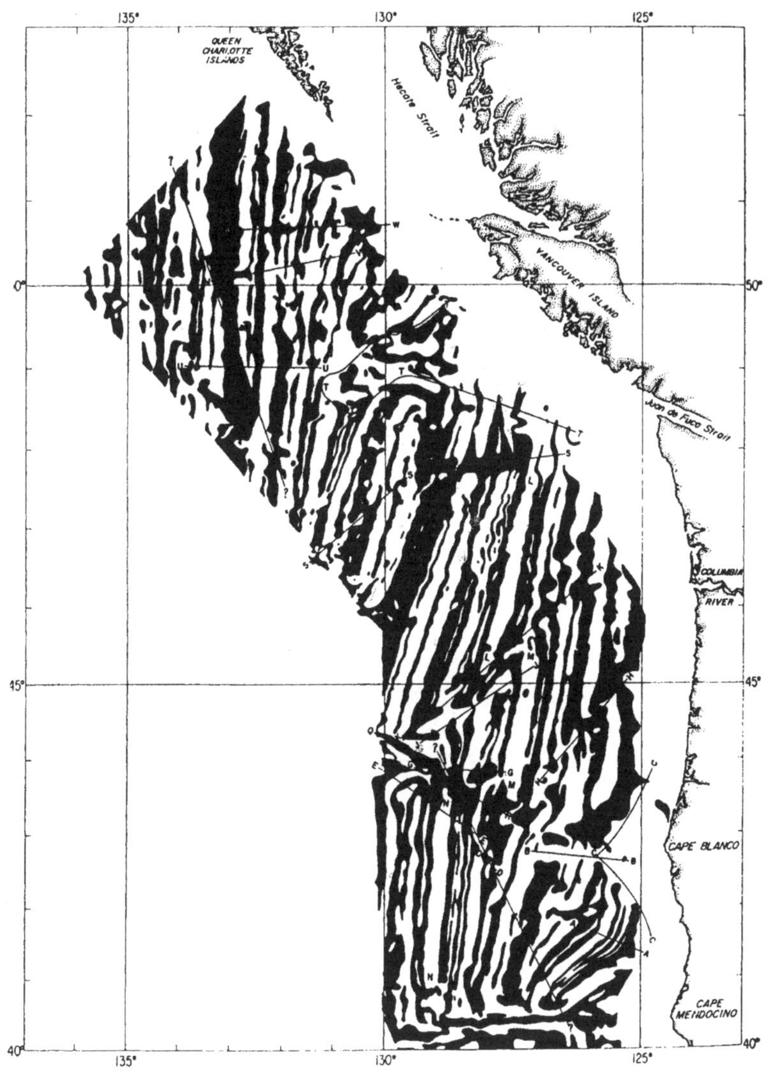

그림 10.4 밴쿠버 섬 연안, 후안 데 푸카 해령대의 해저에서 확인된 자기이상 현상을 보여주는 지도로, 1961년에 엘타닌 탐사선에 의해 작성되었다. R. Masson and A. Raff, Bulletin of the Geological Society of America 72 (1961): 1267~70 참조. 이 지도를 그림 10.2과 10.3의 이상화된 무늬와 비교해보라. 이 탐사 덕분에 많은 지구물리학자들은 자기역전의 발견과 결부된 해저확장설이 대륙이동현상을 해명해준다고 확신하게 되었다.

가지 효과들을 설명했다. 르 피콘의 간략한 이론 설명에 따르면, 지구에는 여섯 개의 주요 판이 존재하며 각각의 판들은 기층지각 대류 포체의 수평면 구간에서 부단히 이동한다. 홈스의 이론대로, 대륙은 단지 판의 운동에 따라 이동했던 것이다. 예를 들어 아메리카 대륙은 대서양 중앙해령의 활동으로 새로운 지각이 계속 만들어지면서 대서양이 확장하고 있기 때문에 유라시아 및 아프리카 대륙에서 멀어졌다. 또한 산맥은 로키 산맥이나 안데스 산맥의 경우처럼 대륙이 지각 침강지대를 타고 올라가는 곳이나, 히말라야 산맥의 경우처럼 두 개의 대륙이 각 판의 운동에 따라 하나로 만나는 곳에서 생겨났다.

결론

1960년대에 판구조론이 전반적으로 수용된 것은 분명 지구과학 분야에서 일어난 혁명이라 할 만하다. 지각 아래 깊은 곳에서 어떤 일이 일어나는지를 완전히 재구성하여 생각한 덕분에 오랫동안 조롱받았던 베게너의 대륙이동 개념은 이제 완전히 정설이 되었다. 그러나 이것은 하나의 확립된 과학 분야 안에서 일어난 패러다임의 전환이 아니었다. 정통 지질학자들은 지구의 역사를 재구성하는 데 초점을 맞추었을 뿐, 산악 형성과 같은 현상을 설명하는 데 필요한 지구의 운동에 대해서는 관심을 갖지 않았다. 지구의 구조에 대해 새로운 질문을 던지고 그러한 질문에 답을 줄 일련의 새로운 증거를 찾기 시작한 이들은 지구물리학자들이었다. 19세기 말과 20세기 초에 지구물리학자들은 정통 지질학계에서 이방인 취급을 받았지만, 그들은 대부분의 낡은 이론이 기초로 삼은 논리를 흔들기 시작했다. 그렇지만 처음에 지구물리학자들은 진지하게 쓸 만한 대안을 내놓지 못했고, 베게너가 그러한 대안의 첫 단서를 제공했을 때조차 지질학자들은 자신들이 견지하고 있는 기존 개념이 취약하다는 사실을 인정하려 하지 않았다. 공정하게 말해, 지구 내부에 대한 개념을 급진적으로 재고하지 않는 한 베게너의 개념은 설득력을 얻을 수 없었고, 그 때문에 몇몇 지구물리학자들조차 그 이론에 동조하지 않았다. 1950년대와 1960년대에 해양학 기술이 비약적으로 발전한 덕분에 새로운 호기를 맞게 되었을 때 비로소 지구물리학에서 혁명이 일어났다. 동시에 새로운 증거가 계속 발견되어 이론적 혁명을 촉진하면서 새 이론을 수용할 법하지 않았던 옛 지질학계의 영향력을 약화시켰다.

하지만 어떤 면에서 이 혁명은 한때 논란이 되었던 지질학적 방법론의 원리가 복권되는 데 일조했다. 19세기에 라이엘의 동일과정설은 그 영향력이 제한적이었는데, 지구가 냉각하지 않는다고 믿으려는 사람들이 거의 없었기 때문이었다. 방사능 방열 이론 때문에 지질시기의 엄청난 규모 확장이 가능해지자 마침내 정상상태 지구 개념이 설득력을 얻게 되었다. 판구조론은 대륙들을 뿔뿔이 흩어놓았던 힘이 오늘날에도 여전히 중앙해령에서 작용하고 있음을 보여줌으로써 이 설에 힘을 실어주었다. 지구의 모든 운동은 우리가 지금 관측하는 바와 마찬가지로 느리고 점진적이었다. 여기서 우리는 이를 배경으로 이 글의 논의 밖에 있는 1980년대의 혁명을 평가해야 한다. 이 혁명에서 동일과정설은 소행성 충돌로 인한 대량 멸종설을 지지하는 사람들에 의해 또다시 도전을 받았다(Glen, 1994). 지구 내부의 변화과정이 비록 느리고 점진적이라 해도, 외부의 천체현상 때문에 생겨난 격변을 보여주는 증거는 분명히 존재하고 있다. 게다가 과거의 특정 시기에는 화산활동이 너무도 활발해서 운석충돌 못지않은 환경적 충격을 가져왔음을 보여주는 증거도 계속 발견되고 있다. 현대과학은 격변설 초기에 제기되었던 한층 놀라운 몇몇 개념들을 진지하게 받아들여야 하는 처지에 놓여 있는 것이다. **(오승현 옮김)**

11 Making Modern Science

20세기 물리학

20세기 벽두, 물리학에는 어떤 일이 일어났을까? 그 과정은 여러 점에서 과학의 혁명적 변화를 보여주는 상당히 전형적인 사례인 것처럼 보인다. 흔히 '고전 물리학'이라 일컬어지는 세계관은 이제 상대성이론과 양자역학이라는 새로운 이론으로 대체됐다. 이 새로운 이론들은 자연을 이해하는 참신한 수학적 기법이나, 실험을 수행하고 해석하는 새로운 방식만을 제안했던 것은 아니었다. 그 이론들은 완전히 새로운 철학적 관점을 개시했다. 특수상대성이론과 일반상대성이론으로 인해 사람들은 공간과 시간의 관계를 완전히 다시 사유하게 되었다. 양자역학이 등장함에 따라 사람들은 물질의 근본 구조에 관해 우리가 알 수 있는 바를 재평가해야 했고 나아가 원인과 결과의 관계 역시 체계적으로 다시 생각해야만 했다. 20세기 중엽이 지날 즈음 물리학자들은 물질의 궁극적 본질에 관해 완전히 새로운 질문을 던지게 되었고, 그것들은 한 세기 전이었다면 완전히 잘못된 것은 아니라 하더라도 결코 고려할 가치는 없다고 여겨졌을 질문들이었다. 19세기 후반의 물리학적 탐구를 이끌었던 빛 에테르(luminiferous ether: 맥스웰이 맥스웰 방정식을 통해 빛이란 에테르 속의 전자기적 진동이라는 '빛의 전자기 이론'을 제안하기 전까지 빛과 전자기파는 동일한 것으로 여겨지지 않았다. 이로 인해 두 파동을 매개하는 상이한 매질, 즉 에테르가 존재한다고 여겨졌고 특히 전자기파의 매질, 전자기 에테르에 견주어 빛의 매질을 '빛 에테르'라 불렀다—옮긴이)는 사장되고 기억에서 사라졌다. 그럼에도 이번 장에서 살펴볼 것처럼, 19세기 후반의 물리학자들과 그들의 후계자들, 그리고 그들 각각의 관심사 사이에는 분명 연속성이 존재했다(4장 "에너지 보존" 참조).

지난 세기 동안 물리학을 지원하는 제도에도 엄청난 변화가 일어났다(『현대과학의 풍경2』 14장 "과학단체" 참조). 그러한 제도적 변화는 물리학자들이 그들을 둘러싼 세계를 새롭게 이해하기 시작한 것과 밀접하게 연결돼 있었고, 급기야 그 둘을 완전히 분리하여 생각하기 어려울 정도가 되었다. 다른 과학 분과들처럼 물리학의 전문화 역시 19세기에 시작되었고 그 과정은 20세기를 지나면서 가속화되었다. 동시에 19세기에 시작된 물리학의 세분화는 20세기 중엽이 되면 점차 물리학을 하나의 독립적인 분과로 간주하는 것조차 힘들 정도로 진전되었다. 상대성이론, 양자역학, 혹은 입자물리학 등의 하위 분과는 말할 것도 없고 이론물리학과 실험물리학조차 점차 전혀 다른 분야로 변하고 있었다. 이는 물리학의 실행과 내용에 중요한 결과를 가져왔다. 물리학과 그 하위 분과들은 점차 비전(秘傳)적인 것이 되어 동일한 연구소의 바로 옆 실험실에서 연구하는 물리학자들끼리도 서로가 무슨 일을 하고 있는지 알지 못할 정도가 되었다. 또한 물리학은 점점 더 거대한 자원에 의존하는 과학으로 변해갔다. 19세기 말의 실험은 탁자 하나면 충분할 정도였고 이러한 사정은 1930년대까지도 그리 달라지지 않았다. 1950년대와 1960년대에 이르면 실험의 규모가 완전히 바뀌어 물리학자들이 그들의 장비 규모에 관해 이야기할 때 사용하는 단위는 더이상 미터가 아니라 킬로미터 단위가 되었다.

이번 장은 J. J. 톰슨이 나중에 '전자의 발견'이라 불리며 칭송될 실험을 수행하던 1890년대에서 시작할 것이다. 톰슨의 실험은 X선과 방사능을 발견하도록 이끈 실험들만큼이나 물리학자들에게 완전히 새로운 종류의 문제를 드러내주었다. 동시에 그 실험들은 물리학자들이 새로운 문제들을 풀기 시작할 때 사용한 도구를 제공하기도 했다. 그 결과 원자의 구조도 새롭게 이해되었다. 알베르트 아인슈타인은 특수상대성이론과 바로 수년 뒤 일반상대성이론을 공표함으로써 우주의 구조를 재고하는 데 도움이 될 또 다른 종류의 강력한 도구와 개념들을 제공했다. 그러나 뒤에서 살펴볼 것처럼 아인슈타인의 통찰 역시 그 함의가 이해되기까지는 어느 정도의 시간을 필요로 했다. 그가 발표한 이론들은, 과거를 되돌아보며 그 의의를 음미해볼 수 있는 우리들에게야 혁명적일지 몰라도 이러한 평가가 당대인들에게도 분명한 것은 아니었다. 원자구조에 대한 닐스 보어의 양자이론 역시 원자 수준에서 에너지는 띄엄띄엄 떨어진 다발(packet) 혹은 양자(quanta) 형태로 교환된다는 관념을 결합하면서 하나의 돌파구를 마련했다. 그렇지만 1920년대의 양자역학을 발전시킨 것은 바로 보어 모형에 대한 불만이었고, 그 점에 있어서는 보어 자신도 결코 뒤지지 않았다. 제2차 세계대전 이후 물리학자들의 관심은 물질의 구조를 더욱 심층적으로 탐사하는 방향으로 바뀌었고 이로 인해 기본 입자의 수가 급증하는 결과가 초래되었다. 이들 새로운 입자를 발견하고 추적하는 일은 상당한 자원을 필요로 했고, 이로써 입자물리학은 궁극적인 거대 과학으로 변화했다.

원자의 내부

19세기의 상당 기간 동안 원자 이론, 즉 물질은 따로따로 떨어진 근본 원자들로 이루어져 있다는 관념은 그야말로 하나의 이론에 불과했다. 많은 물리학자들에게 원자는 기껏해야 하나의 유용한 가설이었지, 실제로 존재하는 대상이 아니었다. 원자로 인해 화학자들은 화학반응식을 메워 넣는 편리한 방안을 갖추게 되었지만 그들로서는 그것이 전부였다(3장 "화학혁명" 참조). 또한 물질의 근본 구조에 대한 탐구, 예컨대 물질이 원자처럼 불연속적인 구성단위로 이루어져 있음을 밝히거나 아니면 물질이 연속적이며 무한히 나눌 수 있음을 규명하는 일은 많은 이들에게 실험의 영역을 벗어나는 것으로 여겨졌다. 물질의 구조에 대한 이론은 결국 그저 이론일 뿐이었다. 그러나 1850년대 후반부터 독일의 율리우스 플뤼커, 영국의 윌리엄 로버트 그로브, 존 피터 가시오를 비롯한 몇몇 연구자들이 보기에, 그들의 방전관 실험은 물질의 궁극적인 구조를 탐구하는 데 유용한 새로운 통찰 내지 적어도 새로운 도구를 제공해주는 듯했다. 이들이 수행한 실험에서처럼, 오늘날의 네온등과 유사하다고 볼 수 있는 봉합된 관에 희박한 기체를 넣어두고 그 사이로 전류를 흘려주면 이상한 빛이 나타났다. 실험물리학자 윌리엄 크룩스가 1870년대에 주장한 바에 따르면 그가 음극선이라고 명명한 이 이상한 빛은 물질의 기본 구조를 이해할 수 있는 새로운 방법을 제공해주었다(그림 11.1). 1880년대쯤 음극선을 활용한 실험은 물리학자들이 수행하는 실험적 연구의 표준 목록에 편입되었다.

음극선 실험이 열정적으로 이루어진 곳 중에는 물리학자 J. J. 톰슨이 이끌던 케임브리지 캐번디시 연구소가 있었다(그림 11.2). 1880년대 중엽 실험을 시작할 당시부터 톰슨은 기체방전 실험을 시도하며 물질과 전기장,

그림 11.1 음극선관을 들고 있는 윌리엄 크룩스를 그린 만화로 《배니티 페어(Vanity Fair)》에 실린 바 있다(런던 과학과 사회 사진 도서관의 허락을 받아 게재).

에테르 사이의 관계를 탐구할 방법을 찾고 있었다. 또한 그는 물질이 에테르 속에 맞물려 있는 소용돌이로 구성돼 있다는 자신의 물질 모형을 입증

그림 11.2 1897년 전자 발견시 사용했던 장비를 가지고 연구하고 있는 케임브리지 캐번디시 연구소의 J. J. 톰슨을 찍은 사진(케임브리지 대학의 물리학과와 캐번디시 연구소의 허락을 받아 게재).

해줄 증거를 원하고 있었다. 1897년에 톰슨은 최근 수행한 음극선 실험을 통해 음극선이 음으로 대전된 작은 입자의 흐름으로 이루어져 있으며 이 입자의 질량은 당시 물질의 가장 작은 단위로 간주되던 수소원자의 천분의 1가량밖에 되지 않음을 규명했다고 발표했다. 이러한 결과를 얻기 위해 그는 자기장 속에서 음극선을 편향시킴으로써, 그리고 이후의 실험에서는 정전기장 속에서도 이러한 과정을 반복함으로써 질량에 대한 전하량의 비율(이하 비전하—옮긴이)을 측정했다. 그는 또한 자신이 발견한 입자 혹은 미립자가 물질의 원자를 형성하는 구성요소라고 보았다. 조지프 라머, 조지 피츠제럴드 등의 에테르 이론가들은 톰슨이 확인한 바로 그 미립자가 '전자'임을 제창했는데, 이는 라머가 에테르 속에 존재하는 순수한 전기에너지 다발을 묘사하기 위해 수년 전에 고안한 용어였다. 그들이 이러한 의견을 내비쳤던 이유 중 하나는 물질의 궁극적인 구성요소는 원자가 아니라 자신이 발견한 미립자라는 톰슨의 제안이 못마땅했던 데 있었다.

톰슨의 발표가 있기 1년 전, 독일의 물리학자 빌헬름 뢴트겐은 곧 X선이라 불리게 될 완전히 새로운 종류의 광선을 발견했다고 주장한 적이 있다. 그 역시 톰슨과 마찬가지로 방전관에서 나온 음극선으로 실험하던 도중에 이를 발견하게 되었다. 사실 톰슨은 뢴트겐의 연구에 자극받아 음극선 실험에 착수했다. 새로이 발견된 X선은 놀라운 성질을 가진 것처럼 보였다. 그것은 고체 상태의 물체들을 마치 투명한 유리판을 통과하는 것처럼 관통했다. 뢴트겐은 X선이 인체의 내부를 촬영하는 데 사용될 수 있음을 곧바로 깨닫고 손의 골격구조를 찍은 사진을 출판했다. 연구자들은 이내 새로운 광선의 성질을 이해하기 위한 실험에 돌입했다. 이 새로운 광선은 마치 빛처럼 반사와 굴절을 했지만 회절은 하지 않는 것처럼 보였다. 이러한 실험가들 중 한 명이었던 앙리 베크렐은 곧 우라늄 염에서 방사된 것으로 보이는 또 다른 종류의 새로운 광선을 찾아냈다. 베크렐의 발견에 고무되어 소르본 대학의 학생이었던 마리 퀴리와 그녀의 남편 피에르 퀴리도 새로운 복사선(radiations)에 관한 연구로 방향을 바꾸었다. 1898년 그들은 새로운 종류의 광선을 다량으로 방출하는 두 종류의 새로운 '방사성' 원소인 폴로늄과 라듐의 발견을 공표했다. 퀴리 부부는 방사능의 원천은 그들이 새로이 발견한 원소들의 원자 내부에 있는 듯하다고 주장했다.

X선에서처럼 실험가들은 이 원인불명의 복사선의 성질을 탐구하기 시작했다. 베크렐은 복사선을 자기장 속에서 휘게 하는 데 성공했고 이를 근거로 그것이 음의 전하를 띠고 있다고 제안했다. 톰슨은 비전하를 측정함으로써 그 값이 음극선에서 구한 값과 근사하다는 결론을 제안했다. 머지않아 캐번디시에서 톰슨의 학생으로 있던 뉴질랜드 출신의 어니스트 러더퍼드가 한 가지 이상의 복사선이 존재함을 알아차렸다. 종류가 다른 복사

선은 각기 다른 두께의 알루미늄박으로 정지시킬 수 있었다. 알파선은 비교적 수월하게 정지시킬 수 있었고 베타선은 투과력이 더 좋았다. 프랑스 출신의 폴 빌라르는 1900년에 이들보다 더욱 투과성이 좋은 감마선이 존재함을 밝혀냈는데, 이 광선은 마치 모든 것을 관통하는 것처럼 보일 정도였다. 1900년대 초엽 러더퍼드와 그의 동료였던 프레더릭 소디는 방사능이 원자 내부에서 방출되는 듯하다고 주장했고, 그 과정에서 어떤 원소가 다른 종류의 원소로 변환된다는 훨씬 논란의 여지가 많은 주장까지 펼쳤다. 방사능은 내부의 물질 자체에서 방출되는 에너지의 원천처럼 보였다. 머지않아 그것이 태양에너지의 궁극적인 원천이라는 주장도 제기됐다. 베타선은 톰슨이 확인한 바 있는 전자의 흐름이라는 것이 확실해졌다. 러더퍼드는 1905년 알파선이 헬륨 양이온의 흐름이라는 제안을 발표했다. 맨체스터에 새로운 터전을 마련한 러더퍼드는 섬광판을 사용하여 복사선을 구성하고 있는 개별 입자의 수를 셌고, 그 입자들이 상이한 세기의 자기장과 전기장에서 편향되는 정도를 측정했다. 새로운 입자를 연구함으로써 원자 내부로 들어가는 비밀의 문을 열 수 있을 것이라는 생각이 확산되고 있었다.

1911년 러더퍼드는 최근에 수행한 실험을 바탕으로 고안한 원자모형을 공표했다. 그는 인광판 위의 섬광을 고찰함으로써 알파입자가 얇은 금속박을 관통할 때 산란되는 방식을 연구하고 있었다. 이는 암실에서 현미경을 통해 조그맣게 빛이 번쩍이는 현상을 오랫동안 관찰해야 하는 어렵고도 섬세함을 요하는 실험이었다. 또한 획득하기 힘든 방사성 물질을 어떻게 확보할 것인가가 관건인 실험이기도 했다. 귀중한 라듐을 안정적으로 공급받을 수 있는 이들만이 참여할 수 있는 대단한 사업이었던 것이다. 러더퍼드의 실험에서 알파입자 중 일부는 마치 금속박을 맞고 다시 튕겨나오는 듯 보였다. 러더퍼드는 각각의 편향 현상이 알파입자와 원자 사이에 발생한 한 번의 상호 작용의 결과라고 확신했다. 알파입자가 금속박으로부터 다시 튕겨나온 것은 크고 응집된 양전하와 부닥친 결과임이 분명했다. 바로 이를 근거로 그는 새로운 원자구조 모형을 고안해냈다. 그의 제안에 따르면 원자는 상대적으로 크고 양전하를 띤 중심부의 원자핵과 그 주위를 마치 태양을 선회하는 행성들처럼 회전하는, 상대적으로 작은 다수의 전자로 구성돼 있었다. 단순해 보이는 이 모형에도 문제는 있었다. 무엇보다 러더퍼드의 모형은 불안정해 보였다. 물리학자들의 통념에 의하면 전자는 중심에 위치한 원자핵 주위를 선회하면서 에너지를 방출해야 했다. 그러나 그것이 에너지를 방출한다면 동시에 운동량을 잃어야 했고 아주 짧은 시간 내에 나선형을 그리며 중심부로 휩쓸려 들어가 사라져버려야 했다. 다시 말해 러더퍼드의 모형에 따르면 원자는 긴 시간 동안 안정적으로 존재할 수 없는 게 분명했다.

덴마크의 젊은 물리학자였던 닐스 보어가 이 문제에 대해 해결책을 제시했다. 보어는 캐번디시 연구소에서 톰슨과 함께 연구한 적이 있고, 맨체스터 대학에서는 러더퍼드와 함께 연구했다. 1913년 보어는 러더퍼드가 제안한 것과 매우 유사하나 한 가지 중요한 차이가 있는 원자구조 모형을 제안했다. 즉, 중심부의 원자핵을 선회하는 전자는 각각 고유한 주파수를 가지고 있고 오직 띄엄띄엄 떨어진 다발의 형태로만 에너지를 방출할 수 있다고 제안했던 것이다(그림 11.3). 이러한 방식으로 그는 원자의 안정성 문제를 해결했다. 원자핵 주변을 선회하는 전자는 연속적으로 빛을 방사하지 않았고 그러한 방사현상은 오직 특정한 주파수에서만 일어났다. 보어는 이 장의 뒷부분에서 거론할 독일의 물리학자 막스 플랑크가 처음 정식화한 생각을 채택하고 있었는데, 이에 따르면 방출된 에너지는 고안자의 이름을 따 플랑크 상수(h)라고 명명된 상수로 정의되는 양자, 즉 띄엄띄엄 떨어진 다발로 표현될 수 있었다. 알베르트 아인슈타인은 이미 플랑

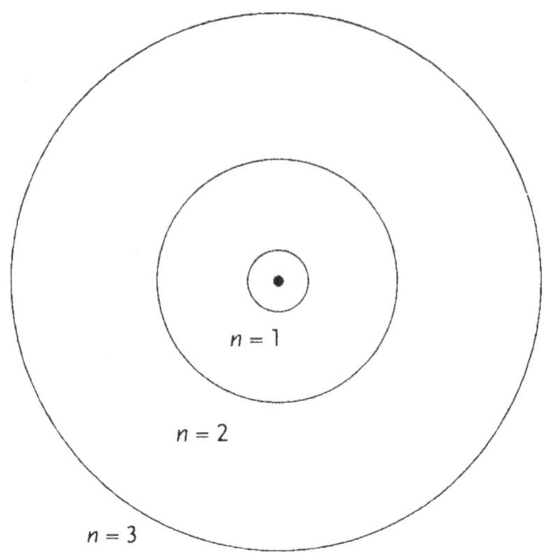

그림 11.3 닐스 보어의 수소원자모형. 전자는 원자핵을 중심으로 플랑크 상수 h로 정의되는 궤도만을 선회할 수 있었다.

크 상수를 이용하여 빛을, 그 주파수에 h를 곱한 값으로 정의되는 에너지를 가진 입자처럼 다룰 수 있음을 주장한 바 있었다. 보어의 제안은 원자가 각각 h의 배수로 정의되는 여러 안정한 상태로만 존재할 수 있다는 것이었다. 원자는 하나의 상태에서 다른 상태로 이전할 때만 에너지를 방출했고, 그 과정에서 원자가 방출하는 에너지는 h와 주파수 변화의 곱과 같았다.

보어의 원자구조 모형은 상이한 원소들의 고유한 방출 및 흡수 스펙트럼을 설명할 수 있다는 결정적인 특징을 갖고 있었다. 원소들이 그러한 고유한 스펙트럼을 가지고 있다는 사실, 즉 상이한 원소는 스펙트럼상의 특정한 부분에 고유한 검은 선을 나타낸다는 사실은 수십 년 전부터 알려져 있었다. 물리학자들이 상이한 물질을 구성하는 원소들을 확인하는 데 분광학을 사용한 것에는 바로 이러한 원리가 깔려 있었는데, 그들은 시료의 스펙트럼을 알려진 원소들의 스펙트럼과 비교함으로써 미지의 원소를 확인하는 데 스펙트럼선을 활용할 수 있었던 것이다. 보어 모형에 따르면 이러한 작업이 가능한 까닭은 어떤 원소를 구성하는 개개의 원자들이 특정 스펙트럼선에 상응하는 특정한 주파수로만 진동하기 때문이었다. 무엇보다 보어의 모형은 발머 공식을 해명해주었다. 발머 공식은 스위스의 수학자 요한 발머가 경험적으로 도출한 것으로 스펙트럼상의 특정한 선들의 위치가 일정한 패턴을 따르고 있음을 보여주었다. 보어는 그의 방정식이 발머 공식에도 부합함을 보일 수 있었던 것이다. 보어는 스펙트럼선들 사이의 관계를 결정하는 리드버그 상수(Rydberg Constant) 자체를 플랑크 상수에서 유도할 수 있음을 보였다. 보어는 플랑크가 선구적으로 개척한 불연속적 복사 이론과 러더퍼드의 원자구조 모형을 통합하는 데 성공했던 것이다. 그런데 그의 이론에는 문제가 하나 있었다. 보어의 이론은 당시 수용되던 대부분의 물리학 법칙에 어긋났다. 캐번디시에서 J. J. 톰슨의 선임자였던 레일리 경을 비롯한 영국의 물리학자들은 정체불명의 양자를 도입하는 것을 불편하게 생각했다. 에너지 양자에 관한 플랑크의 견해를 수용한 독일의 이론물리학자들은 원자의 물리적 구조를 발견할 수 있을 것이라는 생각은 차치하더라도 원자가 실재하는 존재라는 생각 자체를 탐탁지 않게 여겼다(Pais, 1991).

공간과 시간의 재정의

19세기 후반 물리학계의 현안 중에는 빛 에테르에 대한 지구의 상대운동이라는 쟁점이 있었다. 어떤 이론들에 따르면 광속의 차이를 측정함으로써 에테르를 관통하는 지구

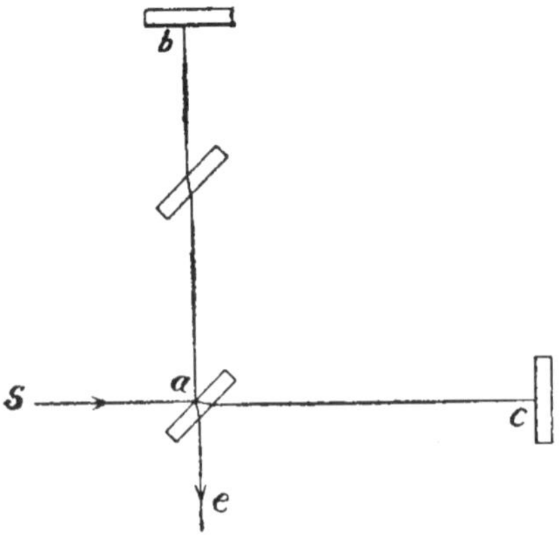

그림 11.4 에테르를 관통하는 지구의 운동을 관측하는 데 사용된 마이컬슨-몰리 장치의 도해. 지구와 그 위에 설치된 장치가 어느 한쪽으로 움직이면, 탐지기를 향하고 있는 두 개의 광선 중 어느 하나는 다른 것보다 약간 더 빨리 광로를 경유할 것이므로 두 광선은 약간의 위상 차를 가지고 탐지기에 도달하게 되고, 이로 인해 간섭무늬를 만들어야 한다. 마이컬슨과 몰리는 어떠한 간섭도 탐지하지 못했다.

의 운동을 탐지할 수 있어야 했다. 간단하게 말하자면 지구가 광원을 향해 움직이고 있을 경우 빛은 상대적으로 느리게 움직이는 것처럼 보여야 하고, 지구가 에테르를 통해 광원으로부터 멀어지고 있다면 빛은 더 빨리 움직이는 것처럼 보여야 했다. 1888년 두 명의 미국인 물리학자, 앨버트 마이컬슨과 에드워드 몰리는 상술한 이론에서 예견한 어떠한 광속 차도 탐지할 수 없음을 보여주는 실험결과를 발표했다(그림 11.4). 역사학자들과 철학자들 그리고 물리학자들은 종종 이 실험이 에테르의 존재를 결정적으로 반박했다고 주장했다. 우리는 뒤에서 이 문제를 재론하게 될 것이다. 여기서는 그 실험을 했던 사람들을 포함해서 당시 어떤 물리학자도 그 실험을 그처럼 결정적인 반박으로 간주하지 않았다는 사실을 지적하는 것으로 충분할 것이다. 최악의 경우라면 그것은 풀어야 할 문제일 것이고, 최선의 경우 그 실험이 자신들 나름의 에테르 이론을 잠재적으로 입증해줄 것이라고 생각하는 사람들까지 있을 정도였다. 마이컬슨-몰리의 실험이 젊은 알베르트 아인슈타인의 이론적 성찰에 얼마나 기여했는가 하는 문제 역시 많은 논쟁의 여지를 남기고 있다.

1905년에 「운동하는 물체의 전기동역학(The Electrodynamics of Moving Bodies)」이라는 논문을 《물리학 연보(Annaledn der Physik)》에 발표할 당시 알베르트 아인슈타인은 취리히 공과대학을 졸업한 지 몇 년 지나지 않은 무명의 특허 심사관이었다. 그가 논문을 발표한 적이 몇 번 있기는 했지만 그중에서 물리학계를 완전히 뒤집어놓을 것임을 짐작케 하는 무언가를 찾아볼 수는 없었다. 1905년에 발표한 논문에서 아인슈타인은 이후 공간과 시간의 본성에 대한 아주 새로운 이해로 귀결될 두 가지 새로운 원리를 물리학에 도입했다. 우선 그의 상대성 원리에 따르면, 우주에서 일어나는 사건을 바라보는 절대적이고 특권적인 시점이란 존재하지 않았다. 모든 운동은 특정한 좌표계에 대해 상대적으로 측정될 뿐이었다. 어떤 좌표계에서 보더라도 동일한 광속을 제외하면 모든 것은 상대적이었다. 이처럼 모든 좌표계에서 광속이 일정하다는 것이 바로 두 번째 원리였다. 이 모형에 따르면 뉴턴주의적 절대공간이나 절대시간이란 존재하지 않았다. 아인슈타인은 이러한 이론틀 내에서는 시간 그 자체도 상대적이라는 것을 계산을 통해 밝혀냈다. 어떤 좌표계에서 경험하는 시간은 상이한 속도로 운동하는 좌표계에서 경험한 시간과는 다른 비율로 흘러간다는 것이었다. 즉 아인슈타인의 우주에서는 모든 것이 상대적이었다.

아인슈타인의 이론이 완전히 무(無)에서 등장한 것은 아니었다. 네덜란드의 물리학자 헨드릭 안톤 로렌츠는 전하들이 서로에게 가하는 힘에 근소한 변화가 발생하는 현상을 설명하기 위해 고속으로 운동하는 전하에서 수축효과가 발생한다고 제안한 적이 있다. 아일랜드의 물리학자 조지 피츠제럴드도 비슷한 의견을 내놓은 바 있다. 피츠제럴드는 이러한 수축효과를 통해 마이컬슨과 몰리가 에테르에 대한 지구의 상대운동을 측정하는 데 실패한 이유도 설명할 수 있다고 주장했다. 피츠제럴드에 따르면 전하의 수축효과는 예상되는 측정 광속 차를 절묘하게 상쇄해주었다. 이런 이유로 정지해 있거나 물체와 다른 속도로 운동하는 어떤 관측자가 보기에 특정한 속도로 운동하는 물체의 외관상의 크기를 변환해주는 수학적 방정식은 로렌츠-피츠제럴드 변환이라고 알려지게 되었다. 사실 아인슈타인이 발표한 논문의 제목이기도 한 운동하는 물체의 전기동역학과 관련한 상술한 문제들은 피츠제럴드나 조지프 라머처럼 특히 케임브리지에서 교육받은 수리물리학자들이 에테르의 성질을 이론적으로 연구할 때 가장 중요하게 다룬 문제라 해도 과언이 아니었다. 그러나 아인슈타인의 연구가 이채롭다고 판명되었던 것은 그가 전기동역학적 계산을 통해 에테르뿐만 아니라 공간은 절대적이라는 뉴턴주의적 관점과도 근본적으로 단절할 것을 제안했기 때문이다.

아인슈타인의 새 이론에 대한 반응은 각양각색이었고 천천히 나타났다. 어떤 논평자들이 보기에 그의 정식화는 그리 새로울 것이 없었다. 영국에서 교육받은 수리물리학자들에게 아인슈타인의 논문은 불필요하게 모호한 언어로 쓰인 것처럼 보이기는 했지만, 운동하는 물체의 전기동역학에 관한 또 한 편의 논문으로서 일정한 공헌을 한 것으로 여겨지기 십상이었다. 예컨대 과학잡지 《네이처(Nature)》는 상대성에 관한 아인슈타인의 관점을 라머와 에테르 이론의 가장 중요한 대변자였던 올리버 로지 경의 관점에 비할 만하다고 언급했다. 아인슈타인이 교육받은 연구전통에 더 호의적이었던 독일의 이론물리학자들은 상대성이론이 펼쳐놓은 가능성들을 한결 빠르게 이해했다. 아인슈타인은 이후 몇 해에 걸쳐 그의 이론을 확장하고 다듬어 일련의 논문들을 발표했다. 이 보완적 성격의 논문들 중 한 편은 질량과 에너지를 연결하는 유명한 방정식에 대한 그의 첫 증명을 담고 있었으니, 이에 따르면 한 물체의 에너지는 그것의 질량에 광속의 제곱을 곱한 값과 같았다. 아인슈타인의 이론에 긍정적으로 반응한 최초의 학자들 중 한 명은 1905년과 1906년 사이에 베를린에서 아인슈타인의 이론에 관한 세미나를 개최한 막스 플랑크였다. 1908년에는 이전에 취리히에서 아인슈타인을 가르쳤던 헤르만 민코프스키가 괴팅겐에서 강의를 개설하여 상대성이론에 대한 간편한 수학적 접근을 개발하기 시작했고, 공간과 시간의 관계를 비유클리드 기하학의 용어로 표현할 수 있다고 소개했다.

1907년 아인슈타인은 지난 2년 동안 진행된 상대성이론에 관한 연구를 개관하는 비평논문을 출판했다. 이 비평논문에서 그는 상대성이론의 지평이 서로에 대해 일정한 속도로 운동하는 계뿐만 아니라 상대적으로 가속하고 있는 계를 고려하는 선까지 확장될 수 있다는 가능성을 처음으로 제기했다. 나아가 그는 상대성이론이 중력이론으로까지 확장될 수 있다고 제안했다. 그러나 아인슈타인과 다른 사람들이 이러한 제안들이 함의하는 바를 충분히 이해하고 오늘날 아인슈타인의 일반상대성이론이라고 알려진 이론을 내놓기까지는 1915년까지 수년의 시간을 더 기다려야 했다. 아인슈타인이 완전히 전개한 이론에 따르면 실로 상대성 원리는 서로에 대해 가속 중인 계에도 적용됐다. 또한 아인슈타인은 취리히 공과대학의 동료교수였던 마르첼 그로슈만의 도움으로 민코프스키가 제안한 공간과 시간에 대한 비유클리드 기하학을 중력이론에 적용할 수학적 방법을 개발했다. 그들은 중력을 시공간 곡률로 묘사하는 방법을 발견했던 것이다. 한편 아인슈타인의 이론에 따르면 중력장의 영향을 받을 때 빛의 스펙트럼은 적색파장 쪽으로 이동해야 했다. 광선 역시 중력의 영향을 받으면 휘어질 것이라는 유명한 예견도 제시된 바 있다. 민코프스키는 빛은 두 점 사이의 가장 짧은 경로를 따라 진행하지만, 중력의 영향을 받으면 공간 자체가 휘어지므로 빛이 진행할 가장 짧은 경로 역시 휘어질 것이라고 보았다. 일반상대성이론에 따르면 상이한 강도의 중력장 속에 놓인 관측자는 시간 역시 다르게 경험할 것이었다.

다른 물리학자들은 물론이고 아인슈타인 본인도 일반상대성이론이 경험적으로 직접 입증해볼 여지가 있는 이론처럼 보인다는 점에서 한 가지 장점을 찾았다. 이미 아인슈타인 자신은 그 이론이 뉴턴의 중력이론으로는 설명할 수 없는 수성 궤도상의 변칙을 해명하는 데 사용될 수 있음을 입증한 바 있다. 그러나 진정한 돌파구는 영국의 천문학자로서 일반상대성이론의 열렬한 지지자였던 아서 에딩턴이 1919년에 일식이 일어나는 동안, 중력장에서 빛이 휘어진다는 아인슈타인의 예상을 시험해보겠다는 의중을 밝혔을 때 마련되었다. 에딩턴은 태양의 코로나 주변에 있는 별들의 위치를 촬영하기 위해 일식을 이용하려 했는데, 통상 별의 위치는 태양광선으로 인해 분명히 감지할 수 없었기 때문이다. 그렇게 관측한 별들의 위치를 태양이 그 부근의 하늘에 없을 때 그것들이 차지한 듯 보이는 위치와 비교함으로써 에딩턴은 빛이 태양의 중력장으로 인해 휘어진 것인지의 여부를 결정할 수 있었다. 실험의 결과는 아인슈타인과 일반상대성이론의 성공을 멋지게 입증한 것으로 떠들썩하게 알려졌다. 왕립천문학회와 왕립학회는 합동회의 결과 제출한 보고서의 처음 수 페이지에 걸쳐 아인슈타인의 이론을 결정적으로 확증한 듯한 에딩턴의 실험결과를 공표하였고 유럽과 미국 전역의 신문들이 이 보고서를 화려하게 보도하면서 아인슈타인은 일반인들에게도 익숙한 이름으로 자리 잡게 되었다.

역사가, 철학자, 물리학자들은 한결같이 아인슈타인의 이론과 그에 대한 명백한 경험적 확증의 관계에 관해 엄청난 양의 글을 써왔다. 한 가지 중요한 논점은, 아인슈타인이 특수상대성이론을 공표한 논문으로 생각을 점차 발전시키는 과정에서 마이컬슨-몰리의 실험이 어떤 역할을 했는가

하는 것이었다. 아인슈타인의 논문은 그 실험에 관해 아무런 언급을 하지 않았고 후일 아인슈타인은 당시 마이컬슨-몰리의 실험을 알고 있었는가에 대해서도 상반되게 설명했다. 그럼에도 그 실험은 흔히 상대성이론을 정식화하고 수용하는 데 결정적인 역할을 한 것으로 인용된다. 또한 그것은 에테르를 결정적으로 반박한 것으로도 인용되며, 이에 견주어 그 실험을 자신들의 이론적 틀에 끼워맞추려 한 에테르 이론가들의 노력은 궁색한 사후 합리화로 비웃음의 대상이 된다. 또 다른 논점은 에딩턴의 일식 관측이 했던 역할이다. 역사가들과 철학자들은 에딩턴과 다른 이들이 제공한 데이터가 사실의 견지에서 볼 때 모호했다고 주장했다. 그것은 일반상대성이론보다는 고전적 뉴턴 이론을 뒷받침하는 것으로 달리 해석될 수도 있었는데, 뉴턴의 이론 역시 어느 정도 빛이 휘어질 것이라는 예상을 하고 있었기 때문이다(Earman · Glymour, 1980). 이러한 경우에 역사가들은 관련된 정보가 달리 사용될 수도 있었다거나 어떻게 사용되어야 했다는 논의보다는 당시에 그것이 실제로 어떻게 사용되었는가를 더 중요하게 생각한다. 이렇게 본다면 에딩턴의 관측이 결정적이었던 데 반해 마이컬슨-몰리의 실험은 분명히 결정적이지 않았다.

적어도 일부 집단에서는 아인슈타인의 이론이 상대적으로 빠르게 수용되었고, 이 현상은 흔히 에테르 이론이 결정적으로 반박된 증거라는 식으로 묘사된다. 방금 언급했던 것처럼 마이컬슨-몰리의 실험이 통상 첫 타격을 가한 것으로 묘사된다면 아인슈타인의 이론은 최후의 일격을 가했다는 것이다. 그러나 우리가 앞에서 살펴보았듯이 실상은 보기보다 더 복잡했다. 몇몇 에테르 이론가들은 마이컬슨-몰리의 실험결과가 자신들의 에테르 이론을 확증한다고 생각하여 그것을 적극적으로 환영했다. 몇몇 동시대인들은 아인슈타인의 이론 역시 처음에는 이러한 방식으로 이해했다. 그것은, 에테르를 관통하는 지구의 운동은 관측할 수 없다는 몇몇 이론가

늘의 견해를 뒷받침하는 또 다른 이론으로 여겨졌던 것이다. 아인슈타인의 이론이 수용되는 데 있어 더욱 결정적인 영향을 미쳤던 것은 물리학 제도 그 자체의 변화였다. 예컨대 케임브리지에서 교육되던 수리물리학 전통은 사라지고 있었고, 더욱 새로운 독일의 이론물리학 전통이 지배력을 행사했다(Jungnickel · McCormmack, 1986). 독일 식의 새로운 이론적 활동과 기법으로 전환한 물리학자들의 수가 점점 늘어났으며, 이들에게 아인슈타인의 이론은 이전 세대의 케케묵은 접근법보다 더 유망해 보였다. 새로운 물리 연구소들 역시 아인슈타인이 채택한 매우 복잡하고 습득하기 어려운 수학적 기법을 체득한 새로운 세대의 물리학자들을 배출하고 있었고, 여기서도 독일과 물리학에 대한 독일 식의 접근법을 채택한 나라들이 눈에 띄는 역할을 했다. 이들 새로운 세대에게 아인슈타인과 그와 유사한 이들이 채용한 접근법은 더욱 익숙하고, 더욱 강력하며, 더욱 유망한 것으로 여겨졌다.

불확정성 원리

특수상대성이론에 관한 논문을 발표한 해에 아인슈타인은 또 한 편의 혁신적인 논문을 발표했는데, 이번에는 빛의 변칙적인 움직임에 관한 것이었다. 광선을 어떤 물질 위에 비추면 일종의 전하방출 현상이 일어난다는 것은 이미 알려진 사실이었다. 헤르츠는 1887년, 전자기파 발견으로 귀결된 실험을 수행하는 와중에 이 현상을 이미 알아챈 적이 있다(4장 "에너지 보존" 참조). 1899년에는 J. J. 톰슨이 이러한 광전효과는 빛을 받은 물질에서 방출된 전자의 흐름으로 인해 발생한다는 의견을 내놓았다. 이 광전효과의 두드러진 특징 중 하나는 그것이 광선의 세기보다는 주파수에 의존하는 것처럼 보인다는 것이었다.

헤르츠는 그 현상이 무엇보다 자외선의 성질 중 하나로 여겨진다는 사실에 주목한 바 있다. 아인슈타인은 1905년의 논문에서, 빛은 파동보다는 입자처럼 움직인다고 가정함으로써 상술한 광전효과를 이해할 수 있다고 제안했다. 이로써 그는 전자 하나를 금속 표면에서 떠나게 하는 데 필요한 에너지는 빛의 주파수에 어떤 상수를 곱한 값으로 나타난다는 것을 보일 수 있었다. 빛은 마치 하나하나가 그만한 양의 에너지를 나르는 다발의 형태로 이동하는 것 같았다. 이러한 빛 양자 혹은 광자가 전자를 가격할 때 그 에너지가 전자에 전달되는 것이었다.

아이슈타인의 방정식에 등장한 상수는 우리가 앞에서 이야기한 플랑크 상수였다. 물리학자 막스 플랑크는 흑체복사 현상을 연구하는 과정에서 그 수를 고안했다. 흑체란 모든 주파수의 복사선을 흡수하고 방출하는 이론적 구성물이었다. 물리학자 빌헬름 빈은 1890년대 내내 복사를 열평형의 일례로 간주하고 여기에 열역학 법칙, 특히 엔트로피와 관련이 있는 법칙들을 적용하여, 자신이 가정한 상황을 기술하는 방정식을 풀어냈다. 그러나 실험가들이 완벽한 흑체에 근접하는 실험장치를 만들어내면서, 실험 데이터가 그러한 방정식의 해에 부합하지 않는다는 점이 분명해졌다. 레일리 경과 제임스 진스는 낮은 복사 주파수대에서는 잘 적용되는 대안적인 공식을 개발했으나, 높은 주파수대에서 그 공식은 '자외선 파탄(ultraviolet catastrophe)'으로 귀결되는 경향이 있었다. 방출된 에너지가 방출 주파수의 제곱에 비례하는 함수였으므로 자외선처럼 높은 주파수대에서는 에너지 값이 무한대에 접근했던 것이다. 플랑크는 그 문제에 대한 해답을 만들어내는 데 성공하여 자외선 파탄을 피할 수 있었으나, 많은 이들이 보기에 그가 제시한 해답은 전혀 성에 차지 않는 허튼소리에 불과했다. 그는 복사 에너지는 복사 주파수에 어떤 상수인자를 곱한 값에 의존하는 다발 형태로 방출된다고 가정해야 했다. 그 상수인자는 그가 작용양자(quantum of action)라고 부른 플랑크 상수였다.

이미 살펴보았듯이 닐스 보어는 자신의 원자구조 모형을 구축할 때 플랑크의 작용양자를 훌륭하게 적용한 적이 있다. 보어는 플랑크 상수를 이용하여 원자의 중심 원자핵을 선회하는 전자들이 안정한 상태로 존재할 수 있는 상이한 에너지 상태를 정의했다. 보어의 모형이 새로운 이론적 발전을 이끌어내는 발견적 가치를 가지고 있었고 더욱이 맨체스터 대학의 러더퍼드에 의해 수행된 것과 같은 여러 실험에서 얻어낸 경험적 데이터를 성공적으로 설명했음에도, 보어 자신을 비롯하여 많은 물리학자들은 그 모형을 무척 불만족스러워했다. 문제는 단순했다. 보어 모형과 그것을 중심으로 구축된 양자이론은 고전 물리학과 미지의 다른 물리학 사이에 어중간하게 걸쳐진 타협안처럼 보였다. 보어 모형은 대체로 뉴턴 역학의 규칙과 가정을 따른다는 점에서 '고전적'이었다. 원자는 원자핵이라는 중심핵 주변의 명확히 규정된 궤도를 선회하는 별개의 입자들, 다시 말해 전자들로 구성돼 있었다. 유일한 차이는 그것들이 궤도를 바꿀 수 있다는 것, 무엇보다 오직 근본적인 역학원리들을 위배하는 원리에 따라서 궤도를 바꿀 수 있다는 것이었다. 1920년대쯤 보어와 다른 물리학자들은 양자이론을 이해하게 해줄 새롭고 근본적인 물리학의 원리들을 적극적으로 모색하고 있었다. 그들의 문제는 보어 모형에 깔린 물리학이 아니었다. 문제는 보어 모형에 깔린 형이상학이었다.

대안적 정식화를 향한 첫 시도 중 하나는 독일의 젊은 물리학자 베르너 하이젠베르크의 연구였다. 1924년 하이젠베르크는 보어가 설립한 이론물리학 연구소에서 연구하며 코펜하겐에서 여섯 달을 보낸 적이 있다. 새로운 물리학을 정식화한 핵심 인사들이 콜로키움, 컨퍼런스, 연구소에서 만나고 함께 연구함에 따라 이런 종류의 밀접한 협동연구는 잇따른 사건에서 결정적인 역할을 하게 되었다. 하이젠베르크는 양자이론이 임기응변처럼 나타난 것에 실망하여 제일원리로 돌아가 그 현상을 다루는 완전히 새로운 수학적 기술을 만들어내려 했다. 그는 원자 궤도함수(atomic orbital)처럼 원리적으로 관측 가능한 속성을 갖지 않는 이론적 개념들을 제거하고 싶어 했다. 하이젠베르크는 자신이 양자역학이라고 부른 이론을 전개하면서 원자 궤도함수의 개념을 없애고 원자란 수학적으로 정의할 수 있는 상이한 양자상태에 존재한다는 가정을 대체해 넣었다. 스승 막스 보른의 제안을 받아들인 하이젠베르크는 행렬 계산법이라는 수학적 개념을 활용하여 서로 다른 가능한 양자상태를 나타냈다. 거의 비슷한 시기에 케임브리지에서는 또 한 명의 젊은 물리학자 폴 디랙이 유사한 이론을 향해 나아가고 있었다. 하이젠베르크와 그의 협력자들은 매우 자각적으로 고전 물리학의 올가미를 벗어던지려 했고, 그들의 방식을 완전히 새로운 관측상의 토대에 의거하여 정당화하려 했다.

프랑스의 젊은 귀족 루이 드브로이의 제안을 기초로 하여 개발되고 있던 접근법 역시 나름의 방식으로 양자이론상의 변칙을 해결하려 했다. 아인슈타인이 1905년에 발표한 논문에서 빛은 때로 입자처럼 움직인다고 제안하자, 이에 영감을 받은 드브로이는 1923년, 특정한 상황에서 입자들은 파동처럼 취급될 수 있으며 전자가 특히 좋은 예라고 주장했다. 그의 제안에 따르면, 궤도함수를 정상파가 진동할 수 있는 가능한 주파수의 범위로 정의할 때 원자핵을 선회하는 전자들은 그러한 궤도함수 중 서로 다른 특정한 궤도함수를 가진 정상파(stationary wave)의 형태로 존재한다고 묘사할 수 있었다. 몇 년 뒤 비엔나의 물리학자 에르빈 슈뢰딩거는 이 제안을 채택하여 더 확장하였다. 특히 1926년에 슈뢰딩거는 파동역학이라 부른 자신의 이론을 정식화함으로써, 수소원자에 대한 파동방정식을 유도하여 보어의 궤도함수 각각에 대응하는 정상파 상태를 계산할 수 있음을 보여주었다. 하이젠베르크가 스스로를 고전 물리학을 제거한 사람으로 생각했다면 슈뢰딩거는 자신의 파동역학이 고전적 전통의 연장선에 있다고 생각했다. 그러나 분명한 점은, 물리학자 볼프강 파울리가 주장하고 슈뢰딩거도 인정한 것처럼, 파동역학과 양자역학이 형식은 달랐을지 몰라도 동일한 물리적 상태를 나타내는 동등한 수학적 표현이라는 것이었다. 불분명한 대목은 상태라고 하는 것이 무엇인가라는 점이었다.

새로운 물리학을 어떻게 해석할 것인가라는 질문에 대해 슈뢰딩거 자신은 일찍부터 한 가지 대답을 마련해두고 있었다. 그는 자신의 이론이 묘사한 파속(wave packets)은 시간이 흘러도 계속 결합해 있고, 입자들은 단단히 결합한 파속으로 간명하게 시각화할 수 있다고 제안했다. 이 경우 고전역학과 파동역학 사이에는 아무런 불연속성도 존재하지 않았다. 막스 보른은 더욱 급진적인 해석을 내놓았다. 그의 관점에 따르면 양자역학을 이해하는 최선의 방법은 통계학을 동원하는 것이었다. 중심력이 산란시킨 입자선의 양자역학을 다룬 1926년의 논문에서 보른은 문제의 방정식을 해석하는 최선의 방법이 그것을 확률 표현으로 해석하는 것이라고 제안했다. 다시 말해 개별 입자가 중심력과 충돌함으로써 나타난 결과라는 관점에서 그의 방정식이 보여준 것은 실제 일어난 일이 아니라 개연적으로 일어난 일이었다. 슈뢰딩거가 입자와 거리를 둠으로써 고전적 접근과의 연결고리를 보전하려 했다면, 보른은 파동방정식에 구체적인 의미를 부여함과 동시에 입자에 토대를 둔 물리학적 설명의 유용함을 보전하려 했다. 보른이 내린 결론은 파동방정식이란 확률분포의 표현이라는 것이었다. 논쟁의 전선은 점차 다음과 같은 주제를 중심으로 형성되고 있었다. 양자역학은 무엇을 의미하는가? 그것은 어떤 종류의 세계상을 표명하는가?

새로운 이론의 주창자들은 1926년과 1927년 코펜하겐에 집결했다. 보어, 슈뢰딩거, 하이젠베르크는 보어의 초청으로 슈뢰딩거가 파동역학의 기초에 관해 강의를 한 1926년 10월 한 자리에 모였다. 하이젠베르크는 이미 슈뢰딩거가 뮌헨에서 한 유사한 강연을 듣고, 양자역학을 고전적으로 해석하려는 그의 시도에 경악한 적이 있었다. 슈뢰딩거 역시 보어와 하이젠베르크가 양자상태와 보른의 확률 해석 사이를 비약하는 것에 그다지 깊은 인상을 받지는 않았다. 1927년 초에 코펜하겐으로 돌아온 하이젠베르크는 여전히 새로운 물리학에 대한 만족스러운 물리학적 해석을 강구하고 있었다. 그의 노력은 고전적 인과율 법칙을 포기하고 불확정성 원리를 확립하는 것으로 귀결됐다. 하이젠베르크에 따르면 양자세계에서는 특정한 상태가 또 다른 상태를 결정론적으로 이끌어낸다고 확언할 수 없었다. 사건이 발생하기 전에 우리가 알 수 있는 것은 확률뿐이었다. 어떠한 상태에 관해서든 우리가 원리적으로 알 수 있는 것에는 한계가 있었기 때문이다. 입자의 위치와 운동량 모두를 동등한 정도로 정확히 알아내는 일은 불가능했다. 마찬가지로 어떤 대상의 에너지 상태와 그 상태에 머무르는 시간을 동등한 정도로 정확히 알아내는 것 역시 가능하지 않았다. 초점은 관측 가능한 현상에 있었다. 보어가 이 문제에 접근한 방식은 전자가 입자인가 파동인가라는 질문이 더 이상 의미가 없다는 것이었다. 중요한 것은 입자처럼 움직이는가 아니면 파동처럼 움직이는가라는 것이었고, 또한 어떤 상황에서 그렇게 움직이는가라는 것이었다.

코펜하겐 해석은 논쟁적이었고 여전히 그러하다. 슈뢰딩거는 결코 그것을 받아들이지 않았고, 이로부터 '슈뢰딩거의 고양이'라는 유명한 역설이 나왔다. 이 역설에서 슈뢰딩거는 하나의 가설적 실험을 묘사했다. 이에 따르면 상자에 든 고양이는, 원자에서 방출된 전자 하나가 제동장치를 풀어줄 때만 개봉되는 독약병처럼, 양자 수준의 특정한 사건의 결과에 따라 죽을 수도 죽지 않을 수도 있는 상황에 처해 있었다. 코펜하겐 해석에 따르면 사건의 결과를 실제로 관측하기 전까지는 결정적인 양자 수준의 사건이 발생했다고 의미 있게 말할 수 없었다. 그 전까지 말할 수 있는 것은 양자

상태의 중첩이 존재한다는 정도가 전부였다. 그러나 그것은 누군가 상자를 열고 안을 들여다보기 전까지는 고양이가 죽었다고도 살아 있다고도 의미 있게 말할 수 없음을 뜻하는 듯했다. 고양이는 상태의 중첩, 즉 죽어 있는가 하면 동시에 살아 있는 상태로 존재할 것이었다. 슈뢰딩거는 이를 코펜하겐 학파의 입장이 본래부터 가지고 있던 불합리성을 드러내는, 귀류법(reductio ad absurdum: 어떤 명제가 참임을 직접 증명하는 대신, 그 부정 명제가 참이라고 가정하여 그것의 불합리성을 증명함으로써 원래의 명제가 참인 것을 보여 주는 간접 증명법. 저자들의 논의에 따르면, 슈뢰딩거는 코펜하겐 해석이 참이라면 고양이가 죽어 있는 동시에 살아 있다는 불합리한 결론을 받아들여야 할 것이므로 이를 피하기 위해서는 전제, 즉 코펜하겐 해석이 참이라는 명제를 부정해야 한다고 보았다—옮긴이)적 논증으로 간주했다(Wheaton, 1983; Darrigol, 1992).

의견을 달리한 또 다른 유명 인사로는 알베르트 아인슈타인이 있었는데, 그는 결코 양자역학이 진정한 "신(Old One: 아인슈타인은 신을 즐겨 'Old One'이라 칭했다—옮긴이)의 비밀, …… 즉 결코 주사위 놀이를 하지 않는 신의 비밀"을 드러내준다고 생각하지 않았다. 몇몇 역사학자들은 고전적 인과율 개념을 철저히 거부함으로써 코펜하겐 해석을 뒷받침하려 한 시도를 전후 독일 바이마르 공화국의 문화적 회의주의에 비추어 이해할 수 있다고 주장하기도 했다. 이러한 견해에 따르면, 독일이 세계대전에서 패하자 뒤이어 고전적 형식을 띤 합리성을 철학적으로, 문학적으로, 그리고 예술적으로 거부하려는 움직임이 일어났거니와, 양자역학 역시 이러한 일련의 현상들과 동일한 견지에서 조명돼야 한다(Forman, 1971). 이러한 견해가 독일 이외의 지역에서 양자역학이 성공을 거둔 까닭이나 그것이 당대의 이론물리학에 지속적으로 지배력을 행사한 이유를 대부분 설명하지 못한다 하더라도 거기에는 분명 일말의 진실이 담겨 있다. 좀더 설득력 있는 설명은, 우리가 상대성이론과 관련해 주장한 것처럼, 새롭고 강력하며 비전적인 수학적 기술들이 이러한 수학적 기술을 사실상 처음으로 배운 새로운 이론물리학자 세대에게 호소력이 있었고, 이들 세대가 확립한 제도적 전통이 또한 힘을 발휘했기 때문이라는 것이다. 양자역학의 토대를 놓는 일에 관여한 집단이 상대적으로 규모가 작고 유동적이었다는 점도 주목할 만하다. 그들은 서로 알고 지냈고, 자주 서로의 연구소를 오갔으며, 솔베이 회의처럼 발족한 지 얼마 되지 않은 국제적 행사에서 빈번히 교유했다. 그런 점에서 보자면 양자역학은 분명히 협력적 노력을 바탕으로 했기에 성공을 거둘 수 있었다.

거대 물리학

1920년대가 되자 어니스트 러더퍼드는 J. J. 톰슨에 이어 케임브리지 캐번디시 연구소의 소장으로 취임하는 등 원자 내부를 탐구하는 세계 최고의 연구자 중 한 사람으로 확고한 위치를 점하게 되었다. 그와 동료 실험가들이 사용한 장치는 오늘날 우리에게 친숙한 현대적 표준의 실험에 비추어보면 실망스러울 정도로 단순하고 소박하다. 러더퍼드와 그의 팀은 여러 겹으로 이루어진 금속박을 라듐과 같은 방사성 물질에서 나온 복사선으로 가격했다. 그들의 목적은 복사선이 금속박을 관통하는 동안 그 경로가 어떻게 변화하는지를 알아내는 것이었고, 이를 위해 그들은 복사선의 입자들이 충돌할 때 만들어내는 섬광을 하나하나 포착하기 위해 인광판을 이용했다. 원자보다 작은(subatomic) 입자의 궤적과 성질을 연구하면서 마주친 어려움은 단순했다. 그것들을 어떻게 검출해낼 것인가 하는 문제였다. 러더퍼드의 맨체스터 대학 동료였던 한스 가이거는 복사선이 입사하는 것을 기록하는 여러 종류의 상이한 기법들을 개발한 적이 있었다. 1912년 이후 제국 물리기술 연구소에서 연구하는 동안 그는 알파입자의 수를 세는 장치인 가이거 계수기를 개발했다. 케임브리지 대학의 대학원생이었던 찰스 윌슨은 또 다른 중요한 장치를 개발했다. 실험실에서 인공구름을 만들어내려고 시도하던 중에 그는 작은 물방울이 개별 이온 주변에 모여 눈으로 확인할 수 있는 흔적을 남긴다는 것을 알게 되었다. 윌슨의 구름상자라 불린 장치를 이용함으로써 복사선의 개별 입자의 운동을 실제로 추적하는 일이 가능해졌다.

러더퍼드를 중심으로 형성된 케임브리지 핵물리학 학파의 가장 위대한 승리라면 아마도 제임스 채드윅이 원자보다 작은 중성자라는 새로운 입자를 확인한 것이라 할 수 있었다. 1928년 독일의 물리학자 발터 보테와 헤르베르트 베커는 금속 원소 베릴륨 시료에 알파입자로 충격을 가하면 전기적으로 중성을 띤 복사선이 방출된다는 것을 발견하고, 그것을 감마선이라고 추정한 적이 있다. 몇 년이 지난 1932년 마리 퀴리의 딸, 이렌 졸리오퀴리와 그녀의 남편 프레더릭 졸리오퀴리는 이 복사선이 파라핀 표적에 충돌하면 양성자를 방출시킨다는 사실을 발견했다. 양성자는 양전하를 띤 원자보다 작은 입자로서 당시에는 같은 수의 전자와 함께 원자핵을 구성하는 요소 중 하나로 여겨졌다. 채드윅은 다른 종류의 표적은 물론이고 다른 종류의 원소까지 사용하여 졸리오퀴리 부부의 실험을 반복했다. 상이한 표적을 향해 방출시킨 전하를 띤 입자의 방출에너지를 비교함으로써 그는 전기적으로 중성인 이 복사선이 감마선이 아니라 양성자와 거의 같은 질량을 가진 중성입자의 흐름이라는 결론을 얻었다. 바로 이것이 중성자였다. 이 공로로 1935년 채드윅은 노벨상을 수상하게 되는데, 그 발견의 의의는 원자의 구조에 관해 더 많은 정보를 제공한 것뿐 아니라 차후의 연구를 위해 강력하고도 새로운 도구를 제공했다는 데 있었다. 중성자의 흐름은 전기적으로 중성이었던 까닭에 매우 뛰어난 투과성을 지니고 있었고, 원자의 중심부를 한층 더 깊이 탐구하는 데 이용할 수 있었다.

1928년 소비에트 출신의 물리학자 조지 가모프는 알파입자 복사선을 양자역학적으로 설명한 논문을 출판했다. 그것은 방사능 연구자들이 지난 10여 년 동안 연구해온, 원자보다 작은 입자들과 원자 내부에서 진행되는 물리적 과정을 이해하는 데 이론물리학의 새로운 도구를 적용한 첫 시도들 중 하나였다. 가모프는 알파입자 방출은 원자핵의 임의적이고 무작위적인 어떤 불안정성의 결과가 아니라 바로 양자역학의 법칙에 따른 직접적인 귀결, 즉 오늘날 양자 터널링(quantum tunneling)이라고 알려진 효과라는 것을 증명했다. 1930년대를 거치면서 이론물리학자들은 핵물리학자들이 제공하는 새로운 정보, 특히 새로 발견된 중성자로 인해 간헐적으로 드러난 원자핵 내부에 관한 새로운 정보를 해석할 방법을 찾는 데 더욱 많은 관심을 기울였다. 하이젠베르크는 원자핵 내부에 들어 있는 물질들은 새로운 종류의 힘으로 묶여 있고, 이들 핵력은 아주 좁은 영역 내에서만 작용해야 하며 원자를 묶고 있는 정전기력보다 백만 배가량 강하다는 의견을 내놓았다. 1930년대 중반 이후 닐스 보어는 여러 점에서 액체 방울과 유사한 원자핵 이론을 가다듬었다. 보어와 그의 동료였던 프리츠 칼차는 액체 방울이 힘을 받을 때 진동하는 것처럼 원자핵 역시 힘을 받으면 진동하고, 상이한 진동 상태는 각각 상이한 양자상태로 간주할 수 있다는 주장을 내세웠다.

전쟁의 발발과 함께 많은 핵물리학자들과 이론물리학자들은 자신들이 각자의 편에 서서 전쟁을 돕고 있다는 것을 깨닫게 되었다. 하이젠베르크는 나치가 핵무기를 생산하려 애쓰는 과정에서 핵심적인 역할을 했다. 아인슈타인은 미 대통령이었던 프랭클린 루스벨트에게 편지를 쓰자고 선동한 이들 중 한 명이었고, 그것은 맨해튼 프로젝트를 성사시키는 가교 역할을 했다. 제2차 세계대전이 종전에 다다를 즈음이면, 전쟁이 시작될 때보다 핵물리학에 관해 훨씬 많은 것들이 알려져 있었다. 히로시마와 나가사키의 폭탄 투하는 원자 분열의 결과를 무서울 정도로 분명하게 보여주었다. 전쟁을 수행한 양측에서 전쟁기간 중에 노력한 결과 전대미문의 인력과 금전적 자원이 핵물리학으로 향하게 되었다. 처음으로 물리학은 거대한 규모의 집합적 노력의 문제로 변화하기 시작했다(『현대과학의 풍경2』 20장 "과학과 전쟁" 참조). 1946년, 핵물리학자들이 전쟁 발발 이후 처음으로 케임브리지 캐번디시 연구소에서 열린 회의에 참석했을 당시 핵물리학 분야는 급속히 발전하는 것 같았다. 원자보다 작은 기본 입자의 수는 분명히 급증한 상태였다. 그 목록은 이제 전자, 중간자, 중성자, 중성미자, 광자, 양전자, 양성자로 채워져 있었다. 중간자는 핵력의 전파를 설명하는 방편으로 1935년 일본의 물리학자 유카와 히데키가 예견한 입자였다. 몇 년 뒤 중간자는 우주선(cosmic ray) 연구에서 확인되었다. 양전하를 띤 전자인 양전자는 케임브리지의 폴 디랙이 이론적으로 예견했고 1930년대 초엽 칼텍(CalTech; 캘리포니아 공과대학)에서 발견됐다. 중성미자는 가설적 입자로서 베타입자를 포함하는 어떤 반응의 에너지 보존을 유지하기 위해 도입된 것이었다. 중성미자는 처음부터 보편적으로 수용되지는 않았다. 보어도 처음에는 어떤 다른 증거도 찾을 수 없는 입자의 존재를 수긍하기보다는 에너지보존법칙을 포기하는 쪽을 선호했다. 그러나 1936년경 그는 중성미자의 물리적 실재성을 수용하는 방향으로 기울고 있었다.

1940년대에 이르면 애초 탁자 위에서 수행되던 핵물리학 실험은 급속히 규모가 확대되고 있었다. 실험장치는 1920년대와 1930년대 초엽을 지날 때까지도 상대적으로 규모가 작은 편이었다. 채드윅이 중성자를 확인할 때 사용한 주요 장치는 6인치에 불과했다. 원자보다 작은 입자를 그 정도 규모의 장비를 가지고 발견한 사람은 아마도 그가 마지막이었을 것이다. 1950년대와 1960년대에 들어서자 원자보다 작은 입자들을 추적하기 위해서는 거대한 장비와 그에 걸맞은 방대한 노동과 자본이 투자되어야 했다. 이러한 경향은 제2차 세계대전이 발발할 즈음부터 이미 진행되고 있었다. 1942년에 이탈리아의 물리학자 엔리코 페르미가 최초로 통제된 핵연쇄반응실험을 수행할 당시 그는 스쿼시 코트 크기의 실험실을 필요로 했다. 실제로 그것은 시카고 대학의 풋볼 경기장 아래에 자리한 스쿼시 코트였다. 전쟁이 끝나고 페르미는 시카고 대학의 핵물리학 연구소의 소장이 되었는데, 거기서 그는 1951년에 싱크로사이클로트론(synchrocyclotron), 즉 원자보다 작은 입자를 고속으로 가속한 뒤 표적에 충돌시켜 그 성질과 구성을 연구할 수 있도록 해주는 거대한 장비를 개발하는 데 중추적인 역할을 담당했다. 그것은 더욱더 강력해진 새로운 세대의 실험장비를 선도한 최초의 장비 중 하나였다. 1950년대 후반, 이러한 기구의 직경은 이미 수미터에 이르렀다. 바로 이런 종류의 실험들로 인해 '기본적인' 혹은 '근원적인' 과 같은 입자물리학 용어들은 더욱더 위험한 용어가 되었다.

1960년대 초엽 두 종류의 새로운 기본 입자가 널리 인정을 받고 있었다. 원자핵을 구성하는 양성자나 중성자류의 입자들인 강입자(hadron)와 전자류의 경입자(lepton)가 그것이었다. 그러나 이러한 상황은 1964년쯤 붕괴되기 시작했다. 더욱더 강력한 입자가속기를 이용한 실험들로 인해 마침내 강입자가 기본 입자가 아니라는 결론이 내려지는 듯했다. 강입자는 이후 쿼크(quark)라 불리게 될 다른 종류의 입자들로 이루어져 있었다. 이는 미국의 물리학자 머리 겔만이 이론적 근거를 바탕으로 처음으로 제안한 것이었는데, 당시 그는 러시아 태생으로 스위스의 유럽 원자핵 공동연구소(CERN)에서 활동하던 조지 츠바이크와 협력하며 캘리포니아 공과대학에서 연구 중이었다. 겔만에 따르면 '업', '다운', 그리고 '스트레인지' 라는 세 종류의 쿼크가 있었다. 쿼크를 상이한 방식으로 조합하면 가능한 모든 강입자를 만들어낼 수 있었다. 쿼크는 빠른 속도로 아주 유용한 이론적 존재자로 자리 잡았다. 그것들은 원자핵을 구성하는 입자들이 처한 상이한 양자상태에 관해 아주 많은 것들을 설명할 수 있게 해주었다. 그럼에도 쿼크가 실제로 존재하는가라는 문제는 상당한 논란을 불러일으켰다. 많은 물리학자들은 쿼크란 실재하는 물리적 대상이 아니라 정보를 체계화하는 유용한 방식일 뿐이라고 주장했다. 문제의 일단은 쿼크가 무엇보다 분수 형태의 전하량을 가지고 있다고 추정되는 등 그 성질이 분명히 규정돼 있기 때문에 상대적으로 쉽게 눈에 띄어야 함에도 불구하고 발견하기가 용이하지 않다는 것에 있었다. 쿼크의 물리적 실재성은 1970년대가 한참 지나서야 비로소 널리 수용되었다(Pickering, 1986).

쿼크를 산출한 이후 관련된 물리학은 점점 더 비전적이고 전문적인 학문이 되었다. 그것은 또한 엄청난 자원을 필요로 했다. 1950년대로 접어들면 유럽이 입자물리학에 공헌하기 위해서는 국제적 협동을 해야만 하는 상황이 되었다. 프랑스 변경의 스위스 국경 내에 건설된 유럽 원자핵 공동연구소의 입자가속기는 지름이 수킬로미터나 되는 기구를 갖춘, 그야말로 거대 기업이었고 이러한 사정은 지금도 달라지지 않았다. 이들 거대 기업은 엄청난 인력도 필요로 했다. 추정컨대 1960년대 초엽 유럽에서 활동한 입자물리학자는 685명이었고 여기에 미국을 고려하면 850명을 추가해야 한다. 1970년대로 접어들면 유럽 입자물리학자의 수는 네 배 이상으로 늘어나고, 미국은 두 배가 되었다. 나아가 이들 프로젝트는 국가적 위신의 문제이기도 했다. 1960년대와 1970년대를 지나는 동안 미국과 유럽에서 정권을 잡은 정부는 더욱더 막대한 양의 돈을 고에너지 입자물리학에 쏟아부었다(그림 11.5). 대략 반세기 전 캐번디시 연구소에서 러더퍼드나 채드윅이 수행한 탁자 규모의 실험들과 비교해볼 때, 그 규모가 판이하게 달라진 상황이었다. 고에너지 입자물리학은 협동적인 과학의 전형이었다. 그것은 또한 실험가와 이론가들 사이에 존재하는 높은 벽을 분명하게 보여주었다.

그림 11.5 20세기 후반 입자가속기의 부지(페르미 국립가속기 연구소의 허가를 받아 게재). 이 사진을 그림 11.2에 묘사된 장치와 비교해보면 두 시기 동안 실험물리학의 규모가 얼마나 많이 변했는지 생생하게 확인할 수 있다.

20세기 벽두의 J. J. 톰슨이나 퀴리 부부는 그들의 활동 안에서 이론과 실험을 결합해냈지만 20세기 후반에는 그러한 결합이 점차 보기 힘들어졌다. 이론적으로 작업하는 것과 실험을 수행하는 것은 완전히 다른 종류의 전문적 기술을 필요로 하게 된 것이다.

결론

지난 세기 초에 상대성이론과 양자역학을 창시한 이들은 자신들이 혁명적 과정에 참여하고 있음을 확신했다. 그들은 고전 물리학을 전복하고 그것을 완전히 새로운 지적 체계로 대체하고 있었다. 그러나 여러 가지 점에서 볼 때, 고전 물리학이 하나의 정합적이고 완비된 사유체계라는 관념이 확립된 것은 바로 이와 같은 해체의 과정을 통해서였다. 고전역학은 새로운 물리학이 아닌 무엇으로 정의되었다. 그러나 과거와의 이러한 균열이 적어도 그 주요 주창자들 중 몇몇이 주장했던 것만큼 피할 수 없었다거나 확연한 것은 아니었다. 지금까지 우리는 상대성이론과 양자이론에서 이루어진 발전과 이전의 접근 사이에는 분명한 연속성이 있었음을 살펴보았다. 새로운 물리학의 창시자들 중 일부는 오랜 확실성의 포기를 착잡한 심정으로 바라보았다. 우리가 살펴보았듯이 아인슈타인과 슈뢰딩거는 물리학에서 인과성이 포기되어야 한다는 것을 결코 전적으로 수긍할 수 없었다. 닐스 보어조차 진정으로 불확실성에 심취했던 하이젠베르크에 비하면 상당히 모호한 전망을 지니고 있었다. 또한 20세기를 관통하며 물리학은 더욱더 비전적인 실행으로, 더 정확히 말하자면 단일하지 않은 일련의 비전적인 실행들로 변화했다. 물리학자가 되기 위해서는 수년간 집중적이고 헌신적인 훈련을 받아야 했다. 이미 그러한 과학 문화에 살고 있는 우리에게는 이러한 사실이 그리 놀랍지 않을지도 모른다. 이전에는 그렇지 않았다는 사실을 망각하기는 쉬운 법이다. 또한 물리학은 점차 파편화된 직무가 되어 실험가들과 이론가들은 상이한 기관에서 상이한 세계관을 가지고 살게 되었다. 고체물리학과 같은 새로운 전문 분과가 발전해 학문적 과학과 산업적 과학 사이의 오랜 경계를 넘나들었다.

더욱이 20세기 물리학에서는 지적인 측면과 제도적 측면을 따로 떼어놓고 이야기할 수 없게 되었다. 물리학이 수행되는 제도가 물리학이 무엇인가에 심대한 영향을 주었다. 20세기를 경과하는 동안 이론물리학은 고도로 숙련되고 집중적이며 수학적으로 난해한 종류의 실행이 되었고, 이는 집중적이고 전문화된 연구와 대개 그러한 연구가 이루어지는 훈련기관들에 전적으로 의존했다. 이러한 기관에서는 철저히 교육받고, 세부 전문분야를 가지고 있는 헌신적인 전문 물리학자들을 배출했고, 이론물리학은 이들 기간요원들이 없이는 이루어질 수 없는 활동이 되었다. 이로써 실험 역시 적은 수의 보조자와 테크니션과 함께 과학자 개인이 수행할 수 있는 범위를 넘어섰다. 유럽 원자핵 공동연구소나 페르미 국립가속기 연구소(Fermilab)에서 이루어지는 실험을 위해서는 족히 수백 명은 되는 과학 종사자들이 동원되어야 했다. 물리학에 소요되는 자원은 전례 없이 규모가 커졌고, 그 결과 20세기를 지나는 동안 물리학은 거대 사업이 되었다. 이 시기 동안 자신을 전문 물리학자라 칭하는 사람들의 수는 자릿수가 달라질 정도로 급증했다. 이는 현대물리학의 발전과정에서 우연히 나타난 특징이 아니었다. 그러한 자원과 기관이 없었다면 지난 세기의 물리학은 결코 가능하지 않았을 것이다. 현대물리학의 제도적 틀은 그 지적 내용을 채워 나가는 데 없어서는 안 될 필요조건이었던 셈이다. **(서민우 옮김)**

우주론 혁명의 형성

우주와 우주 안 우리의 위치에 대한 현대적 관점은 오늘날 매우 당연한 것으로 받아들여지고 있다. 현대의 천문학자들에게 지구는 무한히 넓은 우주에 있는 흔하디 흔한 은하들 중 하나인 우리은하의 가장자리에 있는, 그다지 특별할 것 없는 별을 중심으로 회전하는 평범한 행성일 뿐이다. 몬티 파이튼(Monty Python: 영국의 코미디 집단—옮긴이)의 영화 〈삶의 의미(Meaning of Life)〉에도 다음과 같은 대사가 있다.

> 우리은하에는 천억 개의 별이 있어요. 그 지름은 10만 광년이죠.
> 불룩하게 솟아 있는 은하의 중심은 두께가 1만 6천 광년이지만,
> 우리가 있는 가장자리의 두께는 3천 광년밖에 안 된답니다.
> 우리는 은하의 중심에서 3만 광년 정도 떨어진 곳에 있거든요.

사실 우리은하는 한없이 많은 은하들 중 하나일 뿐이랍니다.

팽창하고 있는 이 어마어마한 우주에서 말이죠.

그런데 우주와 그 안에 사는 인간의 위치에 대한 이러한 관점은 상당히 최근에 등장했다. 1930년대까지 천문학자들 사이에서는 우리은하의 크기와 모양, 그 안에 있는 지구의 위치를 놓고 의견이 분분했으며 우리은하가 우주에서 유일한 구조물인지, 혹은 다른 은하가 존재하는지에 대해서도 견해를 일치시키지 못했다. 한 천문학자는 "우리은하가 우주에서 유일하지도, 중심에 있지도 않음을 깨닫는 것은 코페르니쿠스 체계를 우주론의 위대한 진보 중 하나로 받아들이는 것과 맞먹는 일"이라고 말하기도 했다(Berendzen · Hart · Seeley, 1976).

이러한 견지에서 볼 때 현대적 우주관의 등장은 16~17세기 '과학혁명(the Scientific Revolution)'의 결정적 사건들 중 하나에 견줄 만한 또 하나의 과학혁명(a scientific revolution)이라 할 만하다. 현대 우주론이 발달하면서 야기한 우주관의 변화와 전통적인 의미의 코페르니쿠스 혁명 사이에는 분명 유사한 면이 있다. 코페르니쿠스는 지구가 우주의 중심이 아니라고 주장함으로써 우주 안 인간의 위치에 대한 중세 말의 우주관에 도전했다. 현대의 우주론은 코페르니쿠스가 시작한 과업을 완수했으며, 심지어 우리가 거주하는 은하를 우주의 벽지로 추방함으로써 인간이 유일무이하고 특별한 존재라는 관념을 완전히 폐기해버렸다. 이러한 20세기 우주론 혁명은 토머스 쿤이 말한 과학혁명 개념의 전형적인 사례로 받아들여질 만하다. 앞으로 살펴보겠지만, 특히 우주론 혁명은 관측증거의 주관성에 대한 쿤의 논점을 예증한다. 쿤이, '실제로 외부에' 있는 것이 무엇인지에 관해 서로 다른 관점을 가진 관찰자들은 같은 그림을 보고도 어떤 사람은 오리로, 또 어떤 사람은 토끼로 볼 수 있다고 말한 것처럼, 우주의 크기와 모양에 대한 논쟁에 개입한 천문학자들은 우주가 실제로 어떤 것인가를 두고 각자의 다양한 관점에 따라 데이터를 서로 다르게 해석했던 것이다(Kuhn, 1962). 또한 우주론의 발전은 교육, 소속 단체, 인간관계와 같은 주제를 과학적 논쟁의 종결과 관련지어 중요하게 다루는 최근의 사회학적 논점의 좋은 실례가 된다(Barnes, 1974; Collins, 1985).

앞에서 보았듯이, 고대 그리스 사람들은 우주가 항성천구로 둘러싸인 유한한 공간이며 그 중심에 지구가 있다고 생각했다. 이러한 그림은 중세 말과 르네상스 시기에 코페르니쿠스의 태양 중심 우주체계가 출현하면서 점차 많은 공격을 받았다. 뉴턴이 생각하기에 공간, 더 나아가 우주는 무한했다. 18~19세기 동안에는 우주의 구조에 관해 이와 상반되는 관점이 영역을 넓혀갔다. 임마누엘 칸트를 비롯한 몇몇 사람들은 성운이 지구가 속한 은하와 유사한 또 다른 은하라고 주장했다. 다른 이들은 성운이 태양계와 비슷한 다른 항성계들을 만들어내는 기체 덩어리라고 주장했다. 19세기 후반에는 사진술, 분광학과 같은 새로운 도구들이 먼 우주를 면밀히 관측하고 천체들의 구성물질들을 판별하는 데 사용되었다. 20세기 초반에는 성운의 성질과 거리에 관한 여러 관점을 토대로 우주의 모양과 크기에 대한 서로 다른 주장들이 제기되었다. 1910~20년대에 아인슈타인이 정리한 일반상대성이론은 우주의 크기에 관한 논쟁에서 중요한 분기점이 되었다. 아인슈타인은 자신의 상대론적 장 방정식을 통해 공간과 시간의 기하학적 구조를 이해할 수 있을 것이라고 보았다. 이를 통해 아인슈타인이 규명한 우주는 정적인 우주였다. 그러나 다른 사람들은 우주가 팽창하고 있다는 증거를 대면서 의견을 달리했다.

20세기 중반에는 팽창하는 우주를 놓고 두 모형이 대립했다. 첫 번째 모형에 따르면 우주가 팽창하는 속도를 관측하여 우주가 태어난 시간을 거꾸로 추정할 수 있었다. '대폭발(Big Bang)' 우주론으로 알려진 것이 바로 이 모형이다. 대폭발우주론을 옹호하는 사람들은 지금 우주에 퍼져 있는 모든 물질은 원래 하나의 점에 집중해 있었다고 주장했다. 그 점이 폭발한 뒤 계속해서 팽창한 결과 현재의 우주가 생겨났다는 것이다. 영국의 천문학자 프레드 호일을 비롯해 대폭발우주론을 반대하는 사람들은 우주에 불연속적인 시작점이 존재하지 않는다고 주장했다. 이들은 우주가 언제나 존재했고 언제까지나 존재할 것이라고 보았다. 이들에 따르면 우주의 도처에서 새로운 물질들이 끊임없이 생성되고 있으며 이것이 우주를 지속적으로 팽창하게 하는 연료이다. 이것이 '정상' 우주론의 모형이다. 하지만 20세기 말에는 대폭발우주론이 점차 지배적인 위치를 차지했다. 그리고 현대의 우주론에서 설명하는 우주는 점점 블랙홀, 펄사, 웜홀과 같은 별난 존재들이 거주하는 곳으로 묘사되었다. 20세기 말엽까지 발전해온 새로운 기술들에 힘입어, 천문학자들은 이제 말 그대로 우주의 시작점을 되돌아볼 수 있게 되었다고 주장하고 있다.

우주의 모양

과연 우주를 모양이나 크기를 지닌 대상이라고 의미 있게 말할 수 있을까? 고대 그리스의 우주관에 따르면 그렇다고 할 수 있다. 고대인들이 생각하던 우주는 공 모양이며 중심에는 지구가 있고, 우주의 최외곽 경계에는 항성들이 붙박혀 있는 천구가 있었다. 아리스토텔레스의 우주모형이라고도 불리는 이 기본적인 관점이 중세 유럽에 수용되고 적응됨에 따라서, 항성천구 밖의 공간은 천국이라고 여겨졌다. 과학혁명기 말, 코페르니쿠스의 태양 중심 우주와 천상계의 메커니즘에 대한 케플러와 뉴턴의 관점이 점차 받아들여지면서, 물리적 실재로 여겨지던 수정체 천구들의 존재는 완전히 폐기되었다. 18세기 중반 무렵의 천문학자들은 아이작 뉴턴의 중력이론이 천체의 운동을 가장 잘 설명한다는 데 대부분 동의했다. 뉴턴의 우주는 무한하고 절대적이며 불변하는 것이었다. 그것은 창조의 순간에 탄생했으며 어떤 종류의 경계도 없이 무한하게 뻗어 있었다. 다른 행성들과 함께 태양 둘레를 선회하는 지구가 있는 태양계의 경계 너머에는, 거의 균일하게 분포해 있는 무한수의 별들밖에 없었다. 이러한 관점에서 우주의 모양과 크기에 대해 질문하는 것은 아무런 의미가 없었다.

그러나 영국의 토머스 라이트는 1750년에 출간한 『우주에 대한 독창적 이론 혹은 새로운 가설(An Original Theory or New Hypothesis of the Universe)』에서 우주에는 특정한 구조가 있다고 제안했다. 라이트의 모형에서 우주는 두 개의 동심천구로 이루어져 있었으며 그 천구들 사이에 별들이 끼어 있는 모양이었다. 우주의 중심에는 신의 성좌(throne of God)가 있었다. 그에 따르면, 밤하늘에 밝게 빛나는 별들의 띠, 즉 은하수는 우리가 천구의 접선 방향으로 우주를 바라볼 때 (더 많은 별들을 볼 수 있기 때문에) 나타나는 현상이었다. 『순수이성비판(Critique of Pure Reason)』의 저자로 더 유명한 독일 철학자 임마누엘 칸트는 1755년에 출간한 『우주의 자연사와 천상계의 이론(Universal Natural History and Theory of the Heavens)』에서 은하수는 단지 우주의 도처에 흩어져 있는 '섬우주들(island universes)' 중 하나일 뿐이라고 주장했다. 라이트의 이론에 대한 다소 모호한 설명을 접한 칸트는, 라이트가 은하수를 원반 모양의 별 무리를 옆에서 바라본 모습으로 제안했다고 이해하면서 그 견해를 받아들였다. 천왕성을 발견하여 유명해진 독일 태생의 영국 천문학자 윌리엄 허셜은 고성능의 새 망원경으로 밤하늘을 탐색하다가 별처럼 밝게 빛나는 구름, 즉 성운을 다수 발견하고는 이 성운들을 섬우주라 지칭했다. 허셜 자신도 처음에는 성운이 은하 외부에 있는 항성체계라는 견해에 동의했으나 이후의 관측결과들로 인해 이러한 주장에 의심을 품게 되었다(Hoskin, 1964).

윌리엄 허셜의 방대한 성운 관측결과는 19세기 초반 몇몇 천문학 그룹에서 유행한 태양계의 기원에 관한 이론에 중요한 증거를 제공했다. 프랑스 물리학자 피에르-시몽 라플라스가 제창한 이른바 성운설은 성운, 즉 기체상태의 물질로 이루어진 육중한 구름에서 별과 행성들이 태어난다는 이론이었다. 이에 따르면 소용돌이치는 가스구름들이 시간에 따라 점차 한데 모여 질량 중심 주변을 회전하는 덩어리들을 형성하며, 이 덩어리들이 결국 별 주위를 회전하는 행성들로 진화한 것이었다. 존 프링글 니콜, 로버트 체임버스와 같은 급진주의자들의 지지를 받으며, 이 성운설은 특히 영국에서 유행했다. 체임버스는 1844년에 출간돼 숱한 논란을 일으킨 저서 『창조 자연사의 흔적들』에서 성운설을 이용해 우주가 끊임없이 진화하고 진보하는 중이며 인간과 인간 사회도 마찬가지라고 주장했다. 성운설은 성운이 별들의 무리가 아니라 별을 만들어내는 가스구름이라는 주장에 기반을 두고 있었다. 1840년대에 영국의 천문학자 로스 경은 성운설을 반박하기 위해 가족 별장인 아일랜드의 비르(Birr)성에 설치한 거대한 72인치 반사망원경을 사용하여 오리온 대성운을 낱낱의 별들로 분해해 보였다(그림 12.1). 그러나 로스의 노력에도 불구하고 모든 성운이 별의 무리로 분해될 수 있는지, 혹시 그중 몇몇이 가스구름으로 이루어진 '진정한' 성운은 아닌지 하는 문제는 계속해서 의문으로 남았다(Jaki, 1978).

19세기 후반에 발달한 사진술과 분광학도 성운과 여러 천체들의 조성에 관해 진행되고 있던 논쟁에 새로운 무기를 제공했다. 몇몇 천문학자들은 사진기술을 통해 불완전한 인간의 눈이 잘못 보거나 놓치기 쉬운 밤하늘의 천체들의 특징을 포착할 수 있을 것이라고 기대했다. 빛에 반응하는 화학물질들은 맨눈의 시력보다 훨씬 민감했으므로 실재하는 것에 대한 영구적이고 객관적인 기록을 제공할 수 있었다. 그것들은 인간이 감지하지 못하

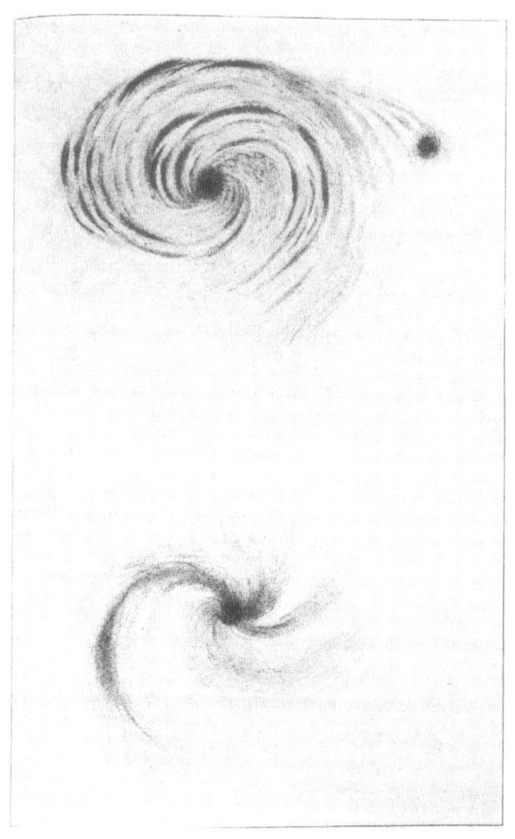

그림 12.1 로스 경이 비르 성의 망원경 '리바이어던'을 통해 보고 그린 나선성운.

는 방법으로 별의 무리와 가스구름을 구분할 수 있을 듯했다. 같은 시기에 천문학자들의 무기고에 추가된 분광학은 서로 다른 물질들이 서로 다른 색을 띠며 연소한다는, 혹은 전극으로 사용될 때 서로 다른 색의 전기섬광을 방출한다는 관찰에 그 뿌리를 두고 있었다. 이러한 빛을 프리즘을 통해 분해하면 각각의 원소에 따라 고유한 스펙트럼이 나타났다. 독일의 기계 제작자 요제프 폰 프라운호퍼 또한 태양이 방출한 빛을 프리즘으로 분해하면 독특한 스펙트럼선이 나타난다는 사실을 확인했다(Jackson, 2000). 천문학자들은 분광기를 천체 쪽으로 놓고 그 빛이 나타내는 스펙트럼을 지구상에 존재하는 원소들의 스펙트럼과 비교함으로써 별과 성운을 구성하는 원소들을 규명할 수 있었다. 스펙트럼선이 적색 파장 쪽으로 이동하는 현상인 적색편이는 광원이 지구로부터 멀어지고 있음을 의미했는데, 후에 보게 되듯이, 천문학자들은 적색편이 정도를 측정함으로써 멀리 있는 별과 다른 천체들이 하늘에서 움직이는 속도를 추정할 수 있었다. 20세기에 들어서면서 사진술과 분광학은 밤하늘의 서로 다른 종류의 천체들을 구별하는 데 필수적인 관측천문학의 기본적인 도구가 되었다.

20세기 초의 몇십 년 동안에는 성운의 성질을 두고 두 개의 이론이 경쟁했는데, 두 이론은 모두 우주의 크기와 모양을 바라보는 천문학자들의 관점에 대해 중요한 함의를 담고 있었다. 한 이론에 따르면 적어도 나선성운을 비롯한 몇몇 성운들은 우리은하와 비슷한 은하들이었다. 다른 이론에 따르면 성운은 우리은하 안에 있으며 빽빽이 밀집해 있는 별들의 무리이거나 가스구름이었다. 이처럼 상반된 두 견해 가운데 무엇이 옳은지 판단하는 데에는, 우리은하의 크기와 모양, 우리은하 안 태양계의 위치, 태양계와 여러 성운들 사이의 거리에 관한 천문학자들의 여러 다른 견해들이 중요한 역할을 했다. 사태는 윌슨 산 천문대의 할로 섀플리와 릭 천문대의 히버 커티스의 이른바 '중대한 논쟁'이 벌어진 1920년 워싱턴 D.C.에서 정점에 달했다. 섀플리는 우리은하의 크기가 30만 광년으로 매우 거대하며 지구는 은하의 중심으로부터 6만 5천 광년가량 떨어져 있다고 주장했다. 그에 따르면 구상성단과 나선성운은 우리은하에 속해 있으며 독립된 항성계를 구성하지 않았다. 반면 커티스는 우리은하가 약 3만 광년의 지름을 가진 상당히 작은 은하이며 나선성운은 우리은하로부터 멀리 떨어져 있는 은하로 이해해야 한다고 주장했다. 그러나 이 '중대한 논쟁'은 문제를 해결하는 데 거의 기여하지 못했다. 우주의 크기와 구조에 관한 논쟁은 1920년대를 지나 그 이후로도 계속되었다(Smith, 1982).

양측 모두는 각자의 입장을 뒷받침해주는 충분한 관측증거를 가지고 있었는데, 대부분의 증거는 여러 천체들이 지구로부터 떨어져 있는 거리에 대한 다양한 추정치에 의존했다. 물론 이러한 거리를 직접 잴 수 있는 방법은 없었다. 따라서 천문학자들은 일반적으로 갖가지 종류의 별의 겉보기등급(밝기)과 스펙트럼 모양과 같은 특성들을 기초로 추정한 근사값들을 사용했다. 그런데 1920년대 초, 중요한 증거 하나가 성운(최소한 일부 성운)을 독립적인 은하로 보는 이론에 반대하는 사람들의 손에 들어가는 듯했다. 네덜란드의 천문학자 아드리안 반 마넨이 나선성운의 구성요소들 중 일부에서 '고유운동(proper motion: 천구면상에서 나타나는 별의 운동—옮긴이)'이 나타난다고 주장했던 것이다. 윌슨 산 천문대(그림 12.2)에서 연구하고 있던 반 마넨은 상당히 인정받는 관측천문학자였다. 그는 오랜 기간에 걸쳐 찍은 성운사진들을 주의 깊게 비교한 결과 나선성운의 나선팔에서 고유운동이 감지된다는 결론에 이르렀다. 외부은하이론의 반대자들은 만약 외부은하이론에서 제시한 정도로 멀리 떨어져 있는 나선성운에서 이 정도 크기의 고유운동이 측정될 정도라면 그 나선팔의 운동속도는 빛의 속도보다 훨씬 더 빨라야 한다고 주장했다. 이는 확실히 불가능한 가정이었고, 따라서 나선성운은 사실상 그것이 우리은하 내부에 있다고 주장하는 이들이 예측한 것처럼 상당히 가까이 위치해야 했던 것이다.

반 마넨이 명백히 보인 결정적 증거에도 불구하고 외부은하이론의 지지자들은 대체로 자신의 주장을 굽히지 않았다. 1923년에 젊은 미국인 천문학자 에드윈 허블의 새로운 관측결과는 그들의 편에 결정적인 증거를 제공하는 듯했다. 반 마넨처럼 윌슨 산 천문대 연구원으로 일하며 당시 세계

그림 12.2 20세기 초의 윌슨 산 천문대 모습. 이곳에서 많은 천문학적 관측결과가 우주의 크기를 결정하는 데 사용되었다.

최고 성능의 망원경을 사용하던 허블은 안드로메다 성운에서 세페이드 변광성을 발견했다. 세페이드 변광성의 선행 연구자인 헨리에타 스완 리비트는 이미 1908년에 세페이드 변광성의 주기(가장 밝은 광도를 보이는 시간 간격)와 그 광도가 비례한다는 사실을 밝혀낸 바 있었다. 그것은 세페이드 변광성의 주기를 측정하면 그 광도를 계산할 수 있다는 의미였다. 절대광도가 같은 서로 다른 천체들 중에서 멀리 떨어져 있는 것이 상대적으로 더 어두워 보이므로, 변광성의 절대광도를 겉보기광도와 비교하면 그것이 떨어져 있는 거리를 추정할 수 있었다. 따라서 허블은 안드로메다 성운에서 발견한 세페이드 변광성을 사용하여 그것이 떨어져 있는 거리를 추정할 수

그림 12.3 멀리 있는 성운을 찍은 20세기 초의 사진.

있었다. 그의 계산결과에 따르면 그것은 약 30만 파섹(1파섹은 3.26광년) 가량 떨어져 있었는데, 이 수치는 반 마넨이나 섀플리가 주장한 것보다 훨씬 먼 거리였다. 이와 같은 거리에 있는 안드로메다 성운을 우리은하의 일부라고는 감히 상상하기 어려웠다(그림 12.3).

천문학자들은 확실히 믿을 만하면서도 서로 모순되는 두 관측결과를 떠

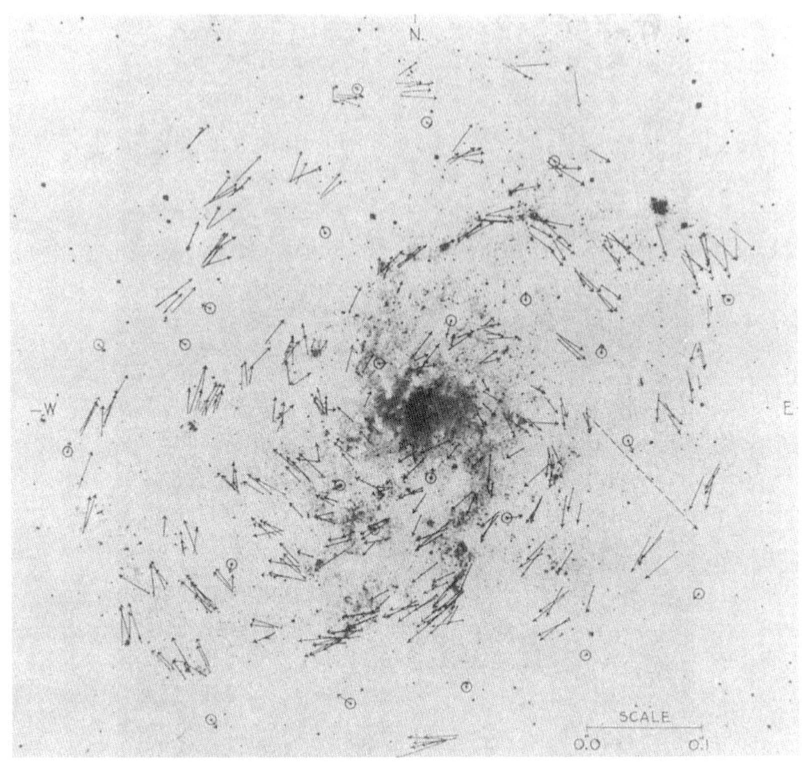

그림 12.4 나선성운 내부의 움직임에 대한 반 마넨의 관측기록.

안게 되었다. 만약 반 마넨이 맞다면, 나선성운 내부의 고유운동에 대한 그의 측정에 따라 성운은 상대적으로 가까이 위치한다(그림 12.4). 하지만 허블이 맞다면, 안드로메다 성운과 같은 나선성운은 우리은하의 예상 경계보다 훨씬 바깥에 위치하게 된다. 1920년대 말엽, 대부분의 천문학자들은 섬우주 가설로 일컬어진 외부은하이론이 이 논쟁에서 승리했다는 데 동의했다. 그들은 허블의 세페이드 변광성이 고유운동에 대한 반 마넨의 사진증거보다 더 설득력 있다고 생각했다. 결국, 이는 어떤 종류의 관측결과가, 그리고 어떤 천문학자가 더 믿을 만한지를 결정하는 문제였던 것이다.

섬우주모형은 전통적인 세계관에 또 하나의 변화를 가져왔다. 천문학자들은 먼 은하에서 오는 빛을 연구하던 중에, 앞서 설명한 스펙트럼선들이 적색 파장 쪽으로 이동하는 현상을 발견했다. 이 현상은 파원의 속도가 파동의 진동수에 영향을 미친다는 도플러효과에 의해 가장 명료하게 설명될 수 있었다. 음파를 예로 들면, 기차가 소리를 내며 지나갈 때 기차선로 옆에 서 있는 사람한테는 그 소리의 음조가 달라지는데, 이 현상이 바로 도플러효과에 의한 것이다. 이러한 설명을 통해 보면, 은하에서 나타나는 적색편이는 은하가 우리로부터 멀어지고 있다는 의미였다. 1929년, 허블은 여기서 한 걸음 더 나아가 은하가 지구로부터 떨어져 있는 거리와 후퇴하는 속도 사이의 관계를 결정하는 법칙을 만들었다. 그에 따르면 우리가 살고 있는 우주는 팽창할 뿐만 아니라 은하가 떨어져 있는 거리가 멀수록 훨씬 빠르게 멀어졌다.

1930년대에는 천문학자들이 우주의 크기와 모양에 대해 대부분의 의견을 일치시켰으며, 우주를 정적인 체계가 아닌 동적인 체계로 보기 시작했다. 우리은하는 막대한 수의 비슷한 은하들 중 하나일 뿐이며 그 안에 있는 지구와 태양계는 우리은하 나선팔 하나의 가장자리에 위치한 것으로 인식됐던 것이다. 인류가 살고 있는 은하는 더 이상 우주의 중심이 아니었다. 그러한 관점에서 보자면 이러한 인식의 전환은 코페르니쿠스 혁명만큼이나 혁명적인 것이기도 했다. 코페르니쿠스 혁명 때처럼 이 논쟁에 관여한 사람들도 문제를 종말론적인 관점에서 보았는지는 또 다른 문제지만 말이다.

아인슈타인의 우주

우주의 모양을 통찰하는 데 중요한 역할을 했던 것은 새로운 관측기술과 기법들만이 아니었다. 20세기에 들어서면서 발달한 새로운 물리학 이론 역시 천문학자들이 우주를 이해하는 방식에 큰 영향을 미쳤다. 이미 살펴본 것처럼, 많은 물리학사가들이 20세기 초반에 물리학에서 일어난 변화를 혁명적인 것으로 묘사했다. 뉴턴으로 대표되는 전통적인 세계관은 내몰리고 새로운 상대론적 물리학이 그 자리를 차지했다(11장 "20세기 물리학" 참조). 관찰자의 위치와 속도에 관계없이 공간과 시간을 절대적인 것이라고 여기던 관점이 폐기되고, 공간과 시간이 관찰자의 위치와 속도에 대해 상대적이라는 관점이 그 자리를 대신 차지했다. 이러한 전환에서 가장 중요한 역할을 한 인물은 독일의 물리학자 알베르트 아인슈타인이었다. 1905년에 출판된 아인슈타인의 특수상대성이론과 그로부터 10년 후에 출간된 (가속계를 다룬) 일반상대성이론은 새로운 이론물리학 분야에 심대한 영향을 주었다. 천문학자들은 우주의 구조를 이해하는 데 아인슈타인과 그의 추종자들의 관점이 어떤 의미를 던져주는지를 재빨리 인지했다(Pais, 1982). 일반상대성이론을 지지하는 두 개의 결정적 증거, 즉 수성 근일점의 변칙적 이동과 천문학자 아서 에딩턴이 발견한, 일식 동안 빛이 휘어지는 현상은 그 자체로 천문학적인 성격의 현상이었다.

아인슈타인 역시 자신의 이론이 우주를 이해하려고 노력하던 천문학자들에게 중요한 함의를 던져준다는 점을 재빨리 간파했다. 일반상대성이론을 발표한 이후 몇 년간 그는 우주의 구조를 정적 모형으로 설명해줄 자신의 상대론적 장 방정식의 해를 찾는 데 몰두했다. 아인슈타인의 장 방정식을 통해 묘사된 우주는 비유클리드 기하학적 우주였다. 다시 말해 그것은 두 점을 잇는 직선이 그 둘 사이의 가장 짧은 거리를 나타낸다는 고전 기하학의 법칙을 따르지 않았다. 아인슈타인의 공간은 휘어 있었다. 아인슈타인의 장 방정식의 해는 크기가 유한하고 경계가 없는 4차원 공간이었다. 이것이 의미하는 바는 그 해를 3차원의 구에 비유해 생각하면 보다 쉽게 이해할 수 있다. 구의 표면에 있는 어떤 존재자는 한 방향으로 계속해서 직진하면 원래 있던 자리로 다시 돌아오게 된다. 원칙적으로 구 표면의 모든 점들을 거쳐 오는 것도 가능하다. 따라서 이러한 표면의 크기는 반드시 유한하다. 동시에 이 존재자는 어느 지점에서도 경계를 만나지 않기 때문에 그 표면에는 경계도 없다. 아인슈타인에 따르면 이것이 우주가 4차원으로 존재하는 방식이다. 아인슈타인은 또한 우주는 구조가 변하지 않는 정적인 것이라고 굳게 확신했다. 따라서 그는 우주의 정적인 성질을 확실히 하고자 자신의 장 방정식에 우주상수라는 추가적인 요소를 삽입했다. 널리 알려져 있듯이, 아인슈타인은 훗날 이 우주상수가 자신이 물리학에서 저지른 최대의 실수라고 말했다.

모든 사람이 장 방정식에 대한 아인슈타인의 해에 만족했던 것은 아니다. 1917년에 네덜란드의 천문학자 빌럼 드 시터는 상대론적 장 방정식을 따르면서도 아인슈타인과는 다른 기하학적 우주모형을 제시했다. 드 시터는 흐로닝언 대학에서 공부를 마친 후 몇 년간 남아프리카공화국의 희망봉에 있는 왕립천문대에서 일했으며 1908년에 네덜란드로 돌아와 라이덴 대학의 천문학 교수가 되었다. 그의 주된 연구 주제는 천체역학이었는데 1911년부터 상대성이론의 천문학적인 함의에 대해 관심을 키워 나갔다. 아인슈타인의 우주와 달리, 드 시터가 제시한 우주모형은 무한했다. 3차원에서 볼 때 그의 모형은 각 방향으로 무한히 뻗어 있는 말안장 모양이었다. 아인슈타인처럼 드 시터 역시 우주모형은 반드시 정적이어야 한다고 확신했다. 정적인 성질을 지닌 우주모형을 고수하기 위해서는 우주가 어떤 물질도 포함하지 않는다고 가정해야만 했다. 분명히 실제 우주는 이런 가정을 따르지 않았지만, 드 시터는 자신의 모형에 합당한 근사치를 제공할 정도로 우주에 포함된 물질의 전체 밀도가 충분히 낮다고 주장했다. 아인슈타인은 드 시터가 제시한 해의 이러한 특성에 매우 당황했다. 그가 보기에, 질량이 없는 우주가 가능하다는 것은 공간 그 자체가 절대적 성질을 가진다는 의미였는데, 이는 상대성이론에 대한 아인슈타인 자신의 해석과 잘 맞지 않았다.

드 시터의 우주모형이 지닌 한 가지 특성은 영국의 천문학자 아서 에딩턴을 포함한 몇몇 천문학자들의 관심을 끌었다. 만약 이 수학적 모형에 서로 멀리 떨어져 있는 원자들을 집어넣으면, 이 원자들로부터 방출되는 빛은 시간지연 효과로 인해 관찰자에게 원래보다 낮은 진동수로 나타나야 했다. 이를 실제 우주에 적용해 다시 말하자면, 멀리 있는 광원에서 나오는 빛의 스펙트럼이 적색 파장 쪽으로 이동한 것처럼 보인다는 것이다. 마찬가지로, 드 시터가 아인슈타인처럼 방정식에 우주상수를 삽입한 결과, 드 시터의 수학적인 우주 가설에 주입된 질점들은 자발적으로 서로 멀어지는 방향으로 가속되어야 했다. 에딩턴은 1923년에 출간한 『수학적 상대성이론(Mathematical Theory of Relativity)』에서 드 시터 모형의 이러한 특성들이 여러 나선성운들에서 나타나는 큰 시선속도(radial velocity: 지구에서 멀어지는 상대속도—옮긴이) 문제를 해결하는 데 유용할 것이라고 말했다. 첫째, 드 시터의 모형은 이런 겉보기운동을 물질이 서로 멀어지는 일반적 경향의 결과로 설명할 수 있었다. 둘째, 일반적으로 시선속도의 추정값은 그 속도로 인해 스펙트럼에 나타나는 적색편이의 정도를 측정하여 얻어졌다. 만약 드 시터가 옳다면, 적어도 관측된 적색편이 현상들 중 일부는 천체의 움직임이 아니라 거리와 시간지연의 결과로 나타난 것이고, 그러므로 결국 실제로 나선성운은 그처럼 빠른 속도로 멀어지고 있는 것이 아니었다

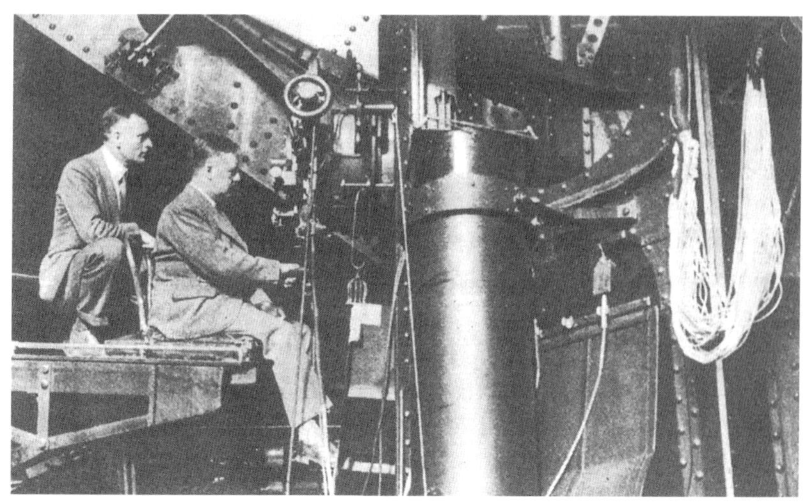

그림 12.5 천문 관측을 하고 있는 에드윈 허블과 제임스 진스, 《Fortune》 (1932. 7).

(Smith, 1982).

에딩턴은 드 시터 모형에 대해 또 다른 언급을 했다. "어떤 물질이 드 시터 모형에 주입되는 즉시 우주가 정적이지 않게 된다는 주장은 종종 드 시터의 우주론을 공격한다. 그러나 이러한 성질은 드 시터 이론에 유리한 것이지 불리한 것이 아니다." 에딩턴은 우주가 정적이지 않으며 팽창하고 있다고 보는 태도를 취하기 시작했다. 1929년, 미국 천문학자 에드윈 허블(그림 12.5)은 미국과학아카데미(NAS)에서 오늘날 허블의 법칙이라 알려진 하나의 논문을 발표했다. 즉, 관측결과에 따르면 시선속도와 나선성운의 거리 사이에 분명한 선형관계가 있다는 것이었다. 허블은 적어도 부분적으로는 드 시터의 우주모형을 시험해보려는 시도로 새로운 법칙을 찾는 연구를 벌여왔노라고 밝힌 바 있다. 대부분의 천문학자들은 허블의 법칙이 정적인 우주보다는 팽창하는 우주를 지지하는 강력한 증거라고 해석했다(Crowe, 1994). 아인슈타인은 1930년에 자신의 우주상수와 함께 정적인 우주를 포기하겠다고 발표하기 직전에, 윌슨 산 천문대에 있는 허블을 방문할 만큼 이 문제에 관심을 기울였다. 한 비화에 따르면, 아인슈타인이 아내와 함께 천문대를 방문하여 망원경들을 살펴보고 있을 때 한 연구원이 아인슈타인의 아내인 엘자 아인슈타인에게 망원경은 주로 우주의 구조를 밝히기 위해 사용된다고 설명했다. 엘자 아인슈타인은 "음, 내 남편은 그런 일을 낡은 봉투 뒷면에다 하지요"라고 대답했다고 한다(Berendzen et al, 1976). 이 이야기가 사실인지는 알 수 없지만, 그럼에도 불구하고 이 이야기는 이론가와 관측천문학자 사이의 지적 · 전문적 차이가 점차 커지고 있었으며 그들이 같은 문제에 접근하면서도 다른 기법을 채택했음을 단적으로 보여준다.

대폭발우주론 대 정상우주론

1930년대에는 천문학자와 물리학자들이 우주가 팽창중인 것처럼 보인다는 견해에 점차 동의했다. 이러한 우주는 우주상수를 뺀 아인슈타인의 상대론적 장 방정식이 보여주는 바와 일치했다. 또한 이는 많은 사람들이 나선성운의 속도와 거리 사이의 관계에 대한 허블의 관측결과에서 도출해낸 결론이기도 했다. 몇몇 이론가들이 우주가 팽창한다면 어떤 불연속적인 시작점이 있어야 한다고 제안하기 시작했다. 그들은 현재 우주의 팽창속도로 시간을 거꾸로 되돌리면 우주의 모든 물질들이 한 점에 집중되어 있었던 시점에 도달할 수 있을 것이라고 주장했다(Kragh, 1996). 이 점의 폭발이 바로 우주의 기원이라는 것이었다. 1920년대 초반, 러시아의 물리학자 알렉산더 프리드만은 한 점에서 시작해 팽창하는 우주를 수학적으로 모형화했다. 그러나 그를 포함한 어느 누구도 이 모형이 수학적 흥미 이상의 무엇이라고 생각하지는 않았다. 메사추세츠 공대에서 박사과정을 밟기 전에 케임브리지에서 영국 천문학자 아서 에딩턴의 제자로 있었던 벨기에의 천문학자 조르주 르메트르는 1927년에 팽창하는 우주에 대한 물리적 모형을 고안해냈다. 그러나 1930년대까지 르메트르의 모형은 진지하게 받아들여지지 않았다. 르메트르는 우주가 육중한 단일 원자로부터 시작됐다고 보았다. 매우 불안정한 이 단일 원자가 '일종의 초방사성 과정에 의해' 붕괴하여 팽창하는 우주를 생성했다는 것이다(Kragh, 1996).

1940년대에는 또 다른 러시아 출신의 핵물리학자 조지 가모프가 대폭발 우주론과 우주의 기원에 관해 독자적인 연구를 진행하고 있었다. 우주론에 대한 가모프의 관심은 그의 양자역학, 핵물리학 연구 경험에서 자극받은 것이었다. 가모프는 이미 1928년 방사성 물질에서 알파입자가 방출되는 과정을 설명한 양자 터널링 이론으로 명성을 얻은 바 있었다. 가모프는 곧 프리츠 호우터만스, 로버트 앳킨슨과 같은 동료들과 함께 그의 양자 터널링 이론이 별의 내부에서 일어나는 핵분열과정을 이해하는 데에도 도움이 된다는 결론을 내렸다. 1930년대 초반, 특히 원자를 구성하는 새로운 입자들(subatomic particle)이 발견된 이후, 별은 점차 핵물리학의 새로운 이론들을 시험하는 장이 되었다. 1940년대에 가모프는 무거운 원소들의 기원을 설명하는 이론을 주로 연구하고 있었는데, 그 원소들이 별의 내부에서 생성될 수 없음이 점차 밝혀지자 하나의 대안적 시나리오로 대폭발우주론을 연구하기 시작했다. 그는 우주가 처음에는 상대적으로 차갑고 밀도 높은 중성자 수프로 이루어져 있다가 그것이 팽창하여 더 복잡한 형태를 형성하고, 결국 베타 방사능 붕괴를 통해 지금의 화학원소들을 생성했다고 말했다. 1948년에 랠프 알퍼, 한스 베테, 가모프는 소위 알파-베타-감마($\alpha\beta\gamma$) 논문으로 알려진, 수정된 대폭발이론에 대한 논문을 학술지 《물리학 리뷰(Physical Review)》에 기고했다. 베테는 사실상 그 논문에 별 공헌을 하지 않았지만, 알파-베타-감마라는 별명을 쓰기 위해 공저자 목록에 포함되었다. 수정된 이론에서 우주는 고도로 압착된 뜨거운 중성자 가스에서 시작해 양성자와 전자로 붕괴하는 과정을 거쳐 결국 현재와 같은 모습이 되었다.

대폭발이론의 초창기 주창자들의 입장에서 볼 때, 대폭발이론에 담긴 신학적 의미는 그 이론을 지지하게 만드는 한 가지 좋은 이유였다. 가모프를 비롯한 몇몇 사람들은 신학적 논의를 분명하게 피하고 싶어했던 반면, 보통은 그것을 기꺼이 환영했다. 맨체스터 대학의 수학 교수이자 아인슈타인의 상대성이론을 격렬히 반대했던 에드워드 아서 밀른은 1947년에 우주가 한 점으로부터 창조되었다는 것 이외의 다른 모든 설명은 논리적 모순을 안고 있다고 주장했다. 수학자이자 물리학사가였던 에드먼드 휘태커도 비슷한 주장을 했는데, 그는 우주가 어떤 뚜렷한 시점에서 시작되었다는 사실은 우주의 제1원인으로서 신이 존재함을 보여주는 증거라고 말했다. 물리적인 대폭발이론을 구축한 초기 천문학자들 중 한 명인 조르주 르메트르 자신이 가톨릭 신부였다는 사실도 주목할 만하다. 1951년에는 교황 비오 12세가 교황청 과학원의 연설에서 대폭발우주론이 가톨릭교회의 입장을 과학적으로 지지한다고 공개적으로 호소했다. 교황에 따르면 기독교인들에게 최근의 우주론들은 전혀 새로울 게 없었다. 그것은 "태초에 하느님이 천지를 창조했다"는 창세기의 첫 구절을 단순히 되풀이한 것에 불과했다(Kragh, 1996).

당시 강력한 대안 이론으로 부상하던 정상우주론의 지지자들은 우주론과 종교의 명시적인 연합이라는 이유만으로도 대폭발이론에 불쾌감을 느꼈다. 정상우주론은 가모프의 대폭발이론이 그 형태를 갖추던 시기인 1940년대 후반에 케임브리지 대학 출신의 세 천문학자 헤르만 본디, 토머스 골드, 프레드 호일에 의해 처음 제창되었다. 특히 호일은 종교적인 관점이 과학적인 논의에 끼어들어서는 안 된다고 생각하던 철저한 무신론자였으며, 대폭발이론은 종교적인 맥락에서만 의미를 지닌다고 주장했다. 본디, 골드, 호일의 새로운 이론에 따르면 우주는 언제나 존재했었고, 또 언제까지나 존재할 것이었다. 그들에 따르면 우주가 팽창할 때마다 새로운 물질들이 끊임없이 생겨나 팽창의 연료를 공급했다. 1948년에《왕립천문학회 월회지(Monthly Notices of the Royal Astronomical Society)》에 발표된 호일의 논문과 본디와 골드의 이름으로 발표된 또 다른 논문에서 그들은 새 이론의 원리들을 제시했다. 그 논문들에서는 특히 호일이 '광대한 우주원리', 본디와 골드가 '완벽한 우주원리'라고 일컬은 원리가 소개됐는데, 그것은 시공간적으로 큰 규모에서 볼 때 우주는 균일하며 불변한다는 주장을 담고 있었다. 1949년에는 BBC가 호일의 정상우주론 해설을 담은 라디오 연속물을 방송했다. 방송된 내용을 담아 1950년에 출간된 책『우주의 본성(The Nature of the Universe)』은 대대적인 논쟁을 불러일으켰다. 많은 천문학자들이 이 책에서 우주론의 현황에 대한 호일의 묘사가 지나치게 정상우주론에 호의적이며 편파적이라고 생각했다.

논쟁을 불러일으킨 새로운 정상우주론은 1950년대 내내, 긴밀한 유대관계를 갖춘 케임브리지 서클 외부에서는 거의 지지를 받지 못했다. 이 시기에 대폭발우주론의 지지자들도 대폭발우주론의 우월성을 주장하는 데 쓸 수 있는 새로운 이론적인 논거를 거의 찾지 못했다. 많은 천문학자들이 이러한 방식의 거대우주 이론에 별로 관심을 가지지 않았고 이런 이론은 관측이나 천체목록 작성과 같은 일상적인 천문학 업무와 거의 무관하다는 태도를 취했다. 관측 분야에서도 두 이론 중 하나를 선택하게 할 만한 증거는 거의 발견되지 않는 듯했다. 그러나 1960년대 초, 우주배경복사가 새로이 관측되면서 대폭발이론가들은 결정적 우세를 점하는 듯 보였다.

1961년 케임브리지의 전파천문학자 마틴 라일은 은하계 외부에서 날아오는 전파의 발생원을 관측한 최근 결과를 발표하면서 그것들의 에너지 단위가 정상우주론보다는 대폭발우주론을 지지한다고 말했다. 라일을 포함한 대폭발이론 지지자들은 이제 정상우주론을 관에 넣고 그 관에다 마지막 못질을 할 수 있으리라고 생각했다. 정상우주론 옹호자들은 라일의 의견에 동의하지 않았는데, 그들은 라일의 결과를 더 정밀하게 분석한다면 그 결과는 정상우주론이 예측한 바와 크게 다르지 않을 것이라고 생각했다. 1960년대 초반에 이루어진 퀘이사의 발견 역시 정상우주론에 이의를 제기하는 것으로 보였다. 이 천체는 시간적 · 공간적으로 매우 먼 곳에만 존재하는 듯했고, 이것은 우주가 시간적 · 공간적으로 균질하다는 정상우주론의 가정과 모순되었다.

천문학과 우주론을 다루는 교과서적 역사에서는 종종 1960년대의 이러한 관측결과들이 정상우주론의 결정적인 반증이었으며 대폭발우주론을 성공적으로 입증했다고 설명한다. 물론 진실은 이보다 더 복잡하다. 정상우주론의 제창자와 지지자 대부분은 여전히 이런 관측증거들이 지엽적인 어려움일 뿐이며 이후의 관측과 이론의 정교화를 통해 문제가 해결될 거라고 믿었다. 예를 들어 호일은 퀘이사의 물리적 성질에 관한 대안적인 이론을 만들어 퀘이사를 먼 천체가 아닌 근거리의 천체로 이해하고자 했다. 그러나 1960년대 후반에 정상우주론은 점차 주변으로 밀려났고 정상우주론의 제창자들은 그들 분야의 주된 흐름과 어울릴 수 없는 듯 보였다. 하지만 여전히 논쟁은 완전히 사라지지 않았다. 호일과 그의 지지자들은 정상우주론의 편에서 논의를 이어왔으며 여전히 이어가고 있다. 두 우주론 논쟁의 에피소드는 과학 논쟁의 결말을 어느 한편의 승리로 확정해주는 결정적 사건을 규정하는 일이 역사와 철학 모두의 의미에서 얼마나 어려운지를 일깨워주는 사례이다. 동일한 것을 두고, 대폭발우주론자들은 파탄에 이른 정상우주론을 구제하기 위한 무모한 임시변통의 조처일 뿐이라고 간주한 반면, 정상우주론들은 높은 생산성을 지닌 강력한 이론틀을 개선하고 더 정교하게 다듬으려는 노력이라고 여겼던 것이다.

블랙홀과 현대의 우주

우주론이 대중의 관심을 끌기 시작한 것은 20세기 초였지만, 우주론자들은 20세기 후반에 이르러서야 우주론을 대중과학으로 전환하는 데 성공했다(『현대과학의 풍경2』 16장 "대중과학" 참조). 이러한 과정은 여러 의미에서 1988년에 출간된 이론물리학자 스티븐 호킹의 『시간의 역사(Brief History of Time)』에서 정점에 이르렀다. 20세기에 걸쳐 대부분의 천문학자들은 우주론, 특히 이론적 우주론이 대단히 이해하기 힘들고 신비스런 비전적 주제이며 주류 천문학의 관심에서 멀리 떨어져 있다고 보았다. 1960년대 초반의 한 저명한 천문학자는 "우주론에는 2와 2분의 1개의 사실이 있다"(Kragh, 1996)고 말했다. 그가 염두에 둔 두 개의 사실이란 밤하늘이 깜깜하다는 것과 은하들이 우리에게서 멀어지고 있다는 허블의 관측이었다. 나머지 절반의 사실은 우주가 진화하고 있다는 것이었다. 이 농담은 우주론자들이 가정하는 이론적 모형들이 견고한 천문학적 증거에 근거를 두고 있지 않으므로 이미 알려진 천문현상을 이해하는 데는 별로 유용하지 않다는, 그 당시 천문학자들의 인식을 여실히 보여준다. 1960년대 초부터 천문학자들은 밤하늘을 탐색하는 작업에 새로운 기술을 사용하기 시작했고, 그에 따라 규명해야 할 새로운 천문학적 현상들도 늘어나게 되었다. 제2차 세계대전 동안 발전한 감시 및 초기 경보체계에 토대를 둔 전파천문학과 같은 새로운 기술은 이론적 해석을 필요로 하는 방대한 양의 새로운 정보들을 생산했다(『현대과학의 풍경2』 20장 "과학과 전쟁" 참조). 1980년대에는 이제껏 알려진 적이 없던 갖가지 진기한 천체들과 기존 물리법칙이 적용되지 않는 공간들로 이루어진, 우주에 대한 새로운 시각이 대중의 상상력을 사로잡았다. 〈스타트렉(Star Trek)〉같이 인기를 끈 텔레비전 시리즈들은 이런 분위기를 거들었다.

1950년대 후반에서 1960년대 초반까지 다수의 천문학자들은 별과 비슷하지만 독특한 특성을 지닌 특이한 천체가 관측되었다고 보고했다. 이런 천체들 중 하나의 스펙트럼을 연구하던 네덜란드 천문학자 마르텐 슈미트는 1960년, 그 빛의 적색편이 정도가 매우 크다는 이유로, 이 천체가 무한히 먼 곳에 있다는 결론을 내렸다. 이는 또한 이 천체가 방출하는 에너지의 양이 어마어마하다는 의미이기도 했다. 이후의 관측결과들도 역시 같은 결론을 내놓았고, 이 천체는 '준성전파원(quasi stellar sources)', 줄여서 '퀘이사(quasars)'라고 불렸다. 모든 퀘이사가 무한히 멀리 떨어져 있다는 사실은 이론적으로 정상우주론이 더 이상 생존할 수 없음을 의미했다. 우주론자들은 또한 퀘이사에서 방출되는 막대한 에너지의 원천이 무엇인지 연구하기 시작했다. 1960년대 말엽, 고에너지를 가진 또 다른 불가사의한 천체들이 우주의 구성원으로 편입되었다. 케임브리지 전파천문대에서 일하던 케임브리지 대학원생 조슬린 벨은 1967년에 미지의 광원에서 나오는 규칙적이면서도 간혹 중단되는 일련의 신호를 포착했다. 그녀는 그 신호가 횡단보도의 황색 표지등처럼 반짝였다고 설명했다. 신호에 오염을 주었을 만한 지상의 모든 원인들을 배제하고 외계인으로부터 신호가 왔을 가능성과 같은 요소들을 배제한 뒤에, 벨과 그의 지도교수였던 앤서니 휴이시는 그것이 신호를 방출하는 미지의 천체라고 결론지었고 그 천체에 펄사(pulsar)라는 이름을 붙였다. 벨의 발견으로 휴이시와 당시 케임브리지 전파천문대 소장 마틴 라일은 1974년에 노벨상을 받았다.

1968년, 정상우주론자 토머스 골드는 펄사가 빠르게 회전하는 중성자별일 수도 있다고 주장했다. 이미 이론적 우주론자들은 중성자별과 같은 천체의 존재를 예측한 바 있었다. 이들에 따르면, 일정한 크기의 별에서 밖으로 내뿜는 에너지 복사가 서서히 감소하면 어느 시기에 그 별은 중력의 영향으로 붕괴하는데, 이런 붕괴의 결과로 생겨난 별이 바로 중성자별이라는 것이다. 이를 계기로, 우주론자들이 가정했던 몇몇 생경한 천체들을 실제의 천문학적 우주에서 관측할 수도 있으리라는 생각이 등장하기 시작했다. 1916년에 독일 수학자 카를 슈바르츠실트는 아인슈타인의 상대론적 장 방정식의 해에서 시공간의 곡률이 무한해지는 지점들이 존재함을 보인 바 있었다. 이러한 지점에서는 중력의 크기 역시 무한해지며 어떤 빛도 빠져나올 수 없게 된다. 슈바르츠실트의 이론은 1960년대에 미국 물리학자 존 휠러가 그것이 실제의 우주환경에서도 존재할 수 있는지를 연구하기 전까지는 수학적 흥미거리로만 여겨졌다. 1968년에 휠러는 육중한 별이 자신의 중력 때문에 붕괴하여 슈바르츠실트가 기술한 바와 같은 특이점을 형성할 정도로 압축되는 가설적 현상을 설명하면서, 여기에 '블랙홀'이라는 명칭을 붙였다. 블랙홀이 전파를 방출한다는 이론을 처음 제시한 스티븐 호킹을 비롯해 새로운 세대의 이론적 우주론 연구에서 블랙홀의 특성은 중요한 논제로 떠올랐다(Hawking, 1988).

1980년대 말에는 전문 천문학자뿐 아니라 다수의 대중도 역시 블랙홀, 중성자별, 백색왜성, 웜홀과 같은 우주의 구경거리에 친숙해졌다. 스티븐 호킹의 베스트셀러 『시간의 역사』는 우주론에 대한 관심을 대중에게 불러일으킨 주된 요인이었다. 호킹의 책은 존 그리빈의 『시간의 끝을 찾아서(In Search of the Edge of Time)』, 폴 데이비스의 『신과 새로운 물리학(God and the New Physics)』과 같은 출판 물결의 정점일 뿐이었다. 또 다른 요인은 선구적 천문학자 에드윈 허블의 이름을 딴 허블우주망원경이었다. 허블우주망원경은 그 이전과는 비할 데 없을 정도로 선명한 먼 우주의 이미지들을 지구로 전송하도록 설계되었다. 1990년에 이 우주망원경이 처음 미우주항공국(NASA)에서 발사되었을 때 천문학자들은 곧 우주망원경의 반사경에 주요한 설계 결함이 있어서 망원경을 설계 당시의 애초 목적대로 거의 쓸 수 없음을 알아챘다. 그러나 이러한 결함들이 해결되고 나서 서구의 텔레비전 시청자들은 〈스타트렉〉의 우주선 엔터프라이즈 호의 함교를 통해 보았던 가상의 우주 경치에 비길 만큼 화려하고 환상적인 먼 우주의 장관을 담은 사진을 보며 감동을 느꼈다(Smith, 1993). 그 결과 한때 이론적 우주론의 전문용어로 사용되던 난해하고 신비스런 어휘들을 적어도 유럽과 미국의 상당수 대중이 일상적으로 사용하게 되었다.

결론

우주의 개념은 20세기를 지나면서 알아볼 수 없을 정도로 변했다. 일반적으로 19세기 말에는 공간과 시간이 관찰자의 위치와 속도에 관계없이 불변하고 한결같은 성질을 지닌 절대적 범주로 이해되었다. 이 시기의 천문학자들 중에 우주가 당시의 기술로 관측 가능한 천체들을 훨씬 넘어서까지 뻗어 있을 가능성을 진지하게 고려한 사람은 거의 없었다. 사실상 우주는 우리은하와 동의어였다. 이러한 이해는 20세기를 연 20~30년 사이에 빠르게 변했다. 새로운 이론 수준의 세계관뿐만 아니라 새로운 기술과 기법 덕분에 천문학자들은 별들이 떨어져 있는 거리를 설득력 있게 추정할 수 있게 되었다. 그 결과로, 우리은하는 수많은 은하들 가운데 비교적 평범한 하나의 은하일 뿐이라고 생각하는 관점이 생겨났다. 아인슈타인의 일반상대성이론은 우주의 모양에 관한 의문에 새로운 의미를 부여했다. 아인슈타인의 이론에서 도출된 여러 고찰은 이론적 우주론자들이 우주의 나이와 그것이 존속할 시간을 새로운 방식으로 생각하도록 만들었다. 비슷한 시기에 나타난 새로운 관측증거들로 인해 천문학자들은 우주가 불변하고 충분히 정적이라고 여겼던 기존의 관점을 다시 생각하게 되었다. 21세기에 이르자, 우주는 다양한 구성원들이 거주하는, 그리하여 20세기 초반에 생각하던 우주와는 판이한 공간이 되었다.

이제 우리에게 친숙한 질문을 던져보자. 이런 변화는 혁명이었을까? 여러 측면에서 볼 때 그것은 혁명이었음에 분명하다. 우주의 본성과 그 안에 거주하는 인류의 위치를 알아내려는 천문학자들의 철저한 탐사는 확실히 20세기에 일어났다. 그렇지만 동시에, 여기서 개관한 역사의 복잡성은 과거에 대해 그와 같은 하나의 범주를 부과하는 것이 매우 곤란한 일임을 보여준다. 20세기에, 혹은 이 장에서 살펴본 기간에 의미 있는 변화가 일어났다는 것은 비교적 명백해 보이는 반면, 어떤 특정 사건이나 시점을 결정적 순간으로 규정하는 것은 훨씬 힘든 일이다. 어떤 특정한 새로운 이론적 통찰이나 관측적 발견 또는 특정한 기술이 이러한 세계관의 전환에 결정적인 계기였다고 보는 것 역시 어려운 일이다. 지금까지 개설한 우주론적 이해의 전환을 총체적으로 설명하려면, 사상이나 실행 영역의 변화뿐만 아니라 천문학과 물리학의 제도와 직업적인 구조 변화까지 살펴봐야 한다. 또한 새로운 세대의 천문학자들이 받은 교육 유형과 그들이 이용할 수 있었던 물질적 · 문화적 자원과 같은 요소들도 고찰해야 한다. 요컨대 만약 우주론의 혁명이 있었다고 한다면, 우리는 그것을 그 내용상의 혁명 못지않게 우주론을 둘러싼 문화상의 혁명으로도 이해할 필요가 있을 것이다.

(전혜리 옮김)

13 Making Modern Science

인간과학의 출현

인간의 본성과 사회를 연구하는 데에도 과학적 방법을 적용할 수 있을까? 17세기였다면 아무도 그러한 가능성을 인정하지 않았을 것이다. 기독교의 가르침에 따르면 인간의 정신은 초자연적 기원을 가지며 인간의 정신적 · 도덕적 능력은 자연법칙이 적용되는 영역 너머에, 그러므로 과학의 영역 바깥에 자리잡고 있었다. 데카르트는 인간의 마음이 몸의 메커니즘과 완전히 분리돼 있다고 가정했기 때문에 기계적 자연철학을 주창할 수 있었다. 이러한 이원론적 입장으로 인해 인간의 마음이나 사회적 상호 작용을 연구하는 일은 과학자가 아닌 철학자와 윤리학자들의 몫이 되었다.

인간과학이나 행동과학이 과학혁명기에 뒤이어 출현할 수 없었던 이유를 다른 방식으로 설명할 수도 있다. 역사학자 미셸 푸코는 19세기에 근대국가가 출현하고 나서야 인간의 행위가 이해될 수 있고 통제될 수 있는 대상이라는 인식이 생겨날 수 있었다고 주장한 바 있다(Foucault, 1970). 국가는 사회적 일탈자들을 규정하고 식별한 뒤, 감옥과 정신병원에 유폐해야 했다. 대다수의 일반인들은 감시받아야 했고 새로운 산업사회에 적응하도록 교육받아야 했다. 심리학, 인류학, 사회학이 독자적인 과학적 분과로 출현한 것은 상당 부분 이러한 분과들이 산업 고용주들과 근대국가의 통치자들에게 잠재적 효용을 갖고 있었기 때문이다. 그러나 이들 분과들이 독자적인 과학 분과로 만들어지기 위해서는 오랜 시간이 필요했다. 19세기 중엽으로 접어들 즈음 이러한 분과들은, 그것들이 뿌리를 두고 있던 철학 및 도덕 이론과 여전히 매우 밀접하게 연결돼 있었고, 그럼에도 잘 정의된 사람들의 관심 영역으로 자리 잡기 시작했다. 그러나 이러한 분과들은 20세기 초엽까지도 과학을 자처하는 아카데미 내 분과로서의 토대를 다지지 못했다.

문제는 인간의 행위를 과학적인 방식으로 이해하고자 하는 여러 방법들이 경쟁하고 있다는 사실이었다. 데카르트주의적으로 마음과 몸을 분리해서 생각하는 태도를 가장 분명히 공격한 사람들은 유물론과 오늘날 우리가 환원주의라 부를 법한 방법론을 선호하는 사람들이었다. 이들은 몸의 작용을 과학적 탐구 방법론으로 밝혀낼 수 있을 것이라는 희망에 고무되어 신경계와 뇌 역시 유사한 방식으로 이해할 수 있을 것이라 예견했다. 유물론자들이 보기에 마음이란 몸의 작용이 만들어낸 부산물에 지나지 않았고, 동일한 방법을 단순 확장하여 개인들의 마음의 상호 작용까지 포괄한다면 사회 역시도 같은 방식으로 이해될 수 있을 것 같았다. 진화 이론 역시 동일한 희망을 부추겼다. 인간이 동물에서 출현했다면 인간 역시 동물과 같은 방식으로 이해되거나 혹은 적어도 진화의 추이에 따라 더욱 복잡한 구조가 생겨나면서 출현한 새로운 수준의 의식까지도 자연의 범주 안으로 포괄함으로써 이해될 수 있으리라 여겨졌다. 전통적인 사유방식으로 볼 때 이러한 착상은 무척 받아들이기 어려운 것이었고, 따라서 사회질서의 토대를 전복하거나 재구축하려는 급진주의자들에 의해 채택되었다(『현대과학의 풍경2』 18장 "생물학과 이데올로기" 참조).

환원론적 접근법은 현대적인 인간과학이나 행동과학이 출현하던 초기 단계에서 분명히 일정한 기여를 했다. 19세기에 철학자 허버트 스펜서는 진화론적 관점을 활용하여 심리학과 사회학 분야에 중요한 공헌을 했다. 스펜서는 신경생리학 분야의 새로운 발전에 관해서도 인식하고 있었다. 그러나 환원론적 관점은 인간의 본성을 연구하려는 모든 자율적 움직임을 거부하는 데 너무나 쉽게 활용될 수 있다는 문제점을 안고 있었다. 우리가 그저 기계에 불과하다면 인간의 정신적 · 사회적 활동을 이해하기 위해 별도의 독립된 과학을 만들 필요는 없을 것이다. 인간과학을 확고하게 만든 마지막 단계는 환원주의가 아니라 그것을 조심스럽게 거부하는 가운데 일어났다. 19세기 말엽 어떤 정신작용에 상응하는 뇌 속의 생리학적 과정을 참조하지 않고 그 정신작용을 연구하기 위한 실험적 기법들이 개발되었다. 1900년 직후 심리학자들은 진화주의가 제공한 모형을 거부하고 행동연구는 독자적인 과학 분과가 되어야 한다고 주장하기 시작했다. 이처럼 심리학자들이 생물학을 거부한 것은 아카데미 체계 내에 심리학이 제도화하는 데 핵심적인 역할을 했다. 동시에 인류학자들과 사회학자들 역시 진화론적 모형은 인간의 문화와 사회가 작용하는 방식을 이해하는 데 아무런 통찰을 제공하지 못한다고 주장하며 생물학에 반기를 들었다. 사회과학이 독립적인 분과로 출현할 수 있었던 것은, 사회과학이 과학적으로 되기 위해서는 오직 그것을 생물학에, 궁극적으로는 물리학과 화학에 종속시키는 방법밖에 없다고 하는 모형을 신중히 거부한 덕분이었다(현대적 개관을 위해서는 Smith, 1997; Porter and Ross, 2003 참조).

심리학, 과학이 되다

정신작용을 연구하는 것은 본래 철학의 영역이었다. 인간의 마음의 작용을 이해하려는 시도들은 내성(內省), 즉 자신의 사유와 감각을 분석하려는 철학자들의 자기 의식적인 시도에 의존했다. 많은 이들이 정신의 작용 중 상당수는 자연법칙이 적용되는 영역 밖에 있다고 보았다. 예컨대 도덕적 능력이나 양심은 물리계의 결정론적인 작용과는 분명히 정반대 지점에 있는 의지의 자유에 달려 있었다. 이로 인해, 비록 새로운 철학 학파가 등장할 때마다 이 분야가 극적인 견해차에 노출되기는 했지만, 철학자들이 마음의 본성에 관해 아무런 결론도 이끌어내지 못한 것은 아니었다. 17세기 말엽 존 로크의 '감각론적(sensationalist)' 철학은 과학혁명의 경험주의를 가다듬어 마음이 작동하는 방식을 규명한 영향력 있는 이론을 만들어냈다. 로크와 그의 추종자들이 보기에 유아의 마음은 빈 서판, 즉 타불라라사(tabula rasa)여서, 경험이 그 위에 무엇인가를 기록함으로써 자연적 세계와 사회적 세계에서 정상적으로 활동하는 데 필요한 습관과 자연의 법칙에 대한 이해를 형성할 수 있었다. 규칙적으로 동시에 나타나는 감각은 '관념의 연합'으로 연결되어 있어 그러한 감각을 경험하는 개인들에게 습관적 사유와 행위 유형을 산출해냈다. 이러한 경험론적 철학은 마음을 학습기계로 간주했으나 특정 정신작용의 원인이 되는 뇌의 메커니즘은 구체적으로 밝혀내지 못했다.

18세기 말엽 제러미 벤덤을 비롯한 정치철학자들은 관념 연합론적 심리학을 토대로 공리주의라고 알려진 개혁주의적 사회체제를 구축하려 했다(Halévy, 1955). 이 체제는, 개인들의 기쁨을 향한 욕망과 고통에 대한 혐오를 이용하여 그들의 습관을 통치자가 바라는 목적에 맞게 조절함으로써 개인들을 사회환경에 순응시키는 체제였다. 계몽된 통치자들이라면 법을 조정하여 개인의 행동이 "최대 다수의 최대 행복"을 실현하는 데 일익을 담당하는 사회의 발달을 촉진할 것이었다. 그러므로 관념 연합론적 심리학은 당시 부상하던 중간계층이 선호하던 자유방임적 자유-기업 정부체제와 맞닿아 있었다. 정치경제학이라는 '우울한 과학'은 자연적 세계가 사회적 발전에 부과한 한계를 규정하려 했다. 다윈에게 강한 인상을 남긴 토머스 맬서스의 인구원리는 오늘날 우리가 심리학, 사회학, 경제학이라 부르는 것들을 통합하려는 이러한 시도에서 등장했다.

감각론적 · 관념 연합론적 전통이 아무런 반대에 부딪치지 않고 순탄하게 진행되었던 것만은 아니다. 데카르트를 비롯한 몇몇 철학자들은 개개인의 마음은 경험에 의해 생성될 필요가 없는 본유관념을 보유한 채 창조된다고 생각했다. 이는 적합한 신체적 적응구조를 갖추도록 설계된 동물들이 환경에 적응할 수 있도록 미리 설계된 본능적인 행동 유형을 가진 채 창조되었다고 확신한 많은 자연주의자들의 연구와 흥미롭게도 상통하고 있었다. 그러므로 마음은 결코 수동적인 학습기계가 아니었으며, 이후 이러한 관점을 채택하여 더욱 심화한 임마누엘 칸트의 주장에 따르면 실제로 마음은 수용되는 감각의 흐름에 공간과 시간의 범주를 부과했다. 이러한 입장으로 인해 마음은 그것이 경험하는 외부 세계를 만들어내는 데 능동적인 역할을 수행한다고 하는, 19세기 독일에 널리 퍼진 관념론적 철학이 생겨났다. 감각론과 관념론은 잇따른 세기 내내 논쟁을 일으킨 마음에 관한 두 가지 근본적으로 다른 인식을 낳았다. 그중 하나는 마음이 수동적인 학습기계라는 이미지였고, 또 다른 하나는 마음이 외부 세계와 관계를 맺고 그것을 지각하는 방법을 미리 결정하는 어떤 구조를 타고난다는 더 능동적인 모형이었다.

이러한 갈등은 생명과학의 새로운 발전으로 해소될 계기를 마련했으나, 그것이 가능하기 위해서는 보수적인 사상가들이 꺼려한 어떤 희생이 필요했다. 환원론적 방법론은, 마음이란 뇌와 신경계 안에서 작용하는 물리적 활동의 부산물일 뿐이라고 주장하는 급진적 유물론자들의 지지를 받았다. 이러한 주장이 사실이라면 개개인의 뇌는 부모로부터 유전된 생물학적 구조에 저장되어 있는 어떤 선천적 패턴을 갖고 있을 수도 있었으나, 일상적으로 늘 동시에 발생하는 신경충격을 서로 연계시킴으로써 경험에서 무언가를 배울 수 있는 능력 또한 갖추고 있다고 할 수 있었다. 이러한 함의들은 19세기 초엽 골상학 운동이 내세운, 뇌란 마음의 기관이라는 주장에도 담겨 있었고, 그 운동의 주창자들은 그와 같은 함의를 활용하여 급진적인 사회적 메시지를 설파했다. "생물학과 이데올로기"라는 장에서 묘사한 것처럼, 심리학을 자연법칙의 세계로 이입하려는 이러한 시도는 엘리트 과학계에서는 무시되었으나 대중적으로는 상당한 호소력을 유지했다. 골상학에서 영감을 얻은 사상가 중에는 공격적인 자유-기업 자본주의 시대를 위해 새로운 사회철학을 창안하고자 했던 허버트 스펜서가 있었다. 스펜서는 이내 라마르크주의적 진화론이 철학적 심리학의 교착상태를 타개할 더 나은 가능성을 포함하고 있다는 것을 깨달았다. 다윈의 『종의 기원(Origin of Species)』이 발표되기 4년 전인 1855년에 쓴 『심리학 원리(Principles of Psychology)』에서 스펜서는 개인의 자기 개선을 생물학적·사회적 진보라는 일반적인 관념과 연결한, 마음에 관한 진화론을 제안했다(Richards, 1987; Young, 1970). 스펜서는 획득형질의 유전을 제창한 라마르크의 이론을 마음에 적용할 수 있다면, 한 세대의 개인들이 익힌 습관이라 할 수 있는 정신적 획득형질은 자손들에게 무의식적으로 유전되는 본능으로 해석할 수 있음을 깨달았다. 개인의 행위와 독창성에 의해 형성된 새로운 습관과 새로운 정신능력까지도 종의 영구적인 형질이 될 수 있을 것이었다. 그러므로 정신적인 진보, 궁극적으로는 사회적인 진보는 수백만 명의 개인들이 자기를 개선하려는 행위의 결과로서 필연적으로 이루어질 수밖에 없었다.

다윈은 자연선택의 작용으로 인해 물리적 형질뿐 아니라 본능까지도 변형될 수 있다는 자신의 이론으로 사람들의 관심을 돌리고자 했지만, 스펜서가 채택한 정신에 관한 라마르크주의적 진화관은 19세기 말엽을 지배했다(6장 "다윈 혁명" 참조; Boakes, 1984 참조). 정신의 진화 분야에서 다윈을 신봉했던 조지 존 로마니스도 본능에 관한 라마르크주의적 설명을 채택했다. 그는 또한 많은 이들에게 라마르크주의를 연상시키는 또 하나의 이론, 즉 종족의 진화사를 반복하는 개체의 발생이라는 발생반복설의 전망을 지지했다(Gould, 1977). 이러한 모형에 따르면 아이의 정신적 발달과정은 동물 종이 인류에 이르는 진화의 오랜 과정에서 획득한, 일련의 정신적 개선과정에 비견할 만한 여러 단계를 거쳤다.

그러므로 진화론은 심리학이 철학이라기보다는 과학의 한 분야로 간주될 기회를 제공했지만, 거기에는 새로운 분과가 생물학의 모범을 따라야 한다는 조건이 붙었다. 미국의 심리학자 그랜빌 스탠리 홀은 자신의 책 『사춘기(Adolescence, 1911)』에서 10대의 정신적 상처가 정신의 진화과정상의 결정적 단계와 동등한 위치를 점한다고 설명했다. 비록 동물들의 정신적 형질이 훈련받지 않은 관찰자들이 제시한 일화적 증거에 의존함으로써 과장되는 경우도 있었지만, 동물은 인간의 정신작용을 위한 모형이 되었다. 인간과 동물의 행위는 모두 진화의 과정에서 형성된 본능이라는 용어로 설명되었고, 여기에는 사회적 본능까지 포함되었다. 이러한 본능을 이해함으로써 심리학자들은 산업 관리자들과 국가에게 노동력을 통제할 새로운 수단을 제공할 수 있었다. 20세기 초엽 미국의 심리학자들은 새로 개발한 지능시험을 이용하여 하층 계급들 사이에 광범위한 정신적 결함이 존재한다는 사실을 설득력 있게 입증하는 듯한 증거를 제공했다(Gould, 1981). 이러한 증거들은 유전적으로 '부적격한 사람들'의 생식을 국가가 제한해야 한다는 우생학 운동의 주장을 뒷받침하는 데 널리 인용되었다(『현대과학의 풍경2』 18장 "생물학과 이데올로기" 참조).

상투적인 심리학사(예컨대 Boring, 1950)는 종종 진화론과 관계된 전체 에피소드에 대해서는 분명히 언급하기를 회피하면서, 행동연구에 관한 실험적 접근을 정초한 것으로 여겨지는 독일의 유사한 발전 경향에 집중하는 경향을 보인다. 독일의 심리학자들은 이미 19세기 중엽에 감각신경계의 작용을 연구하기 시작했다. 1879년에는 빌헬름 분트가 라이프치히에 '생리학적 심리학'을 집중적으로 연구하는 실험실을 창설, 감각자극을 표시하고 그에 대한 반응을 기록하는 제어기계장치를 이용하여 인간 피험자의 정신작용을 연구한 바 있다. 분트 자신은 심리학이 마침내 하나의 독자적인 과학이 되었다고 주장했고, 그의 제자들은 이러한 실험적 접근법을 다른 나라, 특히 미국에 전파했다. 그러나 분트의 실험실을 현대 실험심리학의 주춧돌로 간주하는 전통은, 분트 자신이 더 고차원적인 인간의 능력을 연구하는 유효한 방법으로서 여전히 내성을 권하고 있었고, 동시에 여타의 많은 심리학자들은 스펜서와 진화론자들의 저술에서 여전히 확인할 수 있는 더욱 철학적인 접근을 공개적으로 견지했다는 사실을 간과하고 있다. 눈에 띄는 사례가 윌리엄 제임스로서, 그가 1890년에 출간한 『심리학 원리(Principles of Psychology)』는 새로운 기법을 환영하지만 그것들이 오래된 기법을 완전히 없애버리는 것을 원하지는 않았던 이들에게 고전적 문헌이 되었다.

그 결과 심리학이 철학과 도덕 이론과 맺고 있던 전통적 연결을 유지하려던 이들과, 진정한 과학의 속성을 모두 가지게 될 새로운 분과를 세우고자 분투하는 급진적인 신진 세력들 사이의 지난한 투쟁이 전개되었다. 1900년쯤이면 심리학은 철학과 분리되어 나름의 정체성을 획득하기 시작했지만, 그것을 실행하는 사람들은 지적 · 방법론적 수준에서 그러한 분리를 얼마나 강하게 밀고 나가야 하는지에 대해 아무런 합의를 이루어내지 못했다. 학술지와 학회, 그리고 대학의 학부가 형성되고 있었지만 경쟁하는 이해 집단들은 아카데미 권력의 신생 기관을 통제하기 위해 투쟁했다. 심리학이 과학으로 제도화되는 데 어느 정도 시간이 걸렸던 것은 부분적으로 이러한 투쟁 때문이기도 했다. 그러한 장벽들은, 1900년 무렵 대학체계의 팽창으로 인해 상대적으로 쉽게 새로운 학부를 설립할 수 있었던 미국에서 더욱 빠르게 극복되었다. 얼마 지나지 않아 독일보다 더욱 많은 심리학 실험실이 미국에 생겨났다. 영국 역시 심리학을 위한 아카데미 조직을 만들어내는 데 더딘 행보를 보였고, 1920년대가 되어서도 여섯 개의 교수좌가 설치된 정도에 머물렀다. 미국심리학협회가 설립된 것은 1892년이었는데, 이는 독일의 실험심리학학회보다 20년, 영국심리학협회보다 9년 앞선 것이었다(Cravens, 1978; Degler, 1991).

그렇지만 마침내 심리학이 독립적인 분과로 창설된 것은 그것이 실험적 과학이라는 주장에 근거한 것이었지 철학이나 진화생물학의 한 분과라는 주장에 근거한 것은 아니었다. 1910년경부터 계속하여 실험적 엄밀함이라는 수사가 심리학 교과서를 지배하기 시작했다. 이러한 움직임이 가장 가시적이고 논쟁적으로 표명된 현상 중 하나는 미국에서 선구적으로 제기된 행동주의 심리학으로서, 이는 존 브로더스 왓슨의 1913년 논문, 「행동주의자가 바라보는 심리학(Psychology as the Behaviorist Views It)」에 그 뿌리를 두고 있었다. 왓슨은 내성에 뿌리를 둔 학과의 기원으로부터 거리를 두기 위해 의식이라는 개념 전부가 심리학에서 배제돼야 한다고 주장했다. 행동에서 관찰될 수 있는 측면만을 고려하자는 것이었다. 왓슨은 진화론적 모형 역시 거부했다. 왓슨과 그의 추종자들은 인간 행위의 모형으로서 동물을 선호하기는 했지만, 진화론적 연쇄라는 관념을 사용하지는 않았다. 표준적인 미로-일주 실험(maze-running experiment)에서 새로운 습관

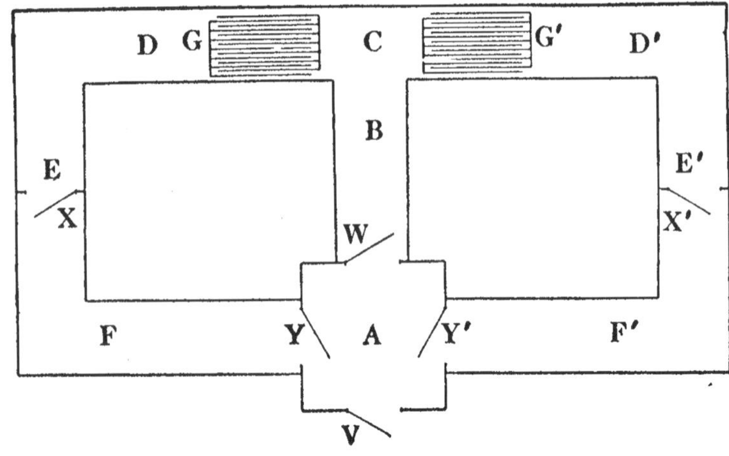

그림 13.1 동물행동에 관한 실험을 위해 사용한 미로의 약도로서, 존 브로더스 왓슨의 『행동: 비교심리학 개론(Behavior: An Introduction to Comparative Psychology, 1914)』 87쪽에서 인용. 동물은 C에서 출발하여 A에 있는 결승점 상자를 찾아가야 하는데, 외부에서 주는 자극, 이 경우에는 소리굽쇠에서 울리는 선택적인 소리에 따라 경로를 택하게 된다. 동물이 올바른 경로를 택한다면 결승점 상자에 도착하기 전 F에서 먹이를 획득하게 되지만, 만약 잘못된 경로를 택한다면 처벌로 G에 설치한 석쇠로부터 전기충격을 받게 된다. 그리 놀라운 일은 아니겠지만, 동물들은 이내 실험자가 각각의 소리를 어느 경로와 연결하는지를 학습하게 된다.

을 획득하는 상황에 처한 쥐들은 좀더 단순하기는 해도 인간과 동일한 원리에 따라 움직이는 학습기관이었다(그림 13.1). 포상과 처벌을 제공하는 데 이용되는 생물학적 충동, 가령 먹이를 향한 생물학적 충동은 인간을 포함한 모든 유기체가 공통으로 갖고 있는 것이므로 심리학자들에게 큰 관심거리가 되지 못했다. 행동주의의 충격은 미국에서조차 과장되어 왔지만, 1930년대쯤이면 대체로 실험적이라 할 만한 접근법이 철학과 도덕 이론에 뿌리를 둔 학과의 유물을 완전히 제거했다. 새로운 접근법은 심리학이 인간의 행동을 설명하고 또한 통제할 수단을 제공한다는 주장을 강화했던 까닭에 과학적 심리학을 지배했다. 학생과의 염문으로 1920년 아카데미를 떠나야 했던 왓슨은 매디슨 애비뉴의 광고 기업으로 발길을 돌렸다. 인간 본성에 관한 그의 견해는 광고에서 소비자들에게 제시할 자극을 과학적으로 고안함으로써 그들에게 영향을 미칠 수 있다는 전망을 제공했다. 올더스 헉슬리는 이러한 전망을 자신의 소설 『멋진 신세계(Brave New World, 1932)』에 풍자적으로 묘사해놓았는데, 이에 따르면 미래의 인간 종은 행동주의적인 스타일의 심리학적 조작을 통해 강고한 사회적 위계를 수용하도록 길들여질 것이었다.

그러나 경쟁적인 형태의 '새로운' 심리학이 상황을 복잡하게 만들었는데, 이 새로운 심리학 역시 오랜 전통과 거리를 두고 싶어하면서도 실험보다는 정신질환에 관한 연구와 정신의학에서 그 증거를 이끌어내고 있었다. 이 새로운 심리학은 바로 지그문트 프로이트가 개척한 분석심리학으로서 그의 신봉자이자 종국에는 경쟁자가 된 알프레트 아들러와 카를 융이 이를 채택했다. 프로이트는 동물의 신경계를 연구하는 것으로 그의 이력을 시작했으나 이내 의학적 심리학으로 관심을 돌려 의식적인 마음의 층과 무의식적 충동 및 욕망이라는 잠재된 층 사이의 갈등이 일탈행동을 낳을 가능성에 흥미를 갖게 됐다. 그는, 무의식적인 것이 인격이 지닌 더욱 어두운 측면의 저장고로서 의식적 마음이 억압하려 애쓰는 성적 충동에 의해 추동된다고 확신했다. 신경증은 신경계의 장애와는 관련이 없는 순수하게 심리학적인 질병이었고, 마음의 의식적 차원과 무의식적 차원 사이에서 발생하는 갈등으로 인해 생겨나는 것일 뿐이었다. 이러한 갈등을 해소할 수단으로 약물과 최면술을 사용해 실험해본 뒤, 마침내 프로이트는 자유연상을 통한 분석기법을 개발하게 되었고, 이를 통해 정신 분석의의 소파 위에서 이루어지는 정중한 대화의 정상적인 한계를 조심스럽게 완화함으로써 환자가 자신의 숨겨진 감정을 고백할 수 있게 했다.

행동주의자들처럼 프로이트와 그의 추종자들 역시 그들이 생물학의 멍

에를 던져버리고 자율적인 과학으로서의 심리학을 만들어냈다고 강력하게 주장했다. 그러나 분석적 접근법이 실험을 사용하기 때문에 '과학적' 인 것은 아니었으며, 그러한 접근법이 의식이라는 개념을 분명히 거부한 것도 아니었다. 분석심리학이 과학이라는 주장은 인간 본성에 관한 통념에 도전하고 의식 아래에 깔려 있는 것을 정직하게 연구할 때 드러나는 불편한 진실을 정면으로 마주하려는 의지에 근거하고 있었다. 실로 『현대과학의 풍경2』 18장 "생물학과 이데올로기"에서 설명하는 것처럼 분석심리학은 더욱 고도로 진화한 마음의 의식적 차원이 무의식적 차원에 보전돼 있는 오랜 동물적 본능을 통제할 수 없을지도 모른다는 비관적 가정을 추가한, 진화론적 모형의 또 다른 산물이었다(Sulloway, 1979). 그것이 진정한 과학인지는 당시에도 미해결의 문제였고, 오늘날에도 여전히 논쟁적인 주제이다(Cioffi, 1998; Webster, 1995 참조). 무의식에 관한 프로이트의 전망은 20세기의 사유에 심오한 영향을 미쳤고 정신치료학의 근거로서 널리 원용되고 있지만, 심리학 분과의 장래에 대한 대안적이고 실험적인 전망과 결합했던 아카데미의 심리학과에 자리를 차지하지는 못했다. 비판자들이 보기에 프로이트의 관점은 그의 부모의 정신이상적 행동에 투사된 상상력의 산물이었다. 무의식적인 것에 관한 그의 특수한 전망을 객관적으로 입증할 방법은 존재하지 않았고, 그가 토대를 놓은 운동은 아들러와 융이 우리의 숨겨진 충동과 욕망에 관한 경쟁적인 해석을 내놓음에 따라 이내 붕괴되고 말았다. 오늘날의 많은 비판자들이 보기에 정신분석학적 운동은 인간의 처지에 대한 비관적 전망이 20세기 초엽의 문화적 불안감과 공명했던 이유로 신뢰를 얻었을 뿐이며, 인간 본성에 접근하는 방법으로서는 심각하게 비과학적인 접근법을 대표한다.

인류학과 비서구 문화 연구

진화론적 패러다임은 특히 다른 문화와 사회에 관한 서구 사상가들의 인식에 많은 영향을 주었다. 19세기 초엽에는 근대 유럽 사회가 원시적 기원에서 진화했다는 발상이 널리 받아들여졌다. 사냥꾼-채집인들로 구성된 옛 부족들은 농업을 발명했고, 마침내 오늘날 근대 산업문명이 그 뒤를 이어받은 거대한 문명을 건설했다는 것이다(Bowler, 1989). 스펜서와 같은 자유주의 사상가들에게 사회적·문화적 진보는 개인의 독창성과 수세대에 걸쳐 전해진 모험심의 귀결이었다. 문화에 관한 진화론적 견해는 1860년대 선사시대를 고고학적으로 발견함으로써 상당히 강화되었는데, 이는 더욱 고도의 구조를 갖춘 사회가 출현하기 이전에 오랜 석기시대가 존재했음을 확증해주었다. 그런데 유럽의 고고학자들은 석기 이상의 증거가 없는 상태에서 어떻게 그들의 옛 조상이 가지고 있던 문화를 재구성할 수 있었을까?

전 세계로 자신들의 영향력을 넓혀가던 유럽의 상인들과 식민지 개척자들이 보기에 이러한 질문에 대한 답은 명백해 보였고, 이내 미국의 상인들과 식민지 개척자들 역시 그러한 인식을 공유하게 되었다. 그들은 인도 등지에서 거대한 제국과 조우하게 됐고, 이는 자신들의 역사적 견지에서 볼 때 친숙한 이집트나 로마제국을 떠올리게 했다. 오스트레일리아처럼 더욱 멀리 떨어진 지역에서는 여전히 석기시대에 살고 있는 '미개인'들을 발견할 수 있었다. 그러므로 타 문화에 관한 연구라 할 인류학은 진화상의 연쇄를 강화하는 데 도움을 줄 수 있었다. 이에 따르면 미개인들은 과거의 문화적 유물로서 유럽인들이 이미 수천 년 전에 거쳐온 발전의 한 단계에 얼어붙은 듯 멈춰 있었다(Burrow, 1966; Stocking, 1968; 1987). 영국 옥스퍼드에서 가르친 첫 아카데미 인류학자인 에드워드 타일러와 미국 인디언

그림 13.2 오스트레일리아 원주민들의 결혼식을 그린 것으로, 존 러벅이 쓴 『문명의 기원과 인간의 원시적 상태(The Origin of Civilization and the Primitive Condition of Man, 1870)』의 권두 삽화다. 결혼식은 다른 부족으로부터 여성을 상징적으로 '포획'하는 과정을 포함하는데, 러벅은 이를 원주민들이 여전히 원시 조상들의 본능을 유지하고 있음을 보여주는 명징한 신호로 보았다.

언어를 연구한 루이스 헨리 모건이 보기에 문화적 진화에는 어떤 선형적 위계구조가 있어, 백인종이 더욱 빠르게 고귀한 지위로 상승했다면 '더 비천한' 인종들은 그보다 낮은 단계의 진화적 연쇄에서 빠져나오지 못하고 있음이 분명했다. 고고학자 존 러벅은 다윈주의의 강력한 지지자로서 문화적으로 원시적인 인종들은 생물학적으로도 더 원시적이어서, 언젠가 화석기록에서 그 흔적이 발견되어 인간의 기원을 더듬어 올라갈 때 마주치는 '잃어버린 고리'를 채워줄 원인(猿人)과 다를 바 없다고 생각했다(그림 13.2). 이러한 인류학자들 중 대다수는 그들이 무심코 격하한 문화에 살고 있는 민족들에 관한 정보를 얻기 위해 외국으로 탐험을 떠나본 적도 없었다. 그들은 상인들, 군인들, 그리고 선교사들이 보내온 보고서에 의존했는데, 이러한 보고서를 작성한 이들의 견해 역시 자연히 그들이 맞닥뜨린 미개인들을 정복하고, 때로는 사실상 절멸시켰던 식민지 백인 개척자들의 편견을 반영하고 있었다.

그러므로 인류학이 하나의 학과로서 어떤 가시성을 획득했다고는 해도, 여전히 그것은 진화론으로 현대적 면모를 띠게 된 오랜 철학적 전통으로 정의될 수 있는 더욱 폭넓은 기획의 일부였다. 1900년 세 권짜리 축약본의 출판으로 대중화된 제임스 조지 프레이저의 고전 『황금 가지(The Golden Bough)』는 그리스와 로마의 고전 신화를 그보다 이른 시대의 유물로 설명함으로써 진화론적 모형을 더 넓은 층의 대중들에게 소개했다. 그러나 여전히 전문적인 인류학자는 극소수였는데, 가령 북미에 거주하는 토착민들에 관한 대부분의 연구들은 미국 지질조사소의 존 웨슬리 파웰이 만든 민족학국(Bureau of Ethnology)에서 활동하던 과학자들이 수행하고 있었다.

인류학이 독립적인 아카데미 분과로 이행한 것은 심리학에서와 마찬가지로 진화론의 족쇄를 던져버리려 한 조심스러운 시도의 결과였다. 이는 독일 이주민이었던 프란츠 보아스가 컬럼비아 대학에 전문 인류학자를 훈련하는 유력한 박사 후 과정을 만들었던 미국에서 아주 갑작스럽게 일어났다(Cravens, 1978). 보아스는 현대적 전통의 현지 연구를 주장했는데, 이에 따르면 인류학자는 자신이 선택한 문화의 복잡성을 경험으로 직접 흡수하기 위해 그 문화 속에서 살아보아야 했다. 그는 진화론적 위계 관념을 거부했고, 모든 문화는 기본적으로 인간이 자신의 필요에 대응한 결과로서 그 복잡성에 있어 다를 것이 없는 동등한 것으로 취급해야 한다고 주장했다. 그는 문화란 생물학적 본능이 미리 결정한 것이라는 주장 역시 거부했다. 행동주의 심리학자들과 마찬가지로 그 역시 학습이 생물학적 유전에 비해 지배적인 요소라고 주장했던 것이다. 문화는 생물학적 용어로 설명할 수 없는 별개의 층위에 있는 행위였다. 보아스의 제자, 한스 크뢰버의 말을 빌자면, 문화란 '초유기체적인 것' 이었다. 가장 많은 영향력을 행사한 보아스의 학생 중 한 명은 마거릿 미드로서, 그가 쓴 『사모아의 성년(Coming of Age in Samoa, 1928)』은 사춘기의 정신적 상처가 생물학적으로 만들어졌다는 스탠리 홀의 견해에 명시적으로 도전하고 있었다. 미드는 사모아의 10대들에게서는 그러한 외상을 전혀 발견할 수 없었다고 주장하며, 홀이 연구한 효과들은 서구 문화의 성적 억압의 산물이라는 견해를 내세웠다. 보아스와 그의 학생들은, 비백인종(nonwhite race)들은 유전적으로 유럽인들에 비해 열등하다는 주장을 여전히 옹호하던 생물학자들과도 충돌했다.

20세기 초, 영국에서도 선형적인 진화론적 모형에 대해 이와 유사한 거부의 움직임이 일어났다(Stocking, 1996). 이러한 반발의 최종 산물로서 1920년대 런던 정경대학에서 가르쳤던 폴란드 이주민 출신의 브로니슬라프 말리노프스키가 이끌던 인류학 학파인 기능주의가 등장했다. 기능주의자들은 집중적인 현지 연구를 통해 사회를 연구함으로써, 사람들이 물리적 · 경제적 환경과 싸워 나가는 과정에서 문화가 어떤 도움을 주는지를 이해하려 했다. 그들은 인류학을 그때 막 부상하던 사회학 분야에 훨씬 가깝게 만들었다. 그들이 주창한 인류학은 생물학이 제공한 정보뿐 아니라 연구 중인 문화의 역사에 관한 관심까지도 거부한다는 점에서 특히나 제한적 형태를 띠었다. 그런 점에서 영국의 사회인류학은 고고학과의 접점을 끊어버렸다고 할 수 있다. 이는 보아스가 자신의 학생들로 하여금 각각의 문화가 그 고유한 역사에 의해 형성되는 방식을 의식하고 있으라고 주문했던 미국과는 대조적인 모습이었다(흥미롭게도 보아스의 주문은 매우 다윈주의적인 통찰이다. 인류학자들이 거부한 것은 선형적인 진화론적 위계구조였지, 다윈 자신의 진화관이 함축한, 더 환경주의적인 문제의식이 아니었다). 영국과 미국의 인류학이 드러낸 또 다른 차이는, 보아스와 그의 학생들이 팽창일로의 근대 산업화의 위협에 처한 여러 문화들에 관한 정보를 기록할 필요성을 역설한 반면에, 영국의 학파는 식민지를 더욱 효율적으로 지배하기 위해 '토착민' 문화가 어떤 방식으로 작동하는지 이해할 필요가 있었던 식민지 행정가들을 육성하는 근거지로서 스스로를 자리 매김하고 있었다는 점이다(Kuklick, 1991).

사회학: 사회에 관한 과학

인류학자들이 문화란 심리학이나 생물학의 용어만으로 설명될 수 없다고 주장할 때 그들은 사회적 상호 작용을 지배하는 법칙을 두고 동일한 주장을 펼치던 이들보다는 다소 나은 상황에 있었다. 결국 사회학 역시 인류학과 거의 동일한 방식으로 별개의 연구 분야로 자리 잡기는 했지만, 사회학은 진화론적 패러다임의 영향에서 벗어나기가 훨씬 어려웠다. 19세기 초엽, 집단을 이룬 인간 존재들의 작동방식을 연구하는 이들에게 개인의 행동을 지배하는 법칙들로 환원될 수 없는 사회적 행위의 법칙들이 존재하는가 하는 점은 결코 분명치 않았다. 벤덤, 맬서스 등의 영향력 있는 사상가들을 비롯한 공리주의 학파의 정치경제학자들은 개인주의적이고 자유방임주의적인 이데올로기 하에서 작업했는데, 이러한 입장은 경제적 · 사회적 행위란 한 개인이 공동체 안에서 행위하는 방식을 이해함으로써 이해될 수 있고 심지어 규제될 수 있다는 견해를 장려하고 있었다. 개인의 행위는 사회적 · 경제적 압력을 반영했지만, 그 과정은 맬서스의 인구원리를 비롯한 경제학의 철칙과 짝을 이룬 관념 연합론적 심리학으로 설명할 수 있는 방식으로 일어났다. 심지어 오늘날에도 이러한 사유방식은 사회가 개인의 심리학 법칙을 초월하는 법칙에 따라 작동한다는 생각을 단념하게 한다. 1980년대 보수당 출신의 영국 수상이었던 마거릿 대처는 자기 자신의 이익을 좇는 여러 무리의 개인들만이 있을 뿐, '사회'와 같은 것은 존재하지 않는다는 유명한 주장을 남긴 바 있다.

'사회학'이라는 용어를 창안하고 그것이 독자적인 법칙을 갖는 과학의 한 분야를 지칭한다고 주장한 이는 프랑스의 철학자 오귀스트 콩트였다. 콩트의 『실증철학 강의(Cours de philosophie positive, 1830~32)』는 원인의 추구를 포기한 과학에 새로운 접근법을 규정해주었고, 관찰 가능한 현상들을 연결해줄 법칙을 확립하는 일이 유일한 목표가 되어야 한다고 주장했다. 그는, 생명체가 물리학과 화학의 법칙에 따라 운동하는 것은 분명하지만 그럼에도 생물학이 더 하위의 법칙들로 환원될 수 없는 독자적인 법칙을 가질 것이라는 견해를 수용했다. 사회학 역시 인간들의 상호 작용을 지배하는 법칙을 추구해야 했고, 그러한 법칙들이 신체생리학적 용어로 설명될 수 있을 것이라고 쉽게 가정하지는 말아야 했다(콩트는 개인 심리학처럼, 사회학과 신체 생리학 사이에 존재하는 매개 수준의 관념을 거부했다).

19세기 중엽에는 콩트가 마음에 그린 새로운 과학이 정보를 획득하는 방식을 보여주는, 실제 이용 가능한 기법들이 등장했다. 벨기에의 통계학자 람베르트 케틀레는 전 인구에서 취합한 정보를 대조하여 정리하기 시작했는데, 범죄율, 자살률 등의 결과에서 드러나듯 범죄와 자살 같은 행위가 모든 사회에서 놀랄 만큼 규칙적으로 발생한다는 사실을 보여주었다. 다윈은 한 개체군 내의 어떠한 형질이라도 평균값에서 떨어진 변이라는 관점에서 이해할 수 있는 방법을 보여준 케틀레의 노력에 강한 인상을 받은 바 있으며, 이미 케틀레는 '평균적인 인간'이라는 개념을 제창하기도 했다. 19세기 말엽 다윈의 사촌이었던 프랜시스 골턴은 인간의 정신적 · 신체적 변이에 관해 방대한 정보를 취합하고, 그 자료를 분석할 통계적 기법을 개발하기 시작했다. 그의 연구는 현대 다윈주의가 창시되는 데 기여하기도 했지만, 더욱 직접적으로는 우생학 운동이 형질 차이에 관한 유전적 근거를 주장하는 데 기초가 되었다.

진정한 사회학이 출현하기 위해서는 궁극적으로 골턴처럼 생물학을 중요시하는 것을 거부하고 사회에 관한 자율적인 과학이라는 콩트의 목표를 실현해야 했다. 이러한 변화의 첫 단계는 역사적 발전 혹은 진화에 대한 19세기의 집착에서 나타났다. 아주 다른 방식이었지만 카를 마르크스와 허버트 스펜서는 사회에 관한 과학을 정교화했는데, 이에 따르면 시간의 경과에 따라 더 높은 차원의 조직이 출현하는 것은 사회적 동역학의 피할 수 없는 귀결이었다. 마르크스의 혁명적인 전망은 새로이 산업화된 경제의 노동력인 프롤레타리아 계급을 사회의 역사적 산물이자, 궁극적으로는 산업혁명을 주도했던 자본가들의 소유권을 몰수함으로써 사회를 사회주의적 이상향으로 변혁할 힘으로 보았다. 19세기가 끝날 때까지 마르크스의 '과학적 사회주의'는 좌파 사상가들에게 열정의 원천이 되었고, 20세기 중엽에는 러시아 등의 소비에트 정권이 마르크스주의는 사회적 동역학에 관한 설명으로서는 유일하게 과학의 방법론과 조화를 이룬다고 주장을 장려했다. 그러나 소비에트 블록의 외부에서 마르크스주의는 자본주의의 지배적인 이데올로기를 반대하는 이들에게 비판적 주장을 펼칠 중요한 원천으로 남아 있기는 했지만, 아무런 제도적 토대도 획득하지 못했다.

콩트의 프로그램을 자본주의에 독자적인 과학적 틀을 부여하는 방식으로 실행에 옮긴 이는 허버트 스펜서였다. 그는 진화론에 헌신함으로써 그 작업에 접근했다. 스펜서는 단순한 개인의 심리학을 넘어서는 사회적 행위의 법칙이 존재한다는 견해는 타당한 것으로 받아들였으나, 높은 수준의 행위는 보편적 발달을 지배하는 더욱 일반적인 법칙의 영향을 받으며 낮은 수준의 행위에서 출현한다고 보았다. 사회적 동역학에 관한 스펜서의 전망은 오랜 공리주의적 전통의 개인주의를 당연시했으나 개인의 노력과 독창성을 변화의 추동력으로 만들어놓았다. 스펜서는 경쟁을 개개인의 자기 개선을 이끌어내고, 그에 따라 사회적 진보까지 발생시키는 자극이라 보았고, 이로 인해 그와 그의 추종자들은 그들의 반대자들에 의해 '사회 다윈주의자'로 알려지게 됐다(『현대과학의 풍경2』 18장 "생물학과 이데올로기" 참조). 스펜서의 사회학이 진화론적 움직임에 영감을 준 것은 확실하나, 그것의 생물학적 뿌리는 더 다양했다. 특히 그는 사회를 개별 유기체로 모형화하는 '유기체적 은유'를 강조했다. 즉 특화된 여러 신체기관들이 무의식적으로 협력함으로써 몸이 더 높은 차원의 행위를 수행할 수 있는 것처럼 사회 내의 개인들 역시 비록 즉각적인 동기는 자기 이익이라 하더라도 전체의 이로움을 위해 그들의 특화된 직무를 수행한다는 것이었다. 스펜서가 1873년에 출간하여 대중적 인기를 모았던 『사회학 연구(The Study of Sociology)』는 이후 그가 쓴 더욱 본격적인 저작 『사회학 원리(The Principles of Sociology)』에 의해 강화될 사회적 행동에 관한 독립적인 과학을 변호하고 있었다.

이와 같은 선도성에도 불구하고 스펜서의 사회학은 그의 진화론적 철학에서 없어서는 안 될 요소로 여겨졌다. 이로 인해 사회학이 심리학과 생물학으로부터 벗어나 독립적인 과학 분과가 되어야 한다는 그의 전언은 힘을 잃을 수밖에 없었다. 인류학에서처럼 사회학이 대학의 학부, 학술지, 그리고 학회라는 아카데미 조직을 갖춘 하나의 전문적 분과로 출현하기 위해서는 진화론적 모형을 조심스럽게 거부해야 했다. 유럽에서는 이러한 전환이 1890년대에 상당히 갑작스럽게 일어났는데, 이 당시는 프랑스의 에밀 뒤르켕과 같은 학자들이 사회를 지배하는 법칙들은 더 낮은 행위의 수준으로 환원하여 설명할 수 없다고 주장하기 시작하던 때였다. 콩트처럼 뒤르켕 역시 심리학에는 거의 관심이 없었다. 그는 사회적 조건이 행동을 형성할 때 따르는 법칙을 발견하는 일에 착수했다. 1897년에 출간한 자살에 관한 연구에서 뒤르켕은 개인의 심리상태를 무시한 채 통계학만을 사용하여 상이한 사회적 여건이 자살률에 얼마나 큰 영향을 미치는지 보여주었다. 뒤르켕은 사람들이 어떤 방식으로 사회에서 목표의식을 발달시키는가라는 질문에 깊은 관심을 가진 열정적 세속주의자였는데, 그가 보기에 자살률이 높다는 것은 사회가 연대감을 고취하지 못하고 있음을 보여주는 지표였다. 이미 뒤르켕은 20세기 전환기를 즈음하여 프랑스에서 영향력 있는 사회학 학파를 만들기 시작했다. 《사회학연보(Année sociologique)》라는 학술지는 1898년에 창간되었고, 1902년 보르도에서 파리로 이주함으로써 뒤르켕은 프랑스의 지적·학술적 활동의 중심부로 진입하게 되었다. 그가 맡고 있던 교수좌는 본래 교육학 분야였으나 1913년에 사회학을 포함하는 것으로 개명되었다. 그렇다 하더라도 뒤르켕 학파가 영향력을 행사할 수 있었던 것은 형식적인 연구 프로그램을 창시해서라기보다는 유럽의 지식인들에게 더 폭넓은 영향을 주었기 때문이었다. 유럽의 여러 국가들에서 사회학이라는 아카데미 학부가 설립된 곳은 극소수였고 연구 주제로서도 사회학은 여전히 주변적 위치에 머물렀다. 1930년대가 되면 독일, 이탈리아, 스페인에서 권력을 장악한 나치, 파시스트 정권들이 적극적으로 사회학을 단념시키려 했다.

심리학이나 인류학과 마찬가지로 사회학이 가장 안정적인 지위를 획득한 곳은 급격히 팽창하던 미국의 대학체계 안이었다(Cravens, 1978; Degler, 1991). 당시 미국처럼 이민과 산업화로 급격한 변화에 처한 사회에서 사회적 행위를 과학적으로 연구할 수 있다는 주장은 현실에서 작용하는 복잡한 힘들을 통제할 수 있을 것이라는 희망을 가지게 했다. 대학은 거대 비즈니스와 정부 양자에게 사회적 불만이나 심지어 혁명을 누그러뜨릴 수 있다는 희망을 제공하는 과학의 발전을 위해 지원해줄 것을 호소할 수 있었다. 사회학은 정치적 행위의 도구라는 전통적 역할을 유지할 것이었으나 정보를 취합하고 분석하는 과정에 엄밀한 과학적 방법론을 적용함으로써 그 도구를 날카롭게 만들었다. 전문화의 필요성으로 인해 사회학은 독자적인 성격을 갖고 있고 오랜 진화론적 모형에 의존하지 않음을 역설할 수밖에 없었다. 사회학자가 통치계급의 자문 역할을 할 수 있다고 처음으로 주문한 사람은 1894년 컬럼비아 대학에서 미국 대학 최초의 사회학 교수로 임용된 프랭클린 헨리 기딩스였다. 시카고 대학의 윌리엄 하퍼는 산업계의 거물 존 데이비슨 록펠러가 사회과학을 지원하는 데 관심을 갖게 만들었는가 하면, 존스홉킨스 대학의 대니얼 길먼 역시 연구자금을 증액하는 데 새로운 과학의 호소력을 이용했다. 『미국사회학지(American Journal of Sociology)』는 1895년에 창간됐고 미국사회학회(American Sociological Society)는 1905년 설립되었다.

20세기 초엽에 이르자, 사회학은 인류학과 심리학을 미국 아카데미 시스템 내부로 결합시켜 인간과학 혹은 행동과학이라는 새로운 분야 내의 굳건한 협조자로 만들었다. 윌리엄 제임스와 같은 사상가들이 유지하고 있던 오랜 인문주의적 전통과, 심리학과 사회학의 경우처럼 실험이나 객관적으로 취합된 정보의 통계적 분석을 강조함으로써 그 학과의 과학적 성격을 역설해야 한다는 요구 사이에는 여전히 긴장이 존재했다. 어느 정도는, 거대 비즈니스가 연구자금을 지원함으로써 새로운 과학은 여러 제한들과 맞닥뜨려야 했고, 아카데미의 자유에 대해서도 의문이 제기되었다. 연구자금을 제공하는 이들이 원한 것은 과학이었지 도덕철학이 아니었고, 그것도 사회적 통제를 위한 도구로 활용할 수 있는 형태의 과학이었다. 아주 실질적인 의미에서, 인간과학이 20세기 초엽 미국 아카데미 내에서 영향력을 획득하기 위해 활용한 이데올로기적 틈새시장은 인간과학 분과들과 그것들이 맞닥뜨릴 도전 모두를 지속적으로 규정하게 만들었다.

결론

인간과학 혹은 행동과학은 결코 근대과학의 출현에 이어진 자연스러운 산물이 아니었다. 실로 그것들은 푸코가 더욱 고도로 조직화된 근대국가가 제공한 것으로 인식한 바 있는 사회적 · 전문적 기회에 아주 뒤늦게 대응한 산물이었다. 많은 사람들은, 인간의 행동 역시 법칙의 지배를 받으므로 과학의 방법론을 통해 이해될 수 있다는 믿음을 쉽게 받아들이지 못했다. 심지어 그러한 일이 가능하다 해도 환원론과 진화론은 마음과 사회적 행위를 연구할 독립적인 분과를 만들지 않고서도 인간의 본성을 설명할 수 있다는 매혹적인 제안을 전하고 있었다. 스펜서의 선구적 연구는 심리학과 사회학을 과학으로 성립시킬 수도 있었지만, 그는 진화론과 신경생리학의 새로운 발전들이 제공한 더 포괄적인 통합을 비켜갈 연구 프로그램이 있어야 한다는 사실을 깨닫지 못했다. 마침내 급속히 팽창하는 아카데미 체계 안에서 전문적 자율성을 확보하려는 노력이 생겨나면서야 미국의 심리학자, 인류학자, 사회학자들은 자신들이 몸담은 학과의 초기 발전단계에 필수적이었던 생물학과의 연결을 끊어내는 길로 나아갈 수 있었다. 생물학의 과학적 방법론은 차용할 수 있었지만, 생물학의 이론적 패러다임은 빌려올 수 없었다. 진정한 인간 행동과학이 정식화될 수 있다는 주장을 통해 그들은 이들 과학이 아카데미 정치라는 게임에서 중요한 행위자라는 인식을 가능하게 하는 연구자금원과 유력자들에게 접근할 수 있었다. 새로운 학과가 지닌 과학으로서의 자격과, 이들 분과들이 오랜 전통의 도덕철학으로부터 획득한 독립성을 강조할수록 더 많은 지원이 이루어졌다. 대조적으로 유럽의 인간과학은 뒤늦게야 미국의 동료들이 향유하던 전문적 정체성을 획득할 수 있었고, 윤리적이고 철학적인 관심사들로까지 이어지는 오랜 연결고리를 놓아버리는 일에는 여전히 지지부진한 모습을 보였다.

미국의 학계 내부에 생성된 긴장은 냉전기간에 전면으로 드러났는데, 당시 군산복합체는 물리과학뿐 아니라 사회과학에도 막대한 자금을 쏟아 붓고 있었던 것이다. 이는 심리학이나 사회학 등의 분야가 그것들의 과학적 자격과, 사회 통제의 영역에서 이들 분야가 지닌 유용성을 강조하는 사람들의 입장과 훨씬 확고하게 결합하는 결과를 낳았다(Simpson, 1998). 예상할 수 있는 상황이지만 1960년대 이래로 급진적인 그룹들의 반발이 있었으며, 이러한 반발은 인간과학이 마침내 미국식 전문화 모형을 뒤쫓기 시작한 유럽에서 더욱 가시적으로 나타났다.

결국 가장 흥미로운 질문은 다음과 같을 것이다. 인간의 본성을 과학적으로 연구하는 접근법을 창안하려던 시도는 그 목적을 달성했는가? 그러한 주제에 관한 실제적인 정보체계를 만드는 데 많은 자금과 노력들을 쏟아 부었음에도, 더 잘 확립된 영역에 속한 많은 과학자들은 '경성(hard)' 과학(여기서는 특히 자연과학을 가리킨다—옮긴이)과의 유비를 잠식하는 이론적 정합성의 결여를 지적하며 의구심을 떨치지 못한다. 심리학은 적어도 실험주의적이라는 신임에 토대를 두고 있고, 더 최근에 와서는 오늘날 인지과학이라고 불리는 영역을 창조하며 팽창 중인 신경생리학 분야와 융합하게 되었다. 이는 새로운 골상학, 마음과 뇌를 연결하는 진정한 과학으로 여겨질 수도 있다. 비록 심리학이 진화론에서 이룩한 발전의 영향을 받아 형성된 측면이 있다 하더라도 말이다. 스티븐 핑커를 비롯한 여러 사람들이 내세우고 있는 소위 진화심리학(Pinker, 1970)은 지각 혹은 인지상의 특정 업무를 처리하기 위해 자연선택에 의해 형성된 뇌 속의 기본 단위(module)를 규명하려 애쓰는 중이다. 그 결과는 그들이 인간 행동에 대한 생물학적 결정론을 화두로 한 토론을 재개한 까닭에 매우 논쟁적이다. 다른 극단에는 비서구 문화에 대한 연구에 있어 객관성은 담보하고 있다고 자부하지만 명시적인 과학적 방법론은 거의 사용하지 않는 인류학이 자리하고 있다. 그 사이에 스스로를 출중한 사회 '과학'이라고 간주하는 사회학이 있지만, 그들의 주장이 전체 과학계에서 그대로 인정되고 있는 것은 아니다. 미국과학진흥협회는 사회학 · 경제학 · 정치학에 종사하는 회원들을 위한 분류항목을 가지고 있지만, 그 수는 인류학이나 심리학에 비해 적은 것이 사실이며 물리학이나 생물학과 비교하면 초라할 정도이다. 협회지인 《사이언스》는 인지과학에 관한 연구 논문을 일상적으로 출간하며, 인류학, 나아가 고고학에 관해서도 비록 연구 논문까지는 아니어도 논평 정도는 정기적으로 내고 있지만, 사회학은 거의 다루지 않고 있다. 어떤 의미에서 인간과학은 엄청난 이로움을 가져다준 과학적 전망을 확보하기 위해 이전의 도덕적 · 철학적 담론의 산물로서 가지고 있던 생득권을 팔아치운 것이라 할 수도 있다. 그러나 어떤 분야가 '과학적'이 되기 위해 갖춰야 할 자질을 수호한다고 생각하는 이들은 여전히 이들을 미심쩍은 눈길로 바라보고 있다. **(서민우 옮김)**

:: 참고한 문헌 · 더 읽을 만한 문헌 ::

1장. 서론 : 과학, 사회 그리고 역사 |

Barnes, Barry, and Steven Shapin, eds. 1979. *Natural Order: Historical Studies of Scientific Culture*. Beverly Hills, CA, and London: Sage Publications.

Barnes, Barry, David Bloor, and John Henry. 1996. *Scientific Knowledge: A Sociological Analysis*. London: Athlone.

Bernal, J. D. 1954. *Science in History*. 3 vols. 3d ed., Cambridge, MA: MIT Press, 1969. 〔번역서〕 J. D. 버널, 김상민 외 옮김, 『과학의 역사: 돌도끼에서 수소폭탄까지』 (한울, 1995).

Brown, James Robert. 2001. *Who Rules in Science? An Opinionated Guide to the Wars*. Cambridge, MA: Harvard University Press.

Collins, Harry. 1985. *Changing Order: Replication and Induction in Scientific Practice*. London: Sage.

Foucault, Michel. 1970. *The Order of Things: The Archaeology of the Human Sciences*. New York: Pantheon. 〔번역서〕 미셸 푸코, 이광래 옮김, 『말과 사물』(민음사, 1986).

Gillispie, Charles C. 1960. *The Edge of Objectivity: An Essay in the History of Scientific Ideas*. Princeton, NJ: Princeton University Press. 〔번역서〕 찰스 길리스피, 이필렬 옮김, 『객관성의 칼날 : 과학 사상의 역사에 관한 에세이』(새물결, 2005).

________, ed., 1970-80. *Dictionary of Scientific Biography*. 16 vols. New York: Scribners.

Golinski, Jan. 1998. *Making Natural Knowledge: Constructivism in the History of Science*. Cambridge: Cambridge University Press.

Gross, Paul R., and Norman Levitt. 1994. *Higher Superstition: The Academic Left and*

Its Quarrel with Science. Baltimore: Johns Hopkins University Press.

Gutting, Gary. 1989. *Michel Foucault's Archaeology of Scientific Reason*. Cambridge: Cambridge University Press.

Hempel, Karl. 1966. *Philosophy of Natural Science*. Englewood Cliffs, NJ: Prentice Hall. 〔번역서〕 C. G. 헴펠, 곽강제 옮김, 『자연과학철학』(박영사, 1987).

Kohler, Robert E. 1994. *Lords of the Fly*: Drosophila *Genetics and the Experimental Life*. Chicago: University of Chicago Press.

Koyré, Alexandre, 1965. *Newtonian Studies*. Chicago: University of Chicago Press.

_______. 1978. *Galileo Studies*. Atlantic Highlands, NJ: Humanities Press; Hassocks: Harvester.

Kuhn, Thomas S. 1962. *The Structure of Scientific Revolutions*. Chicago: University of Chicago Press. 〔번역서〕 토머스 S. 쿤, 김명자 옮김, 『과학혁명의 구조』(까치, 1999).

Lakatos, Imre, and Alan Musgrave, eds. 1979. *Criticism and the Growth of Knowledge*. Cambridge: Cambridge University Press.

Latour, Bruno. 1987. *Science in Action: How to Follow Scientists and Engineers through Society*. Milton Keynes: Open University Press.

Lindberg, David C. 1992. *The Beginnings of Western Science: The European Scneitific Tradition in its Philosophical, Religious and Institutional Contexts, 600 B.C. to A.D. 1450*. Chicago: University of Chicago Press.

Merton, Robert K. 1973. *The Sociology of Science: Theoretical and Empirical Investigations*. Chicago: University of Chicago Press. 〔번역서〕 로버트 머튼, 석현호 외 옮김, 『과학사회학』(민음사, 1998).

Needham, Joseph. 1969. *The Grand Titration: Science and Society in East and West*. London: Allen & Unwin.

Popper, Karl. 1959. *The Logic of Scientific Discovery*. London: Hutchinson. 〔번역서〕 카를 포퍼, 박우석 옮김, 『과학적 발견의 논리』(고려원, 1994).

Rudwick, Martin J. S. 1985. *The Great Devonian Controversy: The Shaping of Scientific Knowledge among Gentlemanly Specialists*. Chicago: University of Chicago Press.

Shapin, Steven. 1996. *The Scientific Revolution*. Chicago: University of Chicago Press. 〔번역서〕 스티븐 섀핀, 한영덕 옮김, 『과학혁명』(영림카디널, 2002).

Shapin, Steven, and Simon Schaffer. 1985. *Leviathan and the Air Pump: Hobbes, Boyle and the Experimental Life*. Princeton, NJ: Princeton University Press.

Waller, John. 2002. *Fabulous Science: Fact and Fiction in the History of Scientific Discovery*. Oxford: Oxford University Press.

Whitehead, A. N. 1926. *Science and the Modern World*. Cambridge: Cambridge University Press. 〔번역서〕 A. N. 화이트헤드, 오영환 옮김, 『과학과 근대세계』(서광사, 1990).

2장. 과학혁명 |

Bennett, J. A. 1986. "The Mechanics' Philosophy and the Mechanical Philosophy." *History of Science* 24: 1-28.

Biagioli, Mario. 1993. *Galileo Courtier: The Practice of Science in the Culture of Absolutism*. Chicago: University of Chicago Press.

Burtt, Edwin. 1924. *The Metaphysical Foundations of Modern Physical Science*. New York: Humanities Press.

Butterfield, Herbert. 1949. *The Origins of Modern Science, 1300-1800*. London: G. Bell. 〔번역서〕 허버트 버터필드, 차하순 옮김, 『근대과학의 기원: 1300년부터 1800년에 이르기까지』(탐구당, 1980)

Cunningham, Andrew. 1991. "How the *Principia* Got Its Name; or, Taking Natural Philosophy Seriously." *History of Science* 29: 377-92.

Dear, Peter. 1995. *Discipline and Experience: The Mathematical Way in the Scientific Revolution*. Chicago: University of Chicago Press.

Fauvel, John, Raymond Flood, Michael Shortland, and Robin Wilson, eds. 1988. *Let Newton Be!* Oxford: Oxford University Press.

Findlen, Paula. 1994. *Possessing Nature: Museums, Collecting, and Scientific Culture in Early Modern Italy*. London and Berkeley: University of California Press.

Hall, Rupert. 1954. *The Scientific Revolution, 1500-1800*. London: Longmans, Green.

Hessen, Boris. [1931] 1971. "The Social and Economic Roots of Newton's 'Principia.'" In *Science at the Cross-Roads*, edited by N. I. Bukharin et al. Reprint ed., edited by Gary Werskey. London: Frank Cass, 149-212.

Iliffe, Rob. 1992. "In the Warehouse: Privacy, Property and Propriety in the Early Royal Society." *History of Science* 30: 29-68.

Koyré, Alexandre. 1953. *From the Closed World to the Infinite Universe*. Baltimore: Johns Hopkins University Press.

___________. 1968. *Metaphysics and Measurement: Essays in Scientific Revolution*. Cambridge, MA: Harvard University Press.

Kuhn, Thomas. 1966. *The Copernican Revolution*. Cambridge, MA: Harvard University Press.

Lindberg, David, and Robert Westman, eds. 1990. *Reappraisals of the Scientific Revolution*. Cambridge: Cambridge University Press.

Lloyd, Geoffrey E. R. 1970. *Early Greek Science*. London: Chatto & Windus. [번역서] G. E. R. 로이드, 이광래 옮김, 『그리스 과학사상사』(지성의 샘, 1996).

_______. 1973. *Greek Science after Aristotle*. London: Chatto & Windus.

Mayr, Otto. 1986. *Authority, Liberty and Automatic Machinery*. Baltimore: Johns Hopkins University Press.

Martin, Julian. 1992. *Francis Bacon, the State, and the Reform of Natural Philosophy*. Cambridge: Cambridge University Press.

Hunter, Michael, and Simon Schaffer, eds. 1989. *Robert Hooke: New Studies*. Woodbridge: Boydell.

Redondi, Pietro. 1987. *Galileo Heretic*. Princeton, NJ: Princeton University Press.

Shapin, Steven. 1994. *A Social History of Truth: Civility and Science in Seventeenth-Century England*. Chicago: University of Chicago Press.

_______. 1996. *The Scientific Revolution*. Chicago: University of Chicago Press. [번역서] 스티븐 섀핀, 한영덕 옮김, 『과학혁명』(영림카디널, 2002)

Shapin, Steven, and Simon Schaffer. 1985. *Leviathan and the Air-Pump: Hobbes, Boyle and the Experimental Life*. Princeton, NJ: Princeton University Press.

Thoren, Victor. 1990. *Lord of Uraniborg: A Biography of Tycho Brahe*. Cambridge: Cambridge University Press.

Westfall, Richard. 1971. *The Construction of Modern Science: Mechanisms and Mechanics*. Cambridge: Cambridge University Press. 〔번역서〕 리차드 S. 웨스트팔, 정명식 옮김, 『근대과학의 구조』(민음사, 1992).

________. 1980. *Never at Rest: A Biography of Isaac Newton*. Cambridge: Cambridge University Press. 〔번역서〕 리처드 웨스트폴, 최상돈 옮김, 『프린키피아의 천재』(사이언스북스, 2001).

Whiteside, D. Thomas, ed. 1969. *The Mathematical Papers of Isaac Newton*. Cambridge: Cambridge University Press.

Yates, Frances. 1964. *Giordano Bruno and the Hermetic Tradition*. London: Routledge.

3장. 화학혁명 |

Anderson, R., and C. Lawrence, eds. 1987. *Sciencs, Medicine and Dissent*. London: Wellcome Trust.

Brock, William H. 1992. *The Fontatna/Norton History of Chemistry*. London: Fontatna; New York: Norton.

Butterfield, Herbert. 1949. *The Origins of Modern Science, 1300-1800*. London: G. Bell. 〔번역서〕 허버트 버터필드, 차하순 옮김, 『근대과학의 기원 : 1300년부터 1800년에 이르기까지』(탐구당, 1980).

Debus, Allan G. 1977. *The Chemical Philsophy: Paracelsian Science and Medicine in the Sixteenth Century*. New York: Science History Publications.

________. 1987. *Chemistry, Alchemy and the New Philosophy, 1550-1700*. London: Variorum.

Donovan, Arthur. 1996. *Antoine Lavoisier: Science, Administration and Revolution*.

Cambridge: Cambridge University Press.

Fullmer, J. Z. 2000. *Young Humpry Davy: The Making of an Experimental Chemist.* Philadelphia: American Philosophical Society.

Golinski, Jan. 1992. *Science as Public Culture: Chemistry and Enlightenment in Britain, 1760–1820.* Cambridge: Cambridge University Press.

Guerlac, Henry. 1961. *Lavoisier, the Crucial Year.* Ithaca, NY: Cornell University Press.

Holmes, Frederick L. 1985. *Lavoisier and the Chemistry of Life.* Madison: University of Wisconsin Press..

Ihde, A. 1964. *The Development of Modern Chemistry.* New York: Harper & Row.

Kargon, Robert. 1966. *Atomism in England from Hariot to Newton.* Oxford: Oxford University Press.

Knight David. 1978. *The Transcendental Part of Chemistry.* Folkestone: Dawson.

_______. 1992. *Ideas in Chemistry.* New Brunswick, NJ: Rutgers University Press.

Kuhn, Thomas S. 1977. "The Historical Structure of Scientific Discovery." In *The Essential Tension: Selected Studies in Scientific Tradition and Change.* Chicago: University of Chicago Press.

Pagel, Walter. 1982. *Johan Baptista van Helmont: Reformer of Science and Medicine.* Cambridge: Cambridge University Press.

Patterson, E. 1970. *John Dalton and the Atomic Theory.* New York: Doubleday.

Rocke, A. 1984. *Chemical Atomism in the Nineteenth Century.* Columbus: Ohio State University Press.

Schofield, Robert. 1963. *The Lunar Society of Birmingham.* Oxford: Oxford University Press.

_______. 1970. *Mechanism and Materialism: British Natural Philosophy in an Age of Reason.* Princeton, NJ: Princeton University Press.

Thackray, Arnold. 1970. *Atoms and Powers.* Oxford: Oxford University Press.

_______. 1972. *John Dalton.* Cambridge, MA: Harvard University Press.

Uglow, J. 2002. *The Lunar Men.* London: Faber & Faber.

4장. 에너지 보존 |

Cahan, David, ed. 1994. *Hermann von Helmholtz and the Foundations of Nineteenth Century Science*. Berkely: University of California Press.

Caneva, Kenneth. 1993. *Robert Mayer and the Conversation of Energy*. Princeton, NJ: Princeton University Press.

Cardwell, Donald. 1971. *From Watt to Clausius: The Rise of Thermodynamics in the Early Industrial Age*. Ithaca, NY: Cornell University Press.

_______. 1989. *James Joule: A Biography*. Manchester: Manchester University Press.

Carnot, Sadi. 1986. *Reflections on the Motive Power of Fire*. Translated and edited by Robert Fox. Manchester: Manchester University Press.

Elkana, Yehuda. 1974. *The Discovery of the Conservation of Energy*. London: Hutchinson.

Harman, Peter. 1982. *Energy, Force and Matter: The Conceptual Development of Nineteenth-Century Physics*. Cambridge: Cambridge University Press. 〔번역서〕 피터 하만, 김동원 외 옮김, 『에너지, 힘, 물질 : 19세기의 물리학』(성우, 2000).

________, ed. 1985. *Wranglers and Physicists*. Manchester: Manchester University Press.

________. 1998. *The Natural Philosophy of James Clerk Maxwell*. Cambridge: Cambridge University Press.

Hunt, Bruce. 1991. *The Maxwellians*. Ithaca, NY: Cornell University Press.

Jungnickel, Christa, and Russell McCormmach. 1986. *The Intellectual Mastery of Nature: Theoretical Physics from Ohm to Einstein*. Vol. 1. Chicago: University of Chicago Press.

Kuhn, Thomas. 1977. "Energy Conservation as an Example of Simultaneous Discovery." In *The Essential Tension: Selected Studies in Scientific Tradition and Change*. Chicago: University of Chicago Press.

Morus, Iwan Rhys. 1998. *Frankenstein's Children: Electricity, Exhibition and Experiment in Early-Nineteenth-Century London*. Princeton, NJ: Princeton

University Press.

Rabinbach, Anson. 1990. *The Human Motor*. Berkeley: University of California Press.

Sibum, Otto. 1995. "Reworking the Mechanical Value of Heat: Instruments of Precision and Gestures of Accuracy in Early Victorian England." *Studies in the History of Philosophy of Science* 26: 73-106.

Smith, Crosbie. 1998. *The Science of Energy*. London: Athlone.

Smith, Crosbie, and M. Norton Wise. 1989. *Energy and Empire: A Biographical Study of Lord Kelvin*. Cambridge: Cambridge University Press.

Williams, L. Pearce. 1965. *Michael Faraday*. London: Chapman & Hall.

Wise, M. Norton (with the collaboration of Crosbie Smith). 1989-1990. "Work and Waste: Political Economy and Natural Philosophy in Nineteenth-Century Britain." *History of Science* 27: 263-301, 27: 391-449, 28: 221-61.

5장. 지구의 나이 |

Burchfield, Joe D. 1974. *Lord Kelvin and the Age of the Earth*. New York: Science History Publications.

Dean, Dennis R. 1992. *James Hutton and the History of Geology*. Ithaca, NY: Cornell University Press.

Gillispie, Charles Coulson. 1951. *Genesis and Geology: A Study of the Relations of Scientific Thought, Natural Theology and Social Opinion in Great Britain, 1790-1850*. Reprint, New York: Harper, 1959.

Gould, Stephen Jay. 1987. *Time's Arrow, Time's Cycle: Myths and Metaphor in the Discovery of Geological Time*. Cambridge, MA: Harvard University Press.

Greene, John C. 1959. *The Death of Adam: Evolution and Its Impact on Western Thought*. Ames: Iowa State University Press.

Greene, Mott T. 1982. *Geology in the Nineteenth Century: Changing Views of a Changing World*. Ithaca, NY: Cornell University Press.

Hallam, Anthony. 1983. *Great Geological Controversies*. Oxford: Oxford University

Press.

Hutton, James. 1795. *Theory of the Earth, with Proofs and Illustrations*. 2 vols. Reprint, Codicote, Herts: Weldon & Wesley 1960.

Laudan, Rachel. 1987. *From Mineralogy to Geology: The Foundation of a Science, 1650–1830*. Chicago: University of Chicago Press.

Lewis, Cherry. 2000. *The Dating Game: One Man's Search for the Age of the Earth*. Cambridge: Cambridge University Press.

Lyell, Charles. 1830–33. *Principles of Geology: Being an Attempt to Explain the Former Changes of the Earth's Surface by Reference to Causes now in Operation*. 3 vols. Introduction by Martin J. S. Rudwick. Reprint, Chicago: University of Chicago Press, 1990–91.

Oldroyd, David. 1996. *Thinking about the Earth: A History of Geological Ideas*. London: Athlone.

Porter, Roy. 1977. *The Making of Geology: The Earth Sciences in Britain, 1660–1815*. Cambridge: Cambridge University Press.

Rappaport, Rhoda. 1997. *When Geologists Were Historians, 1665–1750*. Ithaca, NY: Cornell University Press.

Roger, Jacques. 1997. *Buffon: A Life in Natural History*. Translated by S. L. Bonnefoi. Ithaca, NY: Cornell University Press.

Rossi, Paolo. 1984. *The Dark Abyss of Time: The History of the Earth and the History of Nations from Hooke to Vico*. Chicago: University of Chicago Press.

Rudwick, Martin J. S. 1976. *The Meaning of Fossil: Episodes in the History for Paleontology*. New York: Science History Publications.

________. 1985. *The Great Devonian Controversy: The Shaping of Scientific Knowledg among Gentlemanly Specialists*. Chicago: University of Chicago Press.

Schneer, Cecil J., ed. 1969. *Toward a History of Geology*. Cambridge, MA: MIT Press.

Secord, James A. 1986. *Controversy in Victorian Geology: The Cambrian-Silurian Debate*. Princeton, NJ: Princeton University Press.

Wilson, Leonard G. 1972. *Charles Lyell: The Years to 1841: The Revolution in Geology*. New Haven, CT: Yale University Press.

6장. 다윈 혁명 I

Appel, Toby A. 1987. *The Cuvier-Geoffroy Debate: French Biology in the Decades before Darwin*. Oxford: Oxford University Press.

Barzun, Jacques. 1958. *Darwin, Marx, Wagner: Critique of a Heritage*. 2d ed. Garden City, NY: Doubleday.

Bowler, Peter J. 1983a. *The Eclipse of Darwinism: Anti-Darwinian Evolution Theories in the Decades around 1900*. Baltimore: Johns Hopkins University Press.

________. 1983b. *Evolution: The History of an Idea*. 3d ed. Berkeley: University of California Press, 2003.

________. 1986. *Theories of Human Evolution: A Century of Debate, 1844-1944*. Baltimore: Johns Hopkins University Press; Oxford: Basil Blackwell.

________. 1988. *The Non-Darwinian Revolution: Reinterpreting a Historical Myth*. Baltimore: Johns Hopkins University Press.

________. 1989. *The Mendelian Revolution: The Emergence of Hereditarian Concepts in Modern Science and Society*. London: Athlone; Baltimore: Johns Hopkins University Press.

________. 1990. *Charles Darwin: The Man and His Influence*. Oxford: Basil Blackwell. Reprint, Cambridge: Cambridge University Press, 1996. [번역서] 피터 J. 보울러, 한국동물학회 옮김, 『찰스 다윈』(전파과학사, 1999).

________. 1996. *Life's Splendid Drama: Evolutionary Biology and the Reconstruction of Life's Ancestry, 1860-1940*. Chicago: University of Chicago Press.

Browne, Janet. 1995. *Charles Darwin: Voyaging*. London: Jonathan Cape.

Burkhardt, Richard W., Jr. 1977. *The Spirit of System: Lamarck and Evolutionary Biology*. Cambridge, MA: Harvard University Press.

Darwin, Charles. 1859. *On the Origin of Species by Means of Natural Selection; or, The*

Preservation of Favoured Races in the Struggle for Life. Facsimile of the 1st ed., with introduction by Ernst Mayr. Reprint, Cambridge, MA: Harvard University Press, 1964. 〔번역서〕 다윈, 이민재 옮김, 『종의 기원』(을유문화사, 1995).

________. 1984–. *The Correspondence of Charles Darwin*. Edited by Frederick Burkhardt and Sydney Smith. 12 vols. Cambridge: Cambridge University Press.

________. 1987. *Charles Darwin's Notebooks, 1836–1844*. Edited by Paul H. Barrett et al. Cambridge: Cambridge University Press.

Darwin, Charles, and Alfred Russel Wallace. 1958. *Evolution by Natural Selection*. Cambridge: Cambridge University Press.

De Beer, Gavin. 1963. *Charles Darwin: Evolution by Natural Selection*. London: Nelson.

Desmond, Adrian. 1989. *The Politics of Evolution: Morphology, Medicine and Reform in Radical London*. Chicago: University of Chicago Press.

________. 1994. *Huxley: The Devil's Disciple*. London: Michael Joseph.

________. 1997. *Huxley: Evolution's High Priest*. London: Michael Joseph.

Desmond, Adrian, and James R. Moore. 1991. *Darwin*. London: Michael Joseph.

Di Gregorio, Mario A. 1984. *T. H. Huxley's Place in Natural Science*. New Haven, CT: Yale University Press.

Eiseley, Loren. 1958. *Darwin's Century: Evolution and the Men Who Discovered It*. New York: Doubleday.

Ellegård, Alvar. 1958. *Darwin and the General Reader: The Reception of Darwin's Theory of Evolution in the British Periodical Press, 1859–1871*. Goteburg: Acta Universitatis Gothenburgensis. Reprint, Chicago: University of Chicago Press, 1990.

Farber, Paul Lawrence. 2000. *Finding Order in Nature: The Naturalist Tradition from Linnaeus to E. O. Wilson*. Baltimore: Johns Hopkins University Press.

Gayon, Jean. 1998. *Darwinism's Struggle for Survival: Heredity and the Hypothesis of Natural Selection*. Cambridge: Cambridge University Press.

Ghiselin, Michael T. 1969. *The Triumph of the Darwinian Method*. Berkeley:

University of California Press.

Gillispie, Charles C. 1951. *Genesis and Geology: A Study in the Relations of Scientific Thought, Natural Theology, and Social Opinion in Great Britain, 1790–1850.* Reprint, New York: Harper & Row, 1959.

Glass, Bentley, Owsei Temkin, and William Straus, Jr., eds. 1959. *Forerunners of Darwin: 1745–1859.* Baltimore: Johns Hopkins University Press.

Greene, John C. 1959. *The Death of Adam: Evolution and Its Impact on Western Thought.* Ames: Iowa State University Press.

Himmelfarb, Gertrude. 1959. *Darwin and the Darwinian Revolution.* New York: Norton.

Hull, David L., ed. 1973. *Darwin and His Critics: The Reception of Darwin's Theory of Evolution by the Scientific Community.* Cambridge, MA: Harvard University Press.

Jordanova, Ludmilla. 1984. *Lamarck.* Oxford: Oxford University Press.

Kohn, David, ed. 1985. *The Darwinian Heritage.* Princeton, NJ: Princeton University Press.

Kottler, Malcolm Jay. 1985. "Charles Darwin and Alfred Russell Wallace: Two Decades of Debate over Natural Selection." In *The Darwinian Heritage*, edited by David Kohn. Princeton, NJ: Princeton University Press, 367–432.

Lovejoy, Arthur O. 1936. *The Great Chain of Being: A Study in the History of an Idea.* Reprint, New York: Harper, 1960.

Lurie, Edward. 1960. *Louis Agassiz: A Life in Science.* Chicago: University of Chicago Press.

Mayr, Ernst. 1982. *The Growth of Biological Thought: Diversity, Evolution and Inheritance.* Cambridge, MA: Harvard University Press.

Mayr, Ernst, and William B. Provin, eds. 1980. *The Evolutionary Synthesis: Perspectives on the Unification of Biology.* Cambridge, MA: Harvard University Press.

Provin, William B. 1971. *The Origins of Theoretical Population Genetics.* Chicago:

University of Chicago Press.

Richards, Robert J. 1987. *Darwin and the Emergence of Evolutionary Theories of Mind and Behavior*. Chicago: University of Chicago Press.

Roger, Jacques. 1997. *Buffon: A Life in Natural History*. Translated by Lucille Bonnefoi. Ithaca, NY: Cornell University Press.

_______. 1998. *The Life Sciences in Eighteenth-Century French Thought*. Translated by Robert Ellich. Stanford, CA: Stanford University Press.

Rupke, Nicolaas A. 1993. *Richard Owen: Victorian Naturalist*. New Haven, CT: Yale University Press.

Ruse, Michael. 1979. *The Darwinian Revolution: Science Red in Tooth and Claw*. 2d ed. Chicago: University of Chicago Press, 1999.

_______. *Monad to Man: The Concept of Progress in Evolutionary Biology*. Cambridge, MA: Harvard University Press.

Secord, James A. 2000. *Victorian Sensation: The Extraordinary Publication, Reception and Secret Authorship of "Vestiges of the Natural History of Creation."* Chicago: University of Chicago Press.

Sulloway, Frank. *Freud: Biologist of the Mind*. London: Burnett Books.

Vorzimmer, Peter J. 1970. *Charles Darwin: The Years of Controversy: The "Origin of Species" and Its Critics, 1859-82*. Philadelphia: Temple University Press.

Young, Robert M. 1985. *Darwin's Metaphor: Nature's Place in Victorian Culture*. Cambridge: Cambridge University Press.

7장. 새로운 생물학 |

Ackerknecht, Erwin. 1953. *Rudolph Virchow: Doctor, Statesman, Anthropologist*. Madison: University of Wisconsin Press.

Albury, W. R. 1977. "Experiment and Explanation in the Physiology of Bichat and Magendie." *Studies in the History of Biology* 1: 47-131.

Allen, Garland E. 1975. *Life Science in the Twentieth Century*. New York: Wiley.

Appel, Tobey A. 1987. *The Cuvier-Geoffroy Debate: French Biology in the Decades before Darwin*. Oxford: Oxford Univerity Press

Bernard, Claude. 1957. *An Introduction to the Study of Experimantal Medicine*. New York: Dover. 〔번역서〕 클로드 베르나르, 유석진 옮김, 『실험의학방법론』(태광문화사, 1985).

Bowler, Peter J. 1996. *Life's Splendid Drama: Evolutionary Biology and the Reconstruction of Life's Ancestry, 1860-1940*. Chicago: University of Chicago Press.

Brock, William H. 1997. *Justus von Liebig: The Chemical Gatekeeper*. Cambridge: Cambridge University Press.

Brooke, John H. 1968. "Wöhler's Urea and Its Vital Force?—a Verdict from the Chemists." *Ambix* 15: 84-113.

Caron, Joseph A. 1988. "'Biology' in the Life Sciences: A Historiographical Contribution." *History of Science* 26: 223-68.

Coleman, William. 1964. *Georges Cuvier, Zoologist*. Cambridge, MA: Harvard University Press.

________. 1971. *Biology in the Nineteenth Century: Problems of Form, Function and Transformation*. New York: Wiley

Foucault, Michel. 1970. *The Order of Things*. New York: Pantheon Books. 〔번역서〕 미셸 푸코, 이광래 옮김, 『말과 사물』(민음사, 1986).

French, Richard D. 1975. *Antivivisection and Medical Science in Victorian Society*. Princeton, NJ: Princeton University Press.

Geison, Gerald L. 1978. *Michael Foster and the Cambridge School of Physiology: The Scientific Enterprise in Late-Victorian Society*. Princeton, NJ: Princeton University Press.

Goodfield, G. J. 1975. *The Growth of Scientific Physiology: Physiological Method and the Mechanist-Vitalist Controversy, Illustrated by the Problems of Respiration and Animal Heat*. New York: Arno Press.

Hall, Thomas S. 1969. *History of General Physiology*. 2 vols. Chicago: University of

Chicago Press.

Harrrington, Anne 1996. *Re-enchanted Science: Holism in German Culture from Wilhelm II to Hitler*. Princeton, NJ: Princeton University Press

Holmes, Frederick L. 1974. *Claude Bernard and Animal Chemistry: The Emergence of a Scientist*. Cambridge, MA: Harvard University Press.

________. 1991. *Hans Krebs: The Formation of a Scientific Life, 1900–1933*. New York: Oxfrord University Press.

_______. 1993. *Hans Krebs: Architect of Intermediary Metabolism, 1933–1937*. New York: Oxford University Press.

Huxley, T. H. 1893. *Methods and Results*. Vol. 1 of *Collected Essays*. London: Macmillan.

Kohler, Robert. E. 1982. *From Medical Chemistry to Biochemistry: The Making of a Biomedical Discipline*. Cambridge: Cambridge University Press.

Lenoir, Timothy. 1982. *The Strategy of Life: Teleology and Mechanics in Nineteenth-Century German Biology*. Dordrecht: D. Reidel.

Lesch, John, E. 1984. *Science and Medicine in France: The Emergence of Experimental Physiology, 1790–1855*. Cambridge, MA: Harvard University Press.

Liebig, J. von. 1964. *Animal Chemistry: or Organic Chemistry in Its Application to Physiology and Pathology*. New York: Arno.

Maienschein, Jane. 1991. *Transforming Traditions in American Biology, 1880–1915*. Baltimore: Johns Hopkins University Press.

Nordenskiöld, Eric. 1946. *The History of Biology*. New York: Tudor Publishing.

Nyhart, Lynn K. 1995. *Biology Takes Form: Animal Morphology in the German Universities, 1800–1900*. Chicago: University of Chicago Press.

Pauly, Philip J. 1987. *Controlling Life: Jacques Loeb and the Engineering Ideal in Biology*. New York: Oxford University Press.

Rainger, Ron, Keith R. Benson, and Jane Maienschein, eds. 1988. *The American Development of Biology*. Philadelphia: University of Pennsylvania Press.

Russell, E. S. 1916. *Form and Function: A Contribution to the History of Animal*

Morphology. London: John Murray.

Rupke, Nicholaas A. 1993. *Richard Owen: Victorian Natutalist*. New Haven, CT: Yale University Press.

Sturdy, Steve. 1988. "Biology as Social Theory: John Scott Haldane and Physiological Regulation." *British Journal for the History of Science* 21: 315-40.

8장. 유전학 |

Allen, Garland E. 1975. *Life Science in the Twentieth Century*. New Yock: Wiley.

________. 1978. *Thomas Hunt Morgan: The Man and His Science*. Princeton, NJ: Princeton University Press.

Bateson, William. 1984. *Materials for the study of Variation, Treated with Especial Regard to Discontinuity in the Origin of Species*. London: Macmillan.

________. 1902. *Mendel's Principles of Heredity: A Defence*. Cambridge: Cambridge University Press.

Bowler, Peter J. 1989. *The Mendelian Revolution: The Emergence of Hereditarian Concepts in the Modern Science and Society*. London: Athlone; Baltimore: Johns Hopkins University Press.

Burian, R. M., J. Gayon, and D. Zallen. 1988. "The Singular Fate of Genetics in the History of French Biology." *Journal of the History of Biology* 21: 357-402.

Callendar, L. A. 1988. "Gregor Mendel—an Opponent of Descent with Modification." *History of Science* 26: 41-75.

Carlson, Elof A. 1966. *The Gene: A Critical History*. Philadelphia: Saunders.

Dunn, L. C. 1965. *A Short History of Genetics*. New York: McGraw Hill.

Echols, Harrison. 2001. *Operators and Promoters: The Story of Molecular Biology and Its Creators*. Berkeley: University of California Press.

Gayon, Jean. 1998. *Darwinism's Struggle for Survival: Heredity and Hypothesis of Natural Selection*. Cambridge: Cambridge University Press.

Gould, Stephen Jay. 1977. *Ontogeny and Phylogeny*. Cambridge, MA: Harvard

University Press.

Harwood, Jonathan. 1993. *Styles of Scientific Thought: The German Genetics Community, 1900-1933*. Chicago: University of Chicago Press.

Henig, Robin Marantz. 2000. *A Monk and Two Peas: The Story of Gregor Mendel and the Discovery of Genetics*. London: Weidenfield & Nicolson. 〔번역서〕 로빈 헤니그, 안인희 옮김, 『정원의 수도사』(사이언스북스, 2006).

Iltis, Hugo. 1932. *Life of Mendel. Reprint*, New York: Hafner, 1966.

Judson, H. F. 1979. *The Eighth Day of Creation: Makers of the Revolution in Biology*. London: Jonanthan Cape. 〔번역서〕 H. F. 저슨, 하두봉 옮김, 『창조의 제8일』(범양사출판부, 1984).

Keller, Evelyn Fox. 2000. *The Century of the Gene*. Cambridge, MA: Harvard University Press. 〔번역서〕 이블린 폭스 켈러, 이한음 옮김,『유전자의 세기는 끝났다』(지호, 2002).

Kevles, Daniel J., and Leroy Hood, eds. 1992. *The Code of Codes: Scientific and Social Issues in the Human Genome Project*. Cambridge, MA: Harvard University Press.

Kohler, Robert E. 1994. *Lords of the Fly: "Drosophila" Genetics and the Experimental Life*. Chicago: University of Chicago Press.

Morgan, T. H., A. H. Sturtevant, H. J. Muller, and C. B. Bridge. 1915. *The Mechanism of Mendelian Inheritance*. New York: Henry Holt.

Olby, Robert C. 1974. *The Path to the Double Helix*. London: Macmillan.

_______. 1979. "Mendel No Mendelian?" *History of Science* 17:53-72.

_______. 1985. *The Origins of Mendelism*. Rev. ed. Chicago: University of Chicago Press.

Orel, Vitezslav. 1995. *Gregor Mendel: The First Geneticist*. Oxford: Oxford University Press. 〔번역서〕 Vitëzslav Orel, 한국유전학회 옮김, 『멘델 : 그의 인생과 학문』(아카데미서적, 1989).

Pinto-Correia, Clara. 1997. *The Ovary of Eve: Egg and Sperm and Preformation*. Chicago: University of Chicago Press.

Provine, William B. 1971. *The Origins of Theoretical Population Genetics*. Chicago: University of Chicago Press.

Roberts, H. F. 1929. *Plant Hybridization before Mendel*. Princeton, NJ: Princeton University Press.

Roe, Shirley A. 1981. *Matter, Life, and Generation: Eighteenth-Century Embryology and the Haller-Wolff Debate*. Cambridge: Cambridge University Press.

Roger, Jacques. 1998. *The Life Sciences in Eighteenth-Century French Thought*. Edited by K. R. Benson. Translated by Robert Ellrich. Stanford, CA: Stanford University Press.

Sapp, Jan. 1987. *Beyond the Gene: Cytoplasmic Inheritance and the Struggle for Authority in Genetics*. New York: Oxford University Press.

Stern, Kurt, and E. R. Sherwood. 1966. *The Origins of Genetics: A Mendel Sourcebook*. San Francisco: W. H. Freeman.

Sturtevant, A. H. 1965. *A History of Genetics*. New York: Harper & Row.

Watson, J. D. 1968. *The Double Helix*. New York: Athenaeum. [번역서] 제임스 왓슨, 최돈찬 옮김, 『이중나선 : 생명에 대한 호기심으로 DNA구조를 발견한 이야기』(궁리, 2006).

9장. 생태학과 환경보호주의 |

Anker, Peder. 2001. *Imperial Ecology: Environmental Order in the British Empire, 1895-1945*. Cambridge, MA: Harvard University Press.

Bocking, Stephen. 1997. *Ecologists and Environmental Politics: A History of Contemporary Ecology*. New Haven, CT: Yale University Press.

Bowler, Peter J. 1992. *The Fontana/Norton History of the Environmental Sciences*. London: Fontana; New York: Norton. Norton ed. subsequently retitled *The Earth Encompassed*.

Bramwell, Anna. 1989. *Ecology in the Twentieth Century: A History*. New Haven, CT: Yale University Press.

Brockway, Lucille. 1979. *Science and Colonial Expansion: The Role of the British Royal Botanical Gardens*. New York: Academic Press.

Cittadino, Eugene. 1991. *Nature as the Laboratory: Darwinian Plant Ecology in the German Empire, 1880–1900*. Cambridge: Cambridge University Press.

Coleman, William. 1986. "'Evolution into Ecology?' The Strategy of Warming's Ecological Plant Geography." *Journal of the History of Biology* 19:181–96.

Collins, James P. 1986. "Evolutionary Ecology and the Use of Natural Selection in Ecological Theory." *Journal of the History of Biology* 19: 257–88.

Crowcroft, Peter. 1991. *Elton's Ecologists: A History of the Bureau of Animal Population*. Chicago: University of Chicago Press.

Kingsland, Sharon E. 1985. *Modeling Nature: Episodes in the History of Population Ecology*. Chicago: University of Chicago Press.

Lovelock, James. 1987. *Gaia: A New Look at Life on Earth*. New ed. Oxford: Oxford University Press. 〔번역서〕 제임스 러브록, 홍욱희 옮김, 『가이아: 살아 있는 생명체로서의 지구』(갈라파고스, 2004).

Leopold, Aldo. 1966. *A Sand County Almanac: With Other Essays on Conservation from Round River*. Reprint, New York: Oxford University Press. 〔번역서〕 알도 레오폴드, 송명규 옮김, 『모래 군의 열두 달: 그리고 이곳저곳의 스케치』(따님, 2000).

Marsh, George Perkins. 1965. *Man and Nature*. Edited by David Lowenthal. Reprint, Cambridge, MA: Harvard University Press.

Mackay, David. 1985. *In the Wake of Cook: Exploration, Science and Empire, 1780–1801*. London: Croom Helm.

McCormick, John. 1989. *The Global Environment Movement: Reclaiming Paradise*. Bloomington: Indiana University Press; London: Belhaven.

Merchant, Carolyn. 1980. *The Death of Nature: Women, Ecology and the Scientific Revolution*. London: Wildwood House. 〔번역서〕 캐럴린 머천트, 이윤숙 · 전규찬 · 전우경 옮김, 『자연의 죽음』(미토, 2005).

Mitman, Greg. 1992. *The State of Nature: Ecology, Community, and American Social Thought, 1900–1950*. Chicago: University of Chicago Press.

Pallandino, Paolo. 1991. "Defining Ecology: Ecological Theories, Mathematical Models, and Applied Biology in the 1960s and 1970s." *Journal of the History of Biology* 24:223-43.

Sheal, John. 1976. *Nature in Trust: The History of Nature Conservancy in Britain.* Glasgow: Blackie.

_______. 1987. *Seventy-five Years in Ecology: The British Ecological Society.* Oxford: Blackwell.

Taylor, Peter J. 1988. "Technocratic Optimism, H. T. Odum, and the Partial Transformation of Ecological Metaphor after World War II." *Journal of the History of Biology* 21:213-44.

Tobey, Ronald C. 1981. *Saving the Prairies: The Life of the Founding School of American Plant Ecology.* Berkeley: University of California Press.

Worster, Donald. 1985. *Nature's Economy: A History of Ecological Ideas.* Reprint, Cambridge: Cambridge University Press. 〔번역서〕 도널드 워스터, 강헌 · 문순홍 옮김, 『생태학, 그 열림과 닫힘의 역사』(아카넷, 2002).

10장. 대륙이동설 I

Glen, W., ed. 1994. *Mass Extinction Debates: How Science Works in a Crisis.* Stanford, CA: Stanford University Press.

Greene, Mott T. 1982. *Geology in the Nineteenth Century: Changing Views of a Changing World.* Ithaca, NY: Cornell University Press.

Frankel, Henry. 1978. "Arthur Holmes and Continental Drift." *British Journal for the History of Science* II:130-50.

_______. 1979. "The Career of Continental Drift Theory: An Application of Imre Lakatos' Analysis of Scientific Growth to the Rise of Drift Theory." *Studies in the History and Philosophy of Science* 10:10-66.

_______. 1985. "The Continental Drift Debate." In *Resolution of Scientific Controversies: Theoretical Perspectives on Closure,* edited by A. Caplan and H. T.

Englehart. Cambridge: Cambridge University Press, 312–73.

Glen, William. 1982. *The Road to Jaramillo: Critical Years of the Revolution in Earth Science*. Stanford, CA: Stanford University Press.

Hallam, Anthony. 1973. *A Revolution in the Earth Sciences*. Oxford: Oxford University Press.

_______. 1983. *Great Geological Controversies*. Oxford: Oxford University Press.

Le Grand, Homer. 1988. *Drifting Continents and Shifting Theories*. Cambridge: Cambridge University Press.

Oreskes, Naomi. 1999. *The Rejection of Continental Drift: Theory and Method in American Earth Science*. New York: Oxford University Press.

Schwarzbach, Martin. 1989. *Alfred Wegener, the Father of Continental Drift*. Madison, WI: Science Tech.

Stewart, James A. 1990. *Drifting Continents and Colliding Paradigms: Perspectives on the Geoscience Revolution*. Bloomington: Indiana University Press.

Wegener, Alfred. 1966. *The Origin of Continents and Oceans*. Translated from the 4th rev. German ed. (1929) by John Biram. New York: Dover.

Wood, Robert Muir. 1985. *The Dark Side of the Earth*. London: Allen & Unwin.

11장. 20세기 물리학 |

Cassidy, David. 1992. *Uncertainty: The Life and Science of Werner Heisenberg*. New York: Freeman.

Darrigol, Oliver. 1992. *From C-Numbers to Q-Numbers: The Classical Analogy in the History of Quantum Theory*. London and Berkeley: University of California Press.

Earman, John, and Clark Glymour. 1980. "Relativity and Eclipse: The British Expeditions of 1919 and Their Predecessors." *Historical Studies in the Physical Sciences* 11: 49–85.

Forman, Paul. 1971. "Weimar Culture, Causality, and Quantum Theory, 1918–1927: Adaptation by German Physicists and Mathematicians to a Hostile Intellectual

Environment." *Historical Studies in the Physical Sciences* 3: 1-115. 〔번역서〕 폴 포어만, 이필렬 옮김, "바이마르시대 독일의 수학과 물리학에 적대적인 지적 환경", 김영식 편, 『역사 속의 과학』(창작과비평사, 1982), pp. 316-332.

Galison, Peter. 1987. *How Experiments End*. Chicago: University of Chicago Press.

Galison, Peter, and Bruce Hevly, eds. 1992. *Big Science: The Growth of Large-Scale Research*. Stanford, CA: Stanford University Press.

Heilbron, John, and Thomas Kuhn. 1969. "The Genesis of the Bohr Atom." *Historical Studies in the Physical Sciences* 1: 211-90.

Jungnickel, Christa, and Russell McCormmach. 1986. *The Intellectual Mastery of Nature*. Vol. 2. Chicago: University of Chicago Press.

Keller, Alex. 1983. *The Infancy of Atomic Physics*. Oxford: Clarendon Press.

Kragh, Helge. 1990 *Dirac: A Scientific Biography*. Cambridge: Cambridge University Press.

Kuhn, Thomas S. 1978. *Black Body Theory and the Quantum Discontinuity, 1894-1912*. Oxford: Clarendon Press.

Nye, Mary Jo. 1996. *Before Big Science*. Cambridge, MA: Harvard University Press.

Pais, Abraham. 1982. *Subtle Is the Lord: The Science and the Life of Albert Einstein*. Oxford: Clarendon Press.

_________. 1991. *Niels Bohr's Times in Physics, Philosophy and Polity*. Oxford: Clarendon Press.

Pickering, Andrew. 1986. *Constructing Quarks*. Chicago: University of Chicago Press.

Segré, Emilio. 1980. *From X Rays to Quarks: Modern Physicists and Their Discoveries*. San Francisco: W. H. Freeman. 〔번역서〕 에미리오 세그레, 박병소 옮김, 『X-선에서 쿼크까지』(기린원, 1994).

Wheaton, Bruce. 1983. *The Tiger and the Shark: The Empirical Roots of Wave-Particle Dualism*. Cambridge: Cambridge University Press.

Whitaker, Edmund. 1993. *History of the Theories of Aether and Electricity*. Vol. 2. London: Nelson.

12장. 우주론 혁명의 형성 |

Barnes, Barry. 1974. *Scientific Knowledge and Sociological Theory*. London: Routledege.

Berendzen, R., R. Hart, and D. Seeley. 1976. *Man Discovers the Galaxies*. New York: Science History Publications. 〔번역서〕 리처드 베렌젠 외, 이명균 옮김, 『은하의 발견』(전파과학사, 2000).

Collins, Harry. 1985. *Changing Order*. London: Sage.

Crowe, Michael J. 1994. *Modern Theories of the Universe: From Herschel to Hubble*. New York: Dover.

Hawking, Stephen. 1988. *A Brief History of Time*. London: Bantam. 〔번역서〕 스티븐 호킹, 김동광 옮김, 『그림으로 보는 시간의 역사』(까치, 1998).

Hoskin, Michael. 1964. *William Herschel and the Construction of the Heavens*. New York: Norton.

Jackson, M. 2000. *Spectrum of Belief: Joseph von Fraunhofer and the Craft of Precision Optics*. Cambridge, MA: Harvard University Press.

Jaki, Stanley. 1978. *Planets and Planetarians: A History of Theories of the Origins of Planetary Systems*. Edinburgh: Scottish Academic Press.

Kragh, H. 1996. *Cosmology and Controversy: The Historical Development of Two Theories of the Universe*. Princeton, NJ: Princeton University Press.

Kuhn, Thomas S. 1962. *The Structure of Scientific Revolutions*. Chicago: University of Chicago Press. 〔번역서〕 토머스 S. 쿤, 김명자 옮김, 『과학혁명의 구조 』(까치, 1999).

_______. 1966. *The Copernican Revolution*. Chicago: University of Chicago Press.

Pais, Abraham. 1982. *Subtle Is the Lord: The Science and the Life of Albert Einstein*. Oxford: Clarendon Press.

Smith, R. 1982. *The Expanding Universe: Astronomy's "Great Debate," 1900–1931*. Cambridge: Cambridge University Press.

Smith, R. 1993. *The Space Telescope*. Cambridge: Cambridge University Press.

13장. 인간과학의 출현 |

Boakes, R. 1984. *From Darwin to Behaviourism*. Cambridge: Cambridge University Press.

Boring, Edwin G. 1950. *A History of Experimental Psychology*. 2d ed. New York: Appleton-Century-Crofts.

Bowler, Peter J. 1989. *The Invention of Progress: The Victorian and the Past*. Oxford: Basil Blackwell.

Burrow, J. W. 1966. *Evolution and Society: A Study in Victorian Social Theory*. Cambridge: Cambridge University Press.

Cioffi, Frank. 1998. *Freud and the Question of Pseudoscience*. Chicago: Open Court.

Cravens, Hamilton. 1978. *The Triumph of Evolution: Amerian Scientists and the Heredity-Environment Controversy, 1900-1941*. Philadelphia: University of Pennsylvania Press.

Degler, Carl. 1991. *In Search of Human Nature: The Decline and Revival of Darwinism in American Social Thought*. New York: Oxford University Press.

Gould, Stephen Jay. 1977. *Ontogeny and Phylogeny*. Cambridge, MA: Harvard University Press.

________. 1981. *The Mismeasure of Man*. Cambridge, MA: Harvard University Press.

〔번역서〕 스티븐 제이 굴드, 김동광 옮김, 『인간에 대한 오해』(사회평론, 2003).

Halévy, Elie. 1955. *The Growth of Philosophic Radicalism*. Boston: Beacon Press.

Foucault, Michel. 1970. *The Order of Things: The Archaeology of the Human Sciences*. New York: Pantheon Book. 〔번역서〕 미셸 푸코, 이광래 옮김, 『말과 사물』(민음사, 1986).

Kuklick, Helena. 1991. *The Savage Within: The Social History of British Anthropology*. Cambridge: Cambridge University Press.

Pinker, Stephen. 1997. *How the Mind Works*. New York: Norton. 〔번역서〕 스티븐 핑커, 김한영 옮김, 『마음은 어떻게 작동하는가 : 과학이 발견한 인간 마음의 작동 원리와 진화심리학의 관점』(소소, 2007).

Porter, Theodore, and Dorothy Ross, eds., 2003. *The Cambridge History of Science*. Vol. 7, *The Modern Social Sciences*. Cambridge: Cambridge University Press.

Richards, Robert J. 1987. *Darwin and the Emergence of Evolutionary Theories of Mind and Behavior*. Chicago: University of Chicago Press.

Smith, Roger. 1997. *The Fontana/ Norton History of the Human Sciences*. London: Fontana; New York: Norton.

Simpson, Christopher, ed. 1998. *Universities and Empire: Money and Politics in the Social Sciences during the Cold War*. New York: New Press. [번역서] 브루스 커밍스 외, 한영옥 옮김, 『대학과 제국 : 학문과 돈, 권력의 은밀한 거래』(당대, 2004).

Stocking, George W., Jr. 1968. *Race, Culture and Evolution*. New York: Free Press.

_______. 1987. *Victorian Anthropology*. New York: Free Press.

_________. 1996. *After Tylor: British Social Anthropology, 1888-1951*. London: Athlone.

Sulloway, Frank. 1979. *Freud, Biologist of the Mind: Beyond the Psychoanalytic Legend*. London: Burnett Books.

Webster, Richard. 1995. *Why Freud Was Wrong: Sin, Science and Psychoanalysis*. London: Harper Collins.

Young, Robert M. 1970. *Mind, Brain and Adaptation in the Nineteenth Century*. Oxford: Clarendon Press.

옮긴이의 말

과학사를 서술하는 목적과 이를 활용하는 맥락은 사람에 따라 다를 수 있다. 걸출한 업적을 남긴 옛 과학자에 대한 지적 호기심이 과학사를 살피는 동기가 될 수 있으며, 특정 이론이나 발견의 우선권이 자국 과학자에게 있음을 설파하려는 열망에서 과학사에 몰입하기도 한다. 또 과학사는 관찰과 실험, 추상적 사고, 실용적 관심이 어떤 복잡한 과정을 거쳐 과학이론으로 이어지는지를 역사를 통해 보여줌으로써, 현재의 과학도들에게 문제해결의 실마리를 제공할 수도 있다. 좀 더 원대하게는 자연과학과 인문학을 아우르는 과학사 특유의 학문적 풍토가 갈수록 소원해지는 '두 문화'의 간극을 잇는 교량 역할을 할 것이라 기대하는 이도 있다.

이러한 이유 외에도 과학사는 '과학의 시대'를 적극적으로 살아가는 시민들의 교양으로 각별하게 중요하다. 완성된 산물로서의 과학지식보다 이를 만들어가는 과정을 중시하는 과학사의 관점은 과학에 대한 틀에 박힌 이해를 넘어서 현실세계의 과학이 실제 어떻게 작동하는지 심층적으로 이해할 수 있게 해준다. 이 같은 이해는 과학의 여러 산물이 대중의 일상에 심대한 영향을 미치고, 과학 또한 사회의 막대한 지원 없이 성장하기 어려운 현대사회에서 특히 긴요하다. 또한 과학사는 과학이 사회적 · 문화적 권위의 새 원천으로 부상한 역사적 맥락과 이 과정에서 과학자들이 활용한 다양한 전략들을 해체해 보여줌으로써, 현대사회에서 과학이 갖는 막대한 위상과 과학에 부과된 다층적 의미를 비판적으로 검토하도록 해줄 수 있다. 나아가 과학이 전문화 · 제도화되면서 구축해 온 여러 사회적 네트워크에 대한 역사적 분석은 오늘날 과학과 정부, 산업체, 일반대중 간에 벌어지는 상호 작용의 복잡한 면모를 드러내줄 수 있다. 이 모든 것들이 그저 가능성에 그치는 것은 아니다. 1970년대를 전환점으로 삼아 비약적으로 성장해온 과학사 분야는 실제로 이런 방향을 향해 꾸준히 발전하고 있다.

과학사의 서술양식은 1970년대를 거치면서 눈에 띄게 달라졌는데, 이는 과학을 바라보는 관점의 변화에 기인한 바 크다. 70년대 이전에는 과학적 개념 및 이론의 발전을 추적하는 지성사적 접근이 과학사 연구의 주를 이루었다. 과학의 본질은 객관성과 합리성을 가지는 보편적 지식체계에 있다고 상정되었고, 이를 과학적 방법, 개념, 법칙을 통해 확립해 나간 역사적 과정이 과학사의 주된 관심사였다. 이런 맥락에서 16~17세기 과학혁명(Scientific Revolution)은 자연에 대한 근대적 이해방식을 태동시킨 특별한 사건으로 평가되며 집중 조명되었다. 그러나 70년대 이후 과학사학자들은 추상적 이론보다는 과학자들의 실행(practice)에 더 많은 관심을 기울이기 시작했다. 과학이 개념적 혁신만이 아니라 새로운 기법과 실험의 고안을 포함하는 실천적 활동이라는 인식과 함께, 과학 또한 종교, 정치, 경제 못지않게 국지적이고 사회적인 맥락 속에서 벌어지는 인간의 역동적 활동이라는 점이 새롭게 강조되었다. 과학자 사회에서도 일반 사회 못지않게 권위와 이해관계가 중요한 요소로 작용하고 있으며 개별 과학자의 종교적 믿음, 철학적 신념, 정치적 가치 등이 자연을 이해하는 방식에 큰 영향을 미친다는 사실이 밝혀졌다.

이런 관점의 변화는 과학사에서 다루는 시기와 대상의 폭을 크게 확장했다. 전통적인 과학사가 16~17세기의 물리과학에 초점을 맞추면서 진화론과 상대성이론 같은 몇몇 과학적 성과만을 추가로 다뤄왔다면, 70년대 이후의 과학사 연구는 이런 전통적 주제들을 끊임없이 재해석하면서도, 생태학, 고에너지물리학, 현대우주론, 분자생물학과 같은 18세기 이후에 태동한 다양한 과학 분과들을 본격적으로 조명하고 있다. 특히 과학 자체가 특정 시대의 역사적 산물이라는 점이 강조되면서, 현대적 형태의 과학활동이 정립되기 시작한 19세기와, 과학을 둘러싼 제반 제도들이 마련된 20세기에 많은 관심이 집중되고 있다. 이런 점에서 과학사의 무게중심은 점점 더 현대로 이동하고 있다. 또한 이론을 우선시하던 경향이 약해지면서, 근현대시기 과학활동을 뒷받침하며 등장한 각종 물적 토대들이 과학사의 새로운 연구대상으로 부상했다. 예컨대, 대학 내 과학연구 전통의 확립, 새로운 지식창출 공간으로서의 실험실의 부상, 정부 지원 거대과학 프로젝트의 등장, 과학의 전문화와 분과의 세분화 과정, 과학과 군부와의 관계와 같이 과학과 사회의 다른 제도 사이의 상호 작용, 연구학파 및 과학단체의 형성 등에 대한 연구가 활발히 이뤄지고 있다.

국내에서도 과학사 및 과학기술학(Science and Technology Studies)에 대한 일반인들의 관심은 꾸준히 높아지고 있다. 지난 몇 년 동안 과학사에 대한 두툼한 대중교양서들이 번역되어 국내 독자들의 호응을 불러 일으킨 바 있다. 아울러 많은 대학들이 교양강좌로 과학사 관련 강의를 개설하고 있어 학술적 차원에서 과학사를 본격적으로 다룰 수 있는 통로도 마련되어 있다. 그러나 이러한 교양과학사 서적들은 과학의 발전을 누적적이고 선형적인 것으로 간주하는 오래된 사관을 바탕으로 서술된 까닭에 최근의 전문적인 과학사 연구를 반영하지 못한 것들이 대부분이라는 문제가 있다. 대학의 과학사 강의들 역시 16~17세기 과학혁명에 초점을 맞추는 전통적 교육방식을 따르면서 근현대과학을 소홀히 다루고 있는데, 이렇게 된 데는 근현대시기의 과학에 대한 체계적 커리큘럼과 이 주제에 대한 교재가 없었던 탓이 크다. 근현대과학사의 최근 성과들을 일반 독자들에게 효과적으로 전하고자 하는 옮긴이들의 바람은 이런 사정에서 출발했고, 이는 2005년에 출간된 피터 보울러와 이완 모러스의 『현대과학의 풍경(Making Modern Science: A Historical Survey)』을 번역하게 된 직접적 계기가 되었다.

원저자들이 서문에서 밝히고 있듯이, 『현대과학의 풍경』은 대학생들을 대상으로 한 과학사개론 수업의 교재로 사용하기 위해 기획된 개설서이다. 물론 국내에 아직 소개되지 않은 훌륭한 과학사 개설서들이 여럿 있지만, 그 중에서도 유독 『현대과학의 풍경』을 번역하겠다고 결심하는 데는 별 망설임이 없었다. 평소 대학 강의에서 17세기 이후 근현대과학사에 대한 소개가 절실하다고 느꼈던 옮긴이들은 『현대과학의 풍경』이 이런 필요를 충족하는 최적의 교재가 될 것이라 확신했기 때문이다. 이 책은 개설서 중에서는 보기 드물게도 과학혁명기 이후의 역사에 초점을 맞추고 있으며, 너무나 폭발적으로 성장해 전공자들에게도 자칫 혼란스러워 보일 수 있는 근현대과학사의 여러 주제들을 매우 깔끔하게 정리하고 있다. 또한 이 책의 1권에서는 연대순에 따라 과학사의 주요 사건들을 다루고, 2권에서는 과학과 종교, 과학과 기술, 과학과 젠더(gender)와 같이 여러 시대를 포괄적으로 조망해야 하는 과학사의 주요 주제들을 다루고 있는데, 이러한 구성은 교재와 교양서로서의 이 책의 활용 가치를 더욱 높여준다. 17세기부터 현대까지 이어지는 과학의 역사에 대한 포괄적 조감도는 과학사에 관심 있는 일반 독자의 흥미를 충족할 것이며, 특정 주제에 대해 전통적 해석과 새로운 해석을 균형 있게 서술하는 각 장은 과학사 전공자들이 해당 주제를 개괄하는 데도 큰 도움을 줄 수 있을 것이다.

번역 작업은 2006년 초 서울대학교 과학사 및 과학철학 협동과정의 전공주임을 맡고 있는 홍성욱 교수의 제의를 계기로, 이에 공감한 같은 과정의 대학원생들이 번역을 위한 모임을 꾸리면서 시작되었다. 초역은 홍성욱(1장), 김봉국(2장), 전다혜(3장, 17장), 오철우(4장, 5장), 성하영(6장, 8장), 김자경(7장), 오승현(9장, 10장), 서민우(11장, 13장), 전혜리(12장, 16장), 김준수(14장), 김지원(15장), 정세권(18장, 19장), 박동오(20장, 22장), 정성욱(21장)이 장별로 맡아 진행했다. 하지만 각 장의 번역은 개별 초역자들 못지않게 모임 참여자 전원이 다함께 노력한 성과로 보는 게 마땅하다. 각 장별로 두 차례씩 모임을 가지면서 초역 원고를 다듬어나간 과정은 여러모로 공동 작업이자 공동 학습의 경험이었다. 원문을 차근히 대조해 가면서 오역을 바로잡는 일 외에도 적합한 용어 선택이나 문장의 가독성 문제 같은 번역상의 여러 어려움들을 서로 의견을 교환해가면서 풀어갔고, 이 과정에서 번역자들은 서로의 장점을 배우면서 초역을 질을 높여나갈 수 있었다. 또 이 책을 강의교재로 잘 활용하기 위해서, 번역과 병행하여 책의 내용에 관해 토론하는 세미나도 진행했는데, 이 역시 번역의 질을 높이는 데 적잖은 도움을 주었다. 마지막으로 책임역자인 홍성욱과 김봉국은 번역의 전체적인 과정을 총괄하면서, 초역 원고와 최종 수합된 원고를 각각 원문과 대조해서 남아 있는 번역상의 오류를 수정했고, 용어 및 문체의 통일성에 신경써가면서 책 전체의 일관성이 유지될 수 있도록 했다. 책을 만드는 과정에서 역자들 모두의 수고가 들어갔지만, 특히 전혜리, 서민우 선생이 애를 많이 썼다.

많은 사람의 공동의 노력이 담긴 이 책이 과학사 강의를 맡은 선생님들과 그 수업을 수강할 학생들, 그리고 과학의 역사에 흥미를 느끼는 일반 독자들, 역사를 통해 과학의 본질을 짚어보고자 하는 인문사회과학도에게 근현대과학에 대한 좋은 개설서가 되었으면 한다. 끝으로 이 자리를 빌려 2년 가까운 기간 동안 물심양면 지원을 아끼지 않은 궁리출판에도 감사의 마음을 전한다.

:: 찾아보기 ::

인명

ㄱ

ㄴ

ㄷ

ㄹ

ㅁ

ㅂ

ㅅ

ㅇ

ㅈ

ㅊ

ㅋ

ㅌ

ㅍ

ㅎ

주제어

ㄱ

ㄴ

ㄷ

ㅇ

현대과학의 풍경 1

1판 1쇄 펴냄 2008년 12월 17일
1판 5쇄 펴냄 2021년 9월 10일

지은이 피터 보울러 · 이완 리스 모러스
책임번역 김봉국 · 홍성욱

주간 김현숙 | **편집** 김주희, 이나연
디자인 이현정, 전미혜
영업 백국현, 정강석 | **관리** 오유나

펴낸곳 궁리출판 | **펴낸이** 이갑수

등록 1999년 3월 29일 제300-2004-162호
주소 10881 경기도 파주시 회동길 325-12
전화 031-955-9818 | **팩스** 031-955-9848
홈페이지 www.kungree.com | **전자우편** kungree@kungree.com
페이스북 /kungreepress | **트위터** @kungreepress
인스타그램 /kungree_press

ISBN 978-89-5820-143-4 93400
ISBN 978-89-5820-145-8 93400(세트)

책값은 뒤표지에 있습니다.
파본은 구입하신 서점에서 바꾸어 드립니다.